国防特色学术专著·物理学/材料科学与工程

U0869113

纳米物理学

颜晓红　严　辉　著

哈尔滨工程大学出版社

北京航空航天大学出版社　北京理工大学出版社
哈尔滨工业大学出版社　西北工业大学出版社

内容简介

纳米物理学是研究纳米结构及其量子效应和物理规律的科学。本书较系统地介绍了研究纳米团簇、量子点、纳米管、纳米(量子)线、量子阱结构、纳米功能薄膜等纳米结构的结构特征与表征、受限量子效应及其电声子性质与物理现象等的理论与方法,以及纳米结构的量子效应器件及其在微纳电子学中的应用。全书力求前沿性和科学性结合,既注重作为著作的学术性,又注重物理知识和理论的系统性和可读性,还介绍了纳米结构的生长、制备、组装技术和纳米功能器件的原理和应用。

本书可作为物理、材料、微电子、化学等学科和相关领域专业技术人员的研究用参考书,也可作为相关学科专业本科生、硕士研究生、博士研究生相关课程的教材和教学参考书。

图书在版编目(CIP)数据

纳米物理学/颜晓红,严辉著.—哈尔滨:哈尔滨工程大学出版社,2010.2(2021.1 重印)

ISBN 978-7-81133-683-2

Ⅰ.①纳… Ⅱ.①颜… ②严… Ⅲ.①纳米材料-物理学 Ⅳ.①TB383.3

中国版本图书馆 CIP 数据核字(2010)第 030849 号

纳米物理学

颜晓红　严　辉　著

责任编辑　杨秀华

*

哈尔滨工程大学出版社出版发行

哈尔滨市南岗区南通大街 145 号　发行部电话:0451-82519328　传真:0451-82519699

http://press.hrbeu.edu.cn　E-mail:heupress@hrbeu.edu.cn

哈尔滨圣铂印刷有限公司印装　各地书店经销

*

开本:787×1092　1/16　印张:17.25　字数:372 千字

2010 年 2 月第 1 版　2021 年 1 月第 3 次印刷

ISBN 978-7-81133-683-2　　定价:46.00 元

序

人类发展的历史是不断认识自我、改造自我的历史。然而直至今日，人类却仍然不能准确地认识自我：人类从何而来，我们生存的宇宙是如何形成的，组成物质的最小单元是什么样的，为什么世界是如此丰富多彩……。现代分析、表征及加工技术的发展，为人们直接观察组成物质的低能粒子如原子、分子等的行为提供了可能，也为验证量子理论以及应用量子理论分析微观粒子行为提供了机会，也促成了一门新的科学——纳米物理学的诞生。

纳米结构由于对结构周期性的破坏和对电子无规自由运动的限制而具有奇特而丰富的性质，这大大丰富了物理学的研究内涵，也为物理学理论的发展提出了新的要求。20 世纪 70 年代，久保理论的提出和介观理论的发展，是纳米物理理论的开始。80 年代 ，Gleiter 对纳米合金颗粒的制备成功以及 Smalley 等人对 C_{60} 富勒烯分子的制备和描述，促进了纳米物理学在实验上的发展，加快了纳米物理学的形成。由于纳米材料的表面结构畸变和表面原子悬挂化学键的大量存在，纳米材料可能的性质转变和巨大的应用前景给人们以很大的想象空间，由此带来了纳米科学和技术的研究热潮，也大大促进了纳米材料的制备、表征、组装、性能测试和应用的实验研究。相比理论研究而言，实验研究投入更多、发展更快。由于纳米结构的周期性被破坏，而包含的粒子数既不足够多又不足够少，传统的物理理论无论是基于周期性的波动理论还是基于无限多粒子的统计理论都不能直接适应；而相对于八九十年代的计算机水平而言，由数以万计粒子组成的体系太大无法精确数值计算。这使得纳米结构的理论研究一度严重滞后于实验需要，一些重要现象的物理机理急需阐述，这也促使许多学者选择或发展计算方法，增强计算能力；或寻找新的理论和数学手段，解析阐述纳米结构的物理机理。纳米物理学从实验和理论两个方面开始快速形成。

我对本书的两位作者颜晓红教授和严辉教授都有一定了解。20 世纪 80 年代末至 90 年代初，颜晓红教授所在的课题组参与了我们的“准晶的结构与物性”的国家自然科学基金重大项目的研究，他们巧妙地结合准晶结构的对称性，发展格林函数方法研究准晶的物理性质，在国际上产生了重要的学术影响。20 世纪 90 年代，颜晓红教授尝试用他所熟知的格林函数方法去解析求解纳米结构的结构畸变对电声子性质的影响，所得结果较好地解释了当时的纳米结构的“红移”或“蓝移”现象。之后，他和他的课题组一方面继续发展格林函数和转移矩阵方法，理论研究各类新发现的纳米结构和纳米材料的电声子性质，致力于阐述纳米结构的物理唯象理论；另一方面，他又利用计算物理的新的方法和理论，数值模拟和计算纳米结构的结构稳定性特征、能级特征和物理性质，得到了一系列有重要学术意义的学术成果。而本书的合作者严辉教授是我校的教授，与我一道进行着我校的物理学一级学科的建设，是我校有重要学术影响的学术带头人之一。他从事薄膜材料和纳米材料的制备、表征、测试等的实验研究20多年，积累了丰富的薄膜物理、纳米物理的实验研究经验并取得了丰硕的成果。他们以纳米物理学的物理知识结构和学术内涵作为本书的知识基础和写作脉络，巧妙地融入他们10多年来的最新研究成果，这样既确保了《纳米物理学》一书作为学术著作必要的系统性和学术深度，又展现了作为学术专著应有的特色结构和创新内容。全书共8章内容，系统地介绍了包括纳米团簇、量子点、纳米(量子)线、纳米管、量子阱结构、纳米功能薄膜等零维、一维和二维等低维纳米结构的结构特征与表征、受限量子效应及其电声子性质与物理现象等及其作为微(纳)电子器件应用的物理理论与实验，对物理、材料、电子等学科和相关领域专业技术人员的学习和研究有较好的参考价值。

因此，我很乐意向大家推荐这部著作，并为之作序。

中国科学院院士　张　泽教授

二〇〇九年三月十九日

前 言

20 世纪 70 年代以来，超大规模集成、超晶格技术的发展以及巴基球、纳米管、纳米线、量子点、纳米袋等纳米结构及其纳功能器件技术的发展和应用，深刻地改变着世界。微/纳米科学和技术作为现代科学和技术的基础，已逐步成为科技创新新纪元的重要支柱之一，成为新的知识经济的重要生产力。纳米科学和技术以纳米物理学和纳米化学为基础，已经发展出“纳米材料学”“纳米电子学”“纳米机械学”“纳米生物学”等多个学科分支。

科学家们很注意在科学和技术发展的同时进行科学总结和传播，学术著作是其中的重要方式。纳米科学和技术发展初期，已故科学家葛庭燧院士在 20 世纪 80 年代出版过关于纳米科技的小册子，当时没有引起人们的重视。1994 年，纳米科学和技术的研究在中国开始成为热门，中国科学院张立研究员和中国科技大学牟季美教授联合出版了《纳米材料学》，推动了纳米科学和技术的研究在中国的广泛开展。此后，国内关于纳米科学和技术及其衍生科技的著作、教材如雨后春笋般竞相出版发行。鉴于多年从事纳米科学和技术研究和教学，写一本基于传统凝聚态物理原理、系统阐述纳米物理学的基本理论和机理的著作，就成为我们的学术冲动。

本书中，我们将描述的重点放在结构简单的纳米团簇、量子点、纳米（量子）线、纳米管、量子阱结构、纳米功能薄膜等低维纳米结构，为的是阐述纳米结构的结构特征及其物理性质的内在关联性和规律，以及纳米结构的尺寸和量子现象的物理实质和机理，以此构成纳米物理学的理论框架和知识体系。我们用独立的一章专门介绍当前研究最热门、潜在应用最广泛的纳米管家族，从制备到应用、从声子和电子的能级结构到热电输运性质，系统阐述了这一新型纳米结构的纳米物理学，希望为正确理解纳米物理知识体系提供一个范例。但我们并不仅限于知识的介绍，想兼顾前沿研究成果和方法的介绍、强调学术性，因此我们引用了数百篇近年来纳米物理学研究领域的最新参考文献。学术性的另一方面是，在不破坏本书知识体系的完整性的前提下引用了作者自己的最新研究成果，使本书内容具有特色性。

出于能够作为教材的考虑，本书试图用经典物理的通俗描述来介绍纳米物理学的知识结构和理论，这使得本书具有教科书的特色，易于读者学习。同时本书又对零维、一维和二维等三类低维纳米结构的制备、结构、电声子能级结构、热电输运性质和功能应用等的重要前沿研究成果进行了介绍，这对于从事纳米物理这一新兴交叉领域学习和研究的读者而言，具有很好的学术参考价值。而且，即使对于那些从事纳米科学不同方向研究的学者和教师，以及准备投身到“纳米”这个新奇且充满挑战的领域的学生们，这本书也将有所帮助。

编者

2009 年 5 月

目　　录

绪 论

物理之意来源于《四书:大学篇》“物格而后致知”,朱熹诠释为“物格者,物理之极处无不到也”,是为“物理”。因此,“博问及物,穷究于理”,是对物理学的集中概括。“物”是指能感知的对象,“理”则指“为什么”和“怎么样”,物理学就是在人类为感知对象的表现和行为的“为什么”和“怎么样”的不断探寻中发展的,其中对所感知的物和景的“致知”和对物质结构的“真相”的探寻是永恒的主题。从“天”到底有多大,它是如何构成,到人类从何而来,物质的基本构成单元是什么,到为什么有五彩缤纷的自然现象,物理学始终在努力从机理上而不是空洞的唯心或形而上学的哲学语言上回答类似屈原《天问》中的自然问题。从天象悟出了天体物理和力学,从光线和阴影、慈(磁)石和铁、阴和阳相生相克等自然现象衍生了热学、光学、电磁学和量子力学。由于未知的领域向越远越大和越内在越小两个方向深入,也就促成了物理学往“宇观”和“微观”两端延伸的发展轨迹。

虽然“大到底有多大、小到底有多小”至今仍然是物理学发展的研究动力和主题,但可以基本清楚地将物质结构划分为一系列层次,各层次有其组成的基本单元和特征物理参数,如特征长度等。就尺寸而言,物理学的研究对象包括从 10^{27} m 的巨大天体到 10^{-19} m 的基本粒子夸克甚至更小的物质体系。按照从大到小的尺寸顺序,物质结构可分为:宇观(Cosmoscopic)、遥观(Remote sensoscopic)、宏观(Macroscopic)、光学微观(Optico-microscopic)、介观(Mesoscopic)或纳米观(Nanoscopic)、微观(Microscopic)、皮米观(Picoscopic)、飞米观(Fentoscopic)、亚飞米观(Subfentoscopic)……但多年以来,人们一般将研究体系分为宏观领域和微观领域两个客观世界。公元前 5 世纪,德谟克利特(Democritus)指出“万物以地球为心”“万物由原子(atom)组成”就是对自然的宏观和微观两种预言。宏观领域以人的肉眼可见的物体为最小物体的下限,上至无限大的宇宙天体,即从亚微米级到 10^{27} m(150 亿光年)。微观领域以分子、原子为最大起点,下至无限小的领域(如电子、原子核、夸克)的运动,即从约 0.1 nm到人类所研究的最小尺度 10^{-19} m。由于宏观物质包含足够多的微观粒子,对宏观物质的结构、相互作用和性质的研究一直是经典物理的主题,产生了力学、统计物理学、电磁学等经典物理。19 世纪末 20 世纪初,电子的发现和量子论的提出以及基于分子、原子、原子核、甚至更小的基本粒子的结构、相互作用和运动规律的研究产生了量子物理、原子物理、原子核物理、粒子物理等针对微观对象的学科分支。随着现代观测仪器分辨本领的提高使对微观、低能粒子的跟踪成为可能,这一领域已越来越具有吸引力。

1. 物质的微小化

19 世纪末,以描述完美和理想体系为主要目标的经典物理学被两朵“小小的乌云”所覆盖。而驱赶走这两朵“乌云”之后,产生了以量子论和相对论为基本理论的近现代物理学,展开了物理学的万道霞光,实现了物理学的新的百年辉煌。以“力是改变物体状态的原因”为基本点,基于牛顿运动第二定律可以在绝对时空观下解释经典、宏观、线性体系的物质相互作用和运动规律。相类似地,以“能量是描述物质体系状态的基本量”为基本点,基于哈密顿方程的量子力学在过去的一百年发展和应用中成功地解释了物理世界的微观结构和宏观性质之间的对应关系和物理机理。正如 Dirac 在 1929 年所说，量子力学一经确立，“作为大部分物理学和全部化学之基础的物理定律已完全已知，主要困难在于将这些定律具体应用时将出现因方程式过于复杂而难于求解”。按照物理学家常用的还原论思维，量子力学也经历将复杂抽象为简单、再将简单还原为复杂的过程。固体物理学从简单晶体出发，逐步还原到复杂结构，建立了固体量子理论体系。基于 Sommorfeld 等提出的自由电子模型的量子电子论较好地解释了金属的许多物理性质。传统固体理论将固体分为晶体和非晶体两大类（1984 年发现了基于 5 次对称结构的准晶体）。晶体结构具有周期性和长程有序，这使得复杂、丰富多彩的宏观固体世界不可想象地可以用有限的七大晶系 14 中布拉菲原胞就可以描述。1931 年 E. Ruska 和 M. Knoll 对电子显微镜的研制成功和 1982 年 G. Binnig 和 H. Rohrer 关于扫描隧道电子显微镜的发明提高了仪器的分辨本领，不仅使人们对微观、低能例子的跟踪成为可能，而且使人们能够在亚纳米甚至原子层次操控原子和分子，架起了从宏观到纳米观到微观的观测和描述的通道。1984 年，德国萨尔大学 Gleiter 等人首次采用惰性气体蒸发冷凝法制备了具有清洁表面的纳米 Fe，Cu，Pd 等金属粉末，然后在真空中原位加压得到纳米固体。这些纳米固体的物理和力学性能比同成分的宏观晶体优异得多。从此，“纳米尺寸”这一特殊结构尺寸开始真正引起关注。

需要指出的是，量子理论的基本方程是基于绝热近似的单电子 Schrödinger 方程

$$-i\hbar\frac{\partial\psi(\vec{r},t)}{\partial t}=\left[-\frac{\hbar^2}{2m}\nabla^2+V(\vec{r})\right]\psi(\vec{r},t) \tag{0.1}$$

其中的势函数 $V(\vec{t})$ 是与物质结构相关联的。其意义可与经典力学的牛顿运动第二定律相比美，它不仅统一了物质的波粒二像性的描述，也在微观结构和宏观性质间架起了统一的桥梁，这在很大程度上促进了 20 世纪科学技术的发展，如电子技术和激光技术等。1947 年晶体管的发明催生了电子工业的迅速发展和信息产业革命，20 世纪 60 年代的集成电路技术使信息产业日新月异。如果说晶体管技术基础的“拉单晶”是做“为能写尽可能多的字而造尽可能大的‘纸’”的话，集成电路技术基础的“微细加工（蚀刻）技术”则是寻找“在同一张纸上写尽可能多字的撰写技术”，这就催生了从“微”到“纳”的技术。1965 年，美国年轻科学家 Gordon Moore 预言：工程师们将以极快的增长速度把大量的电子元件塞进小小的芯片之中，新技术新工艺将不断提高芯片的集成度和运行速度，大约每隔 18 个月，芯片的集成度将翻一番，微处理器的速度将提高一倍。这就是著名的摩尔定律（如图 0.1 所示）。微小化趋势带动工业革命开始成为趋势。基于宏观领域和微观领域之间的尺度范围（亚微米到 0.1 nm）的物质结构随着科学技术的小型化趋势开始逐步受到重视。

2. 纳米结构及其分类

自从 35 亿年前有了活体细胞，纳米尺寸的结构就开始存在。细胞中众多的纳米结构执行着生物体的各种功能，如蜜蜂腹部的磁性纳米粒子是蜜蜂确定方向的指南针；海龟头部的磁性纳米粒子也是海龟的导航仪等，几乎所有的活体生物都拥有众多功能各异的纳米结构。早在 1 000 多年前的中国，墨、染料和古代铜镜表面的防锈层等中就已存在和使用纳米微粒。1905 年，爱因斯坦在其博士论文中估算出糖分子的直径约 1 nm。1962 年，久保及其合作者针对金属超微粒子的研究，提出了著名的久保理论，这是首次针对纳米结构的物理理论。1963 年，

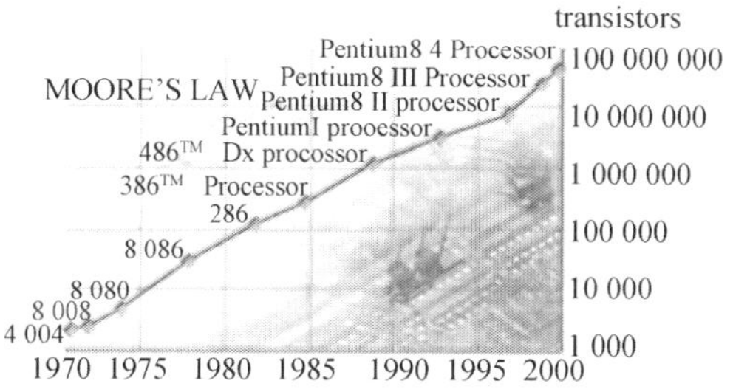

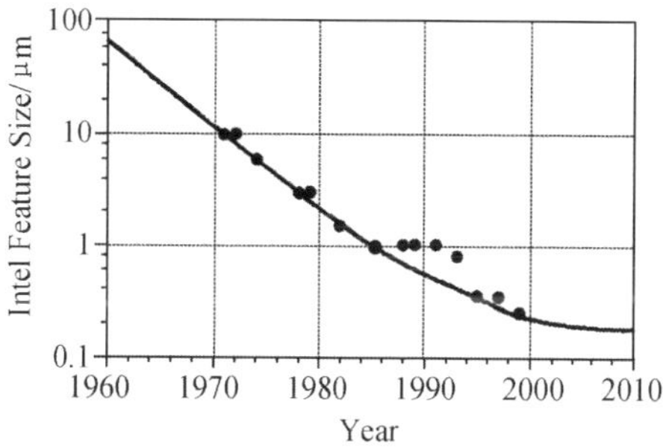

图 0.1 Intel 存储技术的摩尔定理

(a)存储能力的增长;(b)存储器尺寸的缩小

Uyeda 及其合作者用气体冷凝法,对单个的金属超微颗粒的形貌和晶体结构进行了透射电子显微镜研究。1970 年,江崎与朱兆祥首先提出了半导体超晶格的概念,张立纲和江崎等在实验中实现了量子阱和超晶格,观察到了极其丰富的物理效应。20 世纪 80 年代起,随着合成、生长、制备、加工技术的不断发展,各种尺寸、各种结构、各种功能的纳米结构快速出现。1984 年德国萨尔大学的 Gleiter 教授等首次采用惰性气体凝聚法成功制备出纳米微粒,再经压制烧结成纳米固体。1985 年,R. F. Curl,R. E. Smalley,H. W. Kroto 采用激光加热石墨蒸发在甲苯中形成了 C_{60} 富勒烯,这种笼状结构的纳米尺寸巴基球是碳的新的同素异形结构。1991 年,一种新的碳的同素异形结构、准一维笼状碳纳米管被日本 NEC 公司的 S. Iijima 成功制备,极大地推动了纳米科学和技术的研究。另一方面,1989 年 IBM 公司苏黎世实验室的 D. M. Eigler 等成功地在扫描隧道电子显微镜下实现了原子操控,他们在镍基板上将 35 个 Xe 原子排成了"IBM"字样,实现了著名物理学家 R. Feynman 于 1959 年在美国物理学会上"人类按照自己意愿操纵原子"的预言,开启了人工构筑纳米结构的新篇章。从此,以纳米物理、纳米化学、纳米生物为基础的纳米科学和技术开始成为其他各门科学和技术的领导者和促进者。

纳米结构材料是指在三维空间中至少有一维处于纳米尺寸范围或由它们作为基本结构单元所构成的材料。由于维度受限,表面原子结构相对内层原子的结构畸变变得不可忽略。同时,受限尺寸的纳米量级与自由电子的平均相干长度相当,意味着电子的运动在受限尺寸的结构内不再自由,新的效应和性质可能产生。因此,纳米结构至少满足两个条件:一是至少一个维度方向结构受限为纳米尺寸;二是尺寸的受限使其具有更为优异的性能。纳米材料是由纳米结构基本单元组成的,我们通常所讲的纳米结构可能是组成纳米结构材料的纳米基本结构单元,也可能是由纳米基本结构单元组成的具有纳米结构的材料。根据纳米结构材料的某方面的功能和特征,对纳米结构材料的分类可以有多种分类形式。就成分而言,纳米结构材料可分为纳米金属材料、纳米无机非金属材料、纳米有机结构材料、纳米半导体材料、纳米复合材料等。而按照空间维度分类,又可分为零维、一维、二维和三维纳米结构材料(如图 0.2 所示)。

3. 纳米世界的量子本质

就物质的量子本质而言,电子有三个特征长度:费米波长、平均自由程和相位相干长度。电子的费米波长是指处于费米面附近的电子的德布罗意波长,用"λ_F"表示,刻画粒子的量子涨落行为。一般而言,金属的自由电子费米波长在纳米数量级,而半导体中载流子的费米波长则在亚微米和微米数量级。电子的平均自由程是指占据动量本征态的电子被散射到其他动量本征态前自由运动的平均距离,用“l_τ”表示,刻画电子的导电特征。低温下,导电金属和合金的电子自由程在微米量级甚至更长,而半导体的载流子平均自由程则在亚微米量级甚至更短。相位相干长度是指处于量子本征态的电子在完全失去相位相干性(退相干)之前所传播的距离,亦即电子保持相位相干性的最大范围,用“l_ϕ”表示。低温下,除极少数金属的相位相干长度达到十数微米外,大多数金属和合金的相位相干长度约在亚微米范围,而相同的温度范围的半导体的相位相干长度则可达到几个微米。

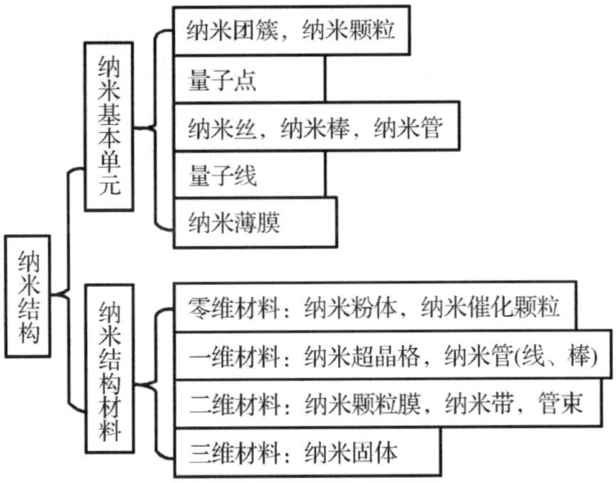

图 0.2 纳米结构分类

当材料的某个或某几个维度方向受限时,纳米结构使材料的规律性结构特征被破坏,而且外界的交互作用会使材料发生结构畸变,这自然会对材料的宏观性质产生影响,表现出小尺寸效应。其次,当体系尺寸减少到纳米尺寸时,材料的表面原子占体系的原子总数的比例增大到不可忽略的量级,表面源自不同于内部晶格原子的非对称特征对性质的影响也变得不可忽略,呈现所谓表面效应。第三,当结构的尺寸受限到纳米尺寸时,几何尺寸与传导电子的德布罗意波长、电子相干长度等物理特征尺寸相当,电子的平均自由程严重限制,电子的波动行为受限使物理上表现出明显的量子效应。例如:

(1)尺寸限域诱导的量子现象,以及电子传输的尺寸效应、电子和声子的局域性等;

(2)量子限域诱导的电子隧穿效应、电子自旋构象,以及光学非线性、激子限域效应、等离子的共振吸收等;

(3)晶格畸变、缺陷、界面原子构型等诱导的新效应,以及纳米材料不完整区的原子位移和应变场分布及其对物理力学性质的影响;

(4)纳米微粒及聚集的分形结构及谱学的混沌现象,介孔与异质纳米微粒复合体的电子结构、界面耦合及物质输运、界面热力学;等都是上述三种效应的个别或综合体现。

介观体系的 AB 效应、超微体系的久保效应等就是纳米体系的量子效应体现。一般而言,纳米结构将引起如下典型效应:

(1)小尺寸效应　当结构尺寸与材料的德布罗意波长等物理特征尺寸相当或更小时,材料在受限方向的晶体结构的周期性将被破坏,小尺寸导致的结构畸变将引起其物理、化学性质呈现新的特征的现象,称为纳米结构的小尺寸效应。如纳米微粒出现光吸收增强和吸收峰的频移,纳米金属微粒的熔点比块状金属显著降低等。

(2)表面与界面效应　受限的纳米结构尺寸小,位于表面和界面的原子占该方向总原子的比例变得不可忽略,与结构内部晶体结构不同的表面和界面原子的结构对体系性能的影响较大。同时,表面和界面原子配位不足以及高的表面能使表面和界面原子的活性增强,颗粒的化学和物理性能变得非常丰富的现象,称为纳米结构的表面与界面效应。表 0.1 和表 0.2 所示为三维纳米颗粒的比表面与颗粒尺寸的关系,一个 2 nm 的纳米微粒,表面原子所占比例高达 80%,说明晶格结构对应的材料的本征特性已被表面和界面“缺陷”结构引起的性质特征所代替。

(3)宏观量子尺寸效应　所谓量子尺寸效应,是指当受限结构的尺寸到纳米量级时,其结构尺寸与电子相干长度相当,电子的平均自由程极短,电子的准连续能级结构变为离散能级,导致宏观性质呈现强的量子效应。

(4)量子隧道效应　当结构尺寸远大于电子平均自由程时,电子在结构内作近自由运动,结构间交换电子有限。但当结构的尺寸小到纳米尺寸,与电子的德布罗意波长相当甚至小于德布罗意波长时,纳米结构对电子形成势垒,一定条件下,量子化电子将具有贯穿纳米结构的能力,形成势垒贯穿,宏观上表现出奇特的物理效应。

表 0.1　纳米微粒尺寸与表面原子数的关系

纳米微粒尺寸 d/nm	包含总原子数	表面原子所占比例/%
10	3×10^4	20
4	4×10^3	40
2	2.5×10^2	80
1	30	99

表 0.2　纳米 Cu 微粒的粒径与比表面积和比表面能的关系

粒径 d/nm	Cu 的比表面积/$m^2\cdot g^{-1}$	比表面能/$J\cdot mol^{-1}$
100	6.6	5.9×10^2
10	66	5.9×10^3
1	666	5.9×10^4

4. 纳米物理及其技术推动

1991 年,钱学森先生在给中央的建议书中强调:“我认为,纳米结构和纳米以下的结构是科技发展的重点,会是一次技术革命,从而将在 21 世纪又是一次产业革命。”自从纳米结构被发现,学术界和政府都迅速高度重视纳米科学和技术的研究和应用。从 1987 年开始,每年一次的“纳米材料与纳米技术”国际学术会议成为跨学科领域的最重要的学术会议,美、欧、日等发达国家先后在 1989,1990,1991 年设立国家层面的纳米技术攻关计划。我国于 1992 年设立攀登计划“纳米材料与纳米技术”,由著名物理学家冯端院士和著名材料学家严东生院士共同担任首席科学家。一门科学技术在发展初期就同时受到政府、企业、学术三方面的共同重视,在科学技术发展史上还是第一次。由于人力、财力投入大,纳米科学与技术的科学和技术研究与应用研究及其产业化几乎同步进行。虽然发展不过 20 年的时间,但纳米技术已应用到可能涉及的各个领域,极大促进了科学技术的整体进步和社会发展。

(1)纳米结构材料

由于纳米结构材料的尺寸小,与电子的德布罗意波长相当,电子平均自由程受限,使电子表现出强的局域性和相干性，纳米结构的结构畸变也对材料的性质产生重要影响。因此，纳米结构材料的力、热、光、电、磁、化学等性质与常规材料具有较大的差异，出现了许多新的性质，促进了纳米结构材料的产业化应用。10～25 nm 的铁磁金属微粒的矫顽力比相同的宏观材料高 1 000 倍；纳米铜同时具有高强度和高导电性；纳米多孔硅和纳米氧化铝、氧化钛、氧化锆等中观察到了同种常规材料所不具备的光致发光现象；金属催化剂铁、钴、镍、钯、铂、金等制成纳米微粒后催化性能大大改善，粒径为 30 nm 的纳米镍可把有机化学加氢和脱氢反应速度提高 15 倍；金属纳米颗粒复合常规陶瓷可大大改善材料的力学性能。

(2)纳米电子器件

1947 年晶体管的发明、1958 年集成电路概念的提出并实现，使电子信息科学与技术的发展日新月异(如图0.3所示)。特别是 20 世纪 70 年代超晶格理论和技术发展以来，微纳电子技术和器件层出不穷，单电子器件、隧穿效应电子器件、场效应电子器件等已普遍应用于电子信息产品中。

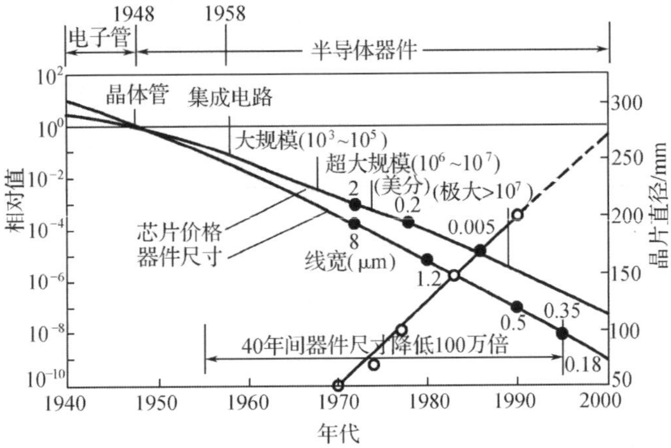

图 0.3　集成电路发展速度

实际上，由于蚀刻线宽到一定量级时，绝缘层间会出现电子的隧穿行为，这就使电路的集成不能无限制地进行，研究纳米级结构电子的输运行为就成为物理学的必然。20 世纪 80 年代初，纳米尺寸体系的电子受限清醒的电磁输运问题即所谓“介观物理”成为研究热点。介观 AB 环作为典型的介观体系受到广泛研究。1987 年，IBM 公司的 B. J. Wees 研究电流穿过“量子点结点”的流动情况，揭示了“纳米电路中电流流失量子化的”这一支配纳米技术电路的基本法则。几乎同时，贝尔实验室的 T. A. Fulton 和 G. J. Dolan 构造了单电子晶体管，观察弹道电子库仑阻断效应，实现了单个电子穿过纳米器件的可控流动。

(3)纳米机械

纳米加工和纳米机械是纳米科学与技术中最引人注目、最激动人心的方向之一，有着广泛的用途。用原子和分子直接组装成的纳米机器，不但响应速度、效率等比现有机器大大提高，而且功能丰富。基于纳米材料的压电效应设计研制的纳米电机有着广泛的应用前景(如图0.4)。

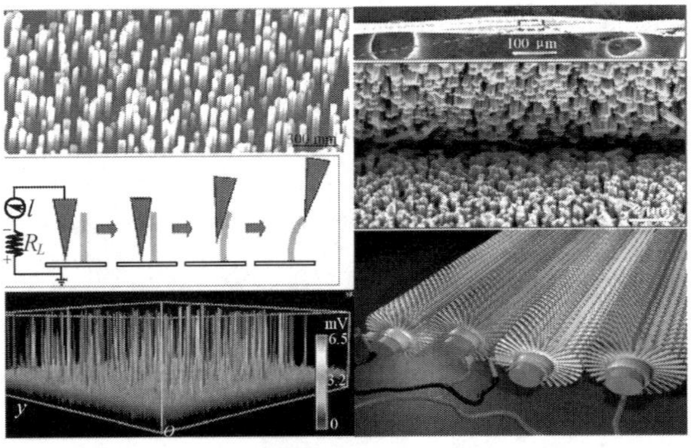

图 0.4　ZnO 的纳米压电效应及概念纳米电机

(图片来源：王中林实验室)

2004 年 1 月 12 日，中国科学院 528 名院士投票评选的 2003 年世界十大科技新闻揭晓，排名第一的是科学家研制出了世界上最小的纳米电机。这是美国加州大学伯克利分校的 Alex Zettl 研究小组用碳纳米管制备而成的尺寸约500 nm的纳米发动机,该工作一发表就受到学术界和社会各界的关注,开启了纳米机械的实用化研究进程。其实,早在1999年,美籍华裔学者、佐治亚理工学院(Georgia Institute of Technology)王中林教授的研究小组就在*Science*上报道了世界上最小的可以称单个病毒质量的“纳米秤”,被称为当时世界上最小的纳米机械。之后,他所领导的小组研制的利用纳米带做成的应用于扫描探针技术中的纳米悬臂梁被《自然》杂志以新闻登出。2004年,王中林的研究小组在世界上首次得到具有压电效应的半导体纳米环结构,这种新型纳米带可以应用于微/纳米机电系统,纳米级传感器、生物细胞探测,是实现纳米尺度上机电耦合的关键结构。这一重大研究成果发表在美国《科学》周刊上。利用氧化锌纳米线阵列的压电效应,他们先后于2006年和2007年研制成功了超声驱动的纳米直流电机和纳米交流电机,为纳米机械的真正实现扫清了障碍(如图0.4所示)。纳米发电机无论在生物医学、军事、无线通信和无线传感方面都将有广泛的重要应用。正如王中林本人所说:“这一发明可以整合纳米器件,实现真正意义上的纳米系统,它可以收集机械能,比如人体运动、肌肉收缩、血液流动等所产生的能量;振动能,比如声波和超声波产生的能量;流体能量,比如体液流动、血液流动和动脉收缩产生的能量,并将这些能量转化为电能提供给纳米器件。这一纳米发电机所产生的电能足够供给纳米器件或系统所需,从而使纳米器件或纳米机器人实现能量自供。”

(4)纳米生物医学

由于纳米微粒比血红细胞还小许多,可以在血液中自由运行,纳米尺寸的机械就可以作为血管清道夫清理血管和血液中的障碍。机器人能够从动脉壁上清除粥样沉积物。这不仅会提高动脉壁的弹性,还会使通过动脉的血液流动状况得到改善。利用具有纳米级大小孔洞的半透膜或特殊的合成纳米管等,可把胎儿细胞分离出来进行诊断。从而在不需要进行羊水穿刺下,诊断出胎儿是否有遗传缺陷。纳米颗粒可增大药物的表面积,促进药物溶解。同时,纳米尺寸的药物大分子能穿透组织间隙,也可以通过人体最小的毛细血管,而且分布面极广。纳米中药使药物的物理活性、靶向性比普通中药大大提高。

目前广泛使用的人工心脏瓣膜,是由钛金属与不锈钢合金所构成,但移植入人体后仍有损坏的可能性。结晶纳米氧化锆是一种具有高度抗生物损耗的替代材料。银在纳米状态下的杀菌能力产生了质的飞跃,只需用极少量的纳米银即可产生强力的杀菌作用。制备纳米晶羟基磷灰石或胶原复合的生物硬组织修复材料,复合材料具有纳米级别的天然骨分级结构和天然骨的多孔结构。把它植入体内填充各类型的骨缺损,其网状结构可生长出很多新生的骨细胞,所有填充的纳米骨材料,最后会降解消失,骨缺损部分能完全被新生骨取代。

总之,纳米科学特别是纳米物理对现代技术和社会文明的推动涉及方方面面,它推动着人类文明快速发展,它改变着人们的生活和文明习惯。从防紫外的化妆品到自清洁的布料,从纳米靶向医药到血管清道夫,从日用纳米机械到宇航员的纳米磁性头盔,从单分子量子器件到纳米结构巨磁阻效应的海量存储器,纳米科学对技术的推动正日益验证钱学森先生的预言。同时,纳米结构和纳米技术在应用中又引出新的科学问题,驱动着无数科学家们去揭示更深层的纳米科学问题,推动着纳米科学学科的发展。相应地,作为纳米科学基础的纳米物理也不断取得发展。

第1章　纳米结构的形成与表征

1.1　纳米结构的特征

由于尺寸小到纳米范围，纳米结构的表面原子数接近于总原子数。典型固体材料原子数的体密度大约为 $10^{23}\ cm^{-3}$，面密度大约为 $10^{15}\ cm^{-2}$，如果是一个边长为 L 的立方体固体，其表面积(S)和体积(V)分别为 $6L^2$ 和 L^3，那么相应的表面原子数与总原子数之比就为 $6\times10^{-7}/L$ (L 的单位为 cm)。因此，对于 L 分别为 1 cm 和 1 nm 的立方体固体(如图 1.1 所示)，其表面原子数与总原子数之比分别为 10^{-8} 和 0.6。纳米结构大量表面原子的结构畸变和活性使其具有丰富的性质和广泛的应用前景。2000 年 1 月 21 日，时任美国总统的克林顿在加州理工学院正式宣布一项新的国家计划——国家纳米技术计划(NNI)，并被确立为联邦政府科技研究与开发的第一优先计划。克林顿总统很乐观地讲：国会图书馆内所有的信息可以压缩在一块方糖那样尺寸的器件之中。通常，一块方糖的体积大约是 1 cm^3，其中的原子数大致是 10^{23} 个，如果一本书可以容纳的信息是 10^9 bit，那么，这块方糖就可能装载 10^{14} 册书的信息。截至 2007 年，国家图书馆库藏的中文图书为 6 379 096册，外文图书3 410 844册，合计才近 1 000万册，还需要 1 000 万个同规模图书馆的信息才有可能填满这块方糖。因此，要实现"国会图书馆内所有的信息压缩在一块方糖那样尺寸的器件之中"的愿望并不是一件非常困难的事。由于纳米结构具有非常大的比表面积，由此会产生过高的表面张力(γ)，引起晶格畸变，导致纳米结构的晶格常数与非纳米结构的差异，如图 1.2 所示[1]。对于 CdS 的晶格常数为 a、绝热压缩系数为 κ($\kappa_{CdS}=1.56\times10^{-11}\ m^2\cdot N^{-1}$)，依据关系式 $\Delta a/a=2\gamma\kappa/3R$，图 1.2 中的点线和实线分别对应于 $\gamma=2.50\ N\cdot m^{-1}$ 和 $1.7\ N\cdot m^{-1}$。因此，对于 CdS 纳米微粒，其晶格常数随微粒由大变小逐步变短。

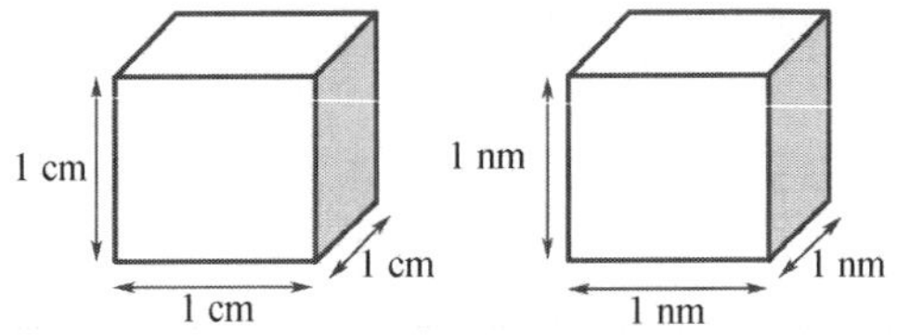

图 1.1　边长 L 分别为 1 cm 和 1 nm 的立方体固体

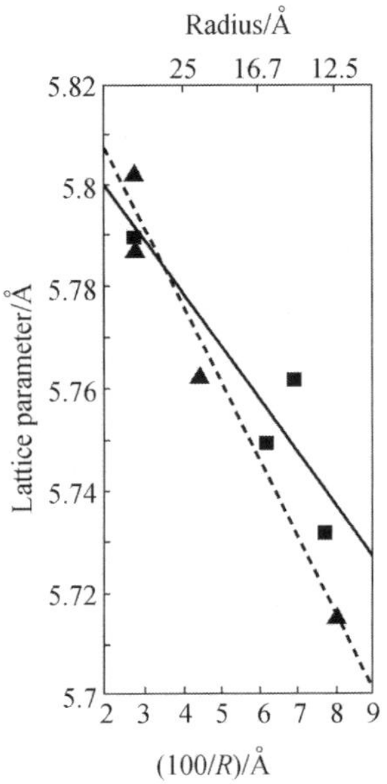

图 1.2　CdS 纳米微粒的晶格常数与微粒半径 R 的关系

图 1.3 为不同维度纳米结构的示意图。零维的纳米结构(0-D)是在三维空间中的三维都处于纳米尺寸范围,形状类似于点结构,主要包括原子团簇和纳米微粒,其中纳米微粒也称为人造原子;一维的纳米结构(1-D)是在三维空间中有二维处于纳米尺寸范围,形状类似于线结构,主要包括纳米线、纳米棒、纳米管等;二维的纳米结构(2-D)是在三维空间中有一维处于纳米尺寸范围,形状类似于面结构,主要包括石墨烯、纳米带、纳米薄膜、超晶格等;三维的纳米结构(3-D),一般是由低维纳米结构按一定规律构筑形成的结构。

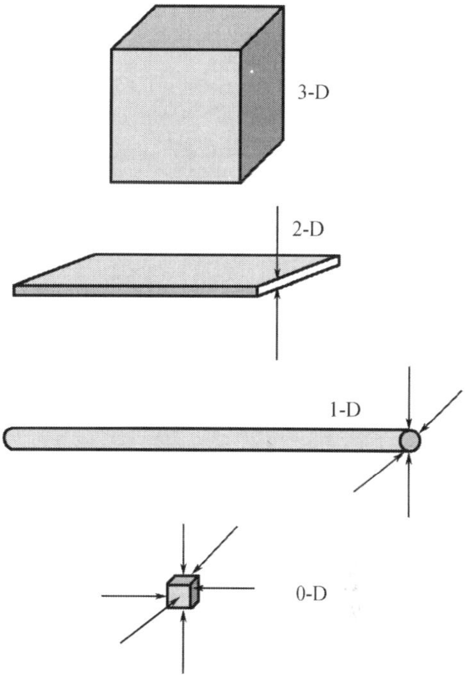

图 1.3　不同维度纳米结构的示意图

0-D 的原子团簇是指几个至几百个原子的聚集体,粒径一般不超过 1 nm,其中所含原子个数小于 10^2。原子团簇又可以分为一元原子团簇(如 Na_n, Ni_n, C_{60} 以及富勒烯)、二元团簇(如 In_nP_m, Ag_nS_m)、多元团簇(如 $Vn(C_6H_6)_m$)(其中 n 和 m 都为整数),以及原子簇化合物(原子团簇与其他分子以配位键结合形成的化合物),并具有线状、层状、管状、洋葱状、骨架状、球状等结构多样化的特点。C_{60}是原子团簇的典型代表,其结构如图 1.4(a)所示,是由 12 个五边形和 20 个六边形构成的中空 32 面体,其中五边形互不邻接,而是与 5 个六边形相接,每个六边形又与 3 个六边形和 3 个五边形间隔相接,共有 60 个顶角,是一个完美对称的结构。六边形的每个 C 原子均以双键与其他 C 原子结合,形成类似苯环的结构,其 σ 键不同于石墨中 sp^2 杂化轨道形成的 σ 键,也不同于金刚石中 sp^3 杂化轨道形成的 σ 键,是以 $sp^{2.28}$杂化轨道(s 成分为 30%,p 成分为 70%)形成的 σ 键。C_{60}的 π 键垂直于球面,含有 10% 的 s 成分,90% 的 p 成分,即为 $s^{0.1}p^{0.9}$。C_{60} 中的单键键长为 0.145 nm,而双键键长为0.14 nm。C_{60} 中两个 σ 键间的夹角为 106°,σ 键和 π 键的夹角为 101.64°。由于 C_{60}的共轭 π 键是非平面的,显示出不饱和双键的性质,易于发生加成、氧化等反应,形成 C_{60}的衍生物。C_{60}的直径为 0.71 nm,如果考虑到 C 原子的直径为 0.34 nm,那么中心就有一个直径约0.36 nm的空腔笼,几乎可容纳所有元素的阳离子,如图 1.4(b)所示,得到 C_{60}的各种金属富勒烯 M@C_{60}(M = La, Y, Sc, Ni, K, Rb, Cs 等)。

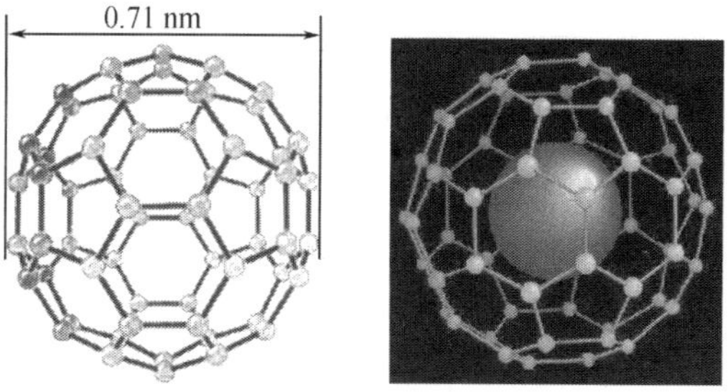

(a)　　(b)

图 1.4　C_{60}的结构(a)和笼内掺杂的 C_{60}(b)

纳米微粒的尺寸一般在 1 ~ 100 nm 之间,大于原子簇、小于通常的微粉,其中所含原子个数在 10^3 ~ 10^7 范围。纳米微粒一般为球形或类球形,不同的合成方法和晶体结构也可能导致多面体到截角多面体的出现,如图 1.5 所示为常见的 Au 纳米微粒形状。伴随尺寸的增加,由于能量变化和结构弛豫,纳米微粒的形状会发生相应的变化,如图 1.6 所示。

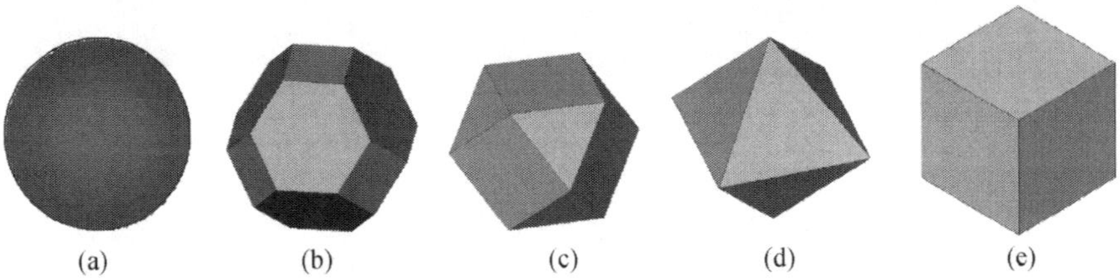

图 1.5 常见的 Au 纳米微粒形状

(a)球形;(b)截角八面体;(c)立方八面体;(d)八面体;(e)立方体

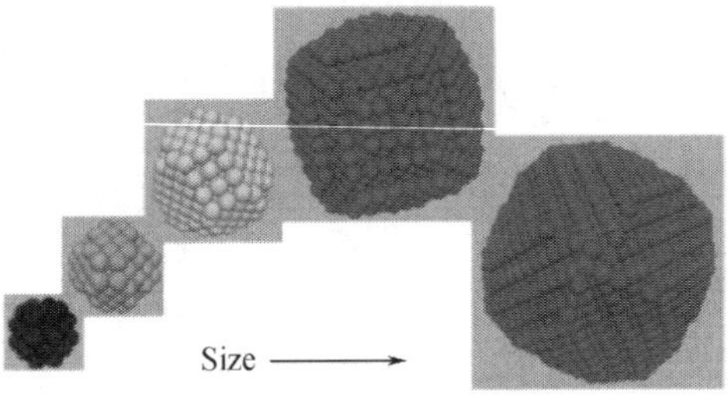

图 1.6 纳米微粒的形状随尺寸的变化

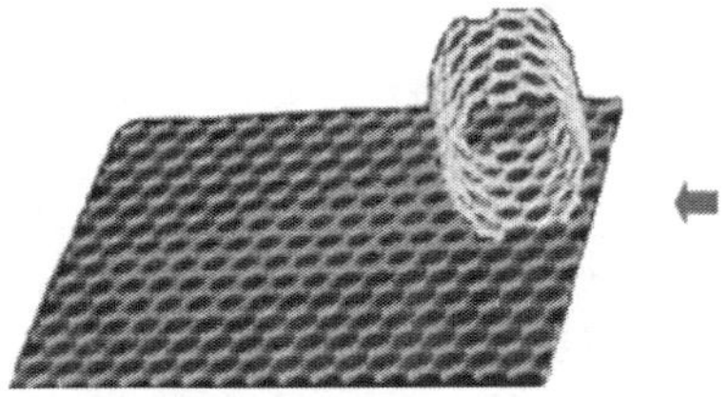

图 1.7 石墨烯片卷成碳纳米管的示意图

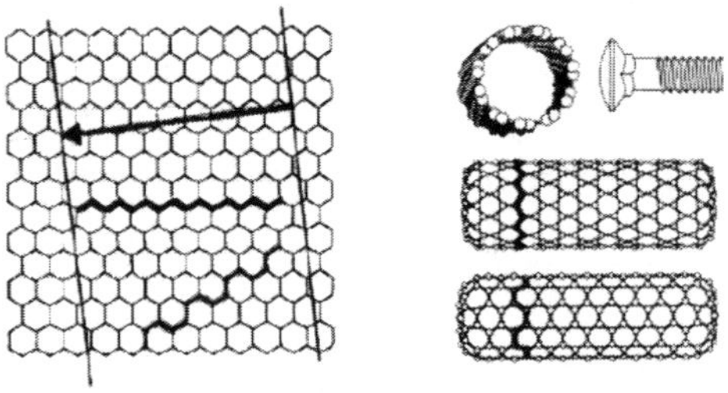

图 1.8 单壁碳纳米管的结构类型

右上:螺旋型;右中:锯齿型;右下:扶手椅型

碳纳米管是 1-D 纳米结构的典型代表。理想的碳纳米管可以看成是由碳原子形成的石墨烯片层映射到圆柱体上,在映射过程中保持石墨烯片层中的六角形不变,由此卷成的无缝、中空的管体,如图 1.7 所示。石墨烯的片层一般可以从一层到上百层,含有一层石墨烯片层的称为单壁碳纳米管(Single-walled Carbon Nanotube, SWNT),多于一层的则称为多壁碳纳米管(Multi-walled Carbon Nanotube, MWNT)。SWNT 的直径一般为 1 ~6 nm,最小直径大约为 0.5 nm,如果直径大于 6 nm,会发生 SWNT 塌陷的现象。由于 SWNT 在结构上与富勒烯相似,故也有人称小管径为巴基管或富勒管。MWNT 的层间距约为 0.34 nm,相当于石墨的[0002]面间距,直径在几个纳米到几十纳米。但是,碳纳米管具有非常大的长径比,SWNT 的长度则可达几百纳米甚至几个微米,而 MWNT 的长度一般在微米量级,最长的可达数毫米。在不考虑手性的情况下,SWNT 可以由两个参量完全确定(直径和螺旋角或两个表示石墨烯的指数(n,m)或者螺旋向量 $\boldsymbol{R}$ 和垂直向量 $\boldsymbol{T}$),MWNT 则需要三个以上的参数表示。根据碳纳米管中六边形沿轴向的不同取向,如图 1.8(左)可以将其分为锯齿型、扶手椅型和螺旋型 3 种,图 1.8(右)从上到下分别对应着螺旋型、锯齿型和扶手椅型。但是,在映射过程中存在夹角,碳纳米管中的网格会产生螺旋现象,而形成螺旋的碳纳米管具有手性。锯齿型和扶手椅型单壁碳纳米管其六边形网格和轴向夹角分别为 0°或者 30°,不产生螺旋和手性,而在 0° ~30°之间其他角度的碳纳米管其网格有螺旋,根据手性可以把它们分为左螺旋和右螺旋两种。

石墨烯是由单原子碳层构成的 2 - D 纳米结构，其厚度就是 C 原子的直径，为 0.34 nm，如图 1.9(a)所示。在未发现石墨烯以前，大多数的观点认为热力学涨落的原因不允许任何二维晶体结构在有限温度下存在。大量的研究证实：在常温常压下石墨烯的结构不仅可以保持稳定，而且还具有非常高的化学稳定性。石墨烯与石墨一样属于复式六角晶格，目前有单层石墨烯(Monolayer graphene)和少数层石墨烯(Bilayer graphene)的区别。在二维平面上，石墨烯的每个碳原子以 sp^2 杂化轨道相衔接，也就是每个碳原子与最近邻的三个碳原子间形成三个 σ 键(键长约为 0.14 nm)，而剩余的一个 p 电子轨道垂直于石墨烯平面，与周围碳原子形成 π 键，碳原子间相互围成正六边形平面蜂窝形结构。这样，在同一原子面上只有两种空间位置相异的原子。尽管石墨烯只有单层原子厚度，基于传统的观点一般会认为是完全透明的。但是，最近由 Andre Geim 教授领导的课题小组却发现石墨烯可以吸收大约 2.3% 的可见光(400 ~ 760 nm)，而且进一步证明这个吸收率 T 与精细结构常数 α 有关($1 - T = \pi\alpha$)，为揭示基本物理常数的物理本质奠定了重要的科学基础[2]。石墨烯来源于石墨(Graphite)(如图 1.9(b))，但是，通过石墨烯可以组合成任何一个维度的 sp^2 杂化的碳纳米结构，如图 1.10 所示。因此，石墨烯被形象地喻为"纳米碳结构之母"。

其他厚度为纳米尺寸的薄膜或晶粒为纳米尺寸的薄膜和纳米带也是二维纳米结构。至于三维纳米结构，则是针对纳米结构基本单元的合成。这些纳米结构，是综合了物理、化学、材料及其交叉学科知识的宽广的研究领域，已经有大量文献和专著可以参考，本书不再作进一步的叙述。

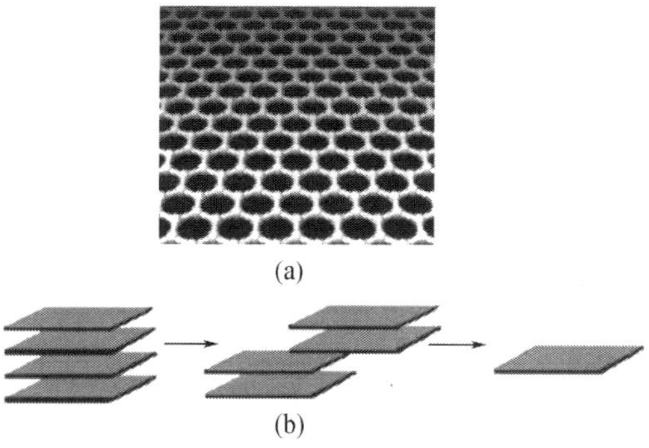

图 1.9　单层石墨烯结构(a)与剥离石墨获取单层石墨烯(b)的示意图

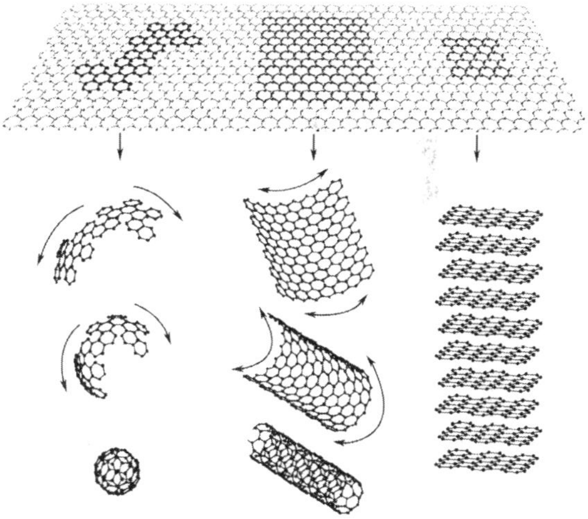

图 1.10　石墨烯到富勒烯、碳纳米管和石墨的结构转换示意图

1.2　纳米结构的形成

纳米结构的形成是其研究与应用的基础和前提，并且涌现出了许多新工艺和新方法，但是基本上都可以归纳为"自上而下"(Top-down)和"自下而上"(Bottom-up)两个主要的技术途径，如图1.11所示。“自上而下”途径是指通过分割、切削和组装等细微加工方式,不断缩小材料及其器件尺寸的技术,而“自下而上”途径是从单个的原子或分子开始,用化学和物理的方法,制作出具有特殊功能纳米结构的技术。

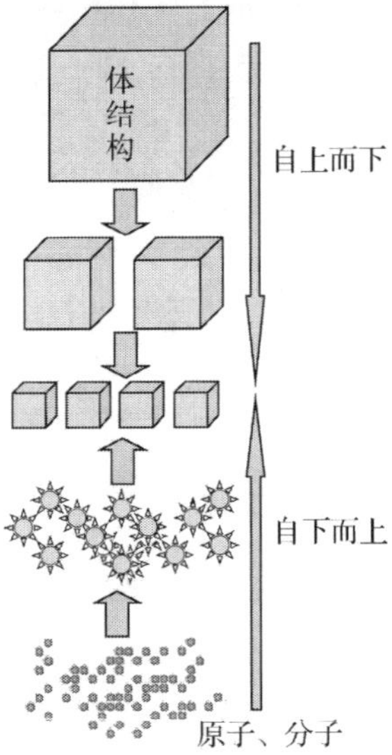

图1.11 “自上而下”(Top-down)和“自下而上”(Bottom-up)途径

1.2.1 “自上而下”途径

半导体硅不仅作为集成电路的材料基础,而且是信息技术的发展核心,在能带宽度、熔点等物理特性方面有着其他任何材料不可比拟的优势,而且来源丰富,与 SiO_2 有很好的表面接触性能等。在众多的硅器件中,平面CMOS(如图1.12)凭借突出的性能优势已成为集成电路工艺中的主导器件。1965年,Gordon Moore提出了著名的摩尔定律(Moore's Law),随着集成电路工艺中蚀刻技术和相关材料的不断改进,平面CMOS的沟道长度 L(特征尺寸,Feature Size)以每年13%的速度递减(Scaling down)。集成电路产业在几十年间的技术发展,都验证了摩尔定律的准确性。2007年1月,Intel发布的Core2集成了两亿九千万个三极管,在成功应用45 nm工艺的芯片中集成的三极管超过了四亿一千万个,而四核的集成达到了八亿两千万个三极管,目前45 nm的工艺已经覆盖到Core 2 Extreme系列、Core 2 Quad四核心系列以及Core 2 Duo双核心系列。遵循“摩尔定律”指引的时间节点,2007年9月Intel领先业界在“开发者论坛”首次展出了32 nm工艺的测试用硅圆片;2008年10月,IBM和英国ARM采用IBM阵营的体硅CMOS通用制造平台“Common Platform”,共同开发专门用于32 nm以及28 nm工艺的经过最优化的物理IP。因此,“自上而下”(Top-down)途径被认为是从微米到纳米的延伸,因其与传统的平面CMOS工艺及其发展相吻合,受到了业界的普遍重视。

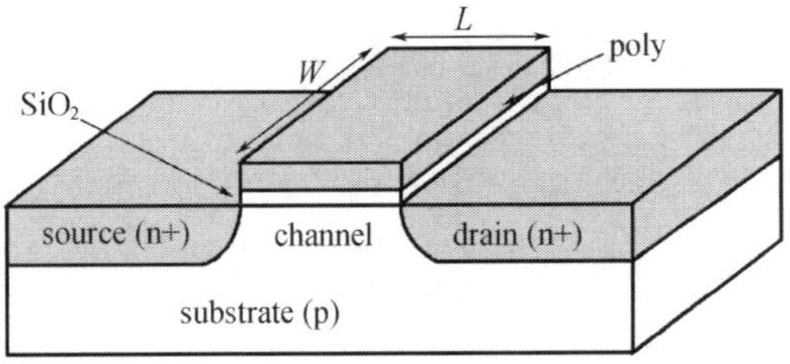

图1.12 平面CMOS(n-沟道)的结构示意图

器件图形的蚀刻是集成电路的关键制造工艺,图1.13(a)所示为蚀刻工艺的基本流程,是具有代表性的“自上而下”技术,其中光刻是实现图形转换的核心技术(见图1.13(b))。多年以来,集成电路正是伴随光刻技术的不断创新,通过器件的微型化成功发展到了今天。分辨率 R 是光刻技术的关键参数,可以根据瑞利方程得到

$$R = K_1\lambda/NA \tag{1.1}$$

式中,λ 为光的波长;NA 是光学系统的数值孔径;K_1 是一个与工艺条件和光刻胶有关的系数。

光刻技术的分辨率 R 是由曝光波长(λ)和光学系统的数值孔径(NA)决定的,因此,提高分辨率需要缩短曝光波长或增大数值孔径。

如图1.14为不同光源的波长,为了遵循摩尔定律的时间节点,选择的曝光波长由Hg灯g线的436 nm缩短到i线的365 nm,继而到KrF准分子光源的248 nm乃至ArF准分子光源的

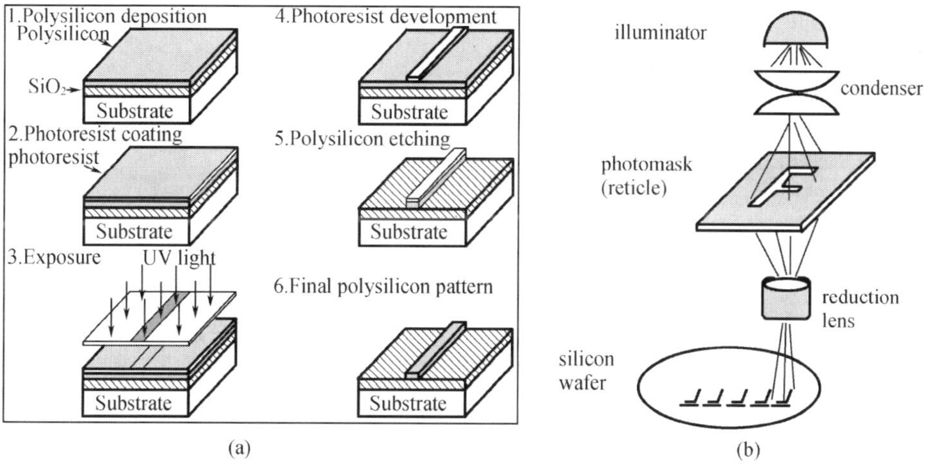

图1.13 集成电路中图形转换蚀刻工艺的基本流程(a)和光刻的工作原理图(b)

193 nm,保障了特征尺寸跨越了1 000 nm,500 nm,350 nm,100 nm,90 nm,65 nm,45 nm等制造工艺,目前已迈向了32 nm的开发阶段。最近20年来,业界一直认为极短紫外(EUV)光刻技术是最有希望的下一代微芯片制造工艺,可以将特征尺寸减少到20 nm,由此将现有的半导体CMOS工艺推进到材料的极限(如表1.1)。早在1997年,Intel、AMD、摩托罗拉就联合成立了一家名为“EUV Limited Liability Corporation”的公司,试图在100 nm工艺水平上取代深紫外(DUV)光刻技术,但是后者近来不断取得重大技术进展,目前能够保障45 nm的大规模产量,并普遍被认为能延续到22 nm的制造工艺。伴随EUV技术的发展,使生产64~256 GB的NAND闪存及含有16~64亿个,甚至更多晶体管的微处理器成为可能,是目前一流集成电路集成水平的4~16倍。因此,可以说EUV技术获得了一个极佳的突破机会。

表1.1 半导体工业中光刻技术发展的情况

年份	平版印刷方法	分辨率/nm	(DRAM)比特数/bit
1992	UV(436) Hg灯g线	500	16 M
1995	UV(365) Hg灯i线	350	64 M
1998	DUV(248) KrF	250	256 M
2001	DUV(193) ArF	180	1 G
2004	DUV(157) F_2	120	4 G
2007	DUV(126) 氩激光器释放的激态二聚体	100	16 G
2010	高级平版印刷术	小于100	大于16 G
	极短紫外(EUV,13 nm)		
	软X射线(6~40 nm)		

数值孔径的改进工作一直在取得重要的进展。一方面,浸没式光刻技术不断取得新突破。以水为浸没液体的193 nm浸没式光刻技术的数值孔径已接近理论极限的1.35,随着双重成像技术(Double Patterning,DP)的出现,ArF浸没式光刻技术使193 nm光刻技术得以延续。为了能够进一步延伸浸没式光刻技术,更多的光学临近效应修正技术(OPC)和分辨率增强技术

(RET)正逐步被应用于提高分辨率。另一方面,非浸没式光刻物镜的数值孔径的增大也是提高分辨率的有效途径,最新推出的 193 nm-ArF 光刻机非浸没式光刻物镜的数值孔径已达 0.85,比最初的 0.28 增大了 300%,已接近物理极限。

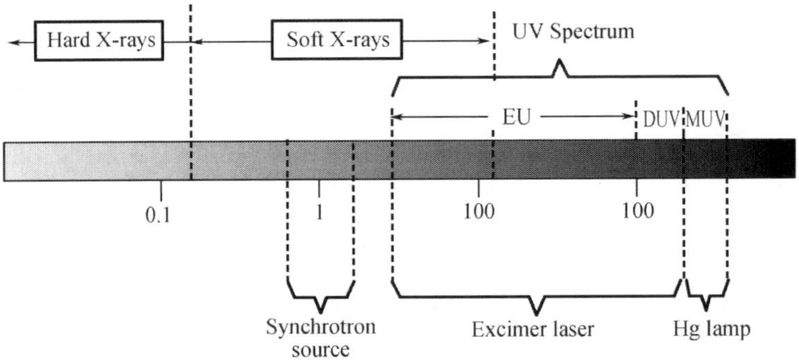

图 1.14 不同光源的波长

但是,对于集成电路技术中特征尺寸的递减终归将会受到限制,特别是光学蚀刻技术的性价比问题日趋明显,具体的讲有四种极限:1 nm 是研究的极限,因为 1 nm 相当于 10 个氢原子并排放在一起的尺度,再往下就是原子物理的问题,不再具有理论研究的意义;1 ~ 4 nm 是物理极限,这时量子效应已经很明显,会使器件无法遵循传统半导体物理的原理工作,即使有新型纳米结构器件的出现,非常困难应用于超大规模的集成电路;4 nm 是制造极限,目前的集成电路工艺水平还无法实现更小的尺寸需求,在这个极限以下大多数只是理论研究的工作;9 nm 是成本效益的极限,具有这种特征尺寸的器件即使研制出来,目前看其成本已经超过尺寸递减带来的利益,性价比会显著下降。因此,按照 2005 年的国际半导体技术发展蓝图(International Technology Roadmap for Semiconductors, ITRS)确定的方案(如图 1.15),特征尺寸进一步继续按比例缩小,使得越来越多的晶体管可以集成到一个系统级芯片(System-on-chip, SoC)中,正如摩尔定律所描述的那样,SoC 的基本功能是数据存储和数字信号处理。然而,更多的功能性需求,例如功耗、通信、带宽(例如 RF),以及其他需求,如由无源器件、传感器和激励器实现的功能以及生物功能等,都无法实现摩尔定律那样的按比例缩小,需要发展非平面 CMOS 的技术集成在一个封装内(System-in-package, SiP)的解决方案。

1.2.2 “自下而上”途径

“自上而下”途径长期在纳米结构的制造中占据统治地位,而且在集成电路技术领域仍是首选的方法。然而,利用“自上而下”途径不能方便、廉价制造出分子水平的纳米结构,便出现了“自下而上”(Bottom-up)途径。“自下而上”途径是从单个的原子或分子开始,用化学和物理的方法,制作出具有特殊功能纳米结构的技术。“自下而上”方法很容易制作出短程有序的纳米结构,其可以控制的大小在 2 ~ 10 nm 之间,因此,形成长程有序的纳米结构的难度较高。目前主要尝试“自下而上”途径有两类:一类是实现单原子操纵和分子技术;另一类是各种体系的自组装技术。

1990 年,IBM 的科学家D. M. Eigler和 E. K. Schweizer 采用隧道扫描显微镜(STM),在超真空及液氦温度(4.2 K)条件下,将吸附在镍表面的氙原子,一个个地拖曳排列成“IBM”三个

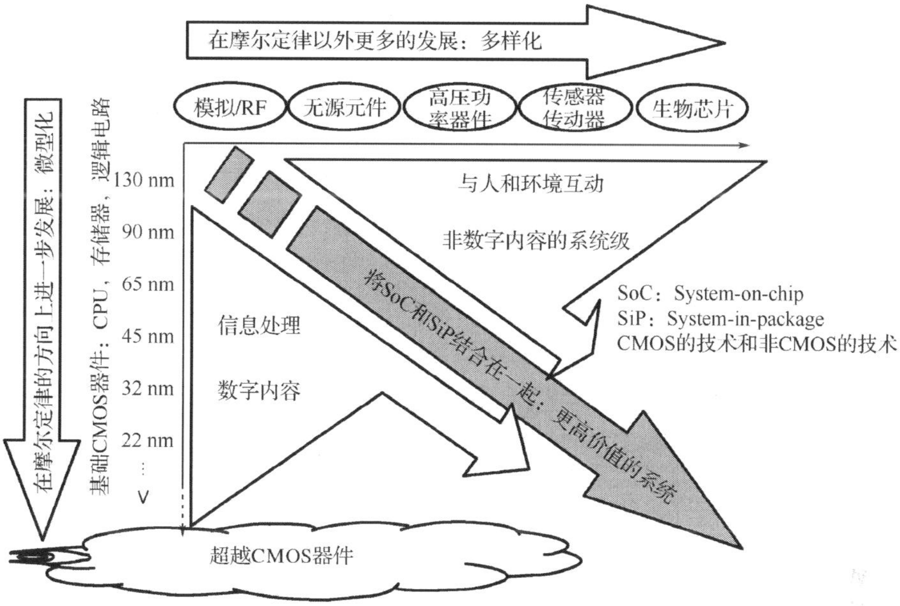

图 1.15　国际半导体技术发展蓝图(2005 年)

字母,引起了世人的瞩目,这是人类首次对原子进行操作(如图 1.16)[3],也是“自下而上”途径的一个开端。

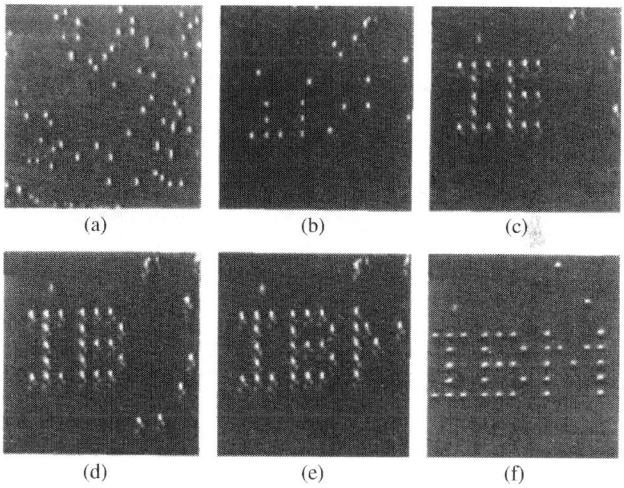

图 1.16　操纵原子写成的“IBM”

自组装技术是利用特殊分子结构中所蕴涵的各种相互作用,分层次地逐步生长,将其“组装”成具有特殊性能的纳米结构。自组装过程的关键不是大量原子、离子、分子之间弱作用力的简单叠加,而一种用非共价作用(如氢键、范德瓦耳斯键和弱的离子键协同作用)把原子、离子或分子连接在一起构筑成一个纳米结构或纳米结构的花样,是自发地缔结成热力学上稳定的、结构上确定的、性能上特殊的聚集体的过程。自组装过程中分子在界面的识别至关重要,能否实现自组装取决于基本结构单元的特性,如表面形貌、形状、表面功能团和表面电势等,组装完成后其最终的结构具有最低的自由能。大量的研究表明:内部驱动力是实现自组装的关键,包括范德华力、氢键、静电力等只能作用于分子水平的非共价键力和那些能作用于较大尺寸范围的力(如表面张力、毛细管力等)。

自组装体系的形成有两个重要的条件:一是有足够数量的非共价键或氢键存在,这是因为氢键(4 ~ 120 kJ/ mol)和范德瓦耳斯键(< 5 kJ/ mol)等非共价键都比较弱,只有足够量的弱键存在,才能通过协同作用构筑成稳定的纳米结构体系(如图 1.17 所示);二是自组装体系能

量较低，否则很难形成稳定的自组装体系。自组装技术的最大特点是：自组装过程一旦开始，将自动进行到某个预期的终点，分子等结构单元将自动排列成有序的图形，即使是形成复杂的功能体系也不需要外力的作用。只要通过各层次结构的设计，选择合适的化学反应条件并结合化学修饰技术，对组成单元之间的相互作用加以利用或进行人为操作，如图 1.18 所示，可以依照一定的规律构筑具有崭新功能的0-D，1-D(a)[4]，2-D(b)[5]乃至3-D(c)[6]的纳米结构。

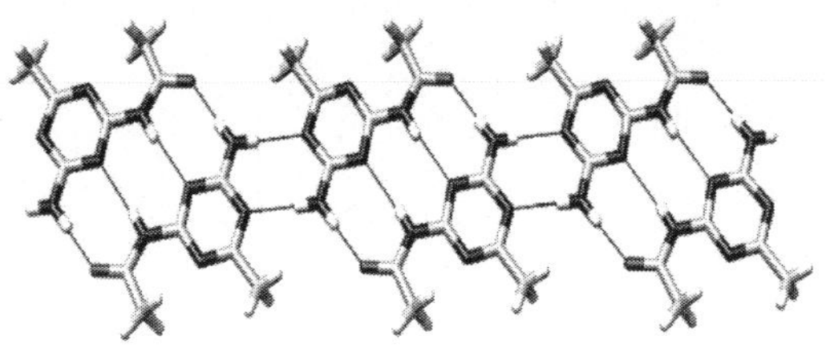

图 1.17　基于氢键的分子自组装

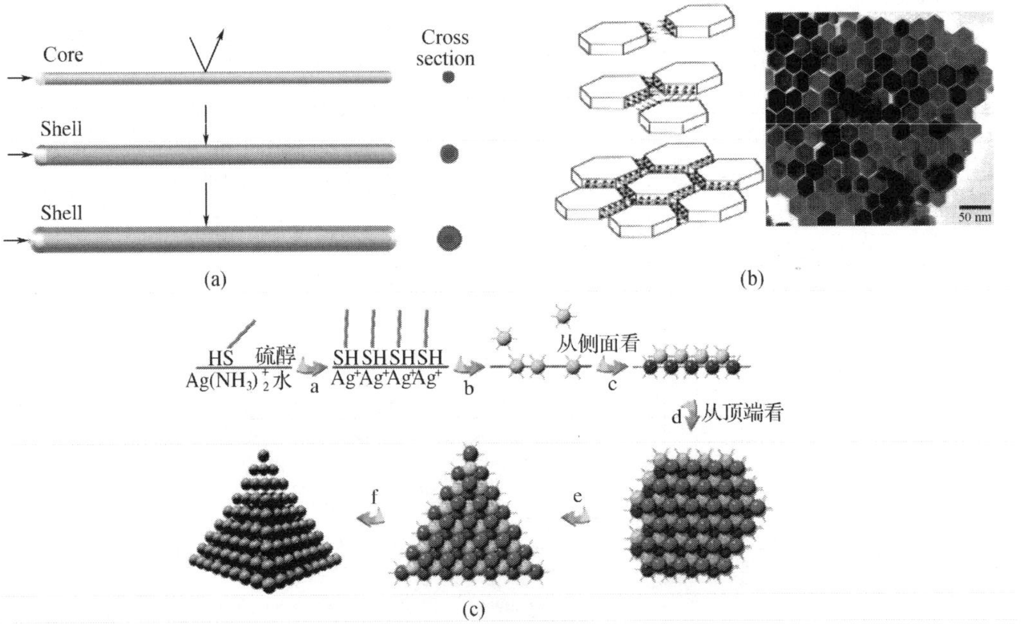

图 1.18　自组装的纳米结构

(a)核－壳结构纳米线(1-D)；(b)2-D 组装的六边形 YPO_4；(c)3-D 组装的 Ag_2S 超晶格

1.2.3　“自上而下”途径和“自下而上”途径的结合

“自上而下”和“自下而上”途径都存在各自的技术比较优势以及劣势，随着人类认知水平的提高和对两种技术的理解与应用的加深，目前综合了“自上而下”和“自下而上”两者优点的技术越来越受到重视。如图 1.19 所示，随着技术的发展和完善，“自上而下”和“自下而上”途径有可能在几至几百纳米的尺度范围相融合、相促进。其中，蘸水笔蚀刻（Dip-pen Nanolithography，DPN）技术和纳米球蚀刻（Nanosphere Lithography，NSL）技术就是能体现两者结合的典型代表。

蘸水笔蚀刻技术自 1999 年由 Chad. A. Mirkin 等人[7]发明以来，就成为备受关注的新方法。在运用 DPN 技术的蚀刻过程中，分子通过溶液或蒸发沉积的方式收集到原子力显微镜（AFM）探针的尖端，周围环境中的水蒸气在尖端及基底表面之间会形成半月板型的毛细管，尖端及表面之间分子浓度梯度将促使分子经过半月板扩散至基底表面形成自组装单分子层

(SAM),如图1.20所示。

DPN的蚀刻过程主要包括针尖对墨水分子的吸附、针尖与基底间弯月液桥的形成、墨水分子的传输、墨水分子在基底的扩散等四个阶段,并受环境、工具、材料及工艺等多方面因素的影响。尖端曲率半径、针尖在基底表面滞留时间、针尖扫描速度、空气湿度、表面粗糙度等均会影响纳米结构的线宽。针尖在基底表面滞留时间与圆半径的平方成一次函数关系,线宽随着尖端半径的增大而变宽,扫描速度与线宽成反比关系。通过控制湿度可以控制"墨水"分子的转移速度,从而影响纳米结构的线宽,而且线宽随样品表面粗糙度增加而变宽。近年来,蘸水笔蚀刻技术取得了极大进展,目前实验加工精度已经达到15 nm的线宽和5 nm的分辨率,理论上,最小线宽可达1.9 nm;多种"墨水"如有机分子、多肽分子、DNA分子、病毒、蛋白质分子、聚合物、无机纳米粒子、溶胶粒子等,均可以直接转移到多种不同性质的如金属、半导体、绝缘体、生物分子等基底上;并相继开发了电化学的DPN、多种AFM模式的DPN加工、多种"墨水"的复合加工、多个探针的并行加工等新技术。

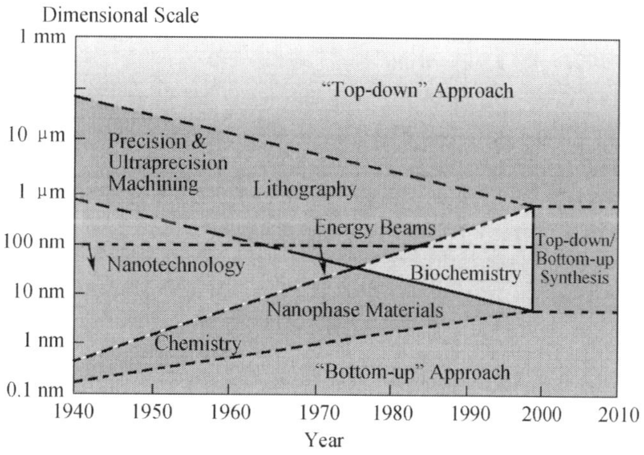

图1.19　"自上而下"途径和"自下而上"途径的结合与发展

纳米球蚀刻技术(NSL)是使用尺寸分布窄的纳米胶体球(如聚苯乙烯分子),利用"自组装效应"在基板上以六方最密堆积的形式排列成周期结构的薄膜[8],并可以通过调整工艺参数,如浓度比例或转速等,可以改变薄膜层数及厚度。NSL的最大技术特色就在于所需的仪器设备相当低廉,且工艺容易操作,只需变化不同纳米颗粒球的粒径,便可在各种基板上得到不同纳米尺寸的大面积周期阵列结构,其基本过程如图1.21所示。

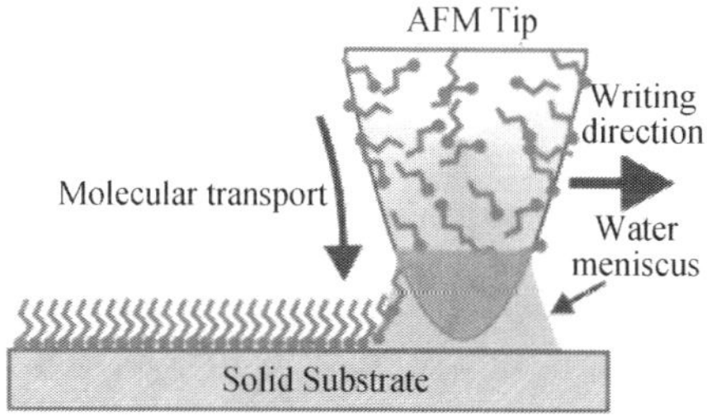

图1.20　典型的DNP工艺示意图

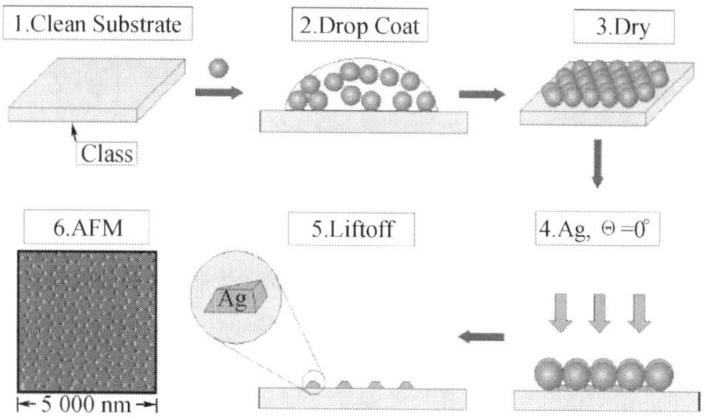

图1.21　纳米球蚀刻技术的基本过程

在纳米制造技术中,特别是要实现与硅IC器件同样功能的集成纳米电子器件,"自上而下"和"自下而上"相融合的混合途径可能会给纳米结构的制造带来契机。传统的印刷技术(照相凹版印刷技术),是将图像蚀刻在金属板的表面,再在蚀刻区填满墨水,然后把金属板卷在一个圆柱体上，通过圆柱体的旋转使图像印在纸或其他材料上，这种方法只能印刷大于 10 μm以上的墨点，如图 1.22(a)所示。采用混合途径，2007 年 9 月 IBM 的研究员与苏黎世瑞士联邦理工大学科学家共同发展出一种高效并具有单个纳米微粒分辨率的新型纳米印刷技术（如图 1.22(b)），并且作为示范，打印出一张 Robert Fludd 在 17 世纪创作的太阳图（the alchemists' symbol for gold－炼金术士的黄金图腾），如图 1.22(c)所示[9]。当前，纳米技术的难点在于对纳米结构的整合和集成，这更需要"自上而下""自下而上"的全方位努力，需要多学科的紧密结合，基础研究与应用开发的平行发展和相互促进。

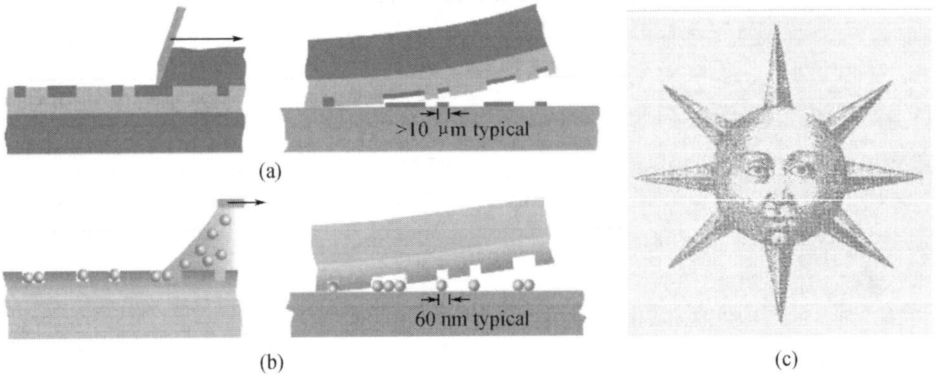

图 1.22 (a)照相凹版印刷技术；(b)纳米微粒印刷技术；(c)由 2 万个半径为 60 nm 的 Au 微粒组成的 IBM 纳米"太阳"

1.3 纳米结构的表征

与其他固体结构的表征一样，纳米结构的表征方法也分为直接表征和间接表征。间接表征是指通过 X 射线衍射谱、材料的特征吸收和发光光谱、质谱和能谱等谱学仪器进行测试和分析的表征方法。直接表征则是依靠显微设备直接进行观测和结构、成分表征。这里，我们仅介绍典型的纳米结构的直接表征方法。

我国古代就有"千里眼"的传说，传说道教中的护卫神离娄能在很远的地方看到动物身上细毛的毛尖，寓意为明察秋毫。纳米结构决定了其基本性能，是否能够准确地表征纳米结构的尺寸、形貌、组成与结构特性，是研究与应用纳米结构的关键。分辨不同纳米结构是准确表征的前提，简短定义的分辨率是清晰区分的两个物点的最小间距。受到波动光学衍射现象的干扰，正常人眼的最小分辨角接近 1°，实际上在明视距离(25 cm)的分辨率大约才为 0.1 mm，基本与人的头发丝直径等同。因此，纳米结构的准确表征需要能够分辨 1～100 nm 范围内的观察用"眼"。

1.3.1 电子显微镜

光学显微镜的发明，第一次将一个全新的细微世界展现在人类的视野里。透过光学显微镜，人类看到了数以百计的"新的"像细菌、细胞那样小的物体，并因此发现大量的新物种和新药剂,丰富了人类的知识并促进社会经济的发展。由于受到光波衍射现象(见图 1.23)的干扰,因此,光学显微镜的极限分辨率大约是 0.2 μm,比人眼的分辨能力高出 3 个数量级。希望进一步看清亚显微结构(Submicroscopic Structures)或超微结构(Ultramicroscopic Structures 或 Ultrastructures),就需选择波长更短的光源,以提高显微镜的分辨率。当认识到电子的波动性,且电子的德布罗意波长比可见光波长小 5 个数量级,1932 年德国柏林工科大学高压实验室的 M. Knoll 教授和 E. Ruska 博士联合研制成功了世界上第一台电子显微镜。电子显微镜的发明,开辟了直接观察原子的技术途径(见图 1.24),是人类发展观察用"眼"的崭新台阶,被誉为"20 世纪最重要的发现之一",从而分享了 1986 年诺贝尔物理学奖。20 世纪 90 年代初,日本 NEC 的研究员饭岛澄男(Sumio Iijima)采用高分辨透射电子显微镜(Hrtem),在碳电弧放电法合成 C_{60}的产物中发现了碳的新同素异构体 - 碳纳米管(如图 1.25 所示)[10,11],由此揭开了探索纳米结构物质世界的新篇章。

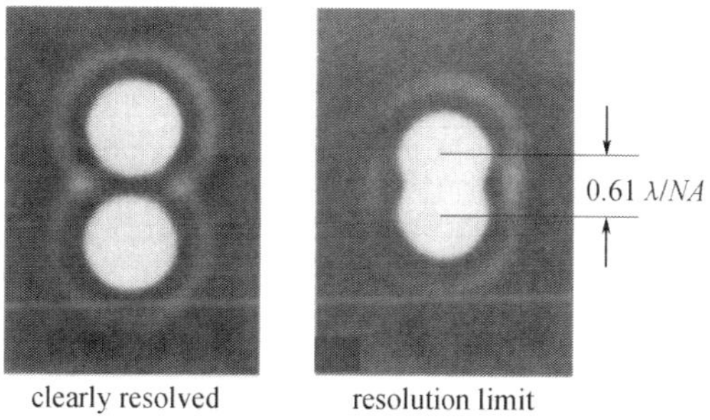

图 1.23　单孔衍射现象

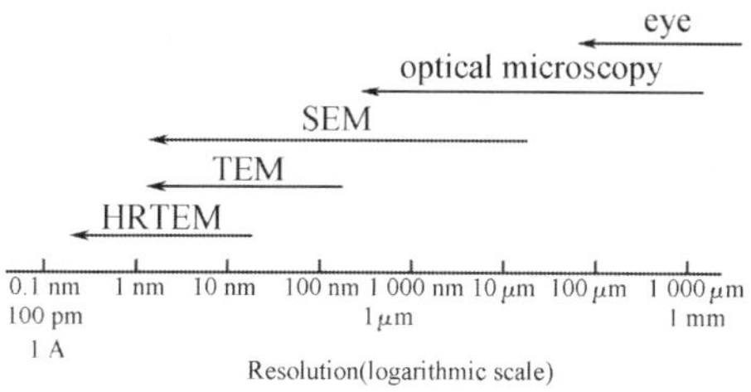

图 1.24　人眼以及不同显微镜的分辨率

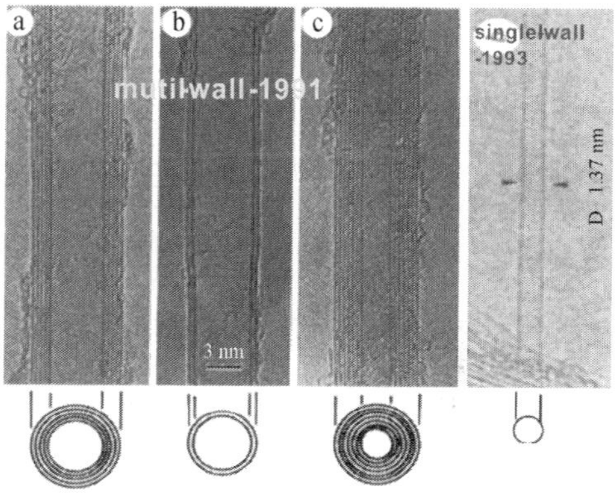

图 1.25　碳纳米管的高分辨透射电子显微镜图像

目前,电子显微镜的分辨率已经接近 0.1 nm(放大倍数 10^6),除一些较小的轻元素外,完全可以分辨出物体中的单个原子。在克服了像差矫正稳定性的基础上,经过美国电子显微学领域最有实力的 5 家主要实验室(劳伦斯伯克力国家实验室、阿贡国家实验室、橡树岭国家实验室、伊利诺大学的弗雷德里克 - 塞兹材料研究室)通力合作,2008 年美国能源部国家电子显微镜中心(NCEM)装配完成了世界上性能最强大的电子显微镜(TEAM 0.5),分辨率可以达到 0.5 Å(如图 1.26)[12]。通过这台显微镜,已经可以观测到比单个氢原子还要小的微小物体。

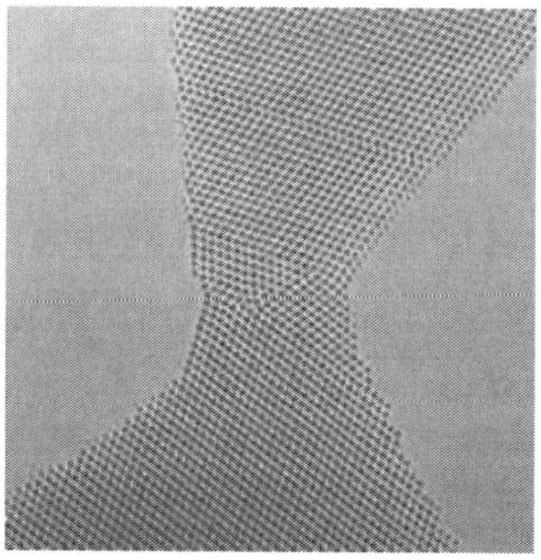

图 1.26　TEAM 0.5 观察到金原子的排列,原子之间距离为 2.3 Å

1.3.2 扫描隧道显微镜(STM)/原子力显微镜(AFM)

电子显微镜作为具有高分辨能力的特殊"眼",提供了观察纳米结构的形貌、成分和晶体结构等重要信息的手段。1982 年,在 IBM 瑞士苏黎世实验室工作的两位科学家 Gerd Binning 和 Heinrich Rohrer 另辟蹊径,他们基于量子力学中的隧道效应以及电子在隧穿两个金属电极间(W 针和 Pt 板)真空能隙的特性,研制出世界上第一台扫描隧道显微镜(Scanning Tunneling Microscope,STM)。STM 的发明,不仅使人类第一次能够实时地观察到单个原子在物质表面的排列状态和与表面电子行为有关的物理化学性质,而且具备了人类在真正意义上直接移动和操纵分子与原子的能力(见图 1.27),在真正意义上实现了 Richard P. Feynman 最初的梦想。为此,Gerd Binning, Heinrich Rohrer 和研制世界上第一台电子显微镜的 E. Ruska 一起获得了 1986 年诺贝尔物理学奖。

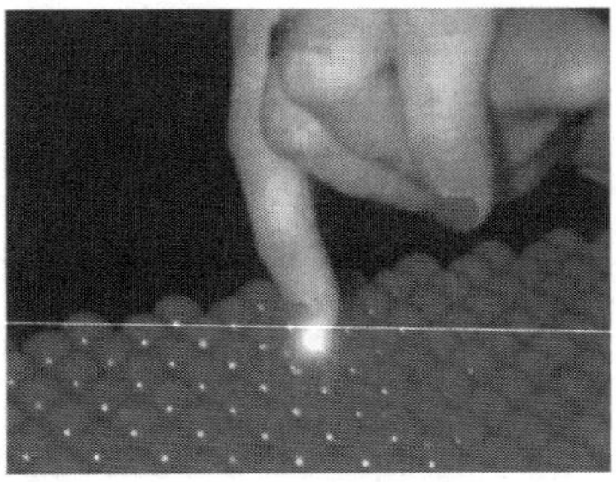

图 1.27 Richard P. Feynman 最初对原子加以操纵的梦想

由于电子表现出明显的波动性,即使存在势垒,依然有部分电子可能发生隧穿的量子现象,从样品一侧到达探针一侧。这样,当原子线度的极细探针和被研究物体的表面作为两个电极,如图 1.28 所示,当样品与针尖的距离非常接近时(< 1 nm),在外加电场的作用下,少数电子会隧穿过两个电极之间的真空势垒流向另一电极,并形成隧道电流 I。研究发现:隧道电流 I 的大小取决于两个电极间波函数的重叠程度,与表面局域态密度(LDOS)有关,而且还依赖于真空势垒的宽度 S 以及两个电极的平均功函数 ϕ 的变化,近似可以表示为

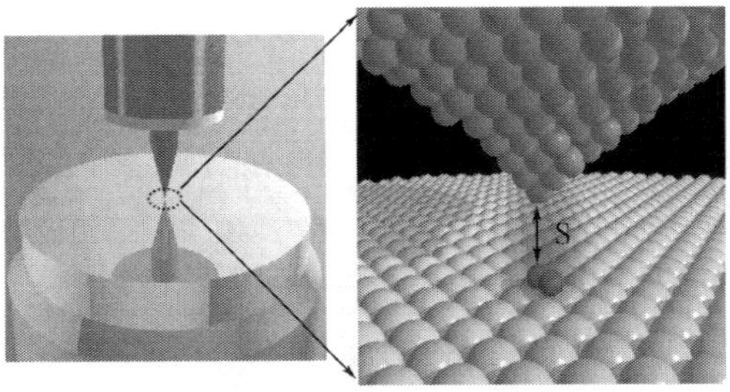

图 1.28 STM 的基本设置原理图

$$I \propto V_b e^{-A\phi^2 S} \qquad (1.2)$$

式中,V_b 为加在两个电极之间的偏置电压;如果 ϕ_1 和 ϕ_2 分别为样品和针尖的功函数,则 $\phi = (\phi_1 + \phi_2)/2$;$A$ 是一个常数,对于真空介质约等于 1。

可以看出,隧道电流与 S 呈指数关系,因此非常敏感于 S 的变化。如果 S 减少 0.1 nm(近似为单个原子的大小),隧道电流 I 将会增加 1 个数量级。所以,STM 的空间分辨率在横向为 0.1 nm,在纵向可以达到 0.01 nm。

STM 有恒流(Constant Current Mode)和恒高(Constant Hight Mode)两种主要的工作模式(见图 1.29)。恒流模式是利用压电陶瓷控制针尖在样品表面 $x-y$ 方向扫描,而 z 方向的反馈回路控制隧道电流的恒定,当样品表面凸起时,针尖就会向后退,以保持隧道电流的值不变,这样探针在垂直于样品方向上高低的变化就直观地反映出样品表面的起伏。恒流模式是针尖在 $x-y$ 方向仍起着扫描的作用,而 z 方向则保持绝对高度不变,由于针尖与样品表面的相对高度会随时发生变化,因而隧道电流的大小也会随之明显变化,通过记录扫描过程中隧道电流的变化转换为表面的形貌,亦可得到表面局域态密度(LDOS)的分布。因为电子在很多情况

下将不再为某个特定的原子所独有，隧道电流反映的是表面局域态密度（LDOS）的分布，而利用隧道电流、表面功函数、偏置电压之间的关系，可以获得比表面形貌更为丰富的表面占据态和未占据态的重要信息。因此，STM 进一步还提供了研究具有原子级分辨率的谱学性质的工具，形成了扫描隧道显微谱（STS）的发展方向。STM 作为一种具有全新工作原理和原子分辨率的表面形貌与结构分析技术，很快受到了广泛的关注并得到了大量的应用。在 1990 年采用 STM 构成了用原子撰写的“IBM”的基础上，1993 年由 Don Eigler 领导的小组进一步将 48 个铁原子在铜的表面排列成直径为 14.3 nm 的圆圈，构成一个“quantum corral－量子围栏”（见图1.30）[13]，并且观察到其中禁锢电子的电子密度分布，成功实现了对电子状态的显微分析。

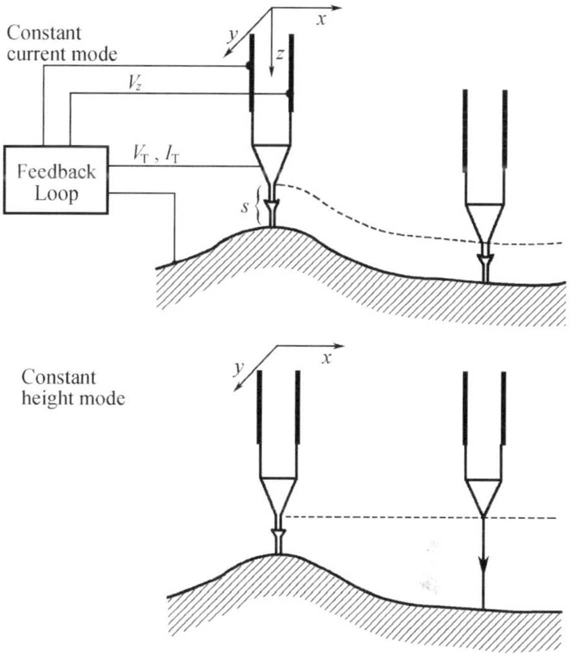

图 1.29　STM 的恒流和恒高工作模式

在发明 STM 的很短时间内，STM 就取得了巨大的成功，不仅提供了能够观察原子级世界的另一只“眼”，而且还创造出可以操纵原子级世界的“手”。但是，受到工作模式的影响，STM 在相当多的应用领域还存在一定的局限性。在扫描隧道显微镜（STM）的恒电流工作模式下，有时它对样品表面微粒之间的某些沟槽不能够准确探测，与此相关的分辨率较差。在恒高度工作方式下，从原理上这种局限性会有所改善。但只有采用非常尖锐的探针，其针尖半径应远小于粒子之间的距离，才能避免这种缺陷。而无论是恒流还是恒高的工作模式，STM 的前提条件是样品与针尖都必须具有良好的导电性，并不适应导电较差的研究对象，对于绝缘体则根本无法直接观察。为了弥补 STM 的不足，Gerd Binning 与 IBM 公司苏黎世研究实验室的 Christoph Gerber 和 Stanford 大学的 Calvin Quate 合作，于 1986 年发明了原子力显微镜（Atomic Force Microscope，AFM）。AFM 是一种不受导电条件限制的扫描探针型显微镜，如图 1.31 所示。

图 1.30　在铜(111)面上的 48 铁原子形成的量子围栏

原子与原子之间存在多种力的形式，都可以简单归纳为吸引力和排斥力，如图 1.32 所示。对于一个只有原子大小的探针，在非常靠近探测物体的表面时，由于针尖原子与表面原子的相互作用以及悬臂的弹性系数与原子间的作用力常数相当，会导致探针在垂直方向上下移动，简单地说就是表面的高低起伏会使悬臂发生弯曲变化，在小位移范围内悬臂的弯曲变化依然符合弹性力学理论中的 Hooke 定律，可以非常准确地测量出针尖原子与表面原子之间的作用力。因此，AFM 就具有分辨出原子级形貌特征与变化的能力，并且与 STM 一样具有操纵原子的能

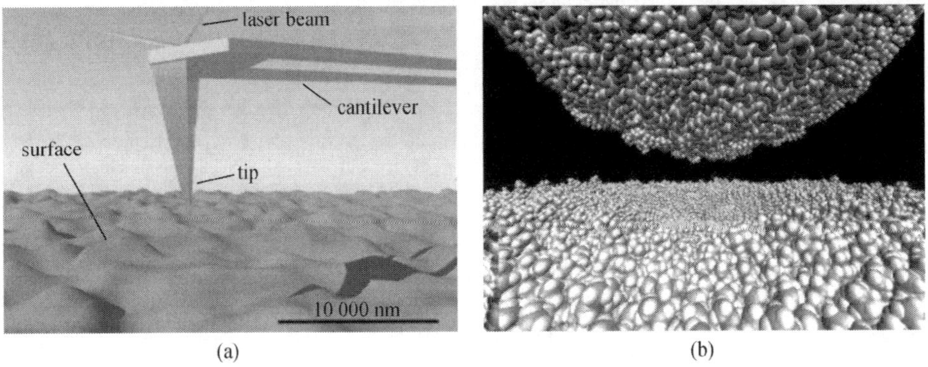

图 1.31　AFM 工作原理(a)及针尖靠近探测表面的示意图(b)

力(如图 1.33 所示)。

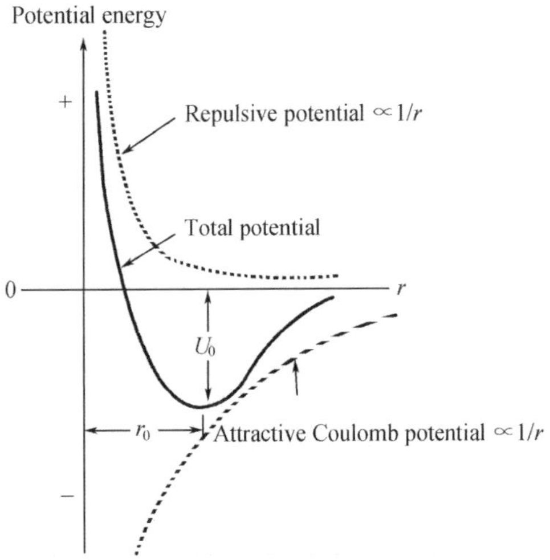

图 1.32　原子间的作用力

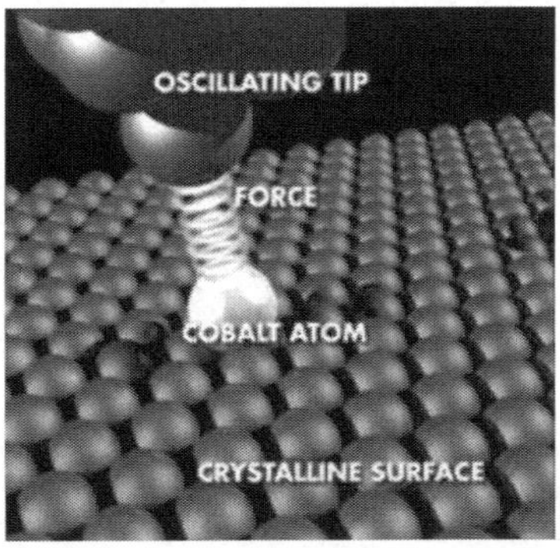

图 1.33　AFM 在晶体表面上搬迁 Co 原子

原子力显微镜的工作模式是以针尖与样品之间的作用关系来分类的,主要有接触模式(Contact mode)、非接触模式(Non-contact mode)以及敲击模式(Tapping mode)。接触模式是 AFM 最早发展、最直接的成像模式。在整个扫描成像过程之中,探针针尖始终与样品表面保持紧密的接触,因此,作用力主要是排斥力($10^{-10} \sim 10^{-6}$ N),有可能破坏样品的表面结构。非接触模式是探针针尖保持在距离试样表面上方 5 ~ 10 nm 的距离,作用力主要为范德华力控制(大约 10^{-12} N),表面不会被破坏,而且针尖也不会被污染。但是,非接触模式的不利之处在于要在室温大气环境下实现这种模式十分困难,因为样品表面不可避免地会积聚薄薄的一层水,会在样品与针尖之间搭起一小小的毛细桥,将针尖与表面吸在一起。敲击模式介于接触模式和非接触模式之间,是一个杂化的概念。AFM 在敲击模式工作时,其悬臂以其共振频率振荡,探针针尖周期性地短暂地接触/敲击样品表面,意味着明显地减小了针尖接触样品时所产生的排斥力。

第2章　纳米团簇

2.1　团簇及其幻数

团簇是有限数目(几个至上千)的原子、分子或离子通过一定的键合方式构成的相对稳定的非刚性聚集体,分为原子和分子团簇,是电子在三个纬度方向都受限制的零维纳米结构。团簇的空间尺度在几个埃(Å)至几百埃(Å)的范围,其物理和化学性质随所包含原子数目的变化而变化。由于团簇特殊的空间尺度,团簇的许多性质既不同于单个的原子或分子,又不同于液体或固体,而且也不能从单体和体相材料的性质作内插或外延得到。因此,团簇可以当作介于原子、分子和宏观固体之间的物质结构新层次,甚至有人称之为物质的第五态[14,15]。

根据团簇中原子键结合的类型和强度,大致可以将团簇分为六种:以惰性气体团簇为代表的范德瓦尔斯团簇(如 Xe_n)、以小有机分子团簇为代表的分子团簇(如$(C_6H_6)_n$)、氢键团簇(如 HF_n)、离子键团簇(如 $NaCl_n$)、共价键团簇(如 Si_n)和金属键团簇(如 Na_n)。本章我们重点介绍当前研究最热门的金属键结合的金属与合金团簇,以及以共价键结合的半导体团簇和富勒烯。

2.1.1　团簇

团簇作为一种新的物质形态,对它的研究是物理和化学两大学科之间的一个新的生长点和多学科的交叉。人们从原子物理、凝聚态物理、量子化学、表面科学、材料科学和核物理学等中引入各种概念和方法,并把它们作为研究团簇的实验手段和理论基础。因此团簇的理论研究将促进理论物理、量子理论和计算数学的发展,为量子理论向准经典理论过渡和研究多体系统提供合适的对象[15,16]。同时,团簇又是新型功能材料科学的主要推动力之一,它涉及许多未知的过程和新奇的现象,在应用方面的前景是十分乐观的[17]。目前,Pt-Ir 合金团簇已应用于石油加工工业,生产无铅汽油。团簇点阵构成的微电子存储器将是未来量子计算机理想的功能单元。实验上已成功制备出完美的全同团簇阵列,这种全同纳米团簇阵列被称为二维人造晶格[18]。这类新的物质形式给我们提供了一个前所未有的探索新的基本物理现象(规律)——如纳米结构的量子效应和特异光学电学性质、纳米磁性、二维磁性晶格的磁有序、自旋极化电子输运等的理想系统,将会在纳米电子学、超高密度信息储存、纳米催化和量子计算和信息处理等很多方面有着潜在的重要应用价值[19]。

当前,团簇的研究主要集中在:

(1)团簇最低能量结构的搜寻,生长模式。探讨在由原子分子向固体演化的过程中,团簇的结构和性质如何随着原子数目而变化;多大尺寸的团簇已经具有类似块体的晶格结构和性质,即寻找团簇向块体转变的关节点,以及不同尺寸、不同类型团簇的原子键合形式[15]。

(2) 自由团簇的各种物理(热、电、磁、光学等性质)和化学性质与团簇尺寸、结构的关联,几何因素与电子效应对团簇的性质的影响[20]。

(3)团簇与表面,纳米管及石墨片的相互作用。主要研究支撑团簇在表面的扩散、吸附及动力学行为;以团簇为基元组装团簇纳米聚合材料以及纳米电子学和分子电子学装置[21]。

(4)合金团簇的结构和性质的研究,团簇中元素之间配比、原子尺寸以及电子组态等差异对团簇结构和物理化学性质的影响[22]。

(5)团簇对外场(光、电、磁)的响应随团簇的尺寸、结构的变化规律;团簇中的单电子能级间跃迁是怎样演变为集体激发;不同类型金属团簇的光吸收谱的峰位和峰宽将如何随尺寸变化,其物理机制如何。[23]

2.1.2 团簇的幻数

原子中的电子状态和原子核状态具有幻数特征(即壳层结构),它是与对称性和相互作用势密切相关的。由原子构成的团簇具有类似原子的特征。在质谱分析中,含有某些特殊原子数目的团簇表现出高强度的峰值,它们对应于一些高稳定的团簇,人们把这些特定的数目称为“幻数”。图2.1~2.3给出几类典型团簇的质谱。

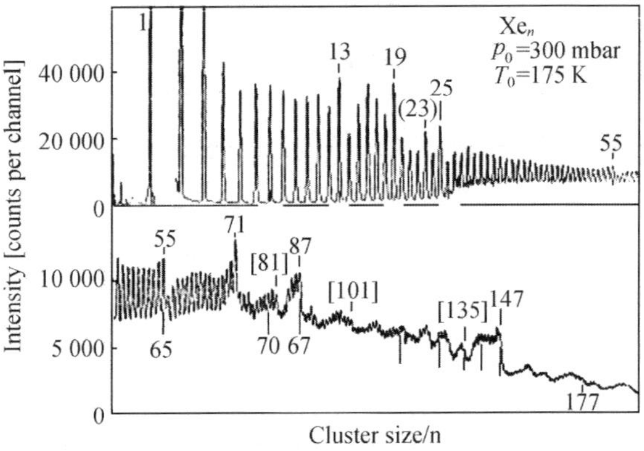

图 2.1 Xe 团簇的质谱[24]

可以看出,不同的团簇种类具有不同的幻数特征。对于 Xe 团簇,幻数是13,19,23,25,55,71,81,87,101,135 以及147;Na 团簇的幻数是8,20,40 以及58[25];而 Si 阳离子团簇的幻数是4,6,9,11,13 以及23;Si 阴离子团簇的幻数是8,10,18,24[26]。

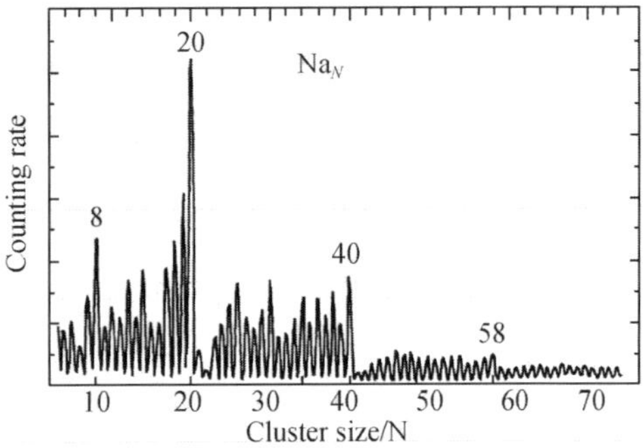

图 2.2 Na 团簇的质谱[25]

为了解释实验上得到的质谱,采用 Harris 半定量模型[27],用单位体积中总能量在 $E \sim E + \mathrm{d}E$ 的范围内含有 N 个原子的团簇的数目 $n(N',E)$ 来描述团簇的分布。假定团簇蒸发冷却达到基态的时间极短,那么可以忽略蒸发原子的剩余动能。则能量在 $-E_b(N) \leqslant E \leqslant -E_b(N-1)$ 的团簇最终将形成束缚 N 个原子的稳定团簇。单位体积内 N 原子团簇的最终数目可由下式给出。

$$I_0(N) = \sum_{N'=N}^{\infty} \int_{-E_b(N)}^{-E_b(N-1)} n(N',E)\,\mathrm{d}E \tag{2.1}$$

如果 $n(N',E)$ 随 E 变化缓慢,可将 $n(N',E)$ 从积分中分离出来,得到下式

$$I_0(N) = \Delta E_b(N) \sum_{N'=N}^{\infty} n[N', E_b(N)] \tag{2.2}$$

其中,$\Delta E_b(N) = E_b(N) - E_b(N-1)$。上式表明质谱中的精细结构主要取决于相邻两团簇的束缚能之差。即相对稳定的团簇对应于质谱上的峰值位置,并可用团簇总能量相对于 N 的二阶微商来表征。理论上常结合能量的一阶和二阶微商来研究团簇的稳定性。

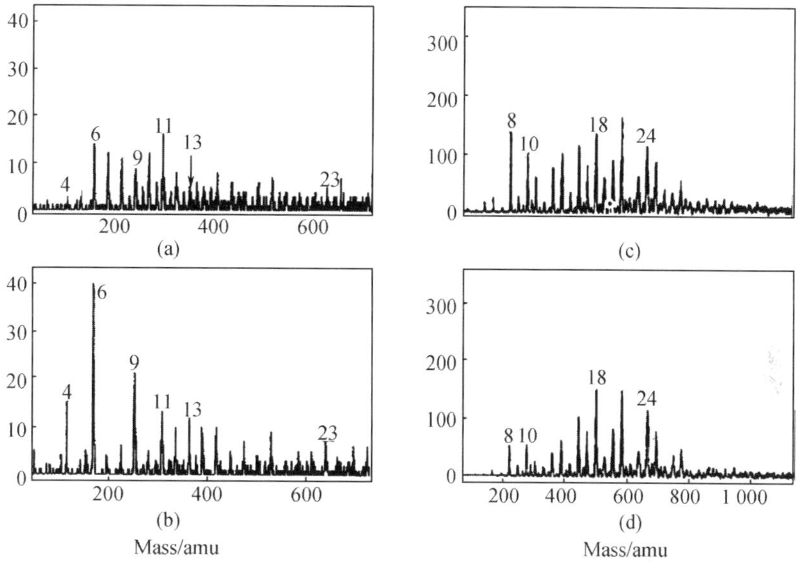

图 2.3　O_2 环境中(a),(b)Si 阳离子团簇和(c),(d)Si 阴离子团簇的质谱[26]

惰性元素团簇常常具有密堆积结构,原子之间的相互作用力为范德瓦尔斯力。图 2.4 给出了 Ar_n 团簇的质谱[27],与图 2.1Xe 团簇比较可以看出两类团簇具有相似的稳定性模式。惰性元素原子之间的相互作用用 Lennard-Jones 势描述

$$V(r) = 4\varepsilon_1\left(\frac{\sigma_1^{12}}{r^{12}} - \frac{\sigma_1^{6}}{r^{6}}\right) \tag{2.3}$$

团簇的 Hamiltonian

$$H = \sum_i \frac{P_i^2}{2m} + \frac{1}{2}\sum_{i \neq j} V(|r_i - r_j|) \tag{2.4}$$

忽略温度和振动的影响,系统能量

$$E = \sum_{i=1}^{N-1} \sum_{j=i+1}^{n} V(|r_i - r_j|) \tag{2.5}$$

N 是团簇中的原子数目,σ_1 和 ε_1 是第二 Weyl 系数。采用数值方法从随机构型出发寻找相应尺寸下的最佳构型,即团簇稳定结构所对应的原子排列应使能量 $E(N)$ 具有极小值,求出相邻两团簇能量之差

$$\Delta E_b(N) = E_b(N) - E_b(N-1) \tag{2.6}$$

得到 $\Delta E_b(N)$ 的变化曲线,如图 2.5 所示。$\Delta E_b(N)$ 在 $N = 7,13,19,23,26,32,34\cdots$ 具有极大值,这正好对应在 Xe 团簇 Ar 团簇质谱中观察到的峰值。

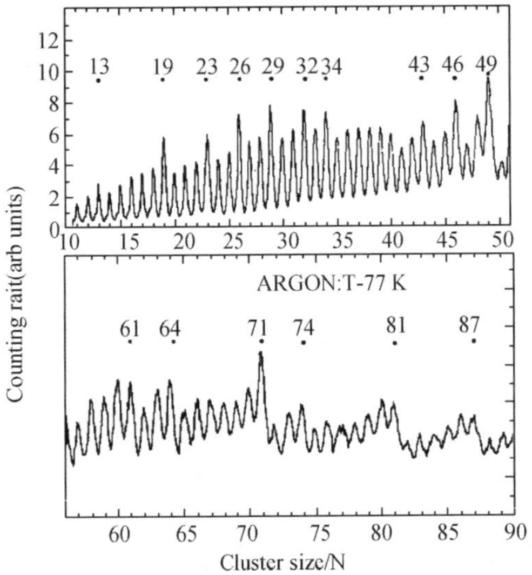

图 2.4 Ar 团簇的质谱[27]

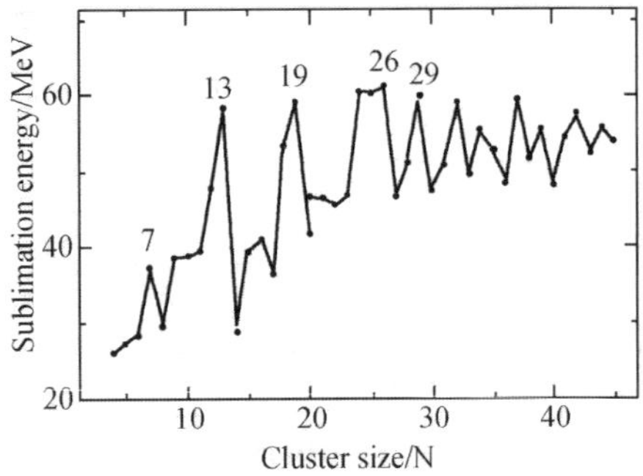

图 2.5 $\Delta E_b(N)=E_b(N)-E_b(N-1)$ 随团簇尺寸的变化[24]

2.2 金属团簇

金属团簇中，简单金属团簇（包括碱金属、碱土金属、三价金属）、贵金属团簇以及过渡金属团簇都已经被广泛研究。在这些金属团簇中，实验上观察到了稳定性随原子个数的变化有一定规律。为了解释这一现象，一些唯象模型起到了非常重要的作用，下面着重介绍几类金属团簇及相应的模型。随着研究的不断推进，掺杂逐渐成为人们研究和探索团簇的新奇结构和性质的重要方法，因此我们把掺杂（合金）团簇也分为一类。

2.2.1 碱金属团簇和 Jellium 模型

Knight 等人于 1984 年研究了 Na_N 团簇的稳定性，发现团簇质谱在 $N=8,20,40,58$ 和 92 处呈现峰值，表明这些团簇特别稳定，这些团簇被称为 Na 团簇的幻数团簇[25]。其 Na 团簇的稳定性可用 Jellium 模型得到解释。假定价电子是非局域化的，具体的原子坐标不起很重要的作用，价电子只受到较弱的作用。设团簇具有球对称性，离子实的作用用正电背景代替，则束缚于球形对称势阱的 3s 电子的运动可以用 Woods-Saxon 势来描述

$$V(r)=\frac{-V_0}{\exp(r-R_0/a)+1} \tag{2.7}$$

式中，V_0 是费米能（3.23 eV）与功函数（2.7 eV）之和；R_0 是团簇的有效半径。

计算时 $R_0=r_sN^{1/3}$，$r_s=3.93$ au（原子单位），$a=1.5$ au。对每个 N 用数值方法求解薛定鄂方程，得到用角动量 L 表征的离散的电子能级，简并度为 $2(2L+1)$。从所有占据态的本征值求和中可得到电子能量 $E(N)$。定义 $\Delta_2(N)=\Delta(N+1)-\Delta(N)=E(N+1)-2E(N)+E(N-1)$，

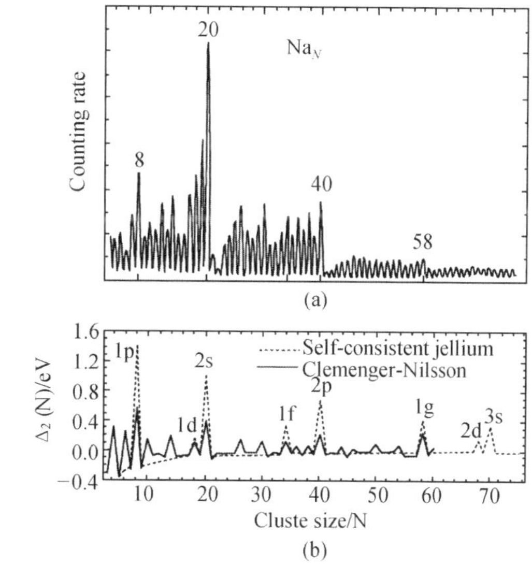

图2.6 Na团簇质谱的理论和实验的比较[25]

其中$\Delta_2(N)$是一个与自由电子无关而反映团簇相对稳定性的量(二阶能量差)。如果一个N原子的团簇中的电子恰好填满一个能级,该能级与下一个空能级存在一定的能隙,则$E(N)$到$E(N+1)$将有一定的能量跳跃,这就在$\Delta_2(N)$曲线上产生了一个峰,则意味着有N原子的团簇具有相对较高的稳定性。图2.6给出了Na_N的质谱丰度和二阶能量差$\Delta_2(N)$随N的变化,满壳层所对应的电子轨道分别是1p,2s,2p,1g和1h。

可以看出,计算结果基本与实验相符,但是一些实验观察到的精细结构并没有在模型计算中反映出来。实际上,对于几个原子组成的小体系团簇其形状与球形偏离很大,球形势近似显然过于粗糙。这就不难理解为什么球形势近似理论与实验结果的差异。根据椭球势模型[28],球形势阱中的能级发生分裂,分裂后的能级只有两重简并或四重简并,这样出现了新的峰,峰位在$N=10,14,18,26,30,34,36,38,44,46,50,54$等,这些峰位与实验观察的完全一致。由此可见,椭球势近似比球形势近似与实验更相符。

2.2.2 二价金属团簇

对于二价碱土金属团簇,其质谱也呈现幻数结构。如图2.7(a)为Zn团簇的质谱对数丰度谱[29],其峰值在N为10,18,20,28,30,32,35,42,46,54,69等。按照电子壳层模型,每个原子提供两个价电子,其强度极值位置应在N为4,9,10,17,20,29,34,35,46,53,56,69等。实际与Zn同族的Cd团簇也具有类似的质谱结构,这说明总体上电子结构决定着这类团簇的稳定性。但也存在着差异,这意味着还有其他因素。

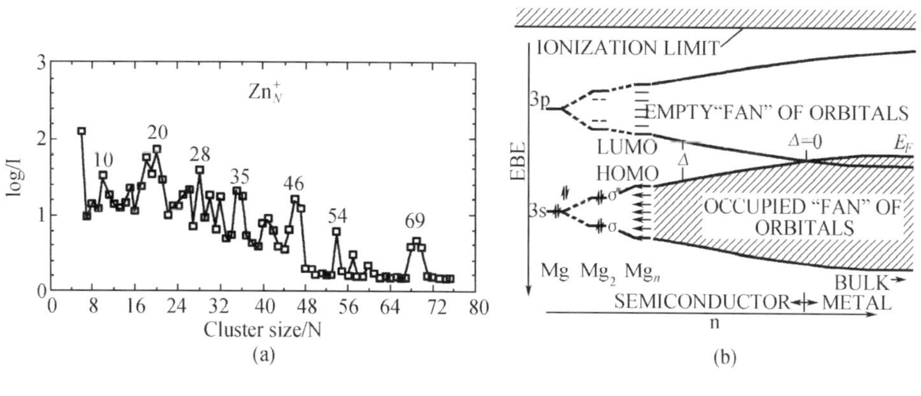

图2.7 (a)Zn团簇[30];(b)电子结构演化示意图[30]

二价碱土元素最外层 s 轨道为满壳层,在分子中以范德瓦尔斯键存在,在固体中由于 s-p 带发生杂化,因而是导体。因此从原子到团簇到宏观晶体,化学键的本质发生了变化。即原子之间的成键方式从范德瓦尔斯键转变成了金属键(图 2.7(b)所示)[30]。物理学家最关注的问题是在多大的尺寸发生这种转变。人们测量了 Hg_n 的离化能,发现当 $n \leq 13$ 时,离化能随 n 的增大逐渐减小;当 $n > 13$ 时,离化能随 n 的增大迅速变小,很快趋于金属液滴的结果[31]。密度泛函理论研究表明 Mg_n 随着团簇尺寸的增加,结构在 $n > 19$ 具有向 Mg 固体的 hcp 结构,标志着在 $n > 19$ 就已经完成了范德瓦尔斯键向金属键的过渡[32]。Mg_n^- 的光电子能谱显示,在 $n = 18$ 处 Mg 的 s-p 带开始交叠,这预示着金属行为的开始[30]。

2.2.3 三价金属团簇

三价金属是近自由电子金属,因此人们推测三价金属团簇也可以用电子壳层模型描述。2.8(a)给出了 Al_n^- 团簇在氧环境中的质谱。从图中可以看出 Al_{13}^- 和 Al_{23}^- 具有非常高的丰度,并随着氧的注入不易被氧化,因而具有很高的稳定性[33]。图 2.8(b)则显示 Al_7^+ 和 Al_{14}^+ 具有较高稳定性[34]。注意到 Al_7,Al_{13}^- 和 Al_{23}^- 分别具有 20,40 和 70 个价电子,与电子壳层模型所预言的结果相符(对于 Al_{14}^+ 的讨论,有兴趣的读者请参阅参考文献[35])。

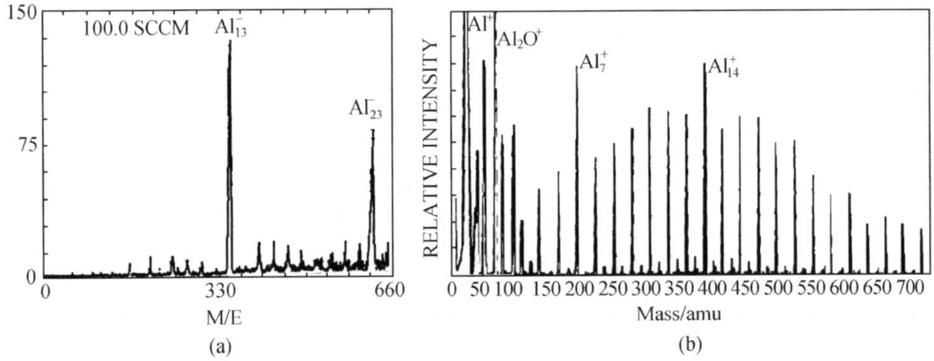

图 2.8 (a) Al_n^- 在氧环境中的质谱[33];(b) Al_n^+ 在氧环境中的质谱[34]

然而,Al 原子的外层电子组态为 $3s^23p^1$,3s 轨道能级和 3p 轨道能级之间相差 3.6 eV。如果要求 Al 是三价,即 3s 电子要完全离域化,那么 3s 电子必须要激发到 3p 轨道上去,即要求 3s 轨道与 3p 轨道发生杂化。与二价金属发生成键方式转变类似,团簇在多大尺寸 Al 原子的 3s 轨道与 3p 轨道发生杂化,Lai-Sheng Wang 研究小组利用光电子谱研究了 Al_n^- 的电子结构随尺寸的演化[36]。如图 2.9 所示,单原子时 3s 态与 3p 态之间有一个接近 4 eV 的能隙;Al-3s 和 -3p 态在 Al_9^- 处开始交叠。Al_{13}^- 和 Al_{23}^- 在低能区域没有能隙,而比他们多一个原子的 Al_{14}^- 和 Al_{24}^- 在低能区域有一个能隙。这说明 Al_{13}^- 和 Al_{23}^- 正好具有封闭的电子壳层结构。Al_{14}^- 有 43 个电子,比 Al_{13}^- 多出 3 个电子填充在 1g 壳层。而 Al_{24}^- 比 Al_{23}^- 多出的 3 个电子填充在 1h 壳层。另外 Al_{13}^- 的光电子能谱是一个很窄的峰,意味着很高的简并度,说明 Al_{13}^- 团簇的结构具有很高的对称性。理论计算表明 Al_{13} 的结构是具有高对称性的正二十面体[37],这与实验结论一致。

Al_{13} 具 39 个价电子,距 40 价电子的满壳层只差一个电子,在电子组态上类似卤族元素原子。此外，第一性原理计算表明 Al_{13} 的电子亲和能高达 4.36 eV，比 Br 原子还高[38]。最近，实验上得到了稳定的 $Al_{13}I^-$ 团簇。从头计算表明 $Al_{13}I^-$ 是碘原子与 Al_{13} 的一个原子结合，Al_{13} 基本保持其整体形貌。通过对该团簇的 HOMO 轨道分析，Castleman 等人发现 $Al_{13}I^-$ 所带的一个电荷绝大部分分布在 Al_{13} 上，由此他们认为 Al_{13} 的电子能力比 I 更强。整个 $Al_{13}I$ 团簇中 Al_{13} 表现得就像一个 Br 原子，因而称 Al_{13} 具有超卤素性质的超原子[39]。图 2.10 给出了 $Al_{13}I^-$ 的结构和 HOMO 轨道电荷分布图。此外，Castleman 等人的实验还发现 $Al_{13}I_x^-$ 的稳定性随 x 奇偶振荡，当 x 为偶数时团簇具有相当高的稳定性，而 $Al_{14}I_x^-$ 则恰恰相反。考虑到 Al_{14} 具有 42 个价电子，通过分析 $Al_{14}I_3^-$ 的结构和电荷转移，Castleman 等人认为 Al_{14} 就像一个类似碱土金属原子的超原子[40]。

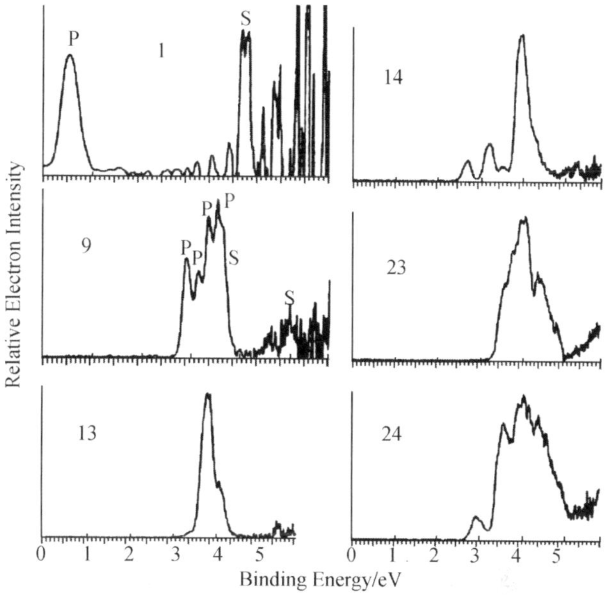

图 2.9　Al_n^- 的光电子能谱图[36]

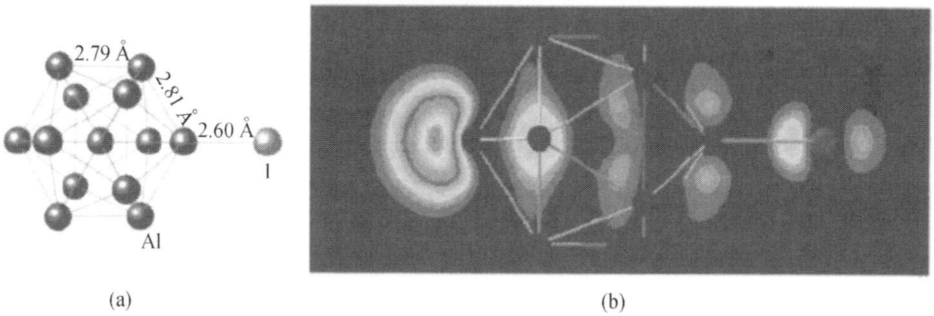

图 2.10　(a) $Al_{13}I^-$ 的结构和 (b) HOMO 轨道电荷分布图[39]

Al_{13} 超卤素性质的提出引起了激烈的争论。主要分歧在于：(1) Al_{13} 是否真的具有超卤素性质；(2) 是否通过团簇的电子亲和能就能判断团簇有超卤素性质；(3) $Al_{13}I_x^-$ 和 $Al_{14}I_x^-$ 的稳定性是否是由于 Al_{13} 和 Al_{14} 超原子行为。基于第一性原理计算，Leung 等人研究了 Li_{13} 和 Al_{13} 的 I 化物中电荷转移情况[41]。计算结果显示，Li_{13} 的电子亲和能为 0.92 eV，远远小于 I 原子的电子亲和能，当与一个 I 原子结合后有 0.93 个电子转移到 I 因而形成 $Li_{13}^+I^-$，Li_{13} 与 I 之间为二极矩相互作用。值得注意的是，引入一个负电荷后，I 原子上的电荷只增加 0.003 个电子。Leung 认为，引入一个负电荷时，由于电荷之间同性相斥，负电荷会靠近 Li_{13}^+，故而 I 原子上的电荷增加并不显著。类似地，尽管 Al_{13} 的电子亲和能大于 I 原子，但 Al 原子的电子亲和能远远小于I原子的电子亲和能。因此当Al_{13}与I结合时,电子仍然是从Al_{13}转移到I原子。引入一个负电荷后,绝大部分将分布在Al_{13}。Han等研究了Al_{13}和Al_{14}在其碘化物中的作用[42]。通过分析$Al_{13}I_x^-$和$Al_{14}I_x^-$中的电荷转移,他们认为原子的电负性起着很重要的作用,单纯从团簇的电子亲和能并不能判定Al_{13}和Al_{14}就具有超卤素和碱土金属原子行为。$Al_{13}I_x^-$和$Al_{14}I_x^-$的稳定性并不是由于Al_{13}和Al_{14}的超原子行为,而是由于I原子与Al_{13}和Al_{14}形成了稳定的配位化合物。

另一方面,我们通过以上的质谱数据可以看出,实验上得到的幻数团簇通常是带电的团簇;并且某些中性团簇,比如Al团簇,很难满足电子壳层模型中的满壳层结构。X. G. Gong[38]首先提出采用掺杂的方式改变团簇的总价电子数,从而达到改善其稳定性的目的。他们研究了四价原子替代具有Ih对称性的正二十面体结构的Al_{13}的中心Al原子。结果表明,MAl_{12}(M=C, Si)比Al_{13}更稳定。这是由于MAl_{12}(M=C, Si)具有40个价电子的闭壳层电子结构。V. Kumar研究了四族元素掺杂的MAl_{12}团簇结构和稳定性。计算表明随着杂质原子的尺寸的增大,大尺寸的杂质原子如果位于正二十面体中心将会使结构膨胀,因此杂质原子处于表面使团簇的能量更低因而更稳定[43]。

实际上采用一价(Li,Na,K,Ru等)替代Al_{13}^-团簇中的外加电荷也会使团簇具有满壳层电子结构[44,45]。对于贵金属原子,最外层电子组态为$nd^{10}(n+1)s^1$,差一个电子到达满壳层。由于d带和s带之间有很大能隙,s电子是自由电子,d电子作为内层芯电子,因此贵金属原子的电子结构跟碱金属的很相似。可以预见将贵金属原子掺入Al_{13}也将形成稳定的幻数团簇。R. R. Zope等人的研究发现掺杂贵金属(Cu,Ag,Au等)原子的Al_{13}具有很大的HOMO-LUMO gap,因而具有很高的稳定性[46]。

除前面提到的$Al_{12}M$和$Al_{13}X$之外,人们在质谱实验中发现Al_7C^-也具有很强的丰度谱,并且不易被氧化,是一种新的幻数团簇[47]。另外,研究表明,与Al_7C^-具有等电子数的Al_7N也具有很高的稳定性[48]。对于这类团簇的稳定性,目前存在几种解释。一种解释把Al_7C^-看作由具有18电子的Al_6和8电子的AlC^-构成的复合Jellium系统[47];另一种解释把Al_7C^-和Al_7N的高稳定性归因于其大的能隙[48,49]。此外,若把N看作−3价,则Al_7N团簇正好具有18个价电子,对应于电子壳层模型的满壳层。然而,C在不同体系中体现的化合价明显不同,比如在金属碳化物中为−4价,但在氧化物中则可表现+4价。若假定C在Al团簇中表现−4价,则Al_7C^-具有18价电子的满壳层电子结构,那么Al_7C^-的高稳定性可用电子壳层模型解释。然而,如果采用这种假设,则$Al_{12}C$应该具有32个价电子而非40个价电子,这又与$Al_{12}C$具有40价电子的结论相悖。研究这类团簇稳定性的物理机制将有利于人们深入理解掺杂团簇的杂质效应。

掺杂效应对小尺寸的影响更明显,特别是引入重元素后显著改变团簇的结构,从而影响基质原子中电子的离域化。尽管贵金属原子与碱金属原子有极大的相似性以及其与Al形成的合金团簇也出现电子壳层效应,但贵金属原子与碱金属原子尺寸与电子结构上的差异将会导致相应的掺杂团簇结构和性质上的差异。图2.11是第一性原理优化得到的Al_7X(X=Cu, Ag,Au)团簇的结构[50]。Al_7团簇的最稳定结构具有C_{3v}对称性。对于Al_7Cu和Al_7Ag,尽管其具有不同的最稳定结构,但由相对性计算和非相对性计算得到的最稳定结构一致。对于Al_7Au,非相对性计算得到的最稳定结构与Al_7Ag团簇的相同,而相对性计算和非相对性计算所得到的结果不一致。相对性计算得到的最稳定结构中，有一个 Al 仅仅吸附在 Al_6Au 团簇的顶部，并且只与 Au 成键。由此可见，相对性效应对掺 Au 的团簇有决定性影响。

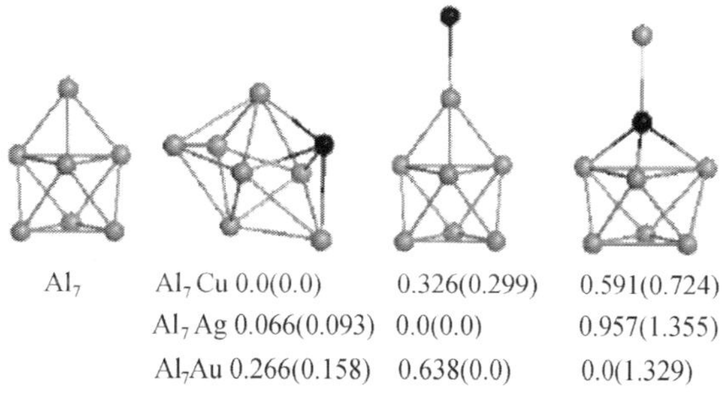

图 2.11　Al_7X（X = Li, Cu, Ag, Au）的结构，在每种结构的下面给出了相对于最稳定结构的能量差[50]

表 2.1 给出了 Al_7X（X = Li, Cu, Ag, Au）团簇的电子结构。可以看出贵金属原子与 Al 团簇之间的结合能比 Li 与 Al_7 团簇之间的结合能要大得多，因此相互作用更强。Li 原子的掺入使 Al_7 团簇的离子化势稍微降低，而 Al_7M（M = Cu, Ag, Au）团簇的离子化势都比 Al_7 团簇的高，Al_7Ag 和 Al_7Au 团簇的离子化势大大高于其他团簇的离子化势。Al_7Li 和 Al_7Cu 中最高占据态与最低占据态的能隙比 Al_7 团簇的小。相反，Al_7Ag 和 Al_7Au 分别具有 1.653 eV 和 1.493 eV 的能隙，相比于 Al_7，Al_7Li 和 Al_7Cu 是非常大的。Al_7Ag 和 Al_7Au 的电子结构特征表明它们具有较高的稳定性。

表 2.1　Al_7X 团簇中杂质原子与 Al_7 之间的结合能 Eb（X − Al_7）、Al_7M 的离子化势（IP）、电子亲和能（EA）和能隙[50]

System	Eb（X − Al_7）/eV	IP/eV	EA/eV	Gap/eV
Al_7		5.772	2.022	0.789
Al_7Li	1.811	5.578	1.850	0.470
Al_7Cu	2.854	5.895	2.012	0.540
Al_7Ag	2.191	6.598	1.924	1.653
Al_7Au	3.990	6.272	1.620	1.493

若简单地认为每个 Al 原子贡献 3 个价电子，贵金属原子贡献一个价电子，则整个团簇具有 22 个价电子，不属于 Jellium 模型里的满壳层，因而不会表现出幻数团簇的特征。图 2.12 给出了 Al_7Au 的电子态密度。可以看出处于顶端的 Al^{-7} 原子的 3p 态在费米能级附近有一个尖锐的峰，而在其他区域几乎没有分布，这说明 3p 电子填充在最高占据轨道。而 Al^{-7} 原子的 3s 电子则分布在内层，在 −2.7 eV 和 −5.2 eV 左右分别有两个尖锐的峰。这说明 Al^{-7} 原子的 3s 电子与 3p 电子有个非常大的带隙，因而 3s 电子与 3p 电子并没有杂化，即 3s 还没有完全离域化。故而 3s 电子可看作芯电子，Al^{-7} 原子表现为单价。再观其他 6 个 Al 原子，3s 轨道则与 3p 轨道已经发生杂化，说明这些 Al 原子是三价的。所以整个 Al_7Au 正好有 20 个价电子，是电子壳层模型中的满壳层电子数，因而团簇具有很大的能隙和稳定性。

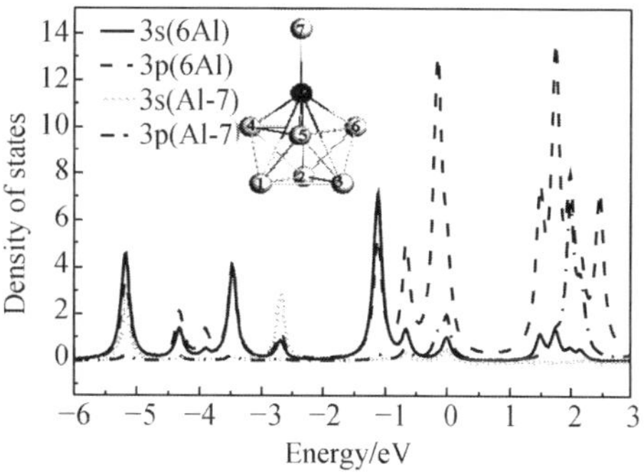

图 2.12　Al_7Au 的分波态密度[37]

2.2.4 贵金属团簇

与碱金属原子相似,贵金属元素 Cu,Ag,Au 中,其外层电子组态只有一个 s 电子,内层的 d 轨道全满,d 轨道与外层的 s 轨道之间有很大的带隙。因此,可以预计适用于简单金属的电子壳层模型也可以用来解释贵金属团簇的某些特征,即贵金属团簇的电子状态应具有壳层结构。Katakuse 等研究了 Cu_n^+,Ag_n^+ 和 Au_n^+ 的质谱[38]。如图 2.13 所示,可以清楚地看到 Cu_n^+ 和 Ag_n^+ 在 $n=9,21,35,41,59,93,139$ 时,团簇具有较强的丰度,而这些团簇分别有 8,20,40…个价电子,刚好对应于 Jellium 模型中的电子壳层。阴离子团簇 Cu_n^-,Ag_n^- 和 Au_n^- 则在 $n=7,19,33,39$…处具有较高的丰度,这些实验结果证实了 Jellium 模型在贵金属团簇中的适用性[20, 51]。

注意到在贵金属团簇质谱中有明显的奇偶振荡,具有偶数个价电子团簇的丰度比具有奇数个价电子团簇的丰度更高。这可能是由于芯电子的赝势和晶体场的作用,使能级分裂,具有偶数个价电子的团簇电子都配对,正好填充每个能级,从而具有更高的稳定性。

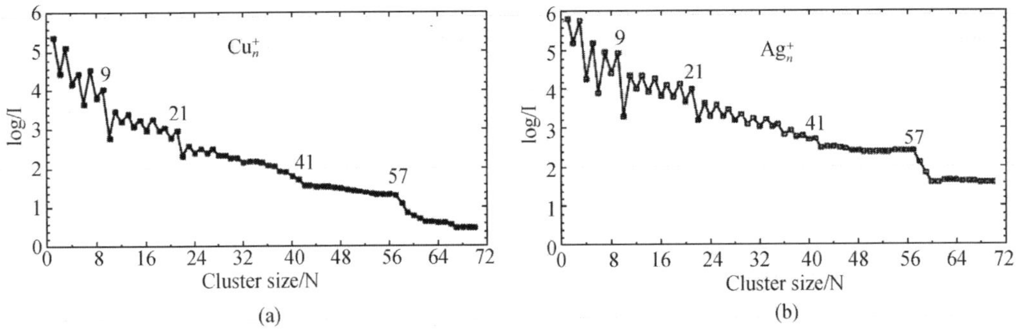

图 2.13 (a) Cu_n^+ 的质谱对数丰度谱;(b) Ag_n^+ 的质谱对数丰度谱[51]

贵金属原子具有显著的相对性效应,而且随着原子序数的增加相对性效应不断增强,尤其以 Au 最为明显。研究表明 Na_7^-,Cu_7^-,Ag_7^- 的最稳定结构为三维结构[52],而 Au_n^- 直到 $n=12$ 最稳定结构仍为二维平面结构[53]。这是由于 Au 原子中具有比 Cu,Ag 原子强许多的相对性效应,这种效应导致原子尺寸以及原子间距减小从而使 s 和 d 轨道之间以及近邻原子间 d 轨道杂化加强[39]。相对性效应对于尺寸更大的 Au 团簇的结构和电子结构也会起很重要的作用,并可能使之表现出与其他金属团簇有所不同的结构和性质。结合光电子能谱和密度泛函理论计算,人们发现 Au_{20} 具有正四面结构[54],如图2.14(a)所示。最近采用第一性原理计算,人们发现 Au_{32} 可以形成具有 Ih 对称性的笼状结构(图 2.14(b))[55]。

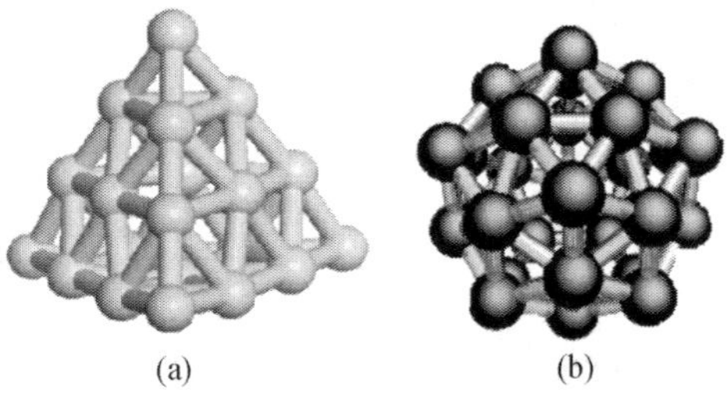

图 2.14 (a) Au_{20} 团簇的结构[54]和 (b) Au_{32} 团簇的结构[55]

2.2.5 过渡金属团簇

1. 过渡金属团簇的稳定性与结构

过渡金属团簇是当今团簇研究的主要热点之一。Sakurai 等人的质谱数据(图 2.15)表明,过渡金属 TM_n(TM = Ti,Zr,Fe,Ta)在 n = 7,13,15,19 时具有较高的稳定性[56]。很明显,过渡金属团簇的幻数无法用 Jellium 模型解释。这是由于过渡金属原子中部分占据的 d 电子局域性,不能当作近自由电子处理。比较惰性团簇稳定性结果,可以看到过渡金属团簇幻数与之具有很大的相似性,Sakurai 推测过渡金属团簇的幻数团簇可能由于其具有五角双菱锥或者正二十面体或面心立方结构(图 2.16)。

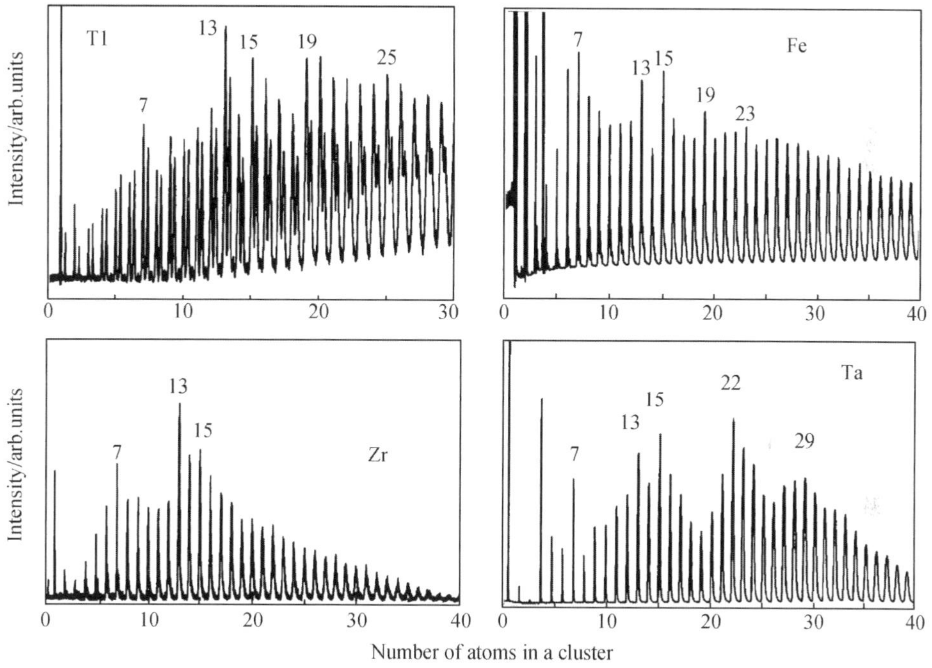

图 2.15 过渡金属团簇 TM_n(TM = Ti,Zr,Fe,Ta)的质谱[56]

由于质谱实验无法提供团簇的几何结构,采用第一性原理计算研究过渡金属团簇的结构特征将为上述假设提供有力的证明。S. H. Wei 等[57]采用第一性原理 DVM 方法计算了 Ti_n(n = 2 ~ 10)的结构,结果表明 Ti_7 具有五角双锥结构,证实了上述关于过渡金属团簇结构的猜想。稳定性分析显示 Ti_7 为幻数团簇,这与以上质谱实验结果一致。Ti_n^- 的光电子谱实验表明,Ti_{13}^-团簇的光电子谱只具有一个尖锐的峰,这意味着 Ti_{13}^-团簇具有高对称结构——正二十面体结构。其他尺寸大于 13 的团簇基本上具有 Ti_{13}^-谱特征,因而 Ti_n 的结构具有正二十面体特征或在正二十面体结构上加载原子。理论计算表明,由于杨 - 泰勒效应,Ti_{13}^-的结构是变形的二十面体[58]。对于 4d 过渡金属团簇 TM_{13},人们发现一种具有更低对称性的双平面结构(图 2.17),其能量比具有 1h 对称性的正二十面体结构的能量更低[59]。这种双平面结构使团

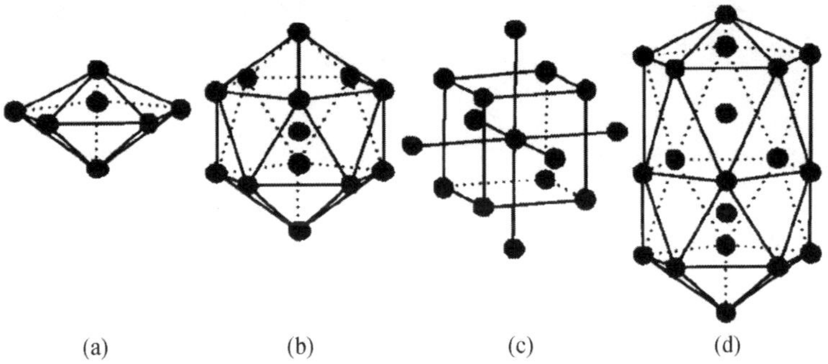

图 2.16 过渡金属团簇 TM_n（$n=7,13,15$ 和 19）的基态结构[56]

簇的平均原子间距比正二十面体结构要短，从而导致双平面结构中 s－d 杂化指数比正二十面体中高，具有更低的能量。

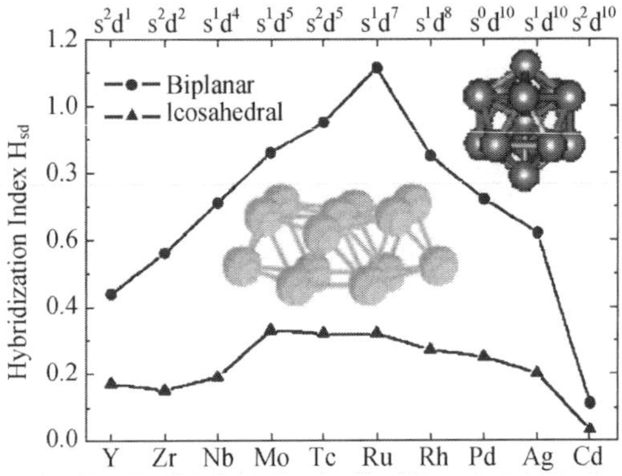

图 2.17 正二十面体（Lcosahedral）和低对称双平面结构（Biplanar）中 s－d 杂化指数[59]

2. 过渡金属团簇的磁性质

使人们感兴趣的还有过渡金属团簇的磁性。根据洪德定则多数元素在单个原子时具有磁矩，而在固体中，只有少数元素具有磁性（Fe 族以及稀土金属）。理论研究预言，某些非磁性元素如 Cr，V，Rh，Ru 和 Pd 构成的团簇具有一定的磁矩[60~62]。因此，对于这类物质，团簇在何等尺寸丧失磁性受到最多关注。Cox 等[63]在实验上首次观察到 Rh 团簇出现自发磁化，并且 Rh_{15}，Rh_{16}和 Rh_{19}呈现异常大的磁矩。图 2.18 给出了 Rh 团簇随尺寸的演化，由图可以看出 Rh_n 在 $n=90$ 附近发生磁性到非磁性转变。

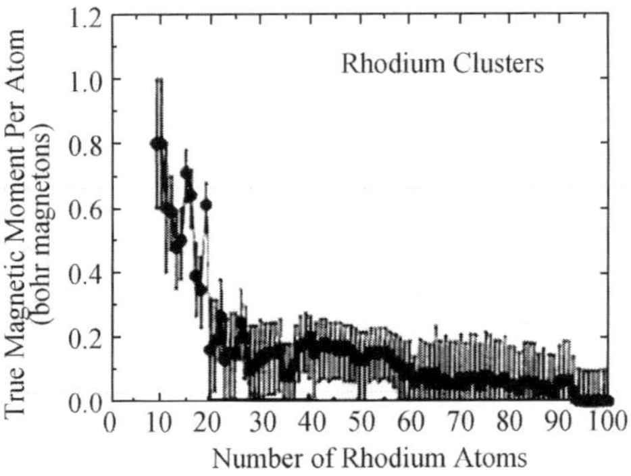

图 2.18 Rh_n 磁矩随团簇尺寸的演化[63]

此外，人们对铁族元素团簇也进行了广泛研究。Billas 等人发现低温时 Fe 团簇平均每个原子磁矩随着尺寸的增加而下降，在小尺寸范围展现奇偶振荡[64]。Apsel 等关于 Ni_n 团簇磁性的实验也观察到类似的趋势，同时他们的结果表明团簇的磁矩并不是随尺寸单调递减，而是与尺寸密切相关。Apsel 指出小尺寸团簇具有非常高的磁矩是因为小尺寸团簇具有较大的比表面，而团簇在 $n=13$，43 和 56 处出现极小值与这些团簇具有高对称结构有关[65]（如图 2.19）。

Billas 等人[64]首先提出了一个唯象的磁壳层模型来描述团簇磁性与尺寸的关系。他们假设将原子团簇看作球形壳层结构，每层上原子的磁矩仅取决于距表面原子的距离。该模型可以定性给出磁性与尺寸的趋势，但并不能预测出奇偶振荡关系，也不能定量地精确计算出团簇的磁矩。采用第一性原理方法，Reddy 定量计算了 Ni_n（$n \leqslant 21$）的磁矩，如图 2.20 所示。Reddy

等人关于磁矩随尺寸的演化总体上与 Apsel 一致。然而，Reddy 计算的平均每个原子的磁矩要比实验值小0.3～0.6 μ_B，这与实验值的差距是非常显著的[66]。值得一提的是，目前绝大多数的第一性原理计算结果均与实验值有较大差距。

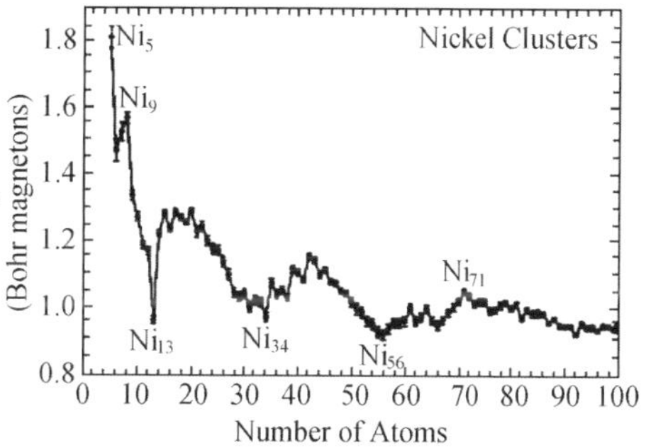

图 2.19　实验测得的 Ni_n 的磁矩[65]

实际上，电子除具有自旋磁矩外，还具有轨道磁矩。单个原子中电子的轨道磁矩为 $\sqrt{l(l+1)}\ \mu_B$。当原子形成块体时由于电子的离域化以及能带的形成，轨道磁矩退化到几乎可以忽略不计。比如对于 Ni 原子，轨道磁矩为 3 μ_B（组态为 $3d^9 4s^1$ 时），而 Ni 块体中轨道磁矩只有0.05 μ_B。可以预料，在小尺寸团簇中轨道磁矩仍然会有显著贡献并且随着团簇尺寸的增加，轨道磁矩逐渐退化。采用自洽 spd 紧束缚方法，G. Pastor 等计算了 3d 过渡金属团簇中轨道磁矩随尺寸的演化，如图 2.21 所示（Ni_n 团簇）。可以看出，对于 $n<20$ 的团簇 Ni 原子具有较大的轨道磁矩，对团簇磁矩有显著贡献；随着团簇尺寸的增加，轨道磁矩逐渐减小，在 $n>150$ 以后接近块体值[67]。

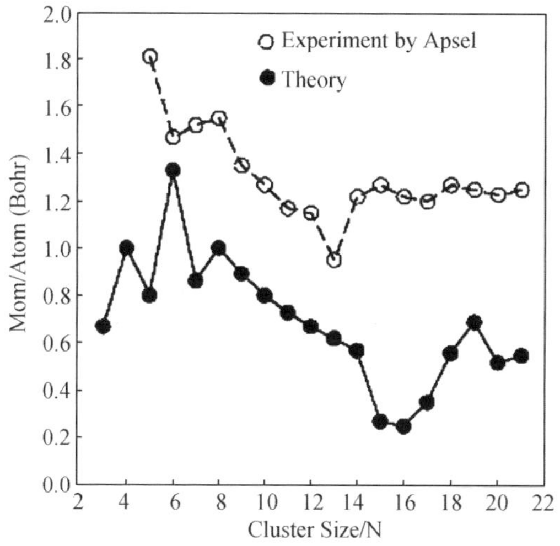

图 2.20　Ni_n 磁矩的第一性原理计算与实验值比较[66]

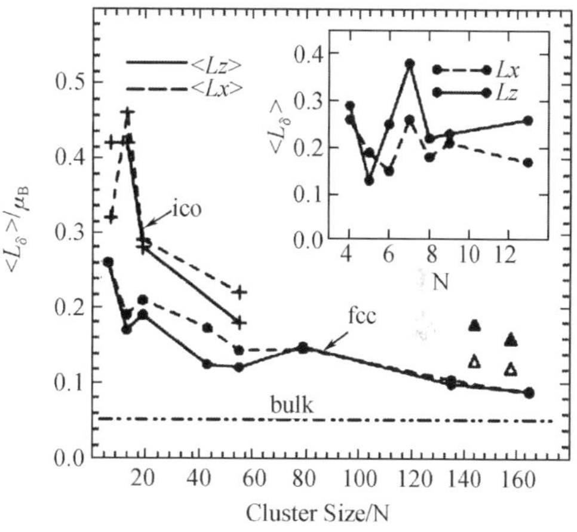

图 2.21　Ni 团簇轨道磁矩随尺寸的演化，$<L_\delta>$ 表示平均每个原子的轨道磁矩，点线对应 fcc 结构的团簇，虚线对应二十面体特征的团簇[67]

此外，过渡金属原子具有部分占据的非常局域的 d 轨道，d 电子之间的关联效应将会对团簇的磁性起着举足轻重的作用。有效处理 d 电子的关联效应特别是强关联相互作用，长期以来一直是凝聚态物理中的难题。基于单电子近似的密度泛函理论天生在处理多体相互作用上受到局限，这就不难理解为什么第一性原理的计算结果与实验值的巨大差异。事实上，这在过渡金属二原子体系结合能的计算上也充分得到了体现。如表 2.2 所示，尽管某些第一性原理方法得到的 3d 过渡金属二聚物的结合能相近，并且对于具有 3d 满壳层的 Cu_2 计算得到的结合能与实验值也符合较好。但对于部分占据的过渡金属二聚物的结合能，计算值与实验值大多相差30%以上,在某些体系中甚至达到120%[68]。为研究电子关联对过渡金属团簇物理性质的影响,Florentino等人基于Hubbard模型研究了电子之间的关联效应与团簇磁性的关系。结果表明,团簇的磁性对电子之间的关联非常敏感,团簇的磁性随着电子之间的在位库仑能的增强在不同的磁组态之间发生转变[69]。

表2.2 3d过渡金属二聚物结合能的第一性原理计算值与实验值的比较[68]

Dimer	Exp[a]	BOP	B3LYP	B-null	PW91	MP2	High-level ab initio MO
Sc_2	1.04 ±0.22	1.92	1.36	1.35	2.30	2.00	0.59(MRSDQCI)
Ti_2	1.54 ±0.19	2.79	1.77	0.43	2.98	Unbound[b]	…
	…	2.03	0.55	1.43	2.56	No conv.[c]	0.94(ACPF)
V_2	2.75	3.38	1.45	0.26	3.40	unbound[b]	…
Cr_2	1.53 ±0.06	1.56	−1.53	−2.46	1.32	unbound[b]	1.58CASPT2)
Mn_2	0.3 ±0.3	unbound[b]	unbound[b]	unbound[b]	unbound[b]	unbound[b]	…
Fe_2	1.15 ±0.09	2.49	0.98	1.49	2.95	0.31	3.17(FE-CI)
	…	no conv.[c]	1.38	no conv.[c]	no conv.[c]	1.09	…
Co_2	…	2.45	0.42	1.30	2.72	1.23	…
	…	1.60	1.49	0.66	1.76	1.33	0.81(SDCI)
Ni_2	2.04	2.67	1.48	1.86	2.92	−2.28	1.78(CASPT2)
	…	2.13	1.96	1.56	2.32	1.87	1.80(CASPT2)
Cu_2	2.06 ±0.03	2.16	2.03	1.61	2.41	1.99	1.97(CASPT2)

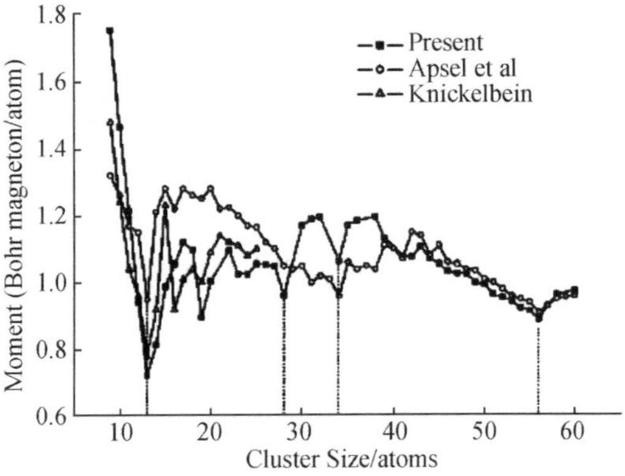

图2.22 spd紧束缚近似计算的Ni团簇磁性与实验比较[70]

X. G. Wang,D. S. Wang等[70]利用紧束缚方法系统研究了Ni团簇的表面效应、Ni原子的轨道关联以及自旋轨道耦合对团簇磁性的影响,其计算结果在团簇尺寸大于40个原子时与实验值符合很好(如图2.22)。另外,其结果还表明团簇中原子配位数不仅影响自旋磁矩还会影响轨道磁矩。从图中可以看出,团簇最内层原子具有最高的配位数(为12),具有最小自旋磁矩和轨道磁矩,最外层具有最小的原子配位数,自旋磁矩和轨道磁矩都比内层原子的大,表面效应清晰地展现出来(如图2.23)。应该看到,spd紧束缚方法虽然能精确计算大尺寸团簇的磁矩,但小尺寸团簇仍然与实验值有较大差异。这是由于紧束缚计算中只能采取经验参数。而基于密度泛函理论的第一性原理方法虽然在弱电子关联体系的性质计算取得成功,但对强关联体系却无能为力,而Hubbard模型只能定性研究体系物理性质。20世纪90年代,Anisimov提出的LDA+U方法为人们定量计算强关联体系块体的物理性质提供了强有力的工具。此外,LDA+DMFT不仅可以有效处理强关联效应,还可以处理从弱电子关联到强关联之间的整个关联区域,是一种非常有效的方法。将LDA+U和LDA+

DMFT应用到团簇体系将是非常有意义的尝试。

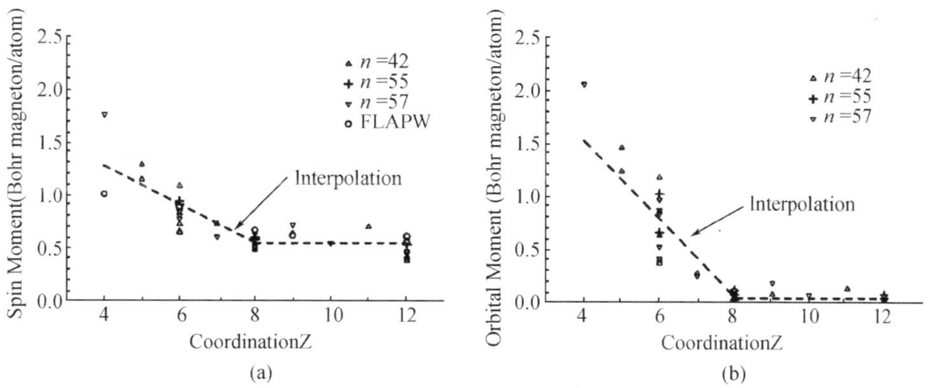

图 2.23　团簇中自旋和轨道磁矩与原子配位数的关系[70]

3. 过渡金属团簇的非共线磁结构

以上研究只涉及到共线磁性,即铁磁态、反铁磁态以及亚铁磁态。这些磁组态中电子之间成平行或反平行排列。然而,若反铁磁相互作用几何受挫或者表面形成都可能导致对称性破缺,因而产生磁各向异性。这使得体系的磁组态不再是共线结构而是非共线结构。计算体系的非共线磁性是复杂而繁重的任务。在密度泛函框架中,单粒子薛定谔方程可写作

$$[-\frac{\hbar^2}{2m}\nabla^2+v(r)+\int\frac{n(r')}{|r-r'|}\mathrm{d}r'+\frac{\delta E_{xc}}{\delta n(r)}]\phi_i(r)=\varepsilon_i\phi_i(r) \tag{2.8}$$

其中电荷密度 $n(r)=\sum_{i=1}^{N}|\phi_i(r)|^2$。自旋极化体系时,则波函数需引入自旋部分。那么波函数不再是标量,而应该是 2×2 矩阵,这里记为 $\boldsymbol{n}(\boldsymbol{r})$,相应地 $\boldsymbol{v}(\boldsymbol{r})$。对应自旋为 α 的波函数为场算符。定义自旋密度矩阵元为

$$n_{\alpha\beta}(r)=\sum_{i=1}^{N}\psi_i^{*\alpha}\psi_i^{\beta},\alpha,\beta=(+),(-) \tag{2.9}$$

则单粒子薛定谔方程为

$$\left[\left(-\frac{\hbar^2}{2m}\nabla^2+\sum_{\alpha}\int\frac{n_{\alpha\alpha'}(r')}{|r-r'|}\mathrm{d}r\right)\vec{I}'+\vec{v}(r)+\frac{\delta E_{xc}}{\delta\vec{n}(r)}\right]\begin{pmatrix}\phi_i^+(r)\\ \phi_i^-(r)\end{pmatrix}=\varepsilon_i\begin{pmatrix}\phi_i^+(r)\\ \phi_i^-(r)\end{pmatrix} \tag{2.10}$$

其中 $\boldsymbol{I}$ 为 2×2 单位矩阵,交换关联势也为 2×2 矩阵。利用泡利矩阵,则密度矩阵可分解为

$$\boldsymbol{n}(\boldsymbol{r})=\frac{1}{2}(n(r)\vec{I}+\vec{\sigma}\cdot m(r))=\frac{1}{2}\begin{pmatrix}n(r)+m_z(r) & m_x(r)-im_y(r)\\ m_x(r)+im_y(r) & n(r)-m_z(r)\end{pmatrix} \tag{2.11}$$

则 $\vec{\boldsymbol{v}}(\boldsymbol{r})$ 和 $\overrightarrow{\boldsymbol{v}_{xc}}(\boldsymbol{r})$ 表示成

$$\vec{\boldsymbol{v}}(\boldsymbol{r})=v(r)+\mu_B\vec{\sigma}\cdot\vec{B}(r),\overrightarrow{\boldsymbol{v}_{xc}}(\boldsymbol{r})=v_{xc}(r)+\mu_B\vec{\sigma}\cdot\overrightarrow{B_{xc}}(r) \tag{2.12}$$

若 $\vec{\boldsymbol{v}}(\boldsymbol{r})$ 和 $\overrightarrow{\boldsymbol{v}_{xc}}(\boldsymbol{r})$ 为对角矩阵,则单粒子薛定谔方程可分解为

$$\left(-\frac{\hbar^2}{2m}\nabla^+ +v_{\text{coul}}(r)+v(r)+B_z(r)+v_{xc}^{(+)}(r)\right)\phi_i^+(r)=\varepsilon_i^+\phi_i^+(r) \tag{2.13a}$$

$$\left(-\frac{\hbar^2}{2m}\nabla^- +v_{\text{coul}}(r)+v(r)-B_z(r)+v_{xc}^{(-)}(r)\right)\phi_i^-(r)=\varepsilon_i^-\phi_i^-(r) \tag{2.13b}$$

$v_{coul}(r)$对应经典库仑势,$v_{xc}^{(+,-)}(r)$对应于对角矩阵元中与自旋向上(+)和自旋向下(-)相应的交换关联势。方程(2.13a)和(2.13b)描述的是共线磁组态,自旋密度表示为

$$\vec{m}(r) = -\mu_B \sum_{\alpha,\beta} \psi_\alpha^+(r)\sigma_{\alpha\beta}\psi_\beta^-(r) \tag{2.14}$$

自旋磁矩则为

$$M_{spin} = \int \vec{m}(r)\mathrm{d}r = \int (n^{(+)}(r) - n^{(-)}(r))\mathrm{d}r \tag{2.15}$$

非共线情况时,原子间自旋取向可能不再是0°或者180°,如图2.24所示。

由此,对每个原子的磁化密度(也就是自旋密度)可定义为

$$\vec{m}(r) = M_v \hat{e}_v$$

式中,$\hat{e}_v$ 为磁化方向。

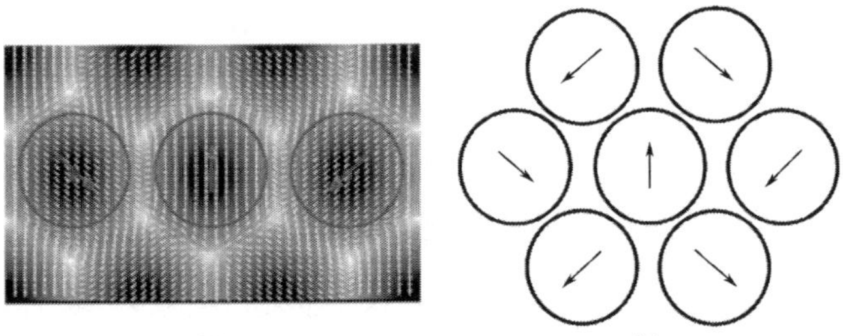

图2.24 (a) Cu表面六角Cr单层的基态磁化密度,磁化方向用箭头表示;(b)为示意图[71]

由此可见,N个原子体系非共线磁结构的总能为一组自旋矢量集合的函数,即$E[\{\hat{e}_v\}]$。然而一般体系的电子数目巨大以及$\hat{e}_v$的随机性,搜索磁基态是相当繁杂的工作。借鉴经典分子动力学搜索全局最小的思想(总能为位矢的函数),人们发展了自旋动力学,为非共线自旋态的计算搜索磁基态提供了一种可行有效的方法[71]。

表2.3给出了Mn团簇共线与非共线结构之间的相对稳定性。可以看出,$Mn_N(N=2\sim8)$团簇的基态为非共线磁结构[72]。可以看出,小体系磁性团簇的基态为非共线结构。

表2.3 $Mn_N(N=2\sim8)$共线与非共线磁结构之间总能差

(AF代表反铁磁,FM代表铁磁,NC代表非共线磁组态)[72]

	Mn_2	Mn_3	Mn_4	Mn_5	Mn_6	Mn_7	Mn_8
ΔE_{AF}	0	16	21	1	85.5	118	43
ΔE_{FM}	10	46	21	505	564	1 624	43
ΔE_{NC}	0	0	0	0	0	0	

2.2.6 掺杂(合金)团簇

1. 单杂质金属团簇

掺杂是研究和探索团簇新奇结构和性质的重要手段。对于掺杂(合金)团簇,两类原子之间由于尺寸、电子结构以及成分上的差异可以导致许多不同于单质团簇的结构和性质。比如前面已经提到的四价原子掺入Al_{12}或者单价金属原子掺入Al_{13}形成新的幻数团簇,不仅实现了中性纯Al团簇无法达到的稳定性,还为新型功能纳米材料提供了一种新的选择。

前面讲到贵金属团簇的质谱特征反应了电子壳层结构,而过渡金属团簇的质谱特征却不能由Jellium模型解释。过渡金属团簇中通常是具有紧密结构的团簇表现出非常高的稳定性。尽管如此,过渡金属原子的价电子在团簇的稳定性以及其他物理性质上仍然起着重要作用。

一个令人感兴趣的问题就是,由这两种元素形成的合金团簇的稳定性如何,是几何因素还是电子效应从根本上决定着团簇的性质,或是这两种因素之间在合金团簇中如何竞争, S. Neukermans等通过光解碎片谱实验研究了掺杂3d过渡金属原子的Ag和Au团簇——Ag_NX^+和Au_NX^+(X为过渡金属原子)的稳定性[73,74]。结果显示,如果过渡金属原子贡献一定的电子数,质谱中幻数团簇的总的价电子数正好是Jellium模型中的满壳层电子数。表2.4给出了Au_NX^+中总价电子数与过渡金属原子的关系[73]。

表2.4 光解碎片质谱观察到的壳层特征,N为Au_NX^+中的幻数,n_v代表杂质原子离域的电子数,n_e代表总的价电子数[73]

X	Valence	N	n_v	n_e
Au	$4f^{14}5d^{10}6s^1$	3,9,19,21,35	1	2,8,18,20,34
Sc	$3d^14s^2$	6,16,32	3	8,18,34
Ti	$3d^24s^2$	5,15,(27)	4	8,18,(30)
V	$3d^34s^2$	5,7	2?	6,8
Cr	$3d^54s^1$	1,5,7,17,(19),33	2	2,6,8,18,(20),34
Mn	$3d^54s^2$	1,5,7,17,(19),33	2	2,6,8,18,(20),34
Fe	$3d^64s^2$	1,5,7,17,(19),33	2	2,6,8,18,(20),34
Co	$3d^74s^2$	1,5,7,17,(19,33)	2	2,6,8,18,(20,34)
Ni	$3d^84s^2$	2,8,18	1	2,8,18

除稳定性外,过渡金属原子掺入Au团簇还会形成奇特的笼状结构。掺入一个Mo或者W原子的Au_{12}可以形成具有正二十面体的金笼结构(图2.25(a)),Mo@Au_{12}和W@Au_{12}的能隙分别是1.48 eV和1.68 eV[75]。最近又发现一种新的掺杂过渡金属原子的金团簇——Zr@Au_{14}、Hf@Au_{14}[76],其中14个金原子形成具有D_{2d}对称性的金笼,过渡金属原子位于笼中心(图2.25(b))。Zr@Au_{14}和Hf@Au_{14}的能隙不仅比Mo@Au_{12}和W@Au_{12}的能隙大,甚至比Au_{20}团簇的能隙也要大。而具有同样结构的Sc@Au_{14}比所谓超卤素团簇Al_{13}的电子亲和能高0.6 eV。

Mo@Au_{12}和Zr@Au_{14}奇特的结构给人们以启示,即掺杂单个过渡金属原子时,团簇的结构是如何演化成笼状结构的。图2.26给出了Au_nTi($n=2\sim16$)的结构[77]。Au_nTi在$n<8$时为平面结构,随着团簇尺寸增加,团簇演化为Au笼结构,Ti原子位于中心。特别的,在$n=14$,Au原子形成了D_{2d}对称性的金笼。根据表面偏析理论,在合金系统中大尺寸以及低熔点的原子位于表面。块体的Au比Ti的熔点低,故Au应该位于团簇外层。此外,Au_nTi中Ti几乎以离子形式存在,并且Ti离子的半径比Au的半径要小,因此位于团簇中央有利于团簇稳定。从能量的角度来看,双原子系统中,Au-Ti键的结合能是2.387 V,而Au-Au键的结合能是2.15 V,Au-Ti键比Au-Au键强。因此Ti原子位于中心使团簇的能量更低,更有利于团簇的稳定。

掺Al的Ti团簇Ti_nAl($n=1\sim13$)的结构在小尺寸时保持着Ti团簇结构特征,但随着团簇尺寸的增加,团簇结构发生转变,即当$n<9$时杂质铝原子位于这些结构的表面,当团簇尺寸逐渐增大时Al原子由表面转移到了团簇结构的笼子内。这是由于随着团簇尺寸的增大,Al的化合价发生改变。单价Al离子半径(1.36 Å)大于钛的离子半径(1.285 Å),同时在双原子体

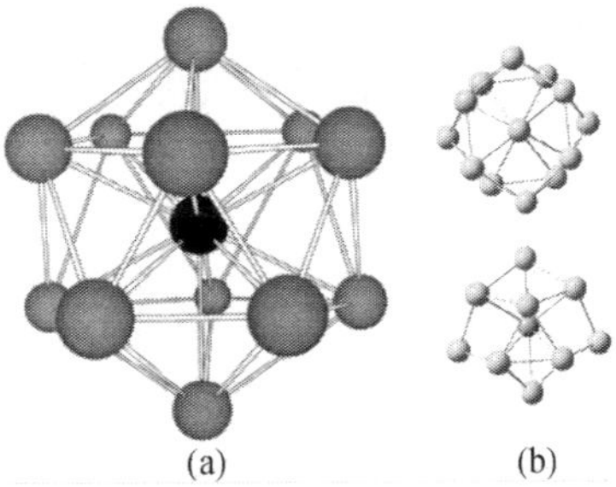

图 2.25　$Mo@Au_{12}$和 $Zr@Au_{14}$ 的结构[75, 76]

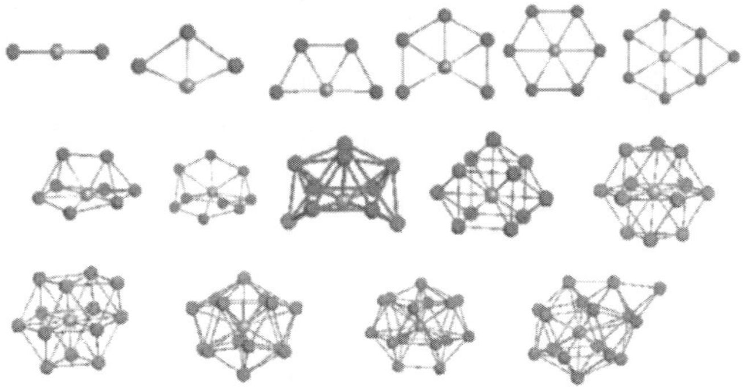

图 2.26　Au_nTi($n=2\sim16$)的能量最低结构

(黑球代表 Au 原子,灰球代表 Ti 原子[77])

系中,Ti - Al 铝键的键能(1.2 eV)小于 Ti - Ti 键的键能(1.92 eV),所以为了提高体系的稳定性,铝原子倾向于团簇表面以便形成尽可能多的 Ti - Ti 键。随着团簇尺寸增加,Al 原子化合价由单价变为三价,而三价 Al 离子的半径(0.945 Å)明显小于钛的离子半径,因此可以位于团簇内部[78]。

2. 二元合金团簇

研究表明,掺入两个 Ti 原子的阳离子 Au 团簇结构与单杂质的 Au_nTi 明显不同。在 $Au_nTi_2^+$ 中,两个 Ti 原子形成二聚物 Ti_2,并且被 Au 原子包围,当 $n=5$ 时形成 Ti_7 的五角双锥结构。当 Ti 原子数目增加到两个时,Ti 原子倾向于形成 Ti_2 分子[50]。若 Ti 原子的数目继续增加时团簇的结构会怎样演化。通常人们把含有杂质原子大于等于两个的团簇通常叫做合金团簇。显然,与单杂质原子相比合金团簇中两类原子的相互作用更加复杂。合金团簇中不同原子之间配比、原子尺寸和电子结构上的差异在决定团簇的结构和性质中起着非常重要的作用。

Ferrando 课题组结合遗传算法、分子动力学以及第一性原理计算,系统地研究了由 Cu,Ag,Au,Pt,Pa 等两两组成的合金团簇。研究表明,对于 AgCu 和 AgNi 团簇,当两类原子数目相当时,两类原子在团簇中较好地混合;当团簇中两类原子数目相差悬殊时,团簇倾向于形成核 - 壳结构,在某些特殊尺寸和配比时甚至形成核 - 壳二十面体聚合物结构(Polyicosahedral,简称 pIh),如图 2.27 所示[79]。

进一步,为研究这些团簇的稳定性,定义

$$\Delta = \frac{E_{GM}^{N,N_1} - N_1\varepsilon_1^{coh} - N_2\varepsilon_2^{coh}}{N^{2/3}}, \Delta_2^{N,N_1} = E_{GM}^{N,N_1+1} + E_{GM}^{N,N_1-1} - 2E_{GM}^{N,N_1}$$

N_1 和 ε_1^{coh} 是 Ag 原子数目和块体吸附能;$N_2=N-N_1$ 和 ε_2^{coh} 代表 Cu(Ni)原子数目和块体吸附能;E_{GM}^{N,N_1}为团簇的总能。为搜索最稳定的团簇,Ferrando 固定合金团簇的尺寸,仅仅变化两类原子的配比进行全局搜索。计算得到 Δ 和 Δ_2,如图 2.28 所示。从图中可以看出,当总原子数为 38(34)时,Δ 在 $N_1=30(27)$ 具有最小值,而同时 Δ_2 具有最大值。这表明当 Ag 原子与 Cu(Ni)原子数目比为 27:7 和 30:8 时团簇具有最高的稳定性,而此配比的合金团簇正好具有完美的核 - 壳二十面体聚合物结构。

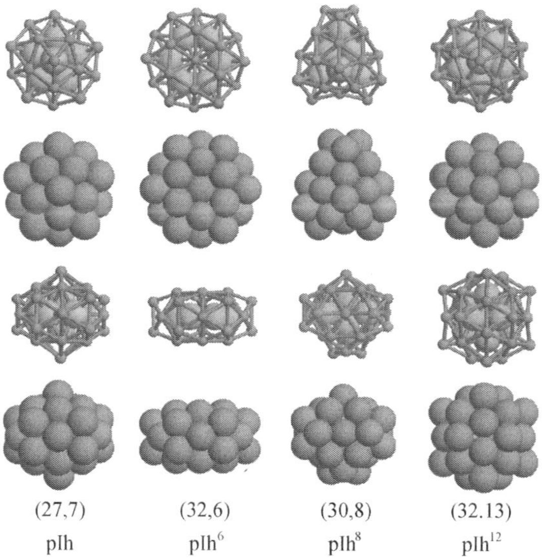

图 2.27　Ag – Ni 和 Ag – Cu 幻数团簇的几类核 – 壳二十面体聚合物结构(Polyicosahedral，简称 pIh)

(注:每类结构分别给出俯视图和侧视图,为便于显示团簇中原子的位置,外层 Ag 原子用较小圆点表示;由灰球给出的结构是团簇的整体形貌[79])

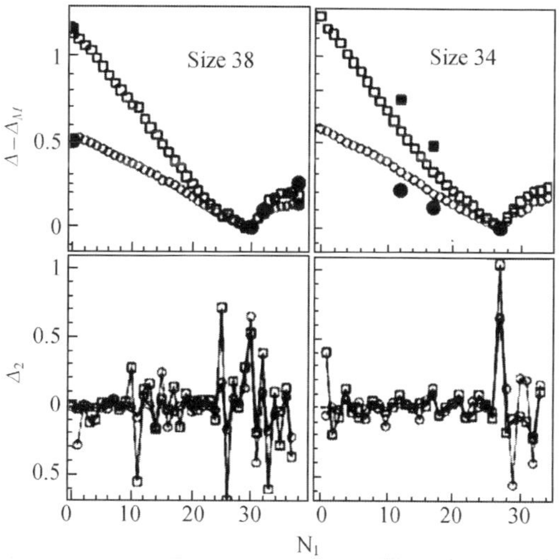

图 2.28　固定 Ag – M(M = Cu 和 Ni)团簇尺寸时，$\Delta-\Delta_M$ 和 Δ_2 与 Ag 原子的关系

(□和○分别代表 Ag – Cu 和 Ag – Ni 团簇;实心符号代表经验势结果;空心符号代表 DFT 结果[79])

对于二元合金团簇,除核 – 壳结构外,还存在一种特殊结构,其形式为 An@ B_m@ Al,通常人们称之为三明治结构。As 和 Ni 可形成这类三明治团簇 As@ Ni_{12}@ As_{20}。如图 2.29 所示,外层的 20 个 As 原子形成一个 Ih 对称性笼状结构,而正二十面体 As@ Ni_{12}镶嵌在其中。此种结构的[As@ Ni_{12}@ As_{20}]$^{3-}$具有非常高的稳定性[80]。

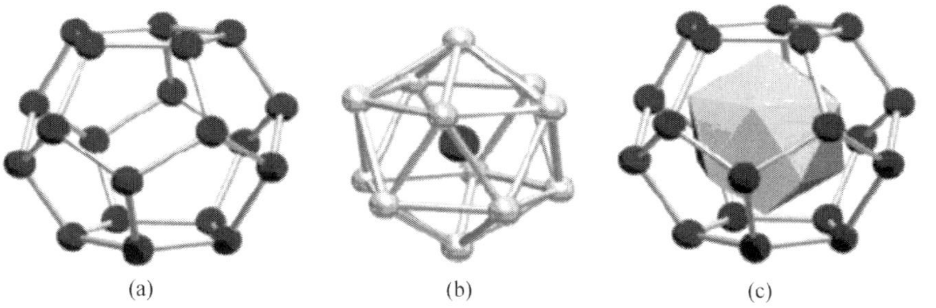

图 2.29　(a)As_{20};(b)As@Ni_{12};(c)[As@Ni_{12}@As_{20}]$^{3-}$结构[80]

显然,在以上核 – 壳结构和三明治结构中处于外层的壳与内层原子的相互作用对团簇的物理性质具有非常重要的影响。研究表明,在由 Co(Mn)和 Au 形成核 – 壳团簇 Mn_{13}(Co_{13})@ Au_{20}中,Co_{13},Mn_{13}的磁性可以由外层的 Au 壳调控[81]。具有非常小磁矩(2 μ_B)的 Mn_{13}^-被 20 个金原子形成的正十二面体笼包覆后,体系的磁矩达到了 44 μ_B。而具有 30 μ_B 磁矩的 Co_{13}^-团簇被包覆后,体系的磁矩大大减小,如图 2.30 所示。

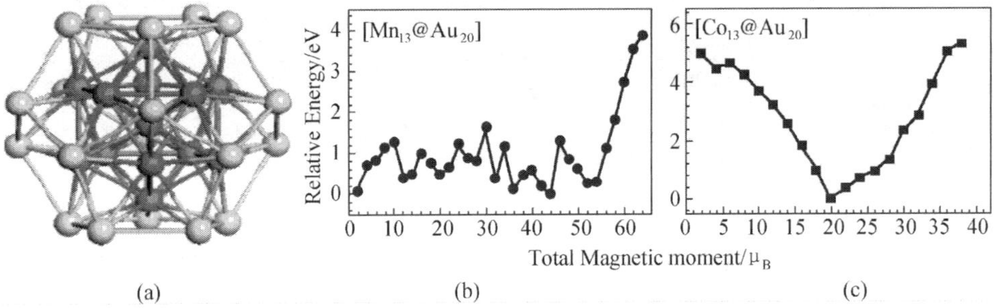

图 2.30 Mn_{13}^-@Au_{20},Co_{13}^-@Au_{20}的结构和磁矩[81]

3. 轻杂质团簇

氢(H)是一种特殊的元素。由于其质量小,性质丰富,许多材料吸附 H 后仍可保持原有结构,但性质却得到大大改善。早期的质谱研究发现,氢和氘与 Al 反应可生成新的幻数团簇 Al_7D 和 $Al_{13}H$,在通过氧环境之后 Al_7D 和 $Al_{13}H$ 具有比其他团簇更显著的质谱丰度[82, 83]。Li 等结合质谱、光电子谱以及第一性原理计算研究了小体系 AlH 团簇的稳定性[84]。质谱表明 $Al_4H_6^-$ 具有比相邻团簇高许多的质谱丰度,这说明 $Al_4H_6^-$ 具有非常高的稳定性。光电子谱实验表明 $Al_4H_6^-$ 有一个 1.9 eV 的 gap。理论计算结果显示中性 Al_4H_6 具有类似硼烷的结构,其中 4 个 Al 原子形成笼子,HOMO - LUMO gap 为 1.85 eV。进一步,Li 等认为基于 Al_4H_6 与硼烷结构上的相似,可把处于桥位的 H 原子看作一个电子,Al_4H_6 可看作 $Al_4H_4^{2-}$,因而可借用适合硼烷(BnH_n^{2-})的 Wade - Mingos 规则来解释 $Al_4H_6^-$ 的结构特征如图 2.31 所示。

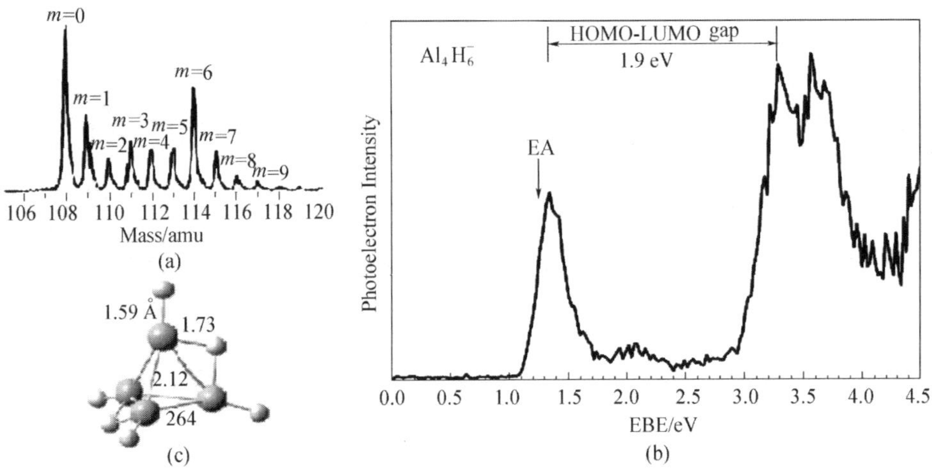

图 2.31 $Al_4H_6^-$ 的(a)质谱,(b)光电子谱和(c)几何结构[84]

采用光电子谱,Kiran 等人系统地研究了 Al_nH_m 团簇($n/m \geq 1/2$),并基于电子壳层模型提出了一个电子计数模型描述 Al_nH_m 的稳定性[73]。根据该电子计数模型,H 原子是否向团簇贡献一个价电子取决于 H 原子是否处于 Al 原子的顶端。当 H 原子处于 Al 原子的顶端时形成 Al - H,一个 Al - H 对为团簇贡献 2 个价电子;当 H 原子处于桥位和面位时,H 和 Al 对分别为团簇贡献 1 个和 3 个价电子。因此,Al_nH_m 可看作 $Al_{n-i}(AlH)_iH_{m-i}$,而团簇的总价电子数 N

为 $N=3(n-i)+2i+(m-i)=3n-2i+m$,其中 i 为 Al－H 对。Kiran 等采用第一性原理计算优化了一系列的 Al_nH_m 团簇,结构如图 2.32 所示。根据结构特征,他们给出了一些满足上述模型的团簇的相关电子性质,如表 2.5 所示。

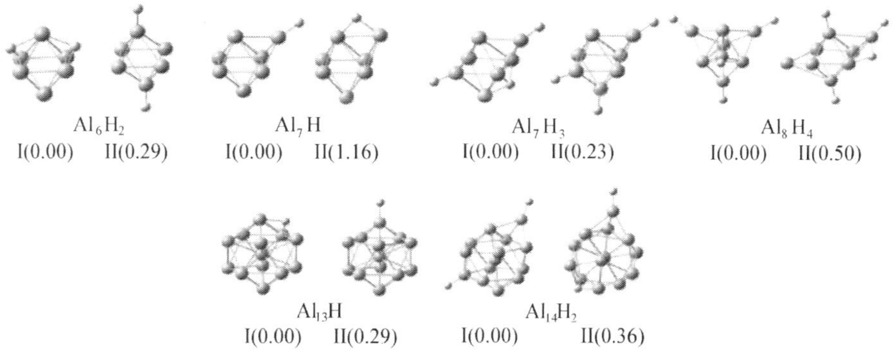

图 2.32　计算得到的部分 Al_nH_m 团簇的结构,括号内为相对能量差[73]

表 2.5　部分 $Al_{n-i}(AlH)_iH_{m-i}$ 的电子性质[73]

# of electrons	n	m	i	Stoichiometry	ADE		HOMO－LUMO gap	
					Theory	Experiment	Theory	Experiment
20	6	2	0	Al_6H_2	1.76	1.66 ±0.15	0.68	1.0 ±0.10
20	7	1	1	Al_7H	1.88	1.85 ±0.05	0.81	1.2 ±0.1
20	7	3	2	Al_7H_3	2.01	2.0 ±0.20	0.49	0.4 ±0.2
20	8	4	4	Al_8H_4	1.93	1.95 ±0.05	0.70	0.8 ±0.1
40	13	1	0	$Al_{13}H$	1.99	2.0 ±0.05	1.12	1.4 ±0.20
40	14	0	2	$Al_{14}H_2$	2.34	2.4 ±0.10	0.78	0.75 ±0.25

注意到光电子谱所测得的 gap 来自于阴离子团簇 $Al_nH_m^-$,而以上理论计算只是中性团簇的 gap,两者不具备可比性。事实上,引入一个电荷之后阴离子团簇的能量最低结构并非是相应中性团簇的最稳定结构。X. Li 等研究了带电的 $Al_{12}X^-$(X = C, Ge, Sn, Pb)团簇的光电子谱(如图 2.33 所示)[85]。

可以看出,除 $Al_{12}C^-$外,$Al_{12}X^-$(X = Ge, Sn, Pb)的光电子谱与 Al_{13}^-类似。即,具有一个尖锐而窄的主峰并且在 x 处有一个相对较弱的峰,这意味着 $Al_{12}X^-$(X = Ge, Sn, Pb)具有与 Al_{13}^-类似的结构。由于中性 $Al_{12}X$ 具有满壳层结构,则在 $Al_{12}X^-$中引入的负电荷填充在下一电子壳层,这对应于 x 处的峰。$Al_{12}C^-$的光电子谱与 $Al_{12}X^-$(X = Ge, Sn, Pb)明显不同,说明 $Al_{12}C^-$不具有正二十面体特征。采用第一性原理方法,S. F. Li 等[86]研究了中性 $Al_{12}C$ 团簇与 $Al_{12}C^-$团簇的结构。结果表明,$Al_{12}C^-$的能量最低结构不再是正二十面体结构,而是一个 C 原子位于团簇表面的低对称结构(如图 2.33(f))。

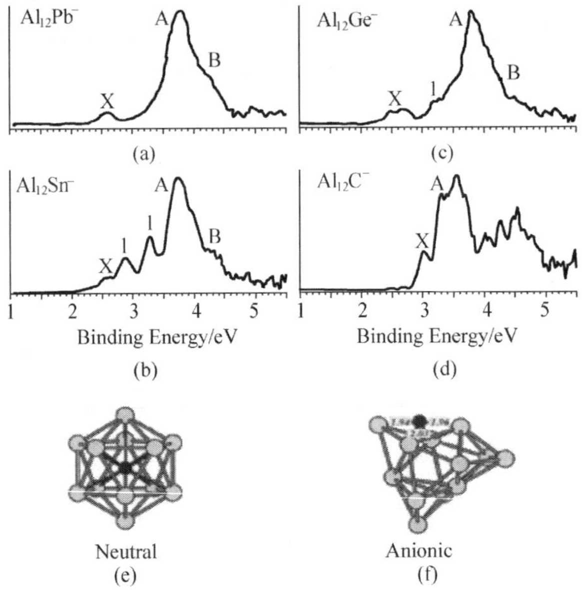

图 2.33 $Al_{12}X^-$ (X = C, Ge, Sn and Pb)的光电子谱[85]，$Al_{12}C$ 以及 $Al_{12}C^-$ 的最稳定结构[86]

2.3 半导体团簇

2.3.1 Si 和 Ge 团簇

在第一节中我们看到由于原子键合方式的差异，Si 团簇与惰性气体团簇、简单金属团簇具有不同的幻数序列。过去 20 年，实验上对小体系单质半导体团簇的稳定性以及纳米团簇的光学性质进行了广泛的研究。理论方面，当前半导体团簇的研究主要集中在小尺寸或中等尺寸团簇（包括化合物团簇）的结构搜索和改性，其中研究得最多的是 Si 团簇。结合各种计算方法，如遗传算法、全电子分子轨道从头计算等，X. C. Zeng 课题组对 Si_n ($7 < n < 80$) 的结构进行了深入研究[87~92]。与 C 团簇在小尺寸的链状结构不同，Si_7 团簇的能量最低结构是三维的五角双锥结构[91]。而 Si_{13} 团簇的最稳定结构也不再是 Al_{13} 具有的 Ih 对称正二十面体（图2.34）[92]。在 n = 21 ~ 30 时倾向于形成以 Si_6，Si_7，Si_9 和 Si_{10} 为基元组合的结构，这些结构取名为“Y 型三臂”结

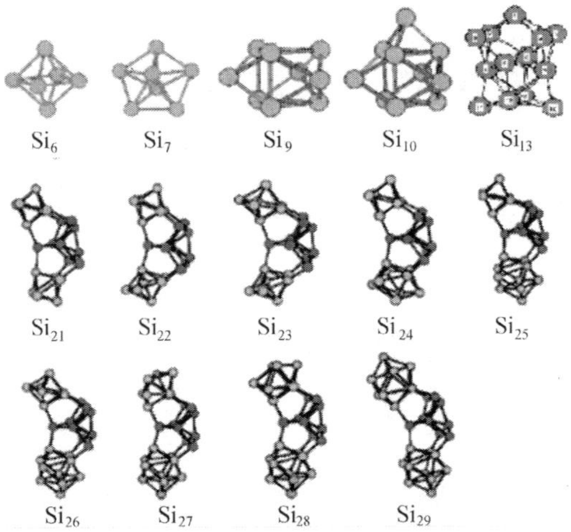

图 2.34 Si_n (n = 6 ~ 29)的结构[89]

构(图 2.34)[89]。随着团簇尺寸的增加,Si 团簇的能量最低结构倾向于内嵌原子团的笼状结构(图 2.35)[87,88,90]。类似地,Ge 团簇的结构也具有这些特征[93,94]。可以看出,对于单质的半导体 Si 或 Ge 团簇,不可能形成中空的富勒烯结构,而只能形成内嵌原子的笼状结构,这是由于 Si 和 Ge 团簇中的成键方式是 C 在富勒烯中的 sp^2 成键。若 Si 形成中空富勒烯结构,则 Si 原子会多出一个悬挂键,这是不利于团簇稳定的。

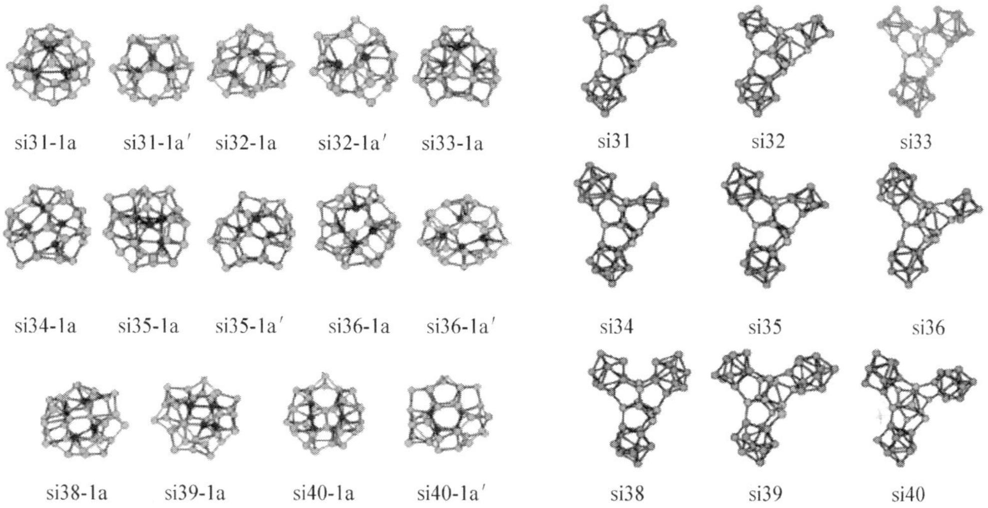

图 2.35　Si_n ($n = 31 \sim 40$) 的结构[87]

研究发现,向 Si 或 Ge 团簇中掺入过渡金属原子饱和这些悬挂键,也可以形成内嵌金属原子的 Si 笼或 Ge 笼结构[95~97]。实验上利用金属 W 离子与 SiH_4 反应生成 $WSi_nH_x^+$ 团簇,生成的 $WSi_nH_x^+$ 团簇也有可能进一步与 SiH_4 反应生成新的 $WSi_{n+1}H_x^+$ 团簇。实验表明,当 $n>12$ 时团簇不再生长(图 2.36(a))。这意味着团簇不再与 SiH_4 反应,因而团簇的最终产物为 $WSi_{12}H_x^+$,并且 $WSi_{12}H_x^+$ 中 W 离子无法与 SiH_4 接触。质谱的精细结构表明对于 $WSi_{12}H_x^+$,当 $x=0$ 时团簇具有最高的质谱丰度(图 2.36(b))。由过渡金属原子易吸附 H 的特点可知 W 原子应该处于 WSi_n 团簇的内部。因此,12 个 Si 原子应该在外层形成一个 Si 壳并且把金属钨原子包覆其中[95],如图 2.36(c)。此后实验和第一性原理发现或预测了大量的内嵌过渡金属原子的四族笼状团簇。

掺杂过渡金属原子的四族元素团簇的结构特征为人们寻求或者设计新型半导体纳米管提供了一种新的方法,即向半导体团簇不断注入过渡金属原子。掺入的金属原子被四族原子包覆其中,而四族原子形成壁或者壳。第一性原理预测了内嵌过渡金属原子链的半导体超薄纳米管,通过控制内嵌金属原子的类型,可以得到依赖于金属原子类型的金属纳米管或半导体纳米管以及 n 型或 p 型纳米管[98]。

2.3.2　化合物半导体团簇

除 Si,Ge 基团簇外,Pb 和 Sn 团簇也受到了关注。最近研究较多的是化合物半导体团簇,比如 SiC,BN,BP,GaN,GaP 以及 GaAs 团簇,等等[99~101]。此外还有氧化物半导体团簇,比如

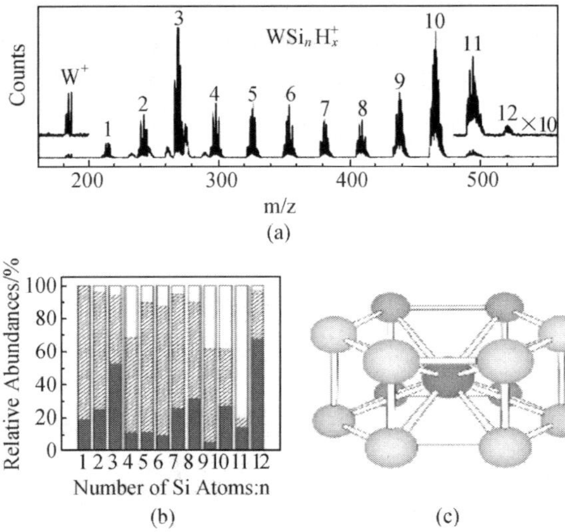

图 2.36 (a) $WSi_nH_x^+$ ($n=1\sim12$) 的高精度质谱;(b) $WSi_nH_x^+$ 中测得的团簇丰度与 H 含量的关系,其中黑色代表 WSi_n^+;(c) WSi_{12} 的结构[95]

ZnO,TiO 团簇,等等[102, 103]。与单质半导体团簇不同,化合物半导体团簇中两类原子的原子尺寸以及组分上的差异将会导致团簇具有与单质团簇截然不同的结构和性质。

图 2.37 给出了 TiO 团簇两种不同的生长模式。分别为立方状(图 2.37(a))和链状(图 2.37(b))。实际上,块体中 Ti 原子能够提供两个电子给 O 原子而形成具有面心立方结构(FCC)的 TiO 晶体,因此可以推测立方状的结构将会在大尺寸团簇中得到体现。第一个具有完全独立的立方结构的团簇是$(TiO)_4$。团簇$(TiO)_6$,$(TiO)_8$ 和$(TiO)_9$ 也表现出了这种特性,分别具有 1×2,1×3 和 2×2 个立方体。因为团簇$(TiO)_3$,$(TiO)_5$ 和$(TiO)_7$ 不可能形成完全的立方体,所以人们可以认为这些结构是由完全的立方体结构吸附或者丢失一个 TiO 分子而得到的。另外,这些立方结构的每个面并不是标准的平面四边形,而是由类似于$(TiO)_2$ 团簇的非平面菱形(图 2.37(a))所组成。因此,立方状的结构可以以$(TiO)_2$ 团簇为结构单元形成更大的团簇。和立方状不一样的是,链状团簇$(TiO)_N$($N\leq5$)的结构全是平面链,分别具有 D_{2h},D_{3h},D_{4h} 和 D_{5h}对称性。优化的$(TiO)_2$ 结构是一个边长为 1.81 Å 的菱形。团簇$(TiO)_3$,$(TiO)_4$ 和$(TiO)_5$ 的链状结构分别是正六边形,正八边形和十边形。从二维到三维结构的转变出现在团簇$(TiO)_6$ 处,这个结构是由两个$(TiO)_3$ 六边链堆积而成。很明显,这样一个三维结构和二维结构相比更加致密而且有更多的 Ti-O 键。一个额外的 TiO 分子戴帽到$(TiO)_6$ 结构上便得到了团簇$(TiO)_7$,把两个$(TiO)_4$ 链堆积在一起便形成了团簇$(TiO)_8$,同理,堆积三个$(TiO)_3$

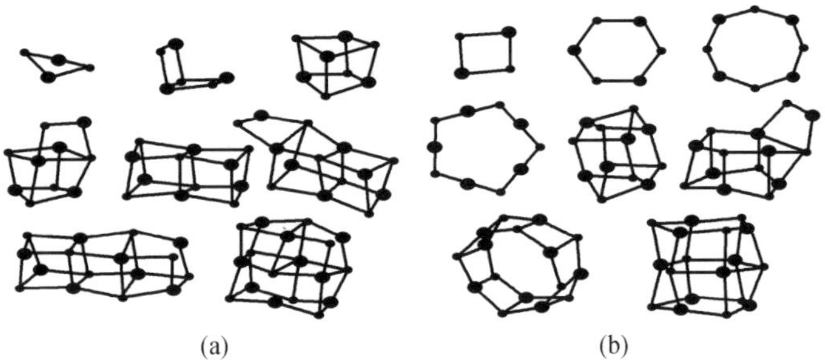

图 2.37 $(TiO)_N$ ($N\leq9$) 团簇的平衡结构

(a) 立方状;(b) 链状[103]

链就出现了团簇$(TiO)_9$,以此类推,通过堆积两个$(TiO)_5$链而得到团簇$(TiO)_{10}$。因此,若采用链状的$(TiO)_3$,$(TiO)_4$和$(TiO)_5$作为结构单元,可以得到更大尺寸团簇的链状结构。

团簇中TiO分子的结合能充分反应了这两种模式的相对稳定性(图2.38(a)),定义

$$E_b[(TiO)_n] = E[Ti] + E[O] - E[(TiO)_n]/n \tag{2.16}$$

式中,$E[(TiO)_n]$,$E[Ti]$和$E[O]$分别代表$(TiO)_n$团簇、Ti和O原子的总能。从图2.38可以看到,当$n<6$时,立方状结构为三维结构,立方状结构的结合能高于链状结构。伴随着链状结构向三维的转变,这时链状结构却有着比立方结构还要高的能量(除了$(TiO)_8$)。然而,与立方结构不同,在TiO晶体中并没有发现链状的结构成分。因此可以推测,仅仅对一些特殊的尺寸,团簇才会具有类似于晶体的结构成分。另外,当$n>5$时,两种模式之间的能量差非常小,这表明在这样小的尺寸下,链状结构仅仅只能作为一种过渡结构而存在。确实这样,只要适当缩小链状团簇$(TiO)_6$,$(TiO)_8$和$(TiO)_9$的空间分布,使其向"梯状"演化,就可以得到它们相应的立方状结构。

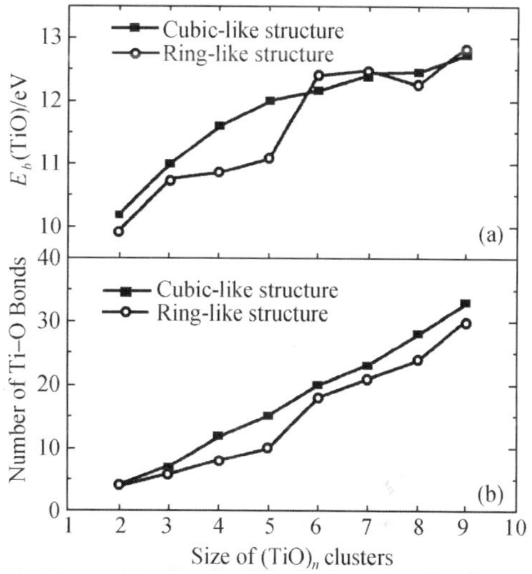

图2.38 $(TiO)_n$在(a)中平均每个TiO分子的结合能E_b;(b) Ti-O键的数目[103]

由于TiO为离子晶体,在离子化合物中,体系的能量一般与包含的化学键的数目成正比。图2.38(b)给出了$(TiO)_n$团簇中所含的Ti-O键数目。可以看出随着团簇尺寸的增大,体系的Ti-O键数目单调的增加,而链状结构在$n=6$时的突然增加正好体现了二维结构向三维的转变,然而它却总是小于立方状结构中的数目。这表明这样一个简单的键模型还不能充分地描述小团簇的稳定性。

另一方面,团簇体系中表面效应仍然起着举足轻重的作用。图2.39给出了基态团簇的能量差随团簇尺寸的变化关系。$(TiO)_6$和$(TiO)_9$较它们的近邻有一个更大的能量差,说明这两个由$(TiO)_3$链所形成的团簇具有高的稳定性,这进一步说明了前面所说的$(TiO)_3$链结构在整个系统中的特殊性。对于强关联金属氧化物,电子之间的在位库仑关联对体系的性质起着决定性影响。毫无疑问,对于其相应的团簇体系,电子强关联相互作用也会起着非常重要的作用。然而,目前涉及这方面的研究少之又少。总之,化合物半导体以及金属氧化物团簇都是尚待开发的领域,并且当前的第一性原理研究大多集中在小尺寸团簇结构的搜索。其原因在于化合物团簇结构不仅依赖于团簇尺寸,还依赖于原子之间配比的影响,这大大加重了计算任务。我们相信随着技术的进步,采用更高性能的计算机以及实验技术,化合物团簇的面纱将被层层揭开,奇妙的物理性质与效应清晰地展示在我们面前。

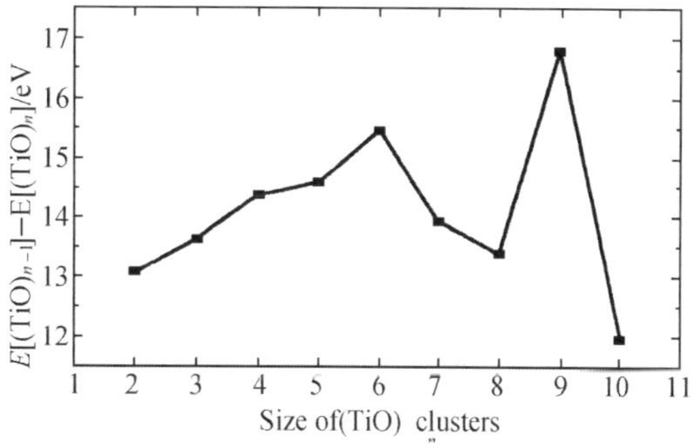

图2.39 ΔE随团簇尺寸的变化关系[103]

2.4 富 勒 烯

2.4.1 富勒烯的发现及电子结构

一直以来人们认为碳的同素异形体只有石墨和金刚石。1985 年,英国布赖顿的苏塞克斯大学波谱学家克罗托(H. W. Kroto)和美国休斯顿大学化学家斯莫利(R. E. Smalley)及其研究生吉姆希斯等人一起,进行了碳的激光蒸发实验。他们用大功率激光轰击石墨表面,并用氦气流将碳碎片构成的等离子体吸入带有喷嘴的集结区,在集结区碎片发生热碰撞形成新的碳分子。经过飞行时间质谱分析发现,实验产生了丰度约 40 倍强于其他临近信号的 C_{60}分子,同时还找到了 C_{70}分子的质谱信号,如图 2.40 所示[104]。这一实验给出了存在稳定 C_{60}的证据。受到美国著名建筑师巴克明斯特·富勒设计成功的圆顶建筑的启发,他们把 C_{60}分子设想为截角二十面体,如图 2.40 所示。这种截角二十面体是由 12 个五边形和 20 个六边形组成 32 面体结构,其外形酷似足球,有 60 个顶角,60 个碳原子各占一角,它们均处于彼此等价的位置。由于其形状类似足球,故称之为足球烯。又因其类似美国著名工程师 R. Fuller 发明的短程线圆顶结构,故又名富勒烯(Fullerene)。C_{60}的发现开创了一个崭新的研究领域,因而有科学家称富勒烯可以让化学家流一个世纪的口水。Kroto,Curl,Smalley 三人因此获得了 1996 年的诺贝尔化学奖。除 C_{60}和 C_{70}外,其他笼状碳团簇如 C_{20},C_{40},C_{80},C_{84},C_{86}及 C_{90}等也相继被观察到,它们一起构成全碳分子富勒烯家族。

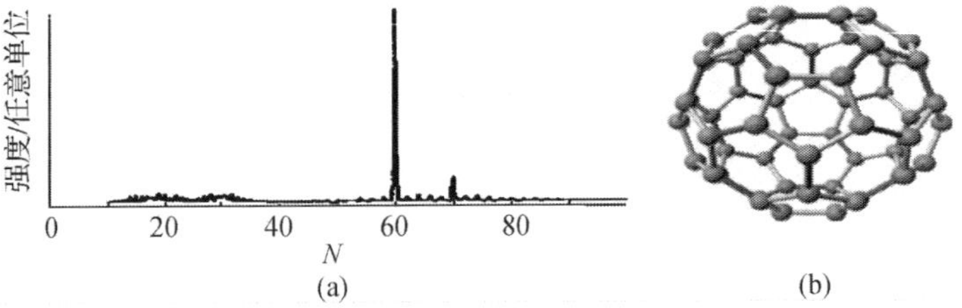

图 2.40 C_N 的质谱和 C_{60}分子结构[104]

笼状结构的种类可以有无穷多种,这可以从古代数学中得到预言。18 世纪,瑞士数学家欧拉曾证明任意一个封闭多面体的顶点数 N、边数 L 和面数 F 之间存在

$$N + F = L + 2$$

若封闭多面体由正五边形与六边形组成,则存在

$$5F_5 + 6F_6 = 2L, F_5 + F_6 = F$$

其中 F_5,F_6 分别代表五边形与六边形环所构成的面数。取 $F_5 = 12$ 为例,则有 $F_6 = N/2 - 10$ 或 $N = 2F_6 + 20$。对 C_{60}而言,$N = 60$,$F_5 = 12$,$F_6 = 20$;而对 C_{70},$N = 70$,$F_5 = 12$,$F_6 = 25$。除 C_{60},C_{70}以外,还存在其他一系列的中空笼状全碳分子 C_{2p+20},每种分子包含 12 个五边形和 p 个六边形。根据上述关系我们可以确定其他碳团簇中六边形环个数。

人们发现,C_{70}分子仅比 C_{60}分子多 5 个六边形环。假如将 C_{60}分子沿五次轴的法向赤道平面剖开,其边缘将呈现扶手椅形状,如若沿其边沿增加一圈扶手椅型的六边形环,含 10 个碳原子,或者以该剖面为镜面进行反演对称操作,则构成了 C_{70}分子。如果在此基础上逐步推广,增

加 j 圈我们可以得到 C_{60+10j} 的全碳分子，其两端为半个 C_{60} 分子。当然也可以沿其三度轴的赤道面沿剖开，得到锯齿状的边缘，顺沿其边缘增加一圈六边形可以增加 9 个六边形，含 18 个碳原子，增加 j 圈则生成原子数为 $60+18j$ 的 C_{60+18j} 的全碳分子。这些全碳分子在几何形状上呈现管状结构，且其管径在纳米尺度范围内，属于碳纳米管。当然碳纳米管并不是只有以上两种构型，上述只是两个特例而已。但从这两个特例中我们可以将碳纳米管看作是卷曲的石墨层两端罩上一个碳原子帽的封闭笼状分子。

C_{60} 的成键特征比石墨与金刚石复杂，12 个五边形的各条边都是单键，键长 1.45 Å 中共有 60 个单键，需 120 个电子参与。相邻两个六边形的共有的边为双键，键长 1.4 Å，有 30 个双键，共需 120 个电子。因此 C_{60} 是没有悬挂键的稳定结构。中子衍射实验测得单键长为1.455 Å，双键长为 1.391 Å。C_{60} 分子结构中存在长度不等的单键与双键，这与平截 20 面体的几何构型略有不同。如果把 C_{60} 看成各边相等的理想结构，其半径 r 与边长 a 之间满足下面的关系

$$a=\sqrt{\frac{4\sin^2 36^\circ-1}{2+\sin^2 36^\circ}}r \tag{2.17}$$

C_{60} 分子中有 90 个 σ 键，它们的能级距费米能级很远；另有 30 个 π 键，它们离费米能级较近，因而决定 C_{60} 的物理和化学特性。C_{60} 与碳纳米管一样从概念上可以看作由单层石墨构建而成。因此人们常常应用 sp^2 紧束缚模型计算碳纳米管与富勒烯的电子结构。但这种近似却没有考虑由于石墨片形成富勒烯过程中带来的卷曲效应。因此，Tománek 等人基于简单紧束缚类型哈密顿量的 sp^3TB 方法得到的 C_{60} 能隙为 2.4 eV[105]，与实验值有较大出入。早期的第一性原理计算与实验也有较大差异。如，Saito 等人[106]基于局域密度近似采用第一性原理计算了 C_{60} 的能隙，结果表明五重简并的 HOMO 与三重简并的 LUMO 之间能隙值为 2.4 eV。

事实上，当石墨层被卷曲或弯曲时它将形成 $sp^{2+\alpha}$ 杂化，这里 α 是一个依赖卷曲程度的因子。C_{60}，C_{70} 和碳纳米管中已发现这种杂化方式。碳纳米管的研究表明随着管径的减小激发 s^* 态逐渐参与杂化的程度越来越强。这促使人们考虑可以发展 sp^3s^* 紧束缚模型来精确计算 C_{60} 的能隙从而更精确地研究其电子结构[107]。根据 C_{60} 的几何结构，使用原子轨道基函数（2s，$2p_x$，$2p_y$，$2p_z$ and $2s^*$ 轨道）的哈密顿矩阵 $\boldsymbol{H}$ 的元素可表示于表 2.6。

表 2.6　sp^3s^* 紧束缚矩阵元的表示[107]

	ith atom	jth atom	lth atom
ith atom	$\boldsymbol{H}_1$	$\boldsymbol{H}(d_{ij})$	$\boldsymbol{H}_0$
jth atom	$\boldsymbol{H}(d_{ji})$	$\boldsymbol{H}_1$	
lth atom	$\boldsymbol{H}_0$		$\boldsymbol{H}_1$

按照 s，p 原子轨道相互作用矩阵元的 Slater-Koster 表，矩阵元素 $\boldsymbol{H}(d_{ij})$ 可用表 2.7 表示，表中 $\boldsymbol{H}_1$，$\boldsymbol{H}(d_{ij})$，$\boldsymbol{H}_0$ 均为 5×5 的矩阵。由于只考虑最近邻相互作用，因此 $\boldsymbol{H}_0$ 的所有元素均为零。$\boldsymbol{H}_1$ 的对角元素分别为 $H_1^{(11)}=\varepsilon_s$，$H_1^{(22)}=H_1^{(33)}=H_1^{(44)}=\varepsilon_p$，$H_1^{(55)}=\varepsilon_{s^*}$ 而它的其他矩阵元均为零。ε_s，ε_p，ε_s^* 分别对应 2s，2p，$2s^*$ 轨道能级。近邻原子间的耦合矩阵元 $\boldsymbol{H}(d_{ij})$ 可以这样求解：先将轨道波函数投影到坐标轴上，然后再进行运算将原子间的相互作用矩阵元分解成 $\{V_{ss\sigma},V_{sp\sigma},V_{pp\sigma},V_{pp\pi},V_{s^*p\sigma},V_{s^*s^*\sigma}\}$ 的线性组合，组合系数只与原子之间相对位矢 d_{ij} 的方向余弦 l,m,n 有关，最终结果表示于表 2.7。通过调节参数，得到下列参数值 $V_{ss\sigma}=-4.65$ eV，

$V_{sp\sigma}=4.23$ eV, $V_{pp\sigma}=4.65$ eV, $V_{pp\pi}=-2.73$ eV, $V_{s^*p\sigma}=4.56$ eV, $V_{s^*s^*\sigma}=0.0$ eV。计算得到C_{60}的能隙为1.893 eV与实验值1.9 eV符合得非常好。而sp^3紧束缚近似($V_{ss\sigma}=-4.76$ eV, $V_{sp\sigma}=4.33$ eV, $V_{pp\sigma}=4.37$ eV, $V_{pp\pi}=-2.77$ eV)得到2.04 eV的能隙。

表2.7 $H(d_{ij})$的矩阵元[108]

	2s	$2p_x$	$2p_y$	$2p_z$	2s*
2s	$V_{ss\sigma}$	$lV_{sp\sigma}$	$mV_{sp\sigma}$	$nV_{sp\sigma}$	0
$2p_x$	$-lV_{sp\sigma}$	$l^2V_{pp\sigma}+(l^2+1)V_{pp\pi}$	$lm(V_{pp\sigma}-V_{pp\pi})$	$lm(V_{pp\sigma}-V_{pp\pi})$	$-l\,V_{s^*p\sigma}$
$2p_y$	$-mV_{sp\sigma}$	$lm(V_{pp\sigma}-V_{pp\pi})$	$m^2V_{pp\sigma}+(1-m^2)\,V_{pp\pi}$	$nm(V_{pp\sigma}-V_{pp\pi})$	$-m\,V_{s^*p\sigma}$
$2p_z$	$-nV_{sp\sigma}$	$ln(V_{pp\sigma}-V_{pp\pi})$	$nm(V_{pp\sigma}-V_{pp\pi})$	$n^2V_{pp\sigma}+(1-n^2)\,V_{pp\pi}$	$-n\,V_{s^*p\sigma}$
2s*	0	$lV_{s^*p\sigma}$	$mV_{s^*p\sigma}$	$nV_{s^*p\sigma}$	$-V_{s^*s^*\sigma}$

2.4.2 掺杂过渡金属原子的富勒烯团簇及应用

富勒烯最突出的特征就是其中空结构。自然人们会想到往其中填入某些原子后其性质会发生怎样的改变。由此导致了富勒烯家族新成员的诞生,这就是内嵌原子富勒烯。其实,在Kroto发现C_{60}的几天之后,其课题组又发现了一种幻数团簇,这就是LaC_{60}[109]。Rice课题组的实验发现LaC_{60}^+不与H_2,O_2以及NH_3等反应,这就表明La原子位于C_{60}的中心[110]。之后Rice课题组制备了各种镧系金属富勒烯。然而,他们发现只有La@C_{82}才能在甲苯溶剂中存在并且被萃取出来(图2.41)[111]。这就是说只有La@C_{82}才是稳定存在的,尽管质谱实验观察到了La@C_{60}和La@C_{60}^+。之后一系列的金属原子内嵌富勒烯被实验制备出来,比如Y@C_n, Sc_n@C_m($n=1\sim3$, $m=72,82,84$),以及镧系R@C_{82}(R = Ce, Pr, Nd, Sm, Eu, Gd, Tb, Dy, Ho, Er, Yb and Lu)[112~114]。

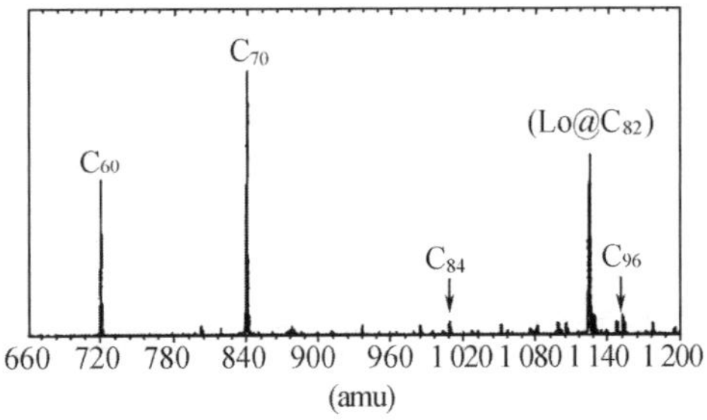

图2.41 经过甲苯溶剂萃取的质谱[111]

实验中制备出内嵌过渡(稀土)金属原子富勒烯后,首先受到关注的是内嵌的金属原子与碳笼结构之间电荷转移。当Sc或者La内嵌到C_{82}时,Sc(La)有三个电子转移到了C_{82}上,形成$Sc^{3+}(La^{3+})@C_{82}^{3-}$[114, 115]。然而,由于稀土金属原子的f电子,它们常常表现出复杂的价态。比如,纯的Tm金属中Tm是三价,而在TmTe中则表现二价。如何标定内嵌稀土金属原子富勒烯团簇中金属原子的价态是一个非常具有挑战性的问题。T. Pichler等[116]研究了C_{82}中Tm的化合价。他们把Tm@C_{82}的X射线光电子谱与Tm金属块体以及其化合物的X射线光电子谱进行比较,从而确定内嵌Tm原子的价态,如图2.42所示。从图2.42(a)可以看出与三价Tm金属的X射线光电子谱相比,Tm@C_{82}中Tm的谱峰向低能方向移动了2.5 eV。这表明Tm@C_{82}中Tm的价态比Tm金属中的价态低。采用4f电子光激发谱分析其特征多重态可以定量地得到Tm的价态(如图2.42(b))。计算得到的$4f^{13}-4f^{12}$光电子激发谱与Tm@C_{82}非常符合,这表明只有两个电子转移到了碳笼结构,因此Tm为+2价。

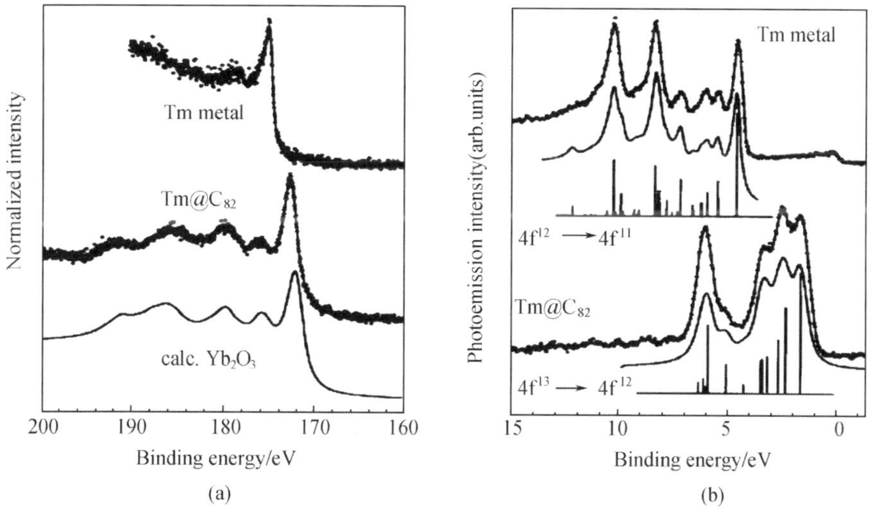

图 2.42　(a) Tm 金属与 C_{3v} 对称性结构 Tm@C_{82} 的 X 射线光电子谱以及计算的 Yb^{3+} 4d X 射线光电子谱；(b) 实验与计算得到的 Tm 金属和 Tm@C_{82} 的 4f 光电子激发谱[116]

值得注意的是，对于镧系 R@C_m，由于镧系原子中 4f 电子之间复杂的强关联相互作用，而常规的 LDA 或者 GGA 在处理局域电子之间的强关联相互作用有着明显缺陷，因此有效处理内嵌过渡(稀土)金属原子中的强关联相互作用对于精确描述内嵌金属原子电子态有着重要意义。

富勒烯团簇有着广泛的应用前景。计算机用的光调制、光开关等，需要能产生三次谐波的非线性光学材料。一个 C_{60} 分子的直径约 7.0 Å，具有很多非定域的 π 电子，因而由量子尺寸效应和共价 π 电子会共同产生出很大的三次非线性效应。富勒烯的非线性光学性质可望用于制作光倍频器。现在已经成功地将 He 注入到 C_{60} 笼中，形成 He@C_{60}。人们期望将 Li 原子注入到 C_{60} 中，形成 Li@C_{60}，则可用于制造高能锂电池。$C_{60}F_{60}$ 是"分子滚珠"，可成为耐高温(～70 ℃)润滑剂。微型仪器专家们则期望利用 C_{60} 制作世界上最小的滚珠轴承。当然 C_{60} 作为贮氢材料也是前途一片光明。在一定温度和压力下，通过电化学过程能吸收和释放氢气。因此，它可用于氢的贮存和运输。

此外，富勒烯在生物医学上的应用也具有独特的优势。富勒烯不溶于水，只能溶解于一些非极性的有机溶剂，如苯、甲苯、氯仿等对生物有害的溶剂，而这些溶剂在生物或者医药的制备过程中必须消除。提高其水溶性将大大促进其在生物医学方面的应用。掺杂是实现富勒烯改性的一种有效方法。研究表明，Mo 掺杂 C_{20} 的费米能级在 Mo 的调制下向下移动了 0.366 Hatree(Ha)，大大增强了 C_{20} 的化学活性，而且水分子能在 Mo 掺杂的 C_{20} 表面被分解。图 2.43 给出了过渡态、反应物 (R)与生成物(P)的结构模型作为比

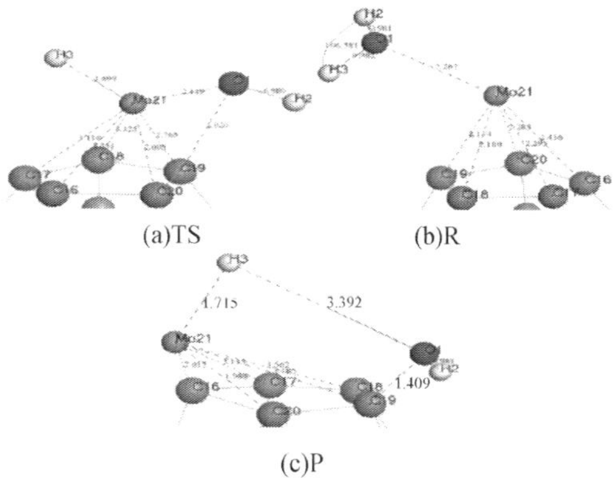

图 2.43　(a) 过渡态(TS)，(b) 反应物(R)与 (c) 产物(P)的原子结构[117]

较。过渡态与生成物两者都有一个 - OH基团（过渡态、生成物 - OH 基团的长度分别为 0.980 Å, 0.981 Å）,分别以 2.020 Å 与1.403 Å的距离被 C_{19}束缚着。同样,两者都有一个氢原子分别以长度 1.699 Å 与 1.715 Å 被 Mo 原子束缚着。而 Mo 原子都以相近的 Mo - C_i(i = 16 ~20)（图2.43（a)与（c))位于五元碳环的上方。第一性原理计算显示,水分子在 C_{20}外的分解势垒仅有 0.216 eV,远远低于块体水的热分解势垒值,这表明掺杂富勒烯在生物医学方面有着良好的应用前景。

2.4.3 富勒烯固体

室温下 C_{60}分子形成面心立方晶体,分子之间最近邻 C - C 之间距离为 3.1 Å,分子之间相互作用为范德瓦尔斯力,因此富勒烯固体是分子固体。由于 C_{60}之间非常弱的相互作用,C_{60}固体中的能带基本上是一些不相交叠的带,分子性质特征在其中体现非常明显。从能带结构可以看出,未掺杂的 C_{60}固体是绝缘体(图2.44)[118]。自发现 K_3C_{60}固体超导转变温度为18 K 的三维超导体时,人们围绕 A_3C_{60}(A 为碱金属原子)及其掺杂 A_3C_{60}固体的超导机制进行了广泛的研究。研究表明 A_3C_{60}是第二类超导体,其结构保持着 fcc 结构,A 原子位于一个八面体座和两个四面体座。根据传统的固体能带理论图像,当掺杂碱金属原子时,碱金属外层 s 电子填充在 t_{1u}带。由于 t_{1u}带可以填充6 个电子,因此对于 A_3C_{60} t_{1u}是半满的,所以是金属。超导富勒烯固体可以分成五类:(1) A_3C_{60}(A = K, Rb, Cs);(2) $Na_2A_xC_{60}$($x \leqslant 1$);(3) $A_{3-x}Ba_xC_{60}$;(4) Ca_xC_{60}(x 约5),Ba_4C_{60}以及 Sr_6C_{60};(5) $Yb_{2.75}C_{60}$以及 Sm_xC_{60}。这些种类的区别在于固体的结构和 C_{60}化合价。在第一类和第二类 n =1 时,有三个电子填入 t_{1u}带,而当 x <1 时,化合价小于3;第三类则化合价大于3;第四类的 t_{1u}带是填满的;在第五类中碱土金属原子态与 t_{1g}态发生很强的杂化,这与第一类中碱金属原子态与 t_{1u}仅仅发生弱杂化相反。这几类固体的超导临界温度如图2.45 所示。研究表明,其超导电性主要是由于电 - 声子相互作用引起,有兴趣的读者可参考文献[119]。

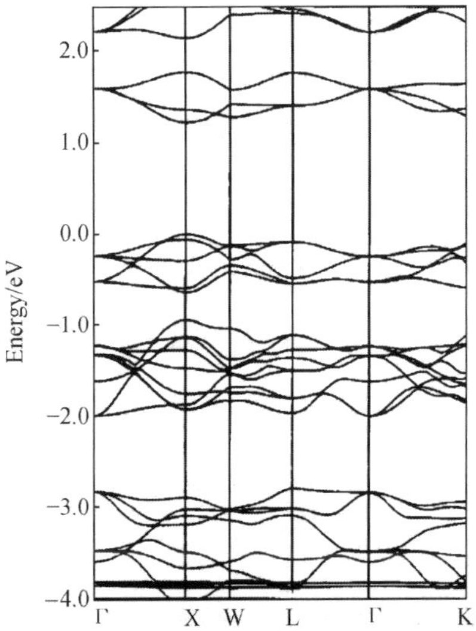

图2.44 C_{60}固体的能带,−0.5 eV 位置是已经填满的 h_u 带,1.5 eV 处能带为空带 t_{1u}带[118]

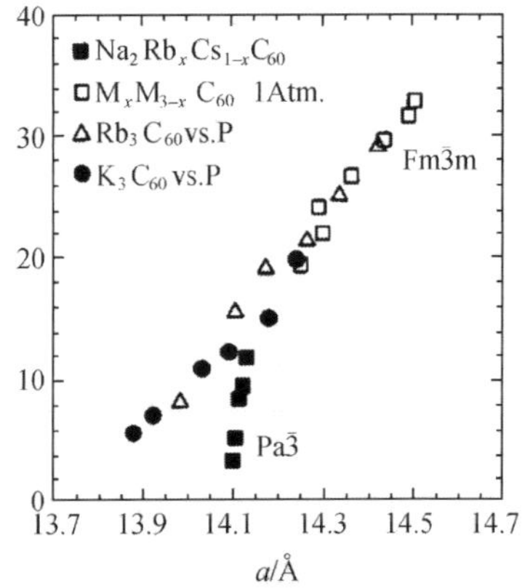

图2.45 各种富勒烯固体的超导临界温度[119]

2.4.4 硼富勒烯

B与C相邻,B原子外层只有3个电子,电子组态为$2s^22p^1$,块体B以共价键方式成键。结合光电子能谱实验和密度泛函计算,Lai - Sheng Wang和Xiao - Cheng Zeng发现B_{20}是环状结构[120],如图2.46所示。采用理论模拟,人们发现了更大尺寸的笼状结构团簇——B_{80},这种结构可看作是两个B环打成的扭结,其HOMO - LUMO gap为1.006 eV[108]。量子分子动力学模拟表明,B_{80}在T = 700 K时其整体形貌基本保持不变,直到1 000 K才发生变形但仍然是笼状结构。此外,人们还发现了一些与B_{80}具有相似结构特征B富勒烯,如B_{38},B_{65}等。然而,又有研究指出,对于B团簇还有一类结构比B富勒烯更稳定[121]。这种结构类似Si团簇的内嵌原子团富勒烯。它以B_{12}的正二十面体为基础(注意到正二十面体结构并非B_{12}的能量最低结构),在每个正二十面体的顶点对接一个五棱锥,并且B_{12}的顶点只与五棱锥的顶点成键。这样构造出来的B_{84}(B_{12}@B_{12}@B_{60})仍然具有C_{60}的Ih对称性。具有这类特征的还有B_{98},B_{102}等。然而,尽管随着研究的不断深入,各种新奇的结构也不断被报道,但这些结果都来自理论模拟。因此,目前这些奇异的结构迫切需要实验验证。

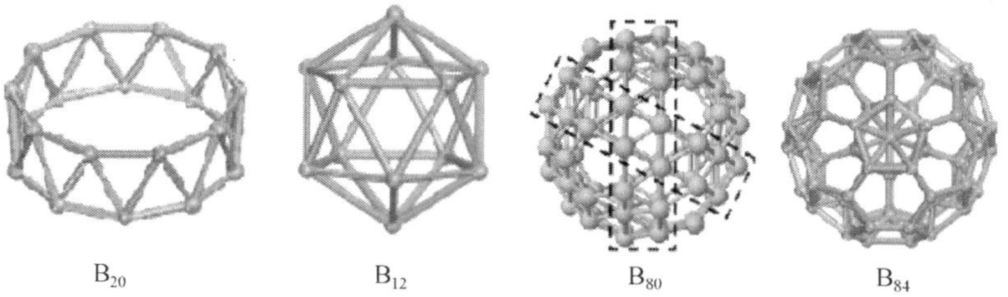

图2.46 一些笼状B团簇的结构[108, 120, 121]

虽然B_{80}的富勒烯结构只是理论上存在,但介于其理论预言的特殊结构和稳定性,关于其潜在引用的研究也逐渐开展起来。结合第一性原理电子结构计算,采用Landauer - Büttiker公式,人们研究了B_{80}的电子输运性质[123]。图2.47给出了C_{60}和B_{80}的透射函数。对于C_{60},透射函数在0.7 eV附近有一个峰,这主要是C_{60}分子的LUMO轨道以及其与Au电极杂化态的贡献。沿x反轴方向,透射系数迅速减小,在费米能附近几乎接近零值。-2.0 eV附近的峰值则来自于HOMO的贡献。两峰之间的gap值正好对应于HOMO - LUMO gap。与C_{60}不同,B_{80}在费米能附近透射函数有一个峰,在费米能处透射函数值较大。这说明B_{80}具有不同于C_{60}分子的输运性质,在纳米电子学方面可发挥某些异于C_{60}分子的作用。此外,研究表明B_{80}富勒烯可以形成面心立方固体。与绝缘体的C_{60}固体不同,B_{80}固体表现出金属性质[122]。

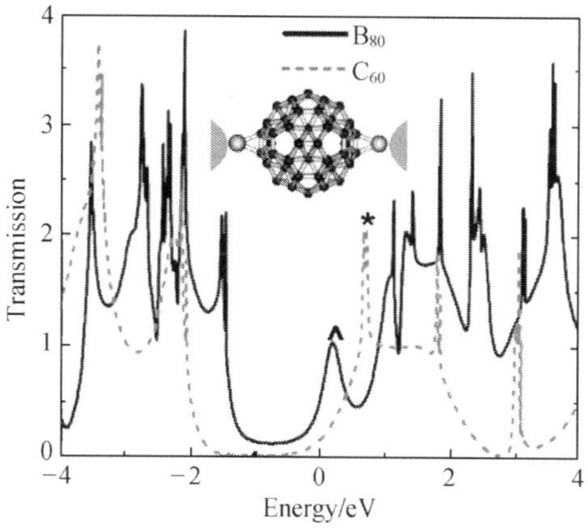

图2.47 B_{80}和C_{60}的透射函数,内插图为B_{80}与两端Au电极示意图[122]

第3章　纳米结构量子点及其输运

量子点是继超晶格和量子阱之后于20世纪80年代中后期和量子线同时发展起来的一类新型低维量子结构。当材料在三个维度上对载流子的限域小到一定的尺寸后，将导致其电子波函数的局域化和电子能谱的量子化，材料将呈现奇异的量子特性。从宏观上看，这种结构几乎已小成一个抽象的点，所以称为量子点。而实际上量子点是在三个维度上都处于介观尺寸的量子限域结构。量子点有许多种分类方法，按其几何形状可分为箱型量子点、圆盘形量子点、球形量子点、圆柱形量子点、透镜形量子点等；按其材料组成可分为单质半导体量子点、化合物半导体量子点及金属量子点等。量子点材料的研究是一个涉及多学科的交叉领域，因而其名称也是多种多样的，材料科学家称之为超细晶粒；晶体学家称之为微晶、纳米晶粒；原子分子物理学家称之为团簇、大分子；化学家则称之为胶体颗粒；固体物理学家形象地称之为量子点。不同学科在量子点领域交汇，开拓了量子点的应用领域和潜在市场。

目前的半导体微加工技术可以将多个量子点耦合在一起，相邻量子点中用来描述电子运动的波函数在空间有一定的重叠，这样原来束缚在某一特定量子点中的电子就可以以一定的概率隧穿到邻近的其他量子点上，所以说电子是属于整个耦合量子点体系的。如果单个量子点可以被认为是人造原子，那么，当多个量子点耦合时，体系就可以被认为是人造分子。同理，如果将大量的量子点按某种周期排列并耦合起来，便形成所谓的人造固体。由于量子点排列的周期性，这种结构又称为量子点列阵（Quantum dot array）或量子点晶体。无论是格子的空间对称性，还是量子点的尺寸、相互间耦合强度都是可人为调控的，从而实现了操纵固体材料的梦想。因此，人类选择材料和器件模型时的自由度大为提高，从这种意义上讲，量子点列阵的相关研究也具有革命性的意义。

3.1　量子点结构及其单电子现象

3.1.1　单量子点结构

单个量子点是一个准零维体系，其中的电子、空穴等载流子在三个方向都受到势垒的限制，在任何一个方向上都不能自由运动，只能占据一些分立的能级。单个量子点中的电子与原子中的电子有许多相似之处，众所周知，当原子核中一定数目的质子或中子与核外电子的满壳层结构相对应时，原子比较稳定，通常把这一类原子的质子或中子数称为幻数。在单量子点的实验中，可以观察到类似的现象[124]。此时，单个量子点的束缚作用可以等效于一个二维谐振子势，当电子数 $N=2,6,12,\cdots,n(n+1)$ 时单个量子点的简并能级是满占据的，第 $N+1$ 个电子只能填充一个更高的新的能级。因此，当 N 取上述整数时，μ_{N+1} 与 μ_N 之差会突然升高（μ_N 为 N 电子体系的化学势），表现为图3.1所示的尖锐的峰，此时 N 与原子的壳层结构中的幻数非常相似。正是由于单个量子点与原子之间的众多相似之处,单个量子点常被称为“人工原子”“超原子”或“量子点原子”。与真实原子相比,单个量子点的最大优点在于它的参数都是可调的,而且单个量子点可以和外电极相连形成导电通路,可通过测定其电子输运特性研究单个量子点的电子能谱。另外,当若干电子处在小尺寸的单个量子点中时,电子间相互作用变得重要,所以量子点是理论物理学家研究多体效应的理想客体。

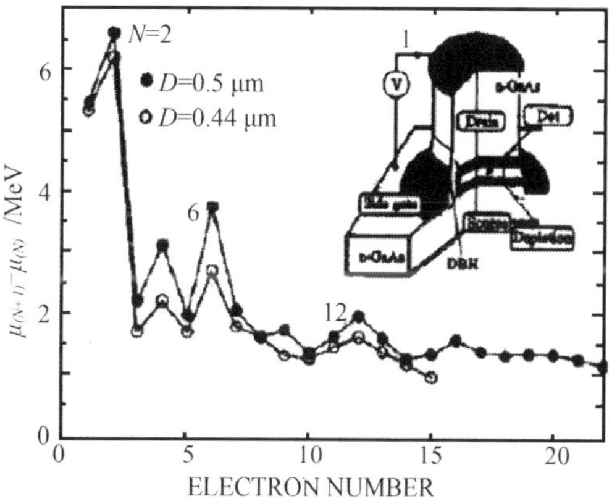

图3.1　圆盘型量子点的化学势随点内电子个数增加的变化图,D为量子点直径

3.1.2　库仑阻塞和库仑台阶

电子通过单个量子点时,一个重要特征是库仑阻塞效应。由于纳米级的量子点的电容C仅为$10^{-18}F$量级,其中增加或减少一个电子的电量e时,电势能的变化e^2/C(称为库仑能)可达几十MeV,量子点的这一特征能量大于热运动的能量k_B(k_B是玻尔兹曼常数,T是绝对温度)和电子的量子化能量。这意味着当一个电子隧穿进入量子点后,它会阻止下一个电子进入量子点。也就是说电子不能通过量子点集体传输,而是单电子的传输。利用库仑阻塞效应可以设计单电子晶体管等未来的纳米电子器件。

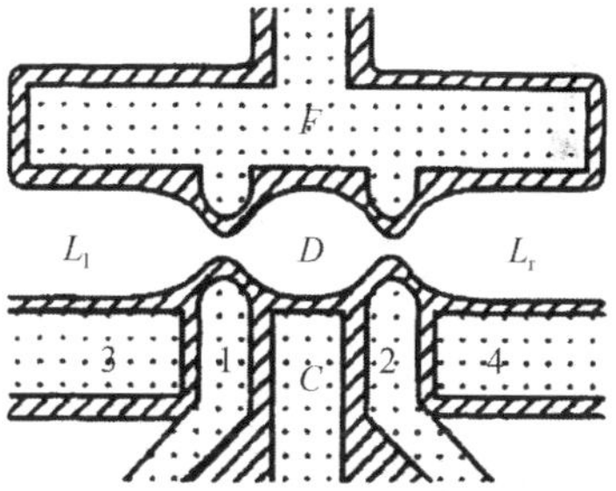

图3.2　量子点结构示意图

如图3.2所示,量子点是通过对半导体异质结中的二维电子气体施加栅电压得到的。这里量子点D通过由电极1和2控制的受限区与电极(电子库)L_l和L_r连接。电极1和2控制量子点与两端的电子库间的电子隧穿,而电极C调节量子点内电子的化学势,从而控制量子点内的电子数。量子点内典型的电子数N约49个电子,平均能级间隔ΔE约0.2 MeV,而单电子静电能$E_c = e^2/2C$约1 MeV。因此当温度远低于E_c时,可以观测到单个电子的隧穿现象。量子点的基态能量可以表达为

$$E_g(N) = \sum_{n=1}^{N} E_n + \frac{(eN - Q_0)^2}{2C} \tag{3.1}$$

式中,E_n是电子的能级;第二项表示总静电能;$Q_0 = C_c V_c$是通过电极C加到量子点D中的电荷,V_c称为门电压,它可以调节量子点中的电荷,C_c是量子点D与电极C间的电容,而C是总电容。

将第$N+1$个电子加到量子点上所需的能量为

$$\mu_{N+1} = E_g(N+1) - E_g(N) = \Delta E_{N+1} + \frac{(eN + e - Q_0)^2}{2C} - \frac{(eN - Q_0)^2}{2C} \tag{3.2}$$

式中,$\Delta E_{N+1} = E_{N+1} - E_N$是能级差。

假定量子点内的能级在N很大时是近似连续的,则能级差可取为零,这对于尺度较大的量子点是一个好的近似。在这种情况下,静电能决定电子的隧穿。静电能与电子数的关系如

图 3.3 所示。如果 $Q_0 = Ne$,则加一个电子到量子点所需的能量是 $e^2/2C$,电子到量子点的隧穿受到库仑阻塞。当 $Q_0 = e(N+1/2)$ 时,量子点内总电子数为 N 和 $N+1$ 的态是简并的,电子可以隧穿到量子点上。在两电子库 L_l 和 L_r 间加一个微小的偏压,当 $Q_0 = eN$ 时,量子点是非导通的,处于库仑阻塞状态;当 $Q_0 = e(N+1/2)$ 时,量子点是导通的,但每次只允许一个电子通过。在这种情况下,量子点犹如一个电子开关。如果考虑到电子在量子点内的能级差,只要在两个电子库间所加的偏压大于能级差,上面的现象同样能观测到。通过改变门电压 V_c,可以改变电子的化学势,从而改变量子点中的电子数 N。例如,当量子点中的电子数为 N 时,调节门电压 V_c 使得 $Q_0 = e(N+1/2)$,这样电子可以隧穿到量子点上,使得它的总电子数为 $N+1$,这时量子点处于库仑阻塞状态;如果改变门电压 V_c 使得 $Q_0 = e(N+3/2)$,这样电子又可隧穿到量子点上,使得它的总电子数为 $N+2$,这时量子点又处于库仑阻塞状态。由此可以看出,通过改变门电压,量子点的电导将在库仑阻塞和单电子隧穿间变化。这通常称为库仑阻塞振荡,如图 3.4 所示。此时的 $I-V$ 谱出现了一系列的库仑台阶,如图 3.5 所示。需要指出的是,以上我们只是给出了库仑阻塞效应的一个半经典的图像,而借用 Anderson 杂质模型和量子输运理论可以更基本地描述库仑阻塞效应。

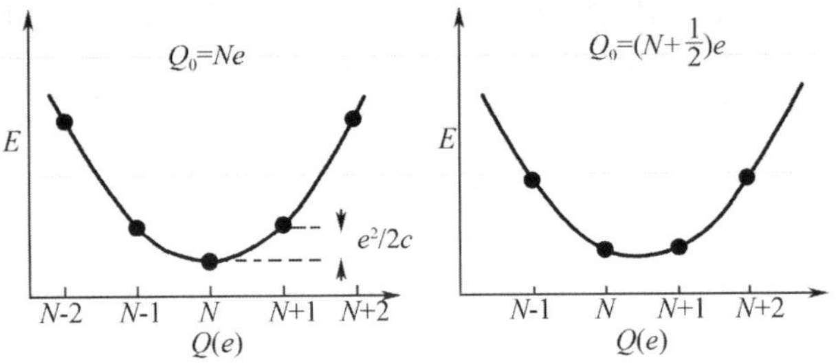

图 3.3　静电能与电子数的关系

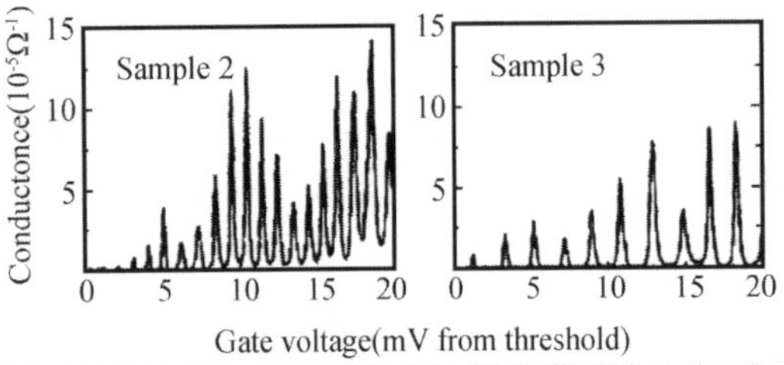

图 3.4　线性电导随门压的库仑振荡[125]

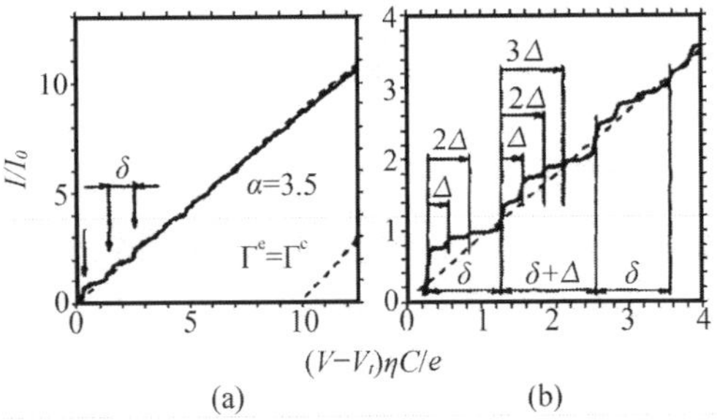

图 3.5　量子点的 $I-V$ 特性

3.1.3　近藤效应

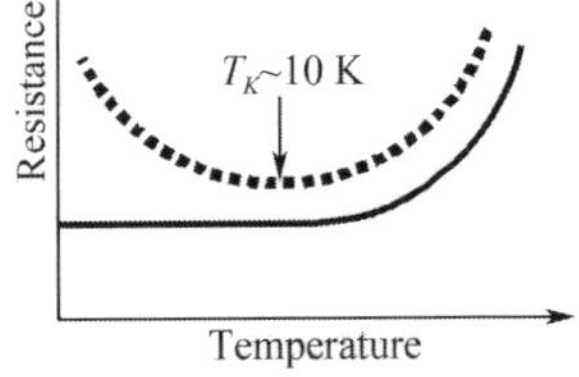

图 3.6　电阻－温度曲线 实线和虚线分别对应纯粹金属和稀磁合金[126]

我们知道,当原子的振动变小时,电子更容易穿过金属晶体,所以纯粹金属的电阻通常随着温度的降低而减少(见图 3.6 中实线)。由于金属中的静电影响,低温下典型的电阻剩余常数值出现在 10 K 左右(主要取决于金属材料中缺陷的数目)。然而,当金属中含有少量磁性原子时,在某一特征温度 T_K 时电阻为极小,在 T_K 以下其电阻值随着温度的降低而对数增大(见图 3.6 中虚线)。这种电阻极小现象早在 20 世纪 30～40 年代就已经在实验中多次被发现。直到 1964

年，由日本的理论物理学家近藤（J. Kondo）对上述现象作出了解释[126]。此后这种现象就称为近藤效应。近藤效应的产生是由于金属传导电子和局域磁矩之间存在相互作用，使得围绕孤立磁性原子的传导电子的自旋将反平行极化，从而屏蔽磁性原子的磁矩，并形成一个多体单态，其他传导电子与这个多体单态之间不再有“自旋相同空间回避”的限制，结果磁性杂质对传导电子的散射变得更为有效，从而导致电阻率增大。

对近藤效应的研究一直是凝聚态物理中研究强关联系统多体现象的一个重要课题。纳米制造技术的高度发展为近藤效应的研究从不同的方面提供了全新的手段——扫描隧道显微镜（STM）和半导体量子点。由于与源和漏相连的半导体量子点与费米海（Fermi sea）中的局域化自旋杂质极为相似，早在1988年，Ng等[127]和Glazman等[128]就从理论上预言了半导体量子点中能产生近藤效应。随后，人们在实验上明确地观测到了量子点的近藤关联效应。由于量子点的参数易于调节，人们可以通过研究量子点中近藤效应来更进一步的理解电子间的强关联行为对电子输运的影响。

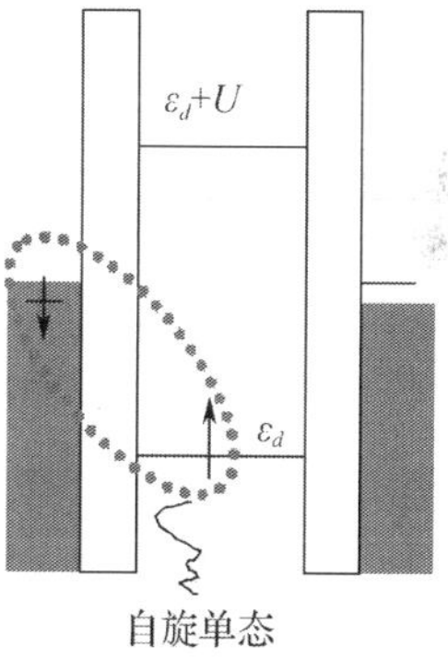

图3.7　具有近藤关联的单量子点的能量示意图

图3.7是具有近藤关联的单量子点的能量示意图。两自旋简并的能级 ε_d 和 ε_d+U 强耦合于引线。低温时，量子点中的局域电子与引线中自旋相反的电子形成自旋单态（Spin singlet）。仅当量子点有磁矩时才会有近藤效应。决定近藤效应是否可观察的能量是 k_BT_K。当样品被降温到近藤温度附近，在 $G(V_g)$ 关系中，每对峰之间的宽度不变，但每一对峰内部的肩部却变宽且升高。这就是理论上预言的量子点中的近藤效应。其实质就是周围近自由电子对量子点自旋的屏蔽，因而在近藤温度以下，量子点处的未配对电子和引线中的导带态发生杂化。这时再讨论一个孤立的量子点就不合适了，我们必须把量子点和电子屏蔽云结合起来看成一个准量子点。这种杂化会使得在 $E=E_F$ 处的定域态密度出现尖峰，从而使 G 增加。对于一个恰当的栅极电压 V_g，一级隧穿被阻塞（如图3.9（a））。由于第二个电子的能量 ε_d+U 超过引线中电子的费米能……U_L 及 U_R，电子不能隧穿到量子点。同样，量子点里的电子由于 $\varepsilon_d<U_L,U_R$，因而也不能跑掉，这就是Coulomb阻塞效应。然而，在高阶过程中，中间态在短时间内可以消耗掉能量 U。人们特别感兴趣的就是量子点自旋改变的虚隧穿过程。图3.8中描述了这样的情况。连续自旋反转过程有效地屏蔽了量子点的自旋，形成一个自旋单态。这种关联增强了量子点中的近藤效应，引线中电子的态密度在费米能级处出现尖峰，如图3.9。这种近藤共振导致量子点中温度敏感的导电性的增强。当一个偏压加在源极和漏极之间，态密度的近藤峰会分裂为两个，分别钉扎在两个化学势上，如图3.9（b）。这种分裂导致微分电导 $\mathrm{d}I/\mathrm{d}V$ 出现新的性质。

近藤效应的一个基本特征就是传导电子经磁性杂质散射后有一个 $\pi/2$ 的相移。这种传导电子近藤共振的相移在实验上一直没有得到证实。直到2000年，Ji等[130]首次对电子隧穿具有近藤关联的量子点的相位进行观测。该实验发现，电子穿过近藤关联量子点的相移是 π，这与理论上预言的 $\pi/2$ 不同。2005年，Kang等[131]通过考虑一个含有非共振透射及安德森杂质的模型，解释了这种接近于 π 的异乎寻常大的相演化。并且指出，在保持时间反演不变的情况下，对于高温近藤相这是一个普适的特性。同时，Jerez等[132]利用散射理论和贝蒂拟设

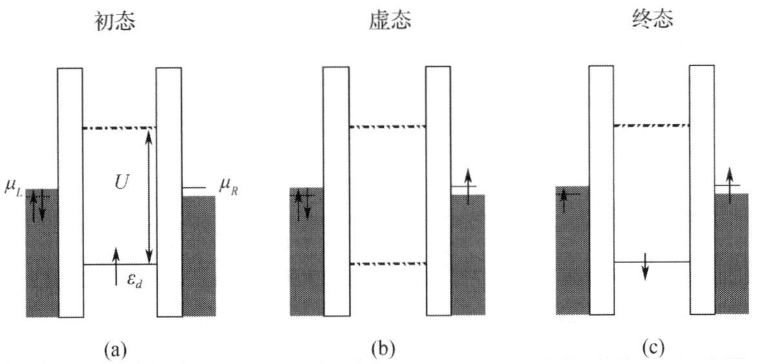

图 3.8 量子点上虚过程的能级示意图[129]

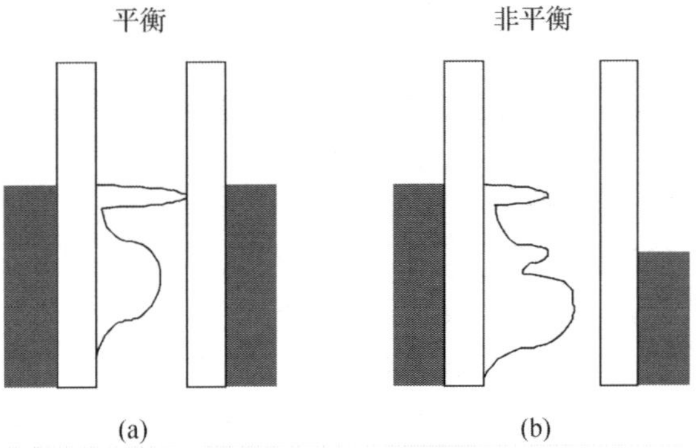

图 3.9 态密度上显示的近藤共振[129]

计算(Bethe Ansatz Calculations),也解释了这种电子隧穿近藤关联量子点的反常相移。

对于量子点系统,近几年的理论和实验还发现一些新的近藤现象。Pasupathy 等[133]发现,在铁磁性存在的情况下,随着两电极中的磁动量方向由平行变为反平行,微分电导中的近藤峰发生劈裂。接着,Jarillo-Herrero 等[134]指出,其他的一些自由度,如轨道量子数,可以替代自旋的角色,而使得温度低于近藤温度时,电导增加。这被称之为轨道近藤效应(Orbital Kondo Effect)。这些表明,目前,近藤效应依然是一个值得关注和研究的内容。

由于量子限制效应带来的库仑碰撞和电 - 声耦合作用的增强,其电荷自由度的量子相干性很容易被耗散掉。相反,其自旋自由度(特别是核自旋)的退相干时间却变得很长。自从量子纠错编码被发现以后,固体物理学界的研究人员就一直希望利用半导体介观系统的自旋自由度来实现最终的量子计算机。半导体量子点系统的自旋极化输运性质受到了特别的关注。例如,哈佛大学的研究组观测到了外部磁场耦合下的量子点系统中的自旋相干抽运现象[135],荷兰的研究组接连在量子点接触器件[136]和库仑阻塞区[137]观测到自旋极化电流。在库仑阻塞区,量子输运通常可由单粒子共振隧穿理论来描述;在低温强耦合条件下,高阶隧穿过程不能忽略,描述高阶隧穿过程的近藤共振效应[126]会对量子输运带来重要影响。尽管电荷自由度的近藤共振效应已在理论和实验上研究得非常清楚[129],但近藤效应对自旋输运的影响还没有引起人们的注意。由于近藤共振提供了一种自旋翻转的机制,所以无论从理论上,还是从实验上研究近藤效应对自旋输运的影响都是非常有意义的。

3.2　双量子点结构与量子点阵列

对于多量子点结构,研究量子点之间的量子耦合是具有基础物理意义的,因为研究它便可以知道量子点之间是否像实际原子一样可以耦合,或者是否可以生产人造分子,甚至人造固体。例如,两个或更多的耦合量子点体系可以被用来形成人造分子,这种结构应该具有更深远的可调潜能,因为它具有点间耦合机制可控的特性。量子点间的量子耦合可能由以下两方面引起:(1)库仑关联能,例如,偶极子-偶极子间相互作用或共振 Förster 转移过程;(2) 粒子隧穿过程,电子、空穴或两者都以单方向或双方向的方式从一个量子点进入另一个量子点,自然地,对于给定的量子点体系,实际耦合过程的发生主要依赖于单个量子点的参数;(3)量子点的相似性;(4)点间势垒的特性,比如,材料的带隙和厚度。

3.2.1　双量子点结构

1. 并联量子点

两个量子点耦合成的体系被看作最简单的人造分子。根据两个耦合量子点与源和漏的连接形式不同而分为并联量子点与串联量子点。并联耦合双量子点的实验装置如图3.10所示。

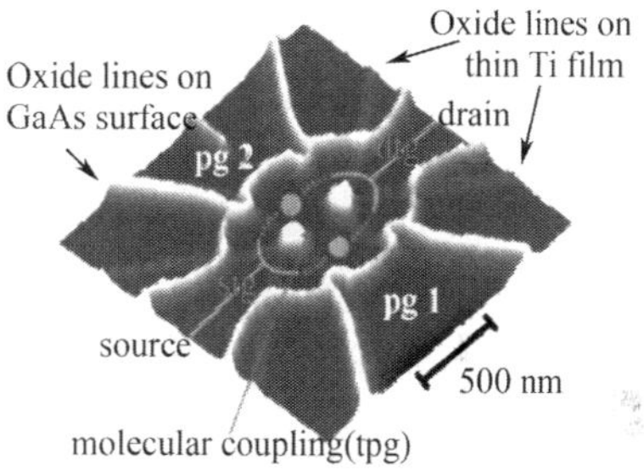

图3.10　并联耦合双量子点实验装置图[138]

近年来,对于并联耦合量子点的输运性质已经在实验上和理论上得到广泛的研究。主要因为如此双量子点系统可能会应用在将来的量子计算中。Holleitller[139]等提供了一个双量子点耦合的试验装置,这里这两个量子点弱耦合到源极和漏极上。一个随着磁通周期变化的电流被探测到。Kobayashi 等[140]在 AlGaAs/GaAs 异质结中放一个量子点在 AB 环上制备出一个量子相干装置,第一次证明了 Fano 效应也存在于介观物理中。除了试验上的工作外,一些理论的工作也被同时展开。在文献[141]中,电子通过两个并联耦合量子点的模型给出。最近 Bulka[142]等研究通过并联耦合的两个量子点的相干输运性质,电子之间的关联被考虑进去。Meden[143]等用数值重正化群方法研究了并联耦合的双量子点系统,量子点之间的库仑相互作用被考虑进去。结果显示电子之间的库仑相互作用引起新的共振,然而非平衡态的输运性质没有被考虑进去。Kuo[144]等研究了电荷通过两个单晶体管的输运性质,但是 Fano 效应并没出现。Lu[145]等研究了当点内的库仑相互作用被考虑时,通过两个并联耦合的量子点的输运性质。Yan 等[146]研究了不同点间耦合情况下,电子隧穿并联双量子点结构的性质。结果发现:通过调节两量子点间耦合强度变化,可以使得占据数反转。与先前通过调节外场和点间强电容耦合作用获得占据数反转对比发现我们的模型是最容易在实验上实现的,因为较之施加外场和调节点间库仑排斥力,我们的模型通过调节两点间门电压就可以实现对点间隧穿耦合强度控制。并且点间耦合可调并联双量子点结构可以方便地起到开关电子输运的角色。此外,还阐述了电子占据数反转与透射相位的关系。发现,类似于单点两能级或多能级,电子隧穿并联双量子点的透射相位与电子占据数反转情况一一对应。

近年来,并联耦合双量子点系统在量子信息中作为信息的载体可能得到应用,所以这个系统也得到了广泛的研究。例如,两个耦合的量子点经常形成束缚态和反束缚态,使得它在量子计算中的应用变得可能。

2. 串联量子点

在单个量子点情形下,电子波函数被局限在一个三维受限的区域内。对于两个串联起来的量子点,随着量子点间耦合由弱到强的变化,电子波函数从被局限在两个分开的受限小区域变成为扩展到整个量子点系统,量子点系统的性质也会分别表现成两个耦合量子点和一个大的量子点分子。但是对于这种变化,实验上只能通过分别调节两个量子点的位能大小,改变量子点中电子数目,从得到的稳态图上了解扩展态的形成。

最近,一个新的实验方案被提出来如图 3. 11,利用通过耦合强度不同的串联量子点,输运相位也会不同的特点,可以有效地探测这个双量子点系统是处于量子点分子的状态,还是处于两个弱耦合的量子点状态。研究串联量子点中扩展态的形成,对于量子计算及量子比特的扩展化等均有重大意义。

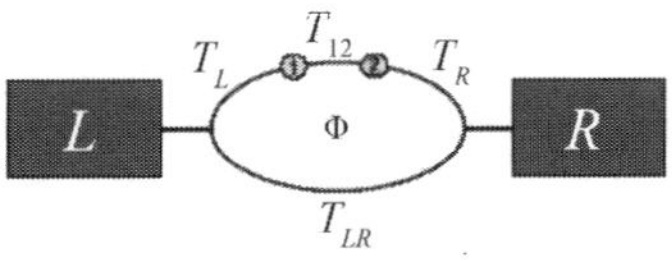

图 3. 11 串联耦合双量子点实验装置图

3. 量子点阵列

将大量的量子点按某种周期排列并耦合起来,便形成所谓的人造固体。由于量子点排列的周期性,这种结构又称为量子点列阵(Quantum dot array)或量子点晶体。制备多量子点结构的实验技术主要在于按指定结构生成耦合量子点,提高量子点列阵的对称性。

实验室中已经可以制备各种不同维度和形状的量子点列阵。比如,在二维电子气体表面加调制电极可以制备一维量子点链(如图3. 12)[147],量子点之间的耦合强度可以通过电极(该图中的 2 和 3 电极)来调节。用类似的方法也可以制备二维量子点晶格(如图3. 13)。此外,通过垂直自组装方法可以生长三维量子点列阵(如图 3. 14)[148]。但是,目前制备有序性很高的纳米列阵结构对实验物理学家来说仍是一个挑战。

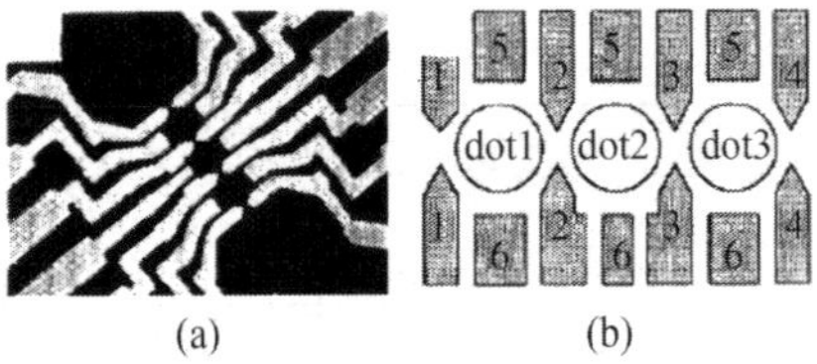

图 3. 12 三量子点链结构示意图

图 3. 13 二维量子点晶格示意图

与单量子点结构相比,电子通过互相耦合的多量子点体系的隧穿呈现出更为复杂的行为。这是由于多量子点体系为电子的隧穿提供了更多的费曼路径,如果耦合量子点体系的尺度小于或接近电子的位相相干长度,那么通过不同费曼路径的电子波之间的干涉就起到了很大作用。实验上观察到许多有趣的现象,如共振隧穿现象。在这种机制中,量子点列阵中的电子输运特性敏感地依赖于量子点的电子能级,当电极的费米能级和量子点列阵的电子能级相一致时,线性电导表现为极值,这样在电导谱上会出现一系列峰值,由此可揭示量子点列阵的分立的电子能谱结构。图 3.15 给出了图 3.12 所对应的多量子点结构的电导谱,该电导谱可准确反映该多量子点结构的本征能谱。

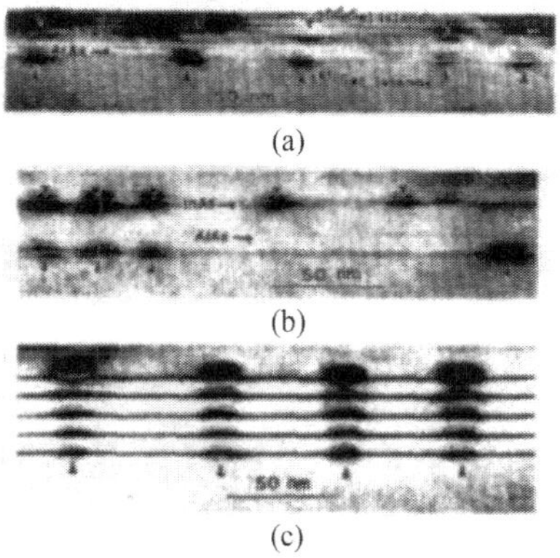

图 3.14　垂直自组装的方法生长三维量子点列阵示意图

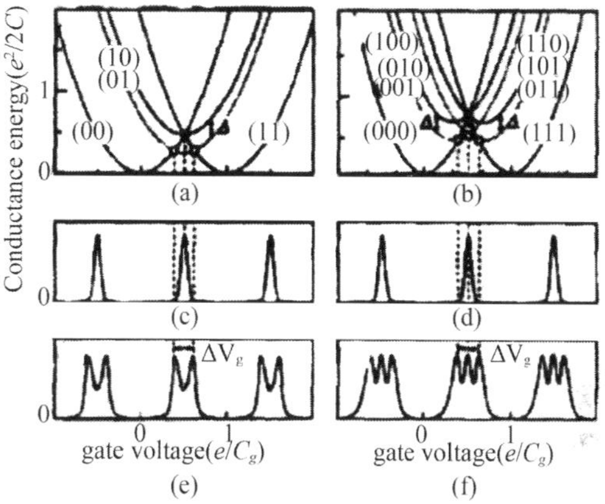

图 3.15　三量子点链电导谱

和单量子点相比,多量子点结构的电导谱包含着更丰富的物理内容。早期的理论工作利用紧束缚模型描述如图 3.15(a),(b)所示的量子点串联列阵的电子态,并利用简单的隧穿哈密顿量建立电极和两端量子点之间的耦合关系,然后利用非平衡态格林函数方法研究了电子通过该量子点串联列阵的输运性质,发现了电导特性对量子点数奇偶变化的依赖关系。如果体系具有奇数个量子点,电子在量子点能级处的透射率为 1,即满足全透射条件,如图3.15(c) ~ (f)。

P. A. Orellana 等对量子点串联列阵和量子线旁路耦合的输运性质作了研究[149],发现由于量子点列阵对量子线中电子的输运存在散射作用,从而影响整个体系的输运性质;更重要的是他们发现量子点列阵的奇偶性质也影响着整个体系的输运性质;当量子点为奇数时其电导率消失,而当量子点数目为偶数时,电导率为 e^2/h,如图 3.16 所示。这个结果正和上面关于一维量子点列阵的理论预期相反,

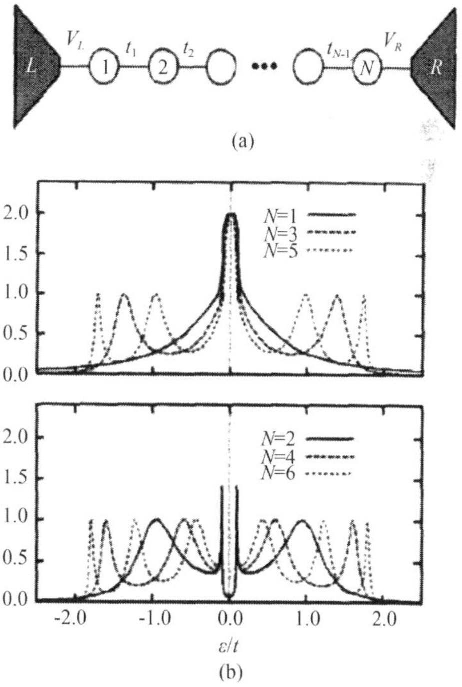

图 3.16　(a)量子点串联列阵结构示意图;(b)量子点串联列阵的隧穿谱随量子点数目奇偶性的变化

这说明和量子点列阵相关的电子输运过程有丰富的物理现象，其输运特性强烈地依赖于量子点列阵的几何结构以及和电极的耦合方式(如图 3.17 所示)。这些依赖于结构的电导性质具有潜在的器件应用价值，可作为纳米电子学的开关器件的设计原理。

电子不仅具有电荷自由度，还具有自旋自由度，在有磁场存在时，不同自旋的电子能级发生劈裂，通过调节量子点列阵的形状可以使不同自旋电子的隧穿率分别达到最大和最小从而起到自旋过滤的作用。量子点最诱人的应用就是在计算机技术方面。量子点有很小的维度，很容易制造高密度的量子点列阵，所以可用于设计高容量的记忆介质。从未来的器件应用角度看，实现由更多量子点组成的集成结构尤为必要。如几年前提出的实现固态量子计算和量子逻辑门的设想就是通过操控多个量子点中的电子轨道或自旋自由度实现的。

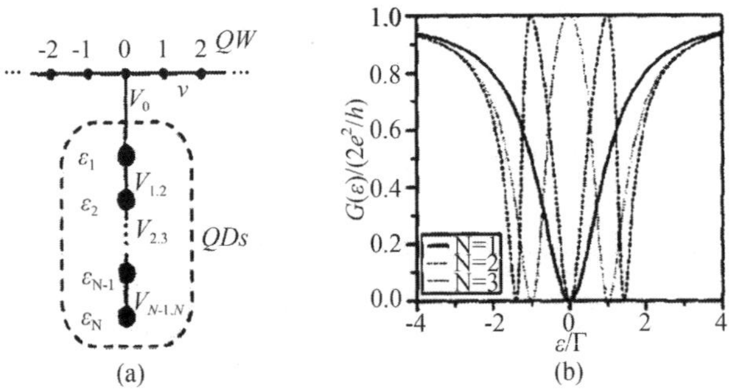

图 3.17 (a)量子点串联列阵和量子线旁路耦合示意图；(b)量子点串联列阵和量子线旁路耦合时的线性电导谱

量子点为多体效应的研究提供了一个广阔的平台。与单量子点相比，量子点列阵的近藤效应显示出了一些奇特的现象。比如，由偏压驱使的近藤态之间的退耦合现象，负微分电导现象，以及三量子点链的电导的陡然下降等。这些现象不仅涉及到近藤共振而且涉及到多个能级之间的量子相干。这里所说的相干可以是真实的量子点能级之间的相干，也可以是近藤能级之间的相干，甚至可以是量子点能级与近藤能级之间的相干。

3.2.2 多量子结构输运性质的非平衡格林函数方法

非平衡格林函数又称闭路格林函数或实时格林函数，是普通的平衡态格林函数在非平衡状态下的推广，这个概念首先由 Schwinger 提出。之后 Kadanoff，Baym 和 Keldish 独立地把非平衡格林函数发展成一种处理非平衡问题的有力工具。经过几十年的发展，非平衡格林函数理论已被广泛地应用到物理学的许多领域。下面我们将结合它在量子点系统中的应用来具体介绍。

普通的平衡态格林函数定义的关键是，它依赖于自由粒子系统基态的唯一性，即 S – 矩阵 $S(+\infty,-\infty)$ 作用在基态上所得的态与基态 $|\Phi_0>$ 仅相差一个相位常数

$$|\Phi_{+\infty}> = S(+\infty,-\infty)|\Phi_{-\infty}> = e^{iL}|\Phi_{-\infty}> = e^{iL}|\Phi_0>$$

$$S = \hat{T}\left\{\exp\left[-i\int_{-\infty}^{\infty} H_I'(t)\,dt\right]\right\} \tag{3.3}$$

因此在基态上的平均可以用 $<\Phi_0|S(+\infty,-\infty)|\Phi_0>$ 代替。这是因为如果系统始终处在平衡态或者近平衡态，则系统在小的扰动下仍然可以是稳定的。因此可以假设系统在经过扰动 H' 作用一段时间内，到 $t=\infty$ 时刻还是回到和初始时刻相同的平衡态，经过演化只是与原来的态矢相差一个相位因子。但在非平衡状态下，即使是自由粒子系统，基态在经过 $S(+\infty,-\infty)$ 作用后，也无法保证回到原基态，这里 Wick 定理不再适用。引入非平衡格林函数的要点就是用另一

个矩阵 $S(-\infty, +\infty)$ 将 $|\Phi_{+\infty}>$ 拉回至 $|\Phi_{-\infty}>$。定义闭路 S-矩阵

$$S_c = S(-\infty, +\infty)S(+\infty, -\infty) \tag{3.4}$$

和闭积分回路

$$\int_c \mathrm{d}t = \left(\int_{-\infty}^{+\infty} + \int_{+\infty}^{-\infty}\right)\mathrm{d}t \tag{3.5}$$

可以证明,在非平衡状态下,只要将原来所有的积分路径 $\int_{-\infty}^{+\infty}\mathrm{d}t$ 皆用闭路积分 $\int_c \mathrm{d}t$ 代替,则 G 所满足的所有的微扰展开、图形求和规则仍适用。普通的 Dyson 方程转化为回路上的 Dyson 方程

$$G(t,t') = g(t,t') + \int_c \mathrm{d}t_1 \int_c \mathrm{d}t_2 G(t,t_1)\sum(t_1,t_2)g(t_2,t') \tag{3.6}$$

可以证明,只要将普通的格林函数 G 用矩阵 $\begin{pmatrix} G^r & G^< \\ 0 & G^a \end{pmatrix}$ 代替,则 G 所满足的所有图形求和规则仍适用。由矩阵形式的 Dyson 方程的普遍公式

$$\begin{pmatrix} G^r & G^< \\ 0 & G^a \end{pmatrix} = \begin{pmatrix} g^r & g^< \\ 0 & g^a \end{pmatrix} + \begin{pmatrix} G^r & G^< \\ 0 & G^a \end{pmatrix}\begin{pmatrix} \sum^r & \sum^< \\ 0 & \sum^a \end{pmatrix}\begin{pmatrix} g^r & g^< \\ 0 & g^a \end{pmatrix} \tag{3.7}$$

可以推出 $G^{r/a}$ 满足的 Dyson 方程

$$G^{r/a} = g^{r/a} + G^{r/a}\sum^{r/a} g^{r/a} \tag{3.8}$$

和 $G^<$ 满足的 Keldysh 方程

$$G^< = G^r \frac{1}{g^r} g^< \frac{1}{g^a} G^a + G^r \sum^< g^a \tag{3.9}$$

在一般情况下,第一项 $G^r \frac{1}{g^r} g^< \frac{1}{g^a} G^a = 0$。

G^r 和 G^a 表达体系的态的信息,$G^<$ 和 $G^>$ 表达了粒子在这些态上的占据的信息。在平衡态下,G^r,G^a,$G^<$ 和 $G^>$ 四个格林函数通过涨落-耗散定量而线性相关,所以只需求得其中之一即可得到所有的信息。但在非平衡状态下,涨落-耗散定理不再成立,粒子在态上的占据信息独立于态的信息。故求得 G^r 后,仍需利用 Dyson 方程求得 $G^<$,才可获得对体系的完备的描述。实际上,正是量子点的分布函数 $G^<$ 刻画了此系统的非平衡的输运性质。

考虑一相互作用电子系统(如量子点或耦合量子点体系)通过两理想导体与端电极相连接。可 以把系统哈密顿量 H 分为三个部分:$H = H_{\text{lead}} + H_{\text{cen}} + H_t$,其中 $H_{\text{lead}} = \sum_{k,\alpha\in L,R} \varepsilon_{k\alpha}(t) c_{k\alpha}^+ c_{k\alpha}$ 为引线哈密顿量,$c_{k\alpha}^+$,$c_{k\alpha}$ 是引线中的电子的产生和消灭算符,$H_t = \sum_{k,\alpha\in L,R} V_{k\alpha,n} c_{k\alpha}^+ d_n$ 为隧穿哈密顿量,$H_{\text{cen}} = H(d_m^+, d_m)$ 为中间区域相互作用电子系统的哈密顿量,其中 d_m^+,d_m 是导体电子的产生和消灭算符。不同量子点系统,引线哈密顿量具有相同的形式,但隧穿哈密顿量和中间相互作用电子系统哈密顿量却因系统结构和关联性的不同而不同。对于不考虑相互作用的单量子点,中间区域哈密顿量为

$$H_{\text{cen}} = \sum_m \varepsilon_m d_m^+ d_m \tag{3.10}$$

而对于含电子相互作用及电声子相互作用的单量子点类安德森模型,中间区域哈密顿量为

$$H_{\text{cen}} = \sum_{\sigma} \varepsilon_{\sigma} d_{\sigma}^{+} d_{\sigma} + U n_{\uparrow} n_{\downarrow} + \sum_{\sigma} d_{\sigma}^{+} d_{\sigma} \sum_{q} M_{q} [a_{q}^{+} + a_{-q}] \tag{3.11}$$

如果是串联的双量子点系统，中间区域哈密顿量为

$$H_{\text{cen}} = \sum_{i=1/2,\sigma} \varepsilon_{i\sigma} d_{i\sigma}^{+} d_{i\sigma} + U_1 n_1 \uparrow n_1 \downarrow + U_2 n_2 \uparrow n_2 \downarrow + \sum_{\sigma} T_{12} (d_{1\sigma}^{+} d_{2\sigma} + H.c.) \tag{3.12}$$

考虑并联的双量子点系统，中间区域哈密顿量与(3.12)式一样，但是由于两个量子点都与两端电极相连，隧穿哈密顿量发生变化

$$H_t = \sum_{k,\alpha\in L,R} V_{k\alpha,\sigma} (c_{k\alpha,\sigma}^{+} d_{1\sigma} + H.c.) + \sum_{k,\alpha\in L,R} V_{k\alpha,\sigma} (c_{k\alpha,\sigma}^{+} d_{2\sigma} + H.c.) \tag{3.13}$$

对于更复杂的耦合量子点体系，如量子点嵌入介观环的复合结构、量子点阵列等，同样可以用类似的哈密顿量来描述，有兴趣的读者可以参考相关的文献。

通过左引线中的电流为左引线中电子数的变化率

$$J_L(t) = -e < \dot{N}_L > = -\frac{ie}{\hbar} < [H, N_L] > \tag{3.14}$$

式中 $N_L = \sum_{k,\alpha\in L} c_{k\alpha}^{+} c_{k\alpha}$，$<\cdots>$代表求平均，$[A,B] = AB - BA$。由于 H_{lead} 及 $H_{\text{conductor}}$ 和 N_L 对易，可以得到

$$J_L = \frac{ie}{\hbar} \sum_{\substack{k,\alpha\in L \\ n}} [V_{k\alpha,\sigma} < c_{k\alpha}^{+} d_n > - V_{k\alpha,n}^{*} < d_n^{+} c_{k\alpha} >] \tag{3.15}$$

定义两个新的格林函数(这里 $\hbar = 1$，后面在电流表达式中会重新引入)

$$\begin{aligned} G_{n,k\alpha}^{<}(t,t') &\equiv i < c_{k\alpha}^{+}(t') d_n(t) > \\ G_{k\alpha,n}^{<}(t',t) &\equiv i < d_n^{+}(t') c_{k\alpha}(t) > \end{aligned} \tag{3.16}$$

这两个格林函数满足 $G_{n,k\alpha}^{<}(t,t) = -[G_{k\alpha,n}^{<}(t,t)]^{*}$，这样一来，电流可表示为

$$J_L(t) = \frac{2e}{\hbar} \text{Re}\{ \sum_{\substack{k,\alpha\in L \\ n}} V_{k\alpha,n}(t) G_{n,k\alpha}^{<}(t,t) \} \tag{3.17}$$

接下来，需要得到 $G_{n,k\alpha}^{<}(t-t')$ 的表达式。在这里，考虑导线没有相互作用，回路格林函数 $G_{n,k\alpha}(\tau,\tau')$ 容易由运动方程得到。由于非平衡理论与平衡理论的类似之处，我们可以从考虑 $T=0$ 时序格林函数 $G_{n,k\alpha}^{t}$ 的运动方程出发

$$-i \frac{\partial}{\partial t'} G_{n,k\alpha}^{t}(t-t') = \varepsilon_k G_{n,k\alpha}^{t}(t-t') + \sum_{m} G_{nm}^{t}(t-t') V_{k\alpha,m}^{*} \tag{3.18}$$

我们定义量子点系统的时序格林函数为 $G_{n,k\alpha}^{t}(t-t') = -i < T\{d_m^{+}(t') d_n(t)\} >$。值得注意的是，我们没有考虑导线中的相互作用，如果导线中存在相互作用，运动方程会在(3.15)中产生新的高阶格林函数，这样就得不到封闭的方程组。将公式(3.15)积分，我们可以得到

$$G_{n,k\alpha}^{t}(t-t') = \sum_{m} \int \mathrm{d}t_1 G_{nm}^{t}(t-t_1) V_{k\alpha,m}^{*} g_{k\alpha}^{t}(t_1 - t') \tag{3.19}$$

根据非平衡多体理论，在复平面内进行对时间的积分，即可以得到非平衡情况下的对应公式

$$G_{n,k\alpha}(\tau,\tau') = \sum_{m} \int \mathrm{d}\tau_1 G_{nm}(\tau,\tau_1) V_{k\alpha,m}^{*} g_{k\alpha}(\tau_1,\tau') \tag{3.20}$$

由 Keldysh 方程，我们可以得到

$$G_{n,k\alpha}^{<}(t,t') \equiv \sum_{m} \int \mathrm{d}t_1 V_{k\alpha,m}^{*}(t) [G_{nm}^{r}(t,t_1) g_{k\alpha}^{<}(t_1,t') + G_{nm}^{<}(t,t_1) g_{k\alpha}^{r}(t_1,t')] \tag{3.21}$$

把上式代入式(3.13)中，得到

$$J_L(t) = \frac{2e}{\hbar}\mathrm{Re}\Big\{\sum_{\substack{k,\alpha\in L\\ m,n}}\int \mathrm{d}t_1\, V_{k\alpha,n}(t)V^*_{k\alpha,m}[G^r_{nm}(t,t_1)g^<_{k\alpha}(t_1,t') + G^<_{nm}(t,t_1)g^r_{k\alpha}(t_1,t')]\Big\} \tag{3.22}$$

同样,通过右引线的电流为

$$J_R(t) = \frac{2e}{\hbar}\mathrm{Re}\Big\{\sum_{\substack{k,\alpha\in R\\ m,n}}\int \mathrm{d}t_1 V_{k\alpha,n}(t)V^*_{k\alpha,m}[G^r_{nm}(t,t_1)g^<_{k\alpha}(t_1,t') + G^<_{nm}(t,t_1)g^r_{k\alpha}(t_1,t')]\Big\} \tag{3.23}$$

将引线单电子的能量分成两部分:$\varepsilon_{k\alpha}(t) = \varepsilon^0_{k\alpha} + \Delta_\alpha(t)$,则引线电子含时格林函数为

$$g^<_{k\alpha}(t,t') = \mathrm{if}\ (\varepsilon^0_{k\alpha})\exp[-i\int \mathrm{d}t_1 \varepsilon_{k\varepsilon}(t_1)]$$

$$g^{r,a}_{k\alpha}(t,t') = \mu i\theta(\pm t\mu t')\exp[-i\int \mathrm{d}t_1\varepsilon_{k\varepsilon}(t_1)] \tag{3.24}$$

把求和化为积分: $\sum\limits_{k\alpha} = \int \mathrm{d}\varepsilon\rho_\alpha(\varepsilon)$,同时定义带宽函数

$$[\Gamma^L(\varepsilon,t_1,t)]_{mn} = 2\pi\sum_{k,\alpha\in L}\rho_{k,\alpha}(\varepsilon)V_{k\alpha,n}(\varepsilon,t)V_{k\alpha,m}(\varepsilon,t_1)\exp[i\int \mathrm{d}t_2\Delta_\alpha(\varepsilon,t_2)] \tag{3.25}$$

则式(3.19)转换为

$$J_L(t) = -\frac{2e}{\hbar}\int_{-\infty}^{t}\mathrm{d}t_1\int\frac{\mathrm{d}\varepsilon}{2\pi}\mathrm{lm}Tr\{e^{-i\varepsilon(t_1-t)}\Gamma^L(\varepsilon,t_1,t)[G^<(t,t_1) + f_L(\varepsilon)G^r(t,t_1)]\} \tag{3.26}$$

这里 $G^r(t,t')$可由 Dyson 方程求得

$$G^r(t,t') = g^r(t,t') + \int \mathrm{d}t_1\int \mathrm{d}t_2 g^r(t,t_1)\sum{}^r(t_1,t_2)G^r(t_2,t') \tag{3.27}$$

其中由耦合引起的推迟自能 $\sum^r(t_1,t_2)$ 是

$$\sum{}^r_{nn'}(t_1,t_2) = \sum_{k\alpha\in L,R}V^*_{k\alpha\in L,R}(t_1)g^r_{k\alpha}(t_1,t_2)V_{k\alpha\in L,R}(t_2) \tag{3.28}$$

格林函数 $G^<(t,t')$可由 Keldysh 公式求得

$$G^<(t,t') = \int \mathrm{d}t_1\int \mathrm{d}t_2 G^r(t,t_1)\sum{}^<(t_1,t_2)G^a(t_2,t') \tag{3.29}$$

其中由耦合引起的实时自能 $\sum^<(t_1,t_2)$ 是

$$\sum{}^<_{nn'}(t_1,t_2) = \sum_{k\alpha\in L,R}V^*_{k\alpha\in L,R}(t_1)g^<_{k\alpha}(t_1,t_2)V_{k\alpha\in L,R}(t_2) \tag{3.30}$$

实验测量的是对时间平均电流,即

$$< J >_T = \lim_{T\to\infty}\frac{1}{T}\int_{-T/2}^{T/2}\mathrm{d}tJ(t) \tag{3.31}$$

假定左右耦合成比例关系,即 $\Gamma^L(\varepsilon,t_1,t) = \lambda\Gamma^R(\varepsilon,t_1,t)$,这一条件只有当 $\Delta^L_\alpha(t) = \Delta^R_\alpha(t) = -\Delta(t)$成立时才被满足。根据电流连续条件 $e\frac{\mathrm{d}N(t)}{\mathrm{d}t} = J_L(t) + J_R(t), N(t) = \sum\limits_m < d^+_m(t) d_m(t) >$ 将 $J_<(t)$ 写成

$$J_L(t) = \frac{1}{1+\lambda}J_L(t) + \left(1 - \frac{1}{1+\lambda}\right)\left[e\frac{\mathrm{d}N}{\mathrm{d}t} - J_R(t)\right] \tag{3.32}$$

进一步假设 $V_{k\alpha,n}(t) = u(t)V_{\alpha,n}(\varepsilon_k)$，将上式时间对时间平均，注意到由于导体中的占有数 $N(t)$ 对所有 T 都是有限的，$< \frac{\mathrm{d}N(t)}{\mathrm{d}t} >_T \to 0$。经过运算，最后可得到 Landauer－Büttiker 公式类似的表达式

$$< J_L(t) >_T = -\frac{2e}{\hbar}\int\frac{\mathrm{d}\varepsilon}{2\pi}[f_L(\varepsilon) - f_R(\varepsilon)]\ \mathrm{lm}Tr\left\{\frac{\Gamma^L(\varepsilon)\Gamma^R(\varepsilon)}{\Gamma^L(\varepsilon)+\Gamma^R(\varepsilon)} < u(t)A(\varepsilon,t) >\right\} \tag{3.33}$$

其中 $A(\varepsilon,t) = \int_{-\infty}^{t}\mathrm{d}t_1 u(t_1)G^r(t,t_1)\exp[i\varepsilon(t-t_1) + i\int_{t_1}^{t}\mathrm{d}t_2\Delta(t_2)]$。

上面介绍的非平衡格林函数方法，对于各种相互作用如电子－电子相互作用、电子－声子相互作用和电子自旋轨道耦合都能很好地进行处理，可以用来研究各种复杂量子点耦合结构中的输运现象。如图 3.18 所示，You 等[150]人利用非平衡格林函数方法研究了串联双量子点的输运性质，并着重考虑了量子点内及量子点间的电子库仑相互作用，结果表明量子点之间的电子库仑相互作用会打破电子－空穴对称性，表现为电导峰随量子点间库仑相互作用增大不再呈对称分布。

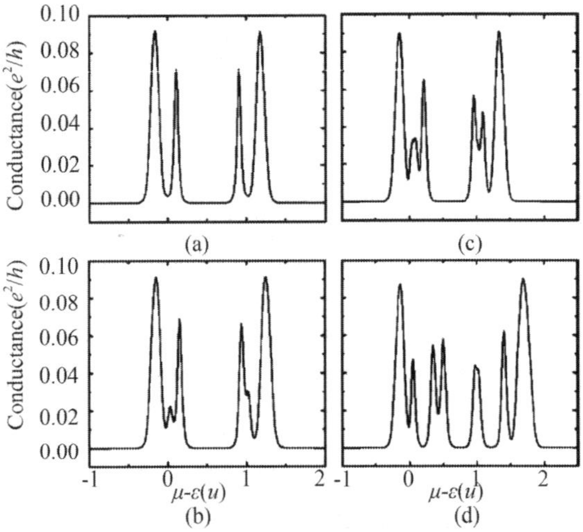

图 3.18　串联双量子点的输运性质研究

同样，人们也用非平衡格林函数方法研究了量子点嵌入介观环体系中，电子自旋轨道耦合作用对输运性质的影响[151, 152]（如图 3.19 所示）。结果表明：自旋轨道耦合作用对 Fano 现象有着很强的影响。当自旋轨道耦合作用增大到某个值时，Fano 现象特有的非对称线形会消失，之后又逐渐出现。

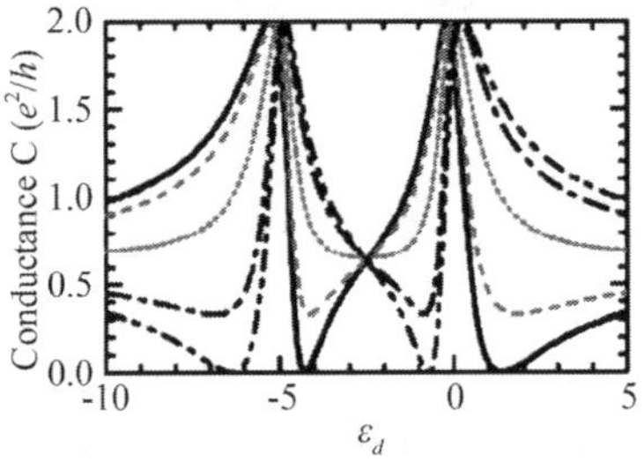

图 3.19　电子自旋轨道耦合对输运性质的影响

3.3　量子相干及量子计算

3.3.1　量子相干

在量子点体系中，由于电子运动在所有的方向上都受到限制，因此量子效应将变得更为明

显。表现量子波动效应上为其波函数在时间与空间上将产生相干叠加特性,这就是所谓的量子相干效应。相干效应主要来源波函数的相位差,对于量子相干原理,我们可以作如下简单理解,若假设两列波相位差为常数,则这两列波的频率必须相等,可认为此两列波是量子相干的。

1995 年,Yacoby[153]等首先在量子点体系中观察到量子相干效应。在他们的实验中,装置如图 3.20(a)所示,在介观 AB 环的一臂上插入一量子点,然后测量随量子点栅压变化电导相位的演化。该实验证明了尽管量子点内存在强的库仑相互作用,但电子隧穿量子点的相干性依然存在(见图 3.20(b))。另外,他们还发现两个惊人的现象:(1)每经过一共振峰时,电导 AB 振荡的相位发生 π 值突变;(2)一系列的电导共振峰同相。但该实验没有测出电子穿过量子点的真实的相位变化,其原因是两端电极测量装置本身要求满足电流守恒和时间反演对称,这样就限制了相位的变化只可能是 0 或 π。进一步地,1997 年 Schuster 等[154]对上述实验装置进行了改进,采用四端级测量法重复了 Yacoby等的实验。在该实验中,他们对电子通过量子点的隧穿概率幅进行连续的相位演化测量发现以下三个有趣的现象:(1)沿着每一共振峰 AB 振荡的相位持续地增加 π;(2)在相邻两峰之间,相位突然降低 π;(3)所有共振峰具有相同的相行为。这些实验具有非常重要的基础意义,它们不仅揭示了相干隧穿(Coherent Tunneling)和顺序隧穿(Sequential Tunneling)是不等价的,还为消相干(Decoherence)和解相(Dephasing)起源的研究打下了基础。为彻底弄清楚共振峰相位相似性的物理本质和非弹性散射对相位演化的影响,人们做了大量的理论和实验工作。Lou 等[155]发现在电子输运和相干过程中起主要作用的因素是温度和通过 AB 环的磁通量。低温时,磁通量对量子点内的近藤效应和输运电子相位的演化起着主导作用;近来的一些理论研究也开始在考虑电荷波动的影响、时间延迟及非平衡输运的情况下,研究外部辐射对电子输运的影响;目前对量子相干输运研究主要集中在线性和非线性输运,光子辅助隧穿,超导连接量子点的电子输运,量子点电子输运中的近藤效应及基于量子点的自旋电池等方向;另外,考虑自旋作为电子的一个非常重要的特性,尤其在磁场的作用下将呈现非常丰富的量子效应,最近,对自旋相关的量子相干输运的研究也引起了众多研究者的关注与兴趣。以上这些基于量子点的相干输运研究都将为制造下一代纳电子器件提供可靠的物理基础。

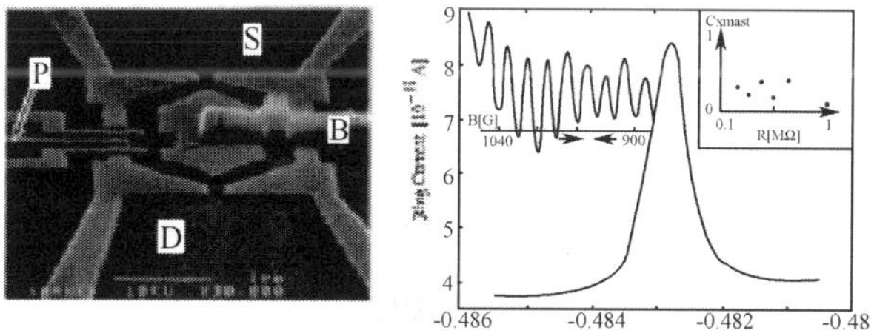

图 3.20　(a)Yacoby 实验装置的扫描电镜图,量子点嵌入在 AB 环的左臂;(b)电流关于门电压曲线的一个共振峰,插图为电流关于磁场的 AB 振荡[153]

3.3.2　量子计算

基于量子相干叠加原理,最自然的应用就是量子计算。考虑量子计算机的输入可用一个具有有限能级的量子系统来描述,则量子态间的幺正变换则可看作一量子计算过程。因此,量子计算具有两个基本特点:(1)量子计算机的输入态和输出态为一般量子叠加态,其相互之间通常不正交;(2)量子计算中的变换为所有可能的幺正变换,得出输出态之后,量子计算机对输出态进行一定的测量,给出计算结果。这意味着量子计算最本质的特征为量子叠加性和相干性,通过每一个叠加分量实现的变换可看作一种经典计算,而所有这些经典计算能同时完成,最后通过量子概率的结果测量,实现了量子并行计算,使得量子相干性在超快速算法中得到了本质性的利用。基于此,1994 年肖尔(Shor)首先提出了求解大数因子问题的量子算法,也使量子计算机逐渐成为信息、半导体及物理学领域的研究热点。为了在真实的物理体系中实现量子计算机的功能,人们对相应物理系统的性质和人的操控能力提出如下要求:(1)系统的基本单元是一个两能级的量子体系(Qubit)。(2)系统能够进行初态制备,即对每一个 Qubit 归零。(3)系统具备实施任意的幺正操作的能力。具体而言,就是能够对单个量子比特实施任意的单 Qubit 的幺正变换,以及对任意两个量子比特实施受控非门操作(进一步的理论表明,能够导致 2 个可分 Qubit 产生量子纠缠的操作即可)。只要能够实现这两类基本的操作,那么通过对这些基本操作进行一系列的级联,就可以逼近这些 Qubit 所处的希尔伯特(Hilbert)空间内的任意形式的幺正变换。(4)能够对量子计算机幺正演化的终态实施有效的量子测量。(5)该系统应有长的相干时间,具体而言,就是在幺正演化和测量阶段,系统相干性一直能够保持。以上要求是由 IBM 的科学家迪文森佐(DiVincenzo)提出的,称为迪文森佐判据。理论上,任何真正意义上的量子计算机都需要满足该判据。

量子点体系作为一个非常理想的有限量子能级系统,因此被认为是最有发展潜力的量子计算芯片。当量子点中只有一个电子时,加上一个强磁场,由于电子自旋的存在,所有轨道劈裂成两能级结构,基态是自旋向上态,激发态是自旋向下态,两者间的能级差(塞曼能)这时要远大于热能,但是比轨道能级间隔和充电能要小,这样电子自旋就明显地表现出两态。可以把这两个态作为量子比特的一组基。这样就在量子点器件中实现量子比特。通过利用电极上的电压来控制量子点间的隧穿势垒,能够实现量子计算的几个最基本逻辑操作。另外,通过量子点中电子与测量仪器中电流相互作用,从而由测量仪器电流的变化反过来读出量子点上的自旋状态,这样也实现了量子测量。需要指出的是,尽管量子点上自旋量子比特的相干性较好,但是自旋退相干时间比起光子、离子阱来说还有很大的差距(后者的退相干时间往往在 0.1 s 量级左右),因此利用量子点实现量子信息过程还有很长的一段路要走。从 21 世纪初开始,人们在量子点作为量子芯片的实验研究中取得一系列重大进展,量子点作为量子芯片的几个基本条件:量子比特、量子逻辑门、量子相干性和量子测量都已经在实验中成功实现,因此,采用量子点作为量子计算的基本元器件是一条切实可行的途径。

然而为了实现实用意义上的量子芯片,还需要仔细地考察量子点中自旋的相干性质和退相干机制这些关键科学问题,在此基础上寻找一些控制量子相干性的方案,来有效地实现量子信息过程。严辉小组[156]也通过定义描述自旋轨道耦合与外磁场之间的相互影响参数,研究了自旋轨道耦合、外磁场共同作用对量子点自旋输运的影响,研究结果发现随着磁场的增强,自旋轨道耦合的影响降低。除了正在进行的自旋纠缠态的演示,单光子源的实现等,最近包括美国加州大学洛杉矶分校姜弘文教授的小组,美国威斯康星(Wisconsin)大学埃里克森(Eriksson)教授的小组,美国普林斯顿(Princeton)大学的莱昂(S. Lyon)教授的小组在内的许多研究人员开始探索利用 Si/Ge 和石墨等新型半导体材料制备量子点。在这些新材料中没有核自旋,所以自旋量子比特具有很长的量子相干时间。初步的实验发现其退相干时间可以达到 60 ms,弛豫时间甚至可以达到数小时,这个令人振奋的结果,引起了国际上广泛关注,也为量子点制作量子芯片的研究开辟了一个全新的思路。

1996 年,美国《科学》与英国《自然》科技新闻栏目都宣称,量子计算机将再一次引发计算机的革命。研究量子计算机的根本动力来源于其所展示的诱人前景，一旦该技术得以实现，基于量子力学的算法将远远优于目前所知的最好的经典算法，某些流行的公钥密码体系将无密可保，现有的密码系统也会发生根本性的变革，从而直接影响到各国的国防乃至整个社会。基于量子计算的量子模拟技术，将有助于人们进一步认识强关联多体系统的物性，进而成为导致新的物理发现或技术发明的基本研究手段。此外，基于量子计算机和量子通信的新一代信息技术，将使人类的世界观跃升到新的层次。

3.4　量子点的输运性质

3.4.1　串联耦合量子点体系自旋输运

1. 耦合量子点体系的共振隧穿

自从首次在两 GaAlAs 势垒加有一薄层的 GaAs 的三明治结构组成的双势垒结构中观测到电子共振隧穿，理论上和实验上都致力于这种现象的物理意义和应用的研究，并且开发出许多新颖的共振隧穿二极管（RTD's），例如，由自组装长成的量子点组成的共振隧穿二极管。在实验方面，Nomoto 等[157]研究了由纳米尺寸团簇构成的应变半导体异质结自发形成的耦合量子点系统的共振隧穿，并指出理论上可以用三势垒共振隧穿二极管模型来模拟该结构。在理论方面，Stafford[158]等研究了耦合双量子点中光辅助共振隧穿。发现当共振发生时，由于两点中的 Rabi 振荡[159]，系统担当高效电子泵的角色。接下来，Xie 等[160]展示了耦合双量子点中与时间有关的输运，发现 AC 电流的大小和相移都具有共振的特性。随后，Petta 等[161]分析了共振位置与频率的函数关系。然而，在这些工作中，来自于点间交换项的影响被忽略掉了，仅仅保留了点间的直接隧穿项。实验上，当前纳米制备技术的发展已经不仅可以实现"开""关"两点间的隧穿耦合，还可以通过点间电容耦合实现对点间相互作用的控制。最简单的就是电容性耦合双量子点器件[162]。同时，理论上，探讨了电容耦合在耦合双量子点系统中是否起着重要的作用。最近，Bitton 等[163]发现，电容值可以调节库仑阻塞的 I－V 曲线。新近，Burkard[164]小组报道，对于基态为双占据的耦合量子点，直接库仑排斥引起两点间的相互纠缠增强。这些研究表明，电容耦合对共振隧穿的性质有着不可磨灭的影响，尤其当结构被当作是电路的一部分时。因此，进一步研究电容耦合对共振隧穿的影响是非常有意义的，特别是考虑点间隧穿和点间库仑排斥力共同的作用时[165]。

2. 铁磁源耦合量子点结构中自旋极化输运

最近10年，由于自旋极化输运在自旋电子学和量子计算中的应用潜力，耦合于铁磁电极的量子点系统中的自旋极化输运备受关注。Sergueev 等[166]从理论上分析了由单的量子点和两个磁动量方向的铁磁电极构成的自旋阀系统中的输运性质。结果发现，磁动量方向的夹角 θ 的变化可以调节局域态密度和电导的近藤峰。然后，Martinek 小组[167]进一步研究了此系统中顺序隧穿、相干隧穿和强耦合隧穿域中电荷自由度和自旋自由度的相互作用。发现在库仑阻塞极限下,低温时,可以得到大幅提高的隧穿磁阻,尤其是在高阶隧穿过程中。另外还发现,除了电荷涨落,还存在很强的自旋涨落,这影响了输运电流并提高了电流噪声。与此相关的是 Rudziński 等[168]的工作。他们发现点内的库仑关联和电极的强自旋极化增强了自旋绕外电极产生的分子场的进动。随后,Weymann 等[169]研究了量子点耦合于具有任意磁动量方向的铁磁电极体系中自旋有关的二级(相干)输运问题。结果表明,对于一个空占据量子点,隧穿磁阻基本与电压无关,但是强烈依赖于磁动量间的夹角。最近,Mu 等提出[170],在铁磁体－量子点－铁磁体耦合系统中,自旋流和电荷电流展现出非常不同的性质,且随着相对磁化方向的改变,自旋流的大小甚至符号都发生改变。后来,人们还研究了处于近藤域的量子点中自旋有关的电子输运[171]。结果发现,对称系统中随着磁动量间的夹角变大,微分电导的近藤反常劈裂单调地降低,在反平行结构中消失;非对称系统中,相应行为却不同——随着两电极间磁化方向的变化,反常劈裂不再单调变化,且在反平行结构中依然保持有限。新近,Braun 等[172]研究了单能级量子点与具有非线性磁化铁磁电极耦合体系中频率有关的电流噪声。发现电流－电流关联中共振形状取决于两电极间磁化方向的夹角。

然而,这些工作主要是集中于含有单个量子点的磁纳米结构中的自旋极化输运。至今,几乎没有工作研究含有耦合双量子的磁纳米结构中的自旋极化输运。带有铁磁电极的耦合双量子点体系具有两个主要突出的优点:(1)带有不同自旋的电子具有有效的可调节潜力。(2)与单个的量子点体系对比,耦合双量子点是最简单的纳米尺寸人造类分子体系。因此,它已经被提议做量子计算中的两量子位。点间耦合可以有效地调节两量子点的单粒子能级,并使其中的电子输运产生新的特性。Yan 等研究了带有铁磁电极的耦合双量子(FM-CDQD-FM)中的自旋极化输运。发现与 FM-QD-FM 体系中台阶型或盆状自旋(电子)电流不同,共振隧穿决定了 FM-CDQD-FM 体系自旋(电子)电流的主要特征,如图 3.21 所示。这必然来自于点间耦合效应。这种效应破坏了库仑阻塞效应,使得电子自旋输运主要依赖于相干隧穿。此外,研究还发现由于铁磁电极的存在使得自旋进动和自旋极化非平衡,点间耦合强度明显地调节着体系的自旋极化输运[173]。

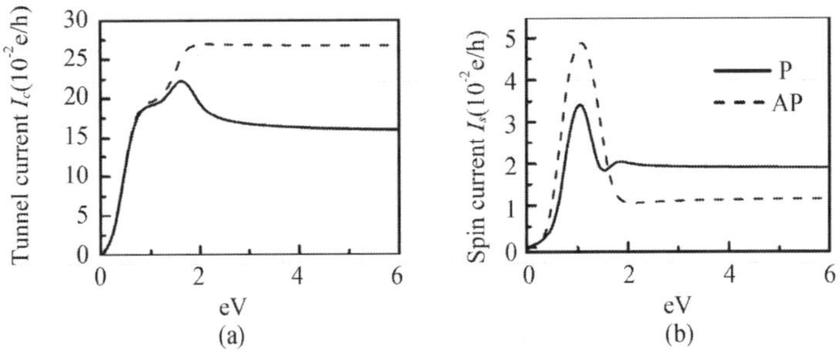

图 3.21　FM-CDQD-FM 系统中(a)电压有关的隧穿电流 I_C 和(b)旋电流 I_s

3.4.2　并联耦合量子点体系自旋输运

1. A－B 效应

在 1959 年,Aharonov 和 Bohm 设计了一个电子束双缝干涉实验,使一束电子分岔通过两个具有不同电磁势的路径,然后在一处汇合,并观察到了电子波的干涉现象,这种干涉效应称为 AB 效应。Aharonov 和 Bohm 在他们的文章中指出,在量子领域中要重视电磁势的真实物理意义和作用,不能像经典力学那样认为电磁势的引入只是数学上作为描述电磁场的一种方法,而不是物理实在,只有电磁场强度才具有真实的物理意义。按照量子力学可以证明尽管在电子波传播的路径上不存在电场或磁场,但只要存在电磁的标量势和矢量势,就可以改变电子波函数的相位,因而影响电子波的干涉效应和电子波的概率密度。显然这是一种量子力学效应,是粒子波函数的相位受到电磁场的调制造成的。到了 20 世纪 80 年代,Tonomura 等给出了 AB 效应的严格的实验验证。Aharonov-Bohm 效应使人们首次认识到磁矢量存在的真实性。它与电矢量一样,将会对电子波函数的相位产生影响。它也使人们开始关注低维体系的一些奇异的物理现象,引发了人们研究低维体系的研究兴趣。

将一个量子点嵌入到 AB 环的其中一臂上,就构成了一个 AB 干涉仪。电子可以通过上臂或下臂穿越介观环。实验上观测了电子通过量子点的相位移,并演示了电子的相干输运。通常在对电导的测量中,人们无法测量到相位的演化。在这里,Aharonov-Bohm 环的电导是穿过环中央磁通的函数。当量子点被调到共振时,可以观测到以 h/e 为周期的振荡电导,并给出量子点共振隧穿结构的相位演化。这就直接证明了通过量子点的电子输运具有相干性。这一实验反映了一个非常重要的结果,相位的演化能够通过 Aharonov-Bohm 干涉仪(前后的一致性)(如图 3.22)来了解。

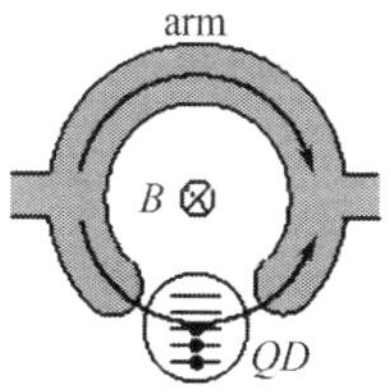

图 3.22　Aharonov-Bohm 干涉仪

后来的实验还在 Aharonov-Bohm 干涉仪的上下两臂上各嵌入一个量子点,构成相干的两个耦合量子点结构。由于期望自旋单态和三重态具有不同的 Aharonov-Bohm 相位,所以从实验中可以提取到与磁场有关的隧穿劈裂和与两量子点间相干耦合有关的近藤效应,以及 RKKY(Ruderman-Kittel-Kasuya-Yosida)效应。其中 RKKY 相互作用,是局域 f 电子之间由于导带电子的传递而导致的有效磁相互作用,已经在与一个开放量子点间接耦合的两个量子点系统中被观测到。其实,RKKY 相互作用在低维系统中被观测到并不是偶然的。对于低维系统,其费米波长比较长,而且 RKKY 相互作用减弱可能性比较小。那么,对于 Aharonov-Bohm 环情形,干涉效应导致电导是磁通的函数,此时电子 - 空穴激发态将可能环绕着磁通。因此,可利用磁通来控制 RKKY 相互作用。这种与磁通有关的 RKKY 相互作用能够把两量子点自旋纠缠起来,使得自旋态依赖于穿过的磁通。零磁通或整数磁通量子时,两臂传播的电子波再交集时是相长干涉,此时在系统中诱导出最大的相互作用。对铁磁耦合情形,低温下形成自旋三态,这时近藤效应导致电导增加。但是,对反铁磁耦合时,低温下形成自旋单态,电导却被压制。与整个磁通情形不同,当穿透的是半个磁通时,相消干涉导致 RKKY 相互作用被撤除。原本期望电导被压制,但计算发现的 RKKY 相互作用特征行为是,Aharonov-Bohm 振荡的相位在反铁磁耦合情形下有一个 π 的相移,而当耦合是铁磁的情况时,电导会在半整数磁通处出现一个额外的极大值。这方面的研究仍在探索中。

2. 介观 Fano 效应

对于一臂上嵌有单个量子点的 AB 环结构,当左右粒子源间耦合相对较强时,即其可与量子点与左右两边粒子库耦合可比时,电子通过 AB 环将表现出波动特性,通过量子点表现出粒子特性。在这种情况下,理论上和实验上都观测到描述跃迁概率曲线形状非对称性的 Fano

效应。

Fano 效应是 Breit-Wigner 型共振散射的延伸。40 多年前,U. Fano 在原子物理中观测到:分离的自电离态和连续态的干涉使得激发谱中产生典型的非对称峰。图 3.23 是 Fano 效应原理图和不同实数 Fano 因子 q 下的 Fano 线形状。从此以后发现 Fano 效应是无处不在的,在大量的实验中都观测到了它,如核散射、原子光电离,拉曼散射,光吸收等。由于这个效应是一个单杂质问题,所以在单点上观测将能更透明地揭示此现象。对于单点实验最有效的检测就是电子输运。然而,与它在光谱学中的悠久历史相比,虽然理论研究已经获得了 Fano 效应的特征[174],但在输运中它的重要性仅最近在文献[175]中被指出。实验上,在原子表面的显微镜谱中和量子点的输运中已被报道存在单点 Fano 效应。而对于后者,这是首次在介观(Mesoscopic)系统中观测到 Fano 效应。所以,对于连续能量态还没有很好的定义,且关于 Fano 效应产生的机制依然是个谜。

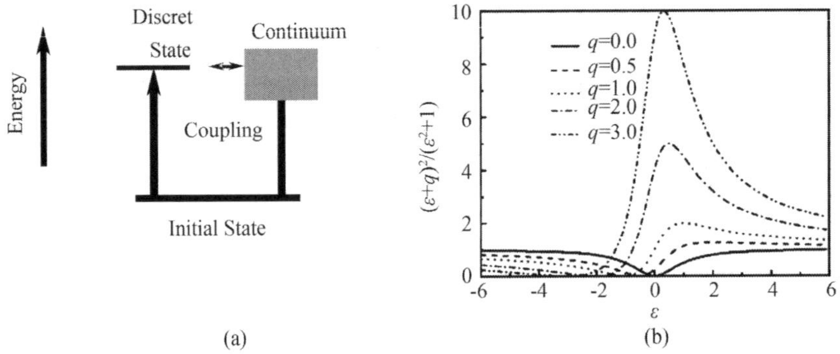

图 3.23 (a) Fano 效应原理图;(b) 不同实数 Fano 因子 q 下的 Fano 线形状[51]

如上面提及的,参数可调量子点——AB 环混杂系统是一个独特的 Fano 系统。一个电子沿着两条路径由源极到漏极。一个是通过量子点的分离能级,另一个是通过 AB 环臂的连续能级。实验和理论研究表明,Fano 共振的对称性依赖于通过环的磁通量和点－环间的耦合强度,且指出 Fano 因子 q 应该是一个复数。进一步的研究表明,关于 Fano 效应很多问题依然是开放的。如考虑 Fano 效应时,电子隧穿量子点的相演化情况;近藤域的 Fano 效应和 Fano 体系中微分电导的零偏压共振峰(谷)的产生机制等。近来,Sun 等[173]报道 Rashba 自旋轨道耦合强烈地影响嵌于 AB 环一臂的量子点中电子输运的 Fano 效应。考虑 Rashba 自旋轨道耦合的情况下,系统依然保持时间反演不变性;而考虑磁通量的情况下,系统是时间反演对称破缺的。因此,考虑自旋轨道耦合和磁场共同作用下的介观 Fano 效应也是目前值得关注的重要课题之一。Yan 等[174]从理论上证明尽管在 Rashba 自旋轨道耦合下系统依然保持时间反演对称性,但自旋轨道耦合作用改变 Fano 共振的形状,即电子干涉行为;且结合物理意义修正了 Fano 因子的表达式——将 Fano 因子扩展到一个复数。最重要的是研究发现当自旋轨道耦合引起自旋电子极化时,上下自旋电子的 Fano 因子不同,如图 3.24。这表明自旋极化电子通过 AB 环两臂的干涉情况不同。尤其,由于自旋轨道耦合的存在,自旋极化电子不再遵循 Onsager 对称,无论上自旋电导还是下自旋电导都不再是磁通量的偶函数,即 $G_\sigma(\phi)\neq G_\sigma(-\phi)$ 电子的检测提供了一种新的思路[146]。

如果含量子点的一臂被调到近藤区,单粒子能级同样用门电压来调节,我们就得到 Fano

和近藤效应的组合。事实上,在与量子点耦合的一维传输通道也发现 Fano 共振现象(如图 3.25)。这种结构使得人们可以独立地调控离散共振能级和非共振能态间的耦合,从而研究量子点系统处在各种电性区时的相位特征。

此外,量子点在微波照射下,可以研究光子协助隧穿中的 Fano 共振现象。研究发现,对应于吸收和发射光子的各共振旁带,均呈现 Fano 共振的现象。由于量子态具有本质特征的相位,这使得分辨出各吸收和发射光子的旁带,在每对共振通道和非共振通道间的相位差是不同的,由此给出各旁带 Fano 共振现象的不对称性。共振的相对相位与吸收和发射光子有着某种依赖关系。考察 Fano 共振现象对各吸收和发射光子的旁带不对称性,能够利用 Fano 共振颗粒噪声谱,从相干涉角度来分辨可能出现源和漏间,共振通道和非共振通道构成的准环路和类似 Aharonov-Bohm 效应。

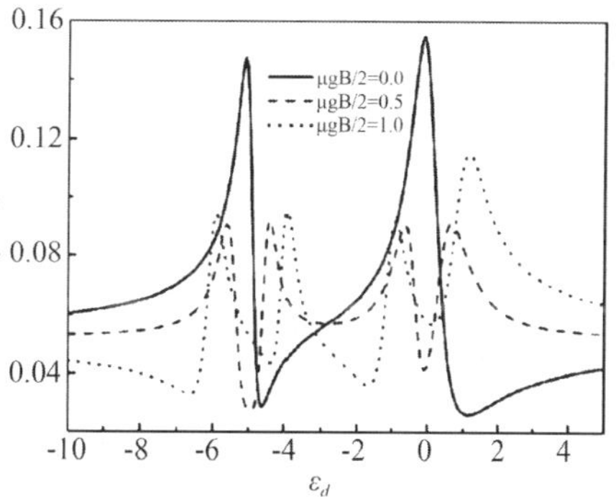

图 3.24　考虑自旋轨道耦合情况时,不同磁通量下,总电导作为单粒子能级的函数的变化曲线

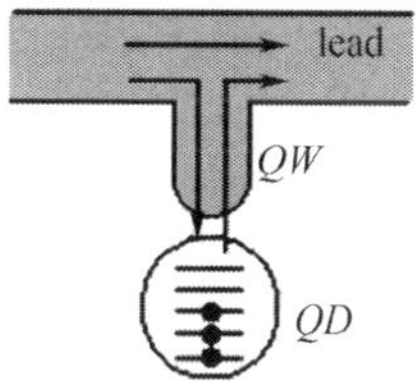

图 3.25　量子点耦合的一维传输通道的 Fano 共振现象

第4章　纳　米　管

纳米管材料可分为有机纳米管和无机纳米管。其中有机纳米管中最主要的是多肽纳米管,而无机纳米管的种类则多种多样。除了碳纳米管外,无机纳米管主要有硫化物纳米管、氮化物纳米管、氧化物纳米管等等。本章主要介绍无机纳米管,重点介绍碳纳米管的相关工作。

4.1　纳米管的制备技术

实际上,在20世纪中期,人们可能已经制得了碳纳米管,只是由于当时人类科学知识的局限性,特别是对纳米材料和富勒烯尚不了解,因而并未认识到它是碳的一种新的重要形态。1960年,Bacon在制造卷轴状石墨晶须的同时就可能伴随着碳纳米管的生成[176];1970年法国奥林大学的Endo采用气相生长技术制成直径为7 nm的碳纤维[177],遗憾的是,他没有对这些碳纤维的结构进行细致的评估和表征,因而没有引起人们的注意。随着科学技术的发展,在C_{60}和C_{70}等富勒烯研究的推动下,人们预测到圆筒状结构的富勒烯分子可能存在。1991年,美国海军实验室提交一篇理论性文章,预测了碳纳米管的电子结构。1991年1月,日本NEC实验室的饭岛澄男首次采用高分辨电镜观察到了碳纳米管,并指出这些碳纳米管是多层的同轴管且具有一定的螺旋性[10]。几乎与此同时,莫斯科化学物理研究所的研究人员也独立地发现了碳纳米管和碳纳米管管束。1993年,Iijima[178]和美国IBM公司的Bethune[179]等用电弧法首次成功合成出单壁碳纳米管;1996年,美国诺贝尔奖获得者Smalley合成了成行排列的单壁碳纳米管管束[180]。我国科学家在碳纳米管制备方面作出了独特的贡献。1996年,中国科学院物理研究所谢思深等实现了碳纳米管的定向生长,并成功合成了超长(毫米级)碳纳米管,为研究碳纳米管物理化学性能的实验提供了良好的源材料[181]。我国学者彭练矛通过电子显微镜中高能电子的诱发,成功地从一根直径为1.5 nm的碳纳米管上垂直地生长出了直径为0.33 nm的碳纳米管,这是当时世界上最细的碳纳米管,并且突破了日本科学家给出的碳纳米管最小直径为0.4 nm的理论极限值[182]。而清华大学的吴德海成功生长出长达20 cm的碳纳米管,其长度可与头发相比拟[183]。理论上对纳米管的稳定性以及最小管径纳米管也作了精确的预测。研究发现最小管径为0.3 nm的碳纳米管(2,2)管能稳定存在于(6,6)碳纳米管和(7,7)碳纳米管的内部。并且,由于(2,2)碳纳米管的自发对称破缺,使(2,2)管的能带在费米面附近出现带隙,使本为金属的扶手椅型碳纳米管转变为半导体[184, 185]。理论上也对其他的纳米管进行了预测,发现直径为0.3~0.55 nm的氮化镓单壁纳米管都是半导体。其中扶手椅型和手性管都是间接带隙半导体,除了(4,0)管外的锯齿型GaN半导体都是直接带隙半导体[186]。这些小管径的纳米管的预测,对纳尺寸器件的应用有一定的指导作用。

自1991年饭岛澄男发现碳纳米管以来,已有数十种合成碳纳米管的方法问世,这些方法中,最常用的合成方法主要有直流电弧放电法[179, 187~190]、激光蒸发法[191~194]和有机物气相催化热解法[195~197]。这些方法能获得大量纯度较高的碳纳米管。特别是对于多壁碳纳米管,其制备技术相对单壁碳纳米管而言较为成熟，产量可达每小时公斤级。但当前要实现碳纳米管，特别是单壁碳纳米管结构可控、定向、有序生长仍比较困难。由于无机纳米管的制备方法与碳纳米管的制备方法原理相似，这里我们仅以单壁碳纳米管的制备为例介绍几种常用的制备方法，并简要讨论碳纳米管的生长机制。

4.1.1 电弧法

制备单壁碳纳米管的电弧法与制备多壁碳纳米管的方法类似，不同点在于合成单壁碳纳米管时必须使用催化剂，其装置如图4.1所示。1993年，饭岛澄男采用电弧法成功合成单壁碳纳米管[198]，其实验条件为：两个垂直的电极位于反应室的中央，阳极在上阴极在下，阳极为一根直径为10 mm的石墨碳棒，阴极则是一根带有浅槽的石墨碳棒，该浅槽用于装少量的铁。铁在反应过程中主要起催化作用。蒸发室内填充的是133.33 kPa的甲烷和53.32 kPa的氩气的混合气体，通过在两电极间加200 A，20 V的直流电，使碳棒电弧放电，此时，浅槽中的铁将溶解成小液滴，继而蒸发，最后在阴极上冷却凝聚成铁碳化合物。该产物大多集结成束，每束中都由若干根直径为0.7～1.6 nm的单层碳纳米管构成。当然，产物中还含有少量的单根单壁碳纳米管。一般，采用电弧放电法制备单壁碳纳米管，产物中均含有大量的无定性碳、金属催化剂颗粒、C_{60}等杂质，且碳管的含量也非常低。1997年Joumet等人对该方法进行了改进并采用Ni/Y作催化剂获得了纯度高达70%～90%的单壁碳纳米管[199]。与一般方法相比，其改进之处是阳极可移动，保证了阳极在稳定的电流条件下挥发。为了进一步提高单壁碳纳米管的产量和质量，我国青年学者刘畅和成会明提出了半连续氢弧放电法[189]。该方法采用大阳极、小阴极。大阳极圆盘提供了充足的反应原料，非常有利于单壁碳纳米管的大量制备。此外，阳极与阴极并不像传统的电弧放电法一样垂直相对，而是成30°～50°的倾斜角。并且阳极与阴极的位置可调。这样，当阳极的反应物消耗到一定程度后，可调节阳极与阴极的相对位置继续合成，从而实现制备过程的半连续化，在半小时内，可得到约1 g产物。2000年，Ando对传统的电弧方法进行改进提出了电弧等离子体喷射方法[200]。该方法与传统的电弧放电方法的主要区别是阳极与阴极间的夹角是30°而不是90°。当在两极加上50～100 V的直流电压时，掺杂金属阳极碳棒开始蒸发，并沿阴极的轴向形成一束碳的电弧等离子体喷射。该方法制备单壁碳纳米管的产量高达1.24 g/min。

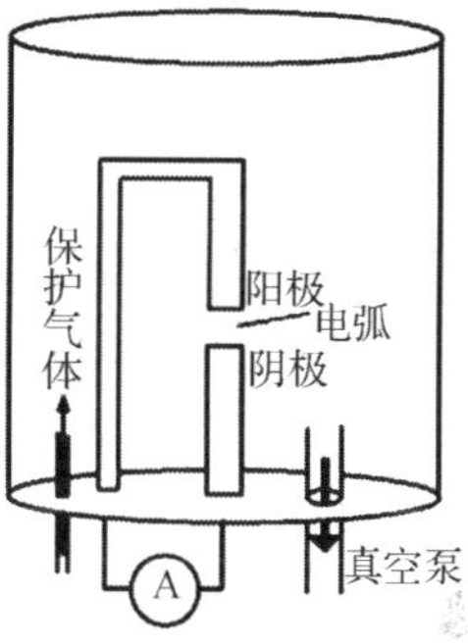

图4.1 电弧法制备碳纳米管实验装置图

4.1.2 激光蒸发法

激光蒸发法制备单壁碳纳米管的基本装置如图4.2所示。它是将一根金属催化剂/石墨混合的石墨靶放置于一长形石英管中间，该管则置于一加热炉内。当炉温升高至1 473 K时，将惰性气体充入管内，并将一束激光聚焦于石墨靶上。石墨靶在激光照射下将生成气态碳，这些气态碳和催化剂粒子被气流从高温区带向低温区，在催化剂作用下生长成单壁碳纳米管。1996年，Thess等对实验条件进行改进[180]，在1 473 K下，采用50 ns的双脉冲激光照射含

Ni/Co催化剂颗粒的石墨靶，可获得高质量的单壁碳纳米管管束，每一管束是由若干根单壁碳纳米管沿轴向排列组成，单壁碳纳米管之间是由弱的范德华力相互作用形成二维三角点阵，点阵参数为1.7 nm。产物中单壁碳纳米管含量大于70%，直径在1.38 nm左右。该方法首次得到相对较大数量的单壁碳纳米管阵列，从而为研究单壁碳纳米管的各种性质提供了充裕的样品。

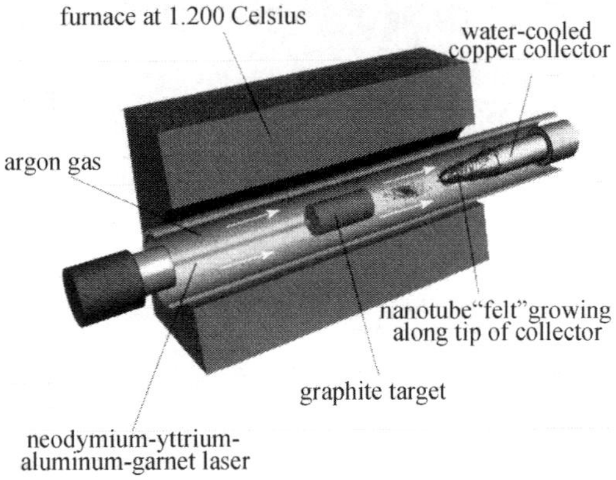

图4.2 光蒸发法制备单壁碳纳米管的基本装置[201]

4.1.3 气相催化热解法

1998年，Dai利用基体催化剂热解甲烷成功合成出单壁碳纳米管[193]。该方法首先要制备催化剂基体，然后将之放置于反应炉里的石英管内，在温度升高的过程中，采用Ar气作为保护气体，当温度升高到1 000 ℃时，用甲烷取代Ar气，并适当控制甲烷的流速在6.15 L/min。10分钟后，将保护气体Ar气取代甲烷，并降至室温。产物中含有的单壁碳纳米管大多集结成束，每束含有几根单壁碳纳米管，其管径为1.3～5.4 nm，长度可达10 μm。我国学者李峰等以噻吩作为生长促进剂，以铁作为催化剂前驱体，在1 100～1 200 ℃下催化热解苯，成功制备出直径在1～3 nm的单壁碳纳米管[202]。

实验和理论研究表明，碳纳米管的生长机理主要有两种模型：开口生长模型[203, 204]和闭口生长模型[205]。开口模型认为碳管在生长过程中，其顶端总是开着口；当生长条件不适应时，则倾向于迅速封闭；只要碳管端口开着，它就可以继续生长直至封闭。闭口生长模型则认为碳管在生长过程中，其顶端总是封闭的，管的径向生长是由于小的碳原子团簇 C_2 不断沉积而发生，C_2 吸附过程是在管端存在五边形缺陷环协助下完成，这一模型可用于解释碳纳米管在低温(1 100 ℃)时的生长机理，因为开口生长所需要的悬挂键在如此低的温度下极不稳定。

4.1.4 模板法

模板法是制备纳米管材料普遍使用的方法，应用非常广泛，可制备出各种一维纳米管、纳米线、纳米棒，其优越性能是其他方法不能取代的。此方法最显著的优点是可以直接制备出一维无机纳米材料阵列，这在电子平板显示屏等电子领域有着很大的潜在应用前景。目前，人们已经发现了各种各样的模板，用它来制备纳米管，有多孔氧化铝模板、碳纳米管模板、氧化锌纳米线模板等。本节主要以常用的多孔氧化铝模板、碳纳米管模板、氧化锌纳米线模板来介绍模板在纳米管制备中的应用情况。

1. 多孔氧化铝模板法

多孔氧化铝(AAO)是一种在阳极化过程中自组装形成的具有有序孔道的纳米结构，将退火的高纯铝片(99.999%)除掉有机层和氧化层，置于一定浓度的多元酸(如硫酸、磷酸和草酸)中，加上一定的电压进行电解，经过一段时间后，在金属表面上就会出现一层具有孔洞的氧化铝膜，其结构特点是孔洞为六角柱形，且垂直膜面呈有序平行排列，如图4.3所示[206]。近年来，人们利用多孔氧化铝为模板生长了各种纳米管结构，除去AAO模板后可得到直径大小一致的纳米管阵列。由于AAO在纳米管的形成过程中仅起一种模板作用，所以在进行纳米组装时，纳米管的制备仍然需要采用化学反应等途径来进行。目前采用AAO模板制备纳米管的方法有化学沉积法、CVD法和溶液－凝胶法。

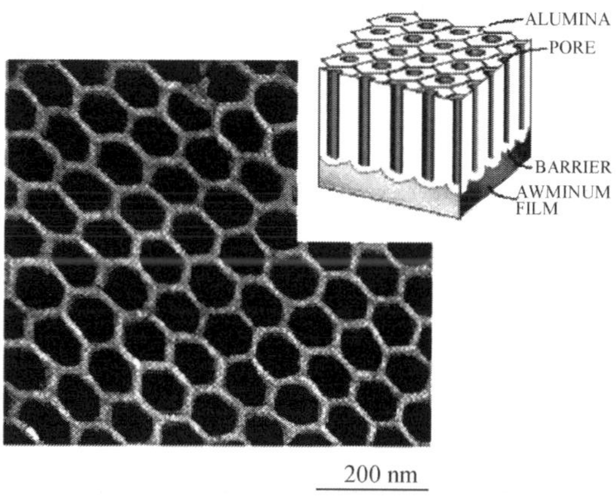

图4.3 阳极氧化铝膜TEM显微照片[206]

化学沉积法通常在氧化铝孔道内组装金属和导电高分子的纳米管，具体步骤是先在模板的一面电镀或蒸发涂上一层金属材料薄膜作为电极，选择被组装物的盐溶液作为电解液，通过交流或直流的电沉积方法，可在多孔氧化铝孔道内沉积纳米管。Lakshami等[207]用纳米粒子的溶胶浸泡多孔氧化铝模板制备出了多种无机纳米管。具体制备过程如下：首先将氧化铝模板浸在溶液中使溶液沉积在孔道壁上，经热处理后，所需半导体的管在孔内形成。当模板在溶液内的浸泡时间为5 s时，所得样品为纳米管状结构，随着长时间的浸泡所得一维纳米管转变成了实心的纳米线。当时间为25 s时，所得一维纳米材料虽然为管状结构，但是管壁很厚，说明是一种管与线的中间状态，所得一维纳米结构的直径大约为200 nm，长约50 μm，与模板的厚度和孔径是一致的。以上表明所得一维纳米结构与浸泡时间密切相关，浸泡时间短则生成纳米管。

2. 碳纳米管模板法

碳纳米管的中空结构为其他纳米管的制备提供了模板。纳米管就像一个特殊的“试管”，一方面在反应过程中提供所需碳源，另一方面，提供了成核的场所，同时又限制了生成物的生长方向。

2002年，英国苏塞克斯大学的Walton等用碳纳米管作模板制备了直的晶体的NbS_2纳米管[208]。具体的工艺过程可分为三步：首先把由石墨弧光放电制得的碳纳米管用硝酸处理，以活化碳管的表面。用蒸馏水去掉酸后，200 ℃烘干；然后把一定比例的CCl_4，$NbCl_4$和碳管放在水中超声处理30 min，在室温下放置72 h后，进行80 ℃加热，以挥发掉CCl_4；最后把剩余物放到水平炉中，在空气中，450 ℃加热30 min后，在Ar，H_2S氛围中进行1 050 ℃煅烧，30 min后关掉H_2S气流，在Ar保护下自然冷却到室温，得到了外层为NbS_2，内层为碳管的双层管结构。由于碳管可在550 ℃空气中氧化，而在800 ℃ NbS_2还很稳定，这就为除去碳管得到纯的NbS_2纳米管提供了可能。对于NbS_2纳米管的形成机理，他们提出了自己的看法。450 ℃ NbS_2加热时，碳纳米管表面会非均匀地覆盖一层NbS_2，在1 050 ℃下和H_2S氛围中煅烧时，NbO_2被硫化成NbS_2，这种碳管表面非均匀覆盖的NbS_2，提供了非均匀成核点，从而形成了直的NbS_2纳米管。同年，丹麦的Jacobsen也用以碳管为模板[209]，用$ReCl_5$为原料，制备了外层为ReS_2纳米管内层为碳纳米管的结构。进一步研究发现，Re的量足时，ReS_2纳米管关口封闭；量少时，ReS_2纳米管开口，且在碳管外分布不均匀。另外，Ajayan[210]等人以碳纳米管为模板,也成功制备出了氧化钒纳米管。1999 年,德国的 Han 等[211]用以碳纳米管为模板的气相法合成了$(BN)_xC_y$纳米管。他们在N_2气流中和 1 773 K 下煅烧B_2O_3和碳纳米管 1 h,得到了芯部为 BC 纳米线,外包 BN 纳米管,最外层为碳纳米管的结构。

3. ZnO 模板法

利用 ZnO 纳米线模板法可以制备出各种无机纳米管,本节以制备 ZnO 纳米管和 GaN 纳米管为例介绍 ZnO 纳米线模板法。

2001 年,德国人 Konenkamp 等利用还原硫化法成功地制备了 ZnO 纳米管[212]。制备方法设计十分巧妙,首先他们在SnO_2衬底上制备了单晶 ZnO 纳米线阵列,将该阵列置入H_2S或 S 蒸气气氛中进行 400 ℃或 450 ℃加热后,ZnO 单晶纳米线 10 ~ 30 nm 表层内的 ZnO 迅速被 ZnS 所取代,从而获得了一种纳米电缆,芯部为 ZnO,外包 ZnS,根据 ZnS 比 ZnO 有更强的耐酸能力,该小组的科研人员巧妙地用稀的硫酸将芯部的 ZnO 腐蚀掉,从而获得了 ZnS 纳米管。这种方法带有普适性,具有两个特点:一是具有模板法的特征,即以实心的纳米线为模板替换表面层,先是用硫化物取代 10 ~ 30 nm 表层后得氧化物,然后采用酸优先腐蚀芯部残余的氧化物,从而达到了淘空的目的,这种纳米管在外表和尺度上均与芯部的氧化锌的形貌相同;二是由实心变成空心,在工艺路线上很有特色。以前的研究路线通常采用以空心的管作为模板合成实心的纳米线,再去掉表层的物质,而这种方法却是相反的过程,是从实心的纳米线制备纳米管,合成思路很有创新。

2003 年,厦门大学的谢(Xie)等用微波等离子体 Zn 纳米线为模板得到了 ZnO 纳米管[181]。这种工艺流程大体可分为三步:第一步,先把 Zn 粉放入水平石英管中,把作为保护气体和载气的H_2通入到管中,用旋转泵把反应器的气压调到 4 Torr 左右($1\ Torr = 1.33 \times 10^2\ Pa$),然后用波导管把微波导入反应器中,以产生温度约 1 000 ℃稳定的等离子体,这一步可产生 Zn 纳米线;第二步,把O_2/Ar(1∶50)通入到微波等离子体中,把 Zn 纳米线外层氧化成 ZnO,形成 ZnO/Zn 纳米电缆结构;最后,在水平石英管外加一个可移动的电炉,使电炉沿水平石英管来回移动,通过调节炉温使石英管的温度达到 500 ℃,由于 ZnO 的熔点(1 975 ℃)远远高于 Zn 的熔点(410 ℃),最后使 ZnO/Zn 纳米电缆结构转化为 ZnO 纳米管。这种方法通过调节氧化的时间和温度,可控制最终的 ZnO 的厚度。

众所周知,GaN 不是层状化合物,合成这种化合物的纳米管一般需要模板,例如人们已经用碳纳米管或其他多孔材料为模板得到了很多非层状化合物的纳米管,但得到的这种管多为非晶或多晶。2003 年,加州大学伯克利分校的杨培东研究小组,用 ZnO 为模板,成功制备了单晶的 GaN 纳米管阵列[213]。他们先在蓝宝石衬底上,以金作催化剂,原位生长了有序 ZnO 纳米棒阵列,然后在 ZnO 表面外延生长了 GaN,再通过氢热还原法去掉芯部的 ZnO 而获得 GaN 纳米管。荧光测试表明,纳米 GaN 粉体具有常规体材料不具备的新性能。这种纳米管在紫外光波段 360 ~ 375 nm 处出现了较强的荧光带,这为人们寻找新一代的紫外光源提供了新思路,在照明和显示技术上有重要应用前景。GaN 纳米管比一般的 GaN 粉体有更宽的带隙,与 GaN 薄膜相比,发光蓝移了 70 ~ 80 nm,而电阻可达到 $10^7\ \Omega$,这为基础研究提供了广阔的创新空间。

4.2 纳米管的声子谱和热性质

4.2.1 晶格动力学理论和力常数模型

1. 晶格动力学理论

对于原胞中含有 N 个原子的体系而言，其任一原子 i 均满足下列关系[214]

$$M_i \ddot{u}_i = \sum_j K^{(ij)}(u_j - u_i),\ (i = 1,\cdots,N) \tag{4.1}$$

式中，M_i，u_i 是第 i 个原子的质量和位移矢量；$K^{(ij)}$ 是原子 i 与其近邻原子 j 之间的力常数，由于位移是一个矢量，因而 $\boldsymbol{K}$ 是个 3×3 矩阵。求和是针对所有近邻原子进行的，一般仅取少数的几个近邻原子即可。

对原子 i 的位移作傅立叶展开

$$u_i = \frac{1}{\sqrt{N_\Omega}}\sum_{k'} \mathrm{e}^{-i(k'R_i-\omega t)} u_{k'}^{(i)} \tag{4.2}$$

R_i 是所有原子的平衡位置，求和是对第一布里渊区内所有波矢 k' 进行的。

通过 u_i 对时间 t 的二次偏导，方程(4.1)可以写为

$$\left(\sum_j \boldsymbol{K}^{(ij)} - M_i\omega^2\right)\sum_{k'} \mathrm{e}^{-ik'R_i} u_{k''}^{(i)} = \sum_j \boldsymbol{K}^{(ij)} \sum_{k'} \mathrm{e}^{-ik'R_j} u_{k''}^{(j)} \tag{4.3}$$

在式(4.3)的两边同时乘以 e^{ikR_i} 并对 R_i 求和，同时在波矢空间使用下列正交化条件

$$\sum_{R_i} \mathrm{e}^{i(k-k')R_i} = N_\Omega \delta_{k,k'} \tag{4.4}$$

结合式(4.3)和式(4.4)可以得到

$$\left(\sum_j \boldsymbol{K}^{(ij)} - M_i\omega^2 \boldsymbol{I}\right)u_k^{(i)} - \sum_j \boldsymbol{K}^{(ij)} \mathrm{e}^{ik\Delta R_{ij}} u_k^{(j)} = 0,\ (i = 1,\cdots,N) \tag{4.5}$$

其中，$\boldsymbol{I}$ 是 3×3 的单位矩阵，$\Delta R_{ij} = R_i - R_j$。

式(4.5)实际上可以写为 $3N$ 个方程。定义 $U_k = (u_k^{(1)}, u_k^{(2)}, \cdots, u_k^{(N)})^t$，那么式(4.5)可以写为

$$\boldsymbol{D}(k)U_k = 0 \tag{4.6}$$

其中，$\boldsymbol{D}(k)$ 为动力学矩阵。为了得到声子谱，可以求解以下久期方程

$$|\boldsymbol{D}(k)| = 0 \tag{4.7}$$

根据式(4.5)，可以得到动力学矩阵的矩阵元

$$\boldsymbol{D}^{(ij)}(k) = \left(\sum_j K^{(ij)} - M_i\omega^2 I\right)\delta_{ij} - \sum_{j'} K^{(ij')} \mathrm{e}^{ik\Delta R_{ij'}} \tag{4.8}$$

注意：矩阵元式(4.8)为 3×3 矩阵。式(4.8)右边第一项是对 i 原子的所有近邻原子求和，第二项是对所有近邻原子中 i 原子的等价原子求和。从式(4.8)可以看到，只要确定了原子间的力常数矩阵 $\boldsymbol{K}$，就能够通过求解久期方程来得到声子谱 $\omega(k)$。

2. 力常数模型

在计算碳纳米管的声子谱之前,有必要先介绍 Maeda 等人在计算石墨的声子结构时引入的力常数模型[215~217]。该模型的主要思想是:石墨具有强的各向异性,层内原子间相互作用远远大于层间相互作用,因而每一个原子与近邻原子之间的相互作用可分为层内作用和层间作用,可以使用三个力常数表示,即 $\phi_r^{(n)}$,$\phi_{ti}^{(n)}$,$\phi_{to}^{(n)}$。$\phi_r^{(n)}$ 表示与第 n 近邻原子之间的在层内沿着键长方向的相互作用力常数,$\phi_{ti}^{(n)}$ 表示与第 n 近邻原子之间的在层内沿着垂直于键长方向的相互作用力常数,$\phi_{to}^{(n)}$ 表示与第 n 近邻原子之间的层间相互作用力常数。在石墨中构建 xyz 坐标系,xy 平面为石墨平面,那么任意两个原子之间的力常数矩阵可以写为

$$\boldsymbol{K} = \begin{pmatrix} \phi_r^{(n)} & 0 & 0 \\ 0 & \phi_{ti}^{(n)} & 0 \\ 0 & 0 & \phi_{to}^{(n)} \end{pmatrix} \tag{4.9}$$

很显然,$\phi_{to}^{(n)}$ 应该比其他两个力常数要小。该模型充分考虑了石墨的结构特征,对于原子间相互作用给出了合理的描述,在其提出之后被广泛使用,并已经被用到石墨片和碳、BN、BC_3 纳米管的声子结构计算中去。Jishi 等人首先采用该模型计算了碳纳米管的声子结构[218],并通过对称性分类对碳纳米管的拉曼模式进行了表征。然而,他们的方法主要还是借鉴电子结构计算中的区域折叠的思想,没有考虑碳纳米管的结构卷曲对于声子结构的影响,导致一些特征声子模式,如径向呼吸模式无法得到。因此,通过(4.8)式并使用力常数模型直接计算碳纳米管的声子结构就显得非常必要。

接下来,我们给出力常数模型中任意两个原子之间的力常数矩阵的计算方法。由于碳纳米管是由石墨片卷曲而成,那么可以认为碳纳米管中任意两个原子也可在石墨片中找到对应的原子对。因此,碳纳米管中两个原子之间的力常数矩阵可以通过石墨片中对应两个原子之间的力常数矩阵作适当的数学变换得到[214]。力常数矩阵的数学变换与原子的坐标变换紧密相关,它们之间的关系可以通过接下来的例子来说明。当两个原子 A_0 和 B_0 同时绕着 z 轴旋转并旋转到 A 和 B,旋转角度为 θ,那么旋转前后两个原子之间的力常数矩阵的关系为

$$K^{AB} = \boldsymbol{U}^{-1} K^{A_0B_0} \boldsymbol{U} \tag{4.10}$$

其中

$$\boldsymbol{U} = \begin{pmatrix} \cos\theta & \sin\theta & 0 \\ -\sin\theta & \cos\theta & 0 \\ 0 & 0 & 1 \end{pmatrix} \tag{4.11}$$

图 4.4 给出了碳纳米管管壁上任意两个原子从石墨片中卷曲而来的五个步骤。这里给出的只是旋转所需要的步骤,并不是两个碳原子从石墨片中移动到碳纳米管管壁上的实际路线。如果要确定这个实际路线,还需要引入平移操作,然而平移操作并不影响力常数矩阵的大小,因此这里没有给出。

在图 4.4 中,这五个步骤分别是:

(1)绕 z 轴旋转 $\pi/2$;

(2)绕 y 轴旋转 $\pi/2$;

(3)绕 x 轴旋转 $\alpha = \arcsin(Z_{A_q} - Z_{A_p}/L_n)$;

(4) 绕 z 轴旋转 $\phi = \arcsin(\sqrt{(X_{A_q} - X_{A_p})^2 + (Y_{A_q} - Y_{A_p})^2}/d)$;

(5) 绕 z 轴旋转 $\psi = \arctan(Y_{A_p}/X_{A_p})$。

其中 d 为碳管管径,L_n 是 p 原子与 q 原子之间的距离,x,y,z 分别表示坐标轴。这一套原子旋转的方式不是唯一不变的,因为两个原子可以通过多种方式从石墨片到达碳纳米管管壁上。在这五步旋转操作中,前两步是必需的,因为它将原子从石墨片平面上移动到碳纳米管管壁的切面上。另外的三个步骤可由多种方式实现,Saito 采用了另外一种方式[219, 220],尽管他们所采用的旋转方式与这里提到的方式有所区别,但是最终都能够获得任意两个原子的力常数矩阵。在获得了力常数矩阵之后,就可以通过式(4.8)来构建动力学矩阵,从而数值求解出碳纳米管的声子谱。

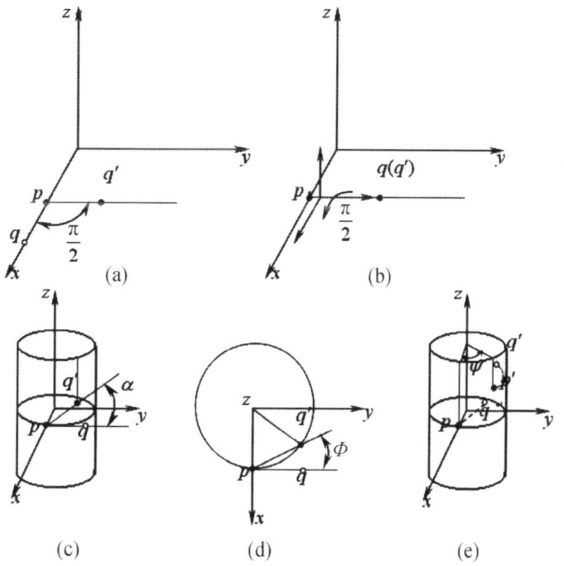

图 4.4 原子 p,q 由 x 轴到碳管管壁的五步旋转操作

(a) T_a:pq 矢量绕 z 轴旋转$\frac{\pi}{2}$;(b) T_b:绕 y 轴旋转$\frac{\pi}{2}$;

(c) T_c:绕 x 轴旋转 α 角;(d) T_d:绕 z 轴旋转 ϕ 角;

(e) T_e:绕 z 轴旋转 ϕ 角

利用声子谱,声子振动模式密度可以通过下式得到

$$g(\omega) = \frac{\Omega}{(2\pi)^3}\int \frac{\mathrm{d}S}{|\nabla_q \omega(q)|} = C\sum_q \frac{\delta}{(\omega - \omega_q)^2 + \delta^2} \tag{4.12}$$

其中,C 为归一化常数。通常情况下,如果得到了声子谱,声子振动模式密度的计算就可按照式(4.12)进行。在式(4.12)中,最关键的就是在布里渊区进行波矢取样。对于一维情况,例如单壁碳纳米管,最简单的方式就是沿着轴向的波矢方向进行均匀取样,即将轴向的倒格矢量进行等分,然后计算这些等分波矢点上的声子模式,最后进行积分。对于三维情况,如果仅仅对第一布里渊区进行简单的等距分割,那么就可能人为造成波矢取样的不均匀性,这一点在类似于石墨的一些晶体结构中常常遇到。因此,需要考虑晶体结构的对称性进行合理的布里渊区的波矢取样。目前,使用较多的就是 Gilat 和 Raubenheimer 在 1966 年提出的"外推"取样法[221],它既可以用于具有立方对称性的晶体,也可用于具有六角对称性的晶体的声子振动模式密度的计算。对于二维的石墨片,如果是对第一布里渊区进行均匀平均取样的话,在振动模式密度的低频段会出现很尖锐的峰,这实际上是由于人为的均匀取样在 Γ 点附近取样过多所致,若选择 Gilat 和 Raubenheimer 提出的办法就能够解决这个问题。

4.2.2 从二维片层到一维纳米管的声子谱

1. 声子谱的维度、尺寸效应

表 4.1 给出了计算二维石墨片的声子谱和振动模式密度时使用的力常数参数[214]。如图

4.5(a)所示,二维石墨片的声子结构有 6 个声子支,其中包括3 支声学模式和3 支光学模式。这3 支声学模式按频率增加的顺序依次为:out-of-plane 模式,in-plane tangential 模式,in-plane stretching 模式。在 Γ 点附近,out-of-plane 模式的曲线呈现抛物线关系,而另两支声学模式均呈线性关系。图 4.5(b)给出了石墨片的振动模式密度,从图中可以看出,振动模式密度曲线呈现许多 van Hove 奇异峰。不过,低频段振动模式密度曲线比较平坦,这是由于 out-of-plane 模式曲线呈抛物线关系所致。此外,我们也计算了三维石墨的声子结构(图4.6),其力常数参数如表4.2 所示[216]。其中 ϕ 和 $\hat{\phi}$ 分别代表石墨层内和层间的原子之间的相互作用力常数。相比于二维石墨片的声子结构,三维石墨的声子结构在大体上比较相似,除了 ΓA 方向的声子支之外。由于石墨片之间的相互作用力属于较弱的 van de waals 力,所以在 ΓA 方向的低频声学支基本属于无色散的声子支,因而在低温下对于石墨的比热的影响较大,使其表现出介于三维和二维系统之间的特征。然而,二维石墨片不存在 ΓA 方向的声子支,而且 out-of-plane 声子支($\omega \propto q^2$)对于比热的贡献占主导地位,比热在低温下呈现线性关系[222](对于 d 维系统,如果满足 $\omega \propto q^\alpha$ 则 $C_V \propto T^{d/\alpha}$)。

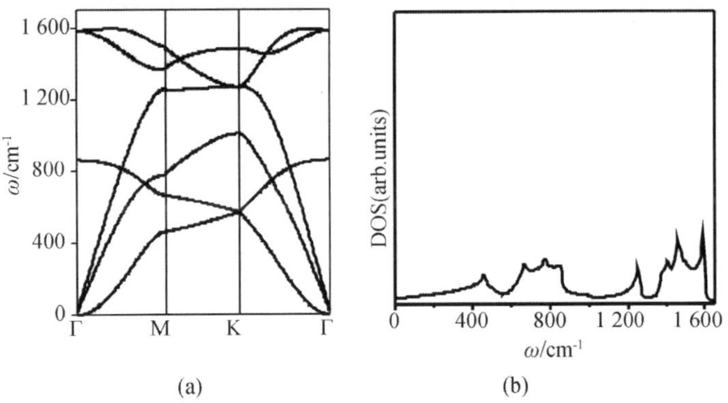

图 4.5 石墨片的声子谱(a)及振动模式密度(b)

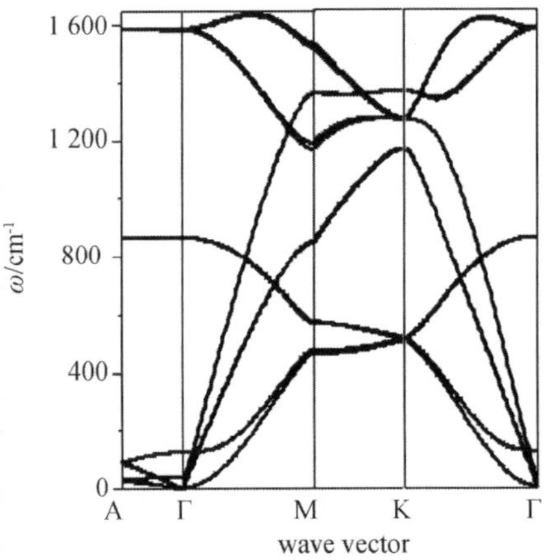

图 4.6 三维石墨的声子谱

表 4.1 二维石墨片的原子间相互作用力常数参数(单位:dyn/cm)

沿径向方向	沿切向方向	
$\phi_r^{(1)}$ = 365 000.0	$\phi_{ti}^{(1)}$ = 245 000.0	$\phi_{to}^{(1)}$ = 98 200.0
$\phi_r^{(2)}$ = 88 000.0	$\phi_{ti}^{(2)}$ = −32 300.0	$\phi_{to}^{(2)}$ = −4 000.0
$\phi_r^{(3)}$ = 30 000.0	$\phi_{ti}^{(3)}$ = −52 500.0	$\phi_{to}^{(3)}$ = 1 500.0
$\phi_r^{(4)}$ = −19 200.0	$\phi_{ti}^{(4)}$ = 22 900.0	$\phi_{to}^{(4)}$ = −5 800.0

表 4.2 三维石墨的原子间相互作用力常数参数(单位:dyn/cm)

沿径向方向	沿切向方向	
$\phi_r^{(1)}$ = 312 520.0	$\phi_{ti}^{(1)}$ = 267 480.0	$\phi_{to}^{(1)}$ = 86 545.0
$\phi_r^{(2)}$ = 120 920.0	$\phi_{ti}^{(2)}$ = −63 731.0	$\phi_{to}^{(2)}$ = −9 312.2
$\phi_r^{(3)}$ = 27 978.0	$\phi_{ti}^{(3)}$ = 19 000.0	$\phi_{to}^{(3)}$ = 12 695.0

表 4.2(续)

沿径向方向	沿切向方向	
$\phi_r^{(4)}$ = −25 508.0	$\phi_{ti}^{(4)}$ = 9 488.0	$\phi_{to}^{(4)}$ = 5 498.4
$\phi_r^{(1)}$ = 2 746.9	$\phi_t^{(1)}$ = −5 934.1	
$\phi_r^{(2)}$ = 595.52	$\phi_t^{(2)}$ = 1 271.2	
$\phi_r^{(3)}$ = −473.88	$\phi_t^{(3)}$ = 473.9	
$\phi_r^{(4)}$ = 200.0	$\phi_t^{(4)}$ = −927.8	

与单壁碳纳米管的电子结构计算相似,声子谱也可采用区域折叠法由二维石墨片的声子谱 $\omega_{2D}(k)$ 计算得到。单壁碳纳米管的一维声子谱为[214]

$$\omega_{2D}^{m\mu} = \omega_{2D}^{m}\left(k\frac{\overrightarrow{K_2}}{|\overrightarrow{K_2}|} + \mu\overrightarrow{K_1}\right) \tag{4.13}$$

区域折叠过程可以产生一维单壁碳纳米管的所有声子支。图 4.7 给出了由区域折叠法和直接计算得到的单壁(10,10)碳纳米管的声子谱。两种方法计算得到的结果除了低频段之外,中频段和高频段符合得较好。声子最高频率在 1 600 cm^{-1} 附近,与二维、三维石墨比较相似。但是,布里渊区折叠法也有不足之处,由于二维石墨片在 Γ 点具有三个频率为零的平移模式,其中两个是碳原子在面内移动的平移模式,另一个是碳原子在面外移动的平移模式。当石墨片卷曲成单壁碳纳米管时,一个面内平移模式转变为绕管轴的转动,另一个转变为沿管轴的平移,它们的频率也应该为零。但是碳原子垂直于平面移动的平移模式将转变为纳米管的径向呼吸模式,其频率在 Γ 点不为零,因此径向呼吸模式的频率无法从区域折叠法中得到。

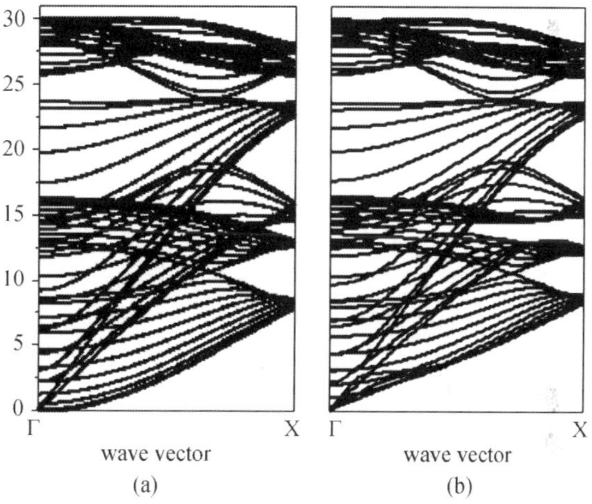

图 4.7　布里渊区折叠法(a)和力常数方法(b)计算的(10,10)管的声子谱

图 4.8 给出了(8,0),(8,4)和(8,8)单壁碳纳米管的声子结构。从图中可以看出,这三种碳纳米管包含的独立的振动模式的数目分别是 54,174,54,其中 12 支为非简并模式,其余为二重简并模式。相比于传统的三维材料,碳纳米管的声学支有 4 支,均呈现线性关系。这点与石墨不同,石墨的两支简并的声学支呈现抛物线性关

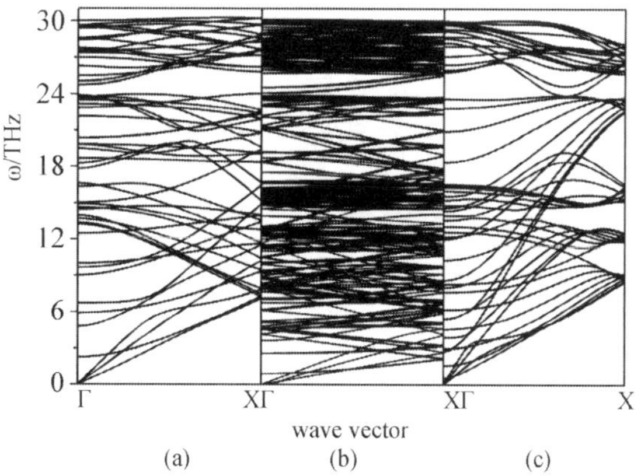

图 4.8　(a)(8,0),(b)(8,4)和(c)(8,8)单壁碳纳米管的声子谱

系。4 支声学支中不同于三维材料的是呈现线性关系的扭波模式。在扭波模式中,每一个原子的运动方向均沿着碳纳米管管壁的切线方向。扭波模式是一维纳米结构所特有的,例如,硅纳米线的声学支中也有扭波模式[223, 224]。另外,随着碳纳米管管径的增加,由于量子限域效应,最低的光学声子支逐渐下移,其Γ点的频率随着管径的增大而降低。

与碳纳米管的结构不同,氮化硼纳米管中不同格点的库仑作用随元素种类不同而不同,这里假定由原子种类不同而引入的库仑相互作用的影响可以忽略。为了得到合理的力常数,先拟合二维氮化硼片的力常数,表4.3是力常数参数。从图4.9可以看到,二维氮化硼片的声子谱与实验数据吻合得很好,特别是out-of-plane声子支。V. N. Popov利用共价力场模型计算了二维氮化硼片的声子结构[225],其out-of-plane声子支呈现线性特征,而力常数模型计算的out-of-plane声子支能够与低能电子衍射实验数据[226]很好地吻合,这是由于力常数模型与氮化硼的层状结构密切相关。图4.10是单壁氮化硼(10,10)和(10,0)纳米管的声子结构,可以看到其四个低频声学支(TA,WA,LA)呈现线性关系,其声速分别为8.73 km/s,12.85 km/s,17.17 km/s。与碳纳米管不同的是,最高频率在1 400 cm^{-1}附近,比碳纳米管小,这主要是由于B原子和N原子之间的相互作用力常数比碳纳米管要弱所致。力常数模型计算的氮化硼纳米管的声子谱与其他研究组计算的结果也比较接近[227, 228]。图4.11是氮化硼纳米管的Raman、IR模式与管径之间的变化关系,可以看到:(1)低频模式在管径逐渐增大频率逐渐趋于零;(2)在中频区附近,三个主要模式的频率随管径增大时逐渐趋于800 cm^{-1};(3)1 400 cm^{-1}附近的高频模式先增大然后基本上不随管径变化。图4.12中,我们拟合了A_{1g}模式(呼吸模式)和E_{2g}模式的频率与管径之间的关系,发现A_{1g}模式的频率与管径呈反比,即$\omega_{RBM}=951/r$;与A_{1g}模式不同,E_{2g}模式与管径呈现$\omega=1/r^2$的关系。

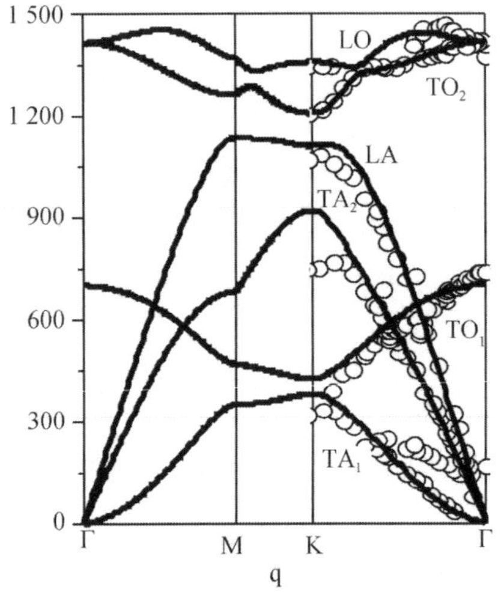

图4.9 二维氮化硼片的声子谱及实验数据

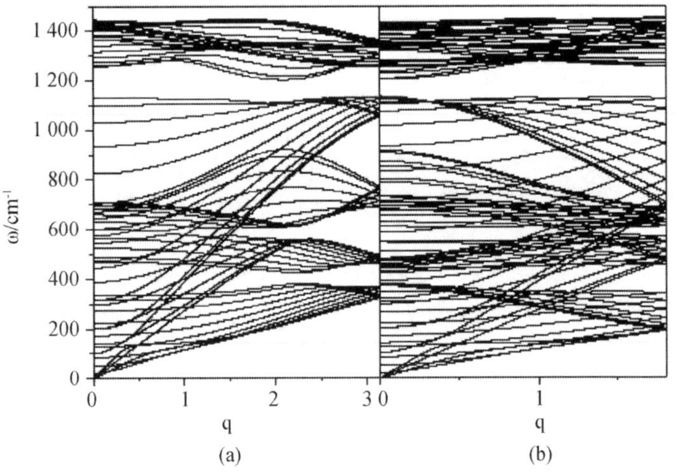

图4.10 (10,10)(a)和(10,0)(b)单壁氮化硼纳米管的声子谱

表4.3 二维氮化硼片

沿径向方向	沿切向方向	
$\phi_r^{(1)}=310\ 000.0$	$\phi_{ti}^{(1)}=185\ 000.0$	$\phi_{to}^{(1)}=56\ 000.0$
$\phi_r^{(B-B)}=70\ 000.0$	$\phi_{ti}^{(B-B)}=-32\ 300.0$	$\phi_{to}^{(B-B)}=-7\ 000.0$
$\phi_r^{(N-N)}=80\ 000.0$	$\phi_{ti}^{(N-N)}=-7\ 300.0$	$\phi_{to}^{(N-N)}=-5\ 500.0$
$\phi_r^{(3)}=10\ 000.0$	$\phi_{ti}^{(3)}=-32\ 500.0$	$\phi_{to}^{(3)}=6\ 500.0$
$\phi_r^{(4)}=-19\ 000.0$	$\phi_{ti}^{(4)}=12\ 900.0$	$\phi_{to}^{(4)}=-3\ 000.0$

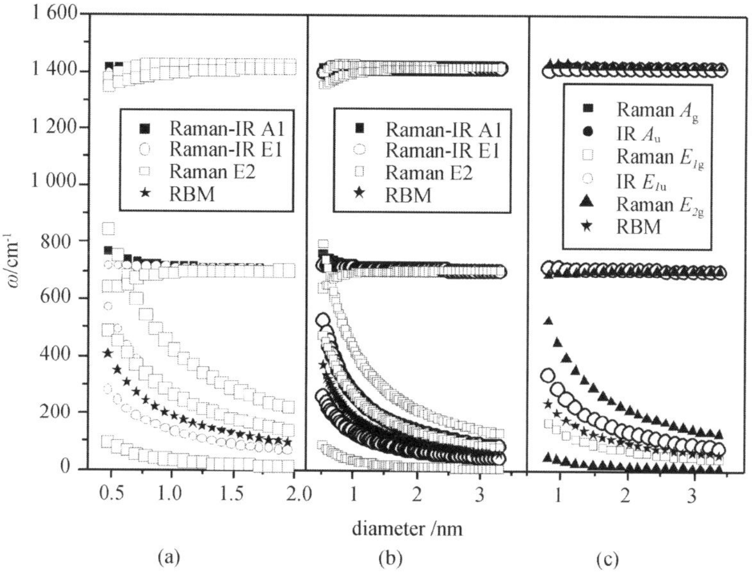

图4.11 氮化硼纳米管的Raman和IR模式的频率与管径的关系

(a)锯齿型;(b)螺旋型管;(c)扶手椅型

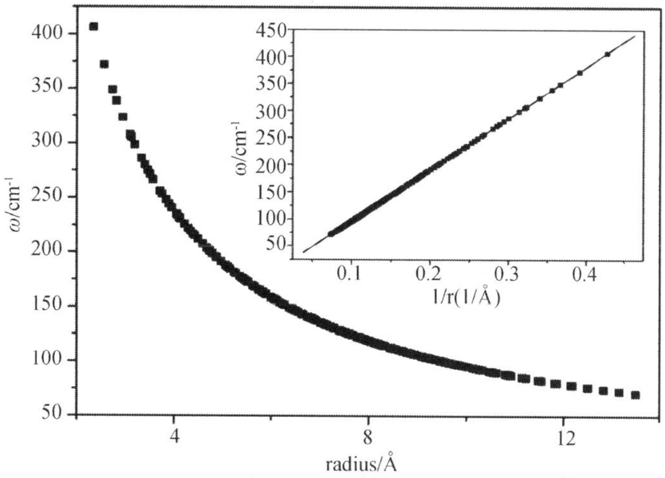

图4.12 氮化硼纳米管的径向呼吸模式的频率与管径的关系

除了单壁纳米管的结构之外,碳纳米管也可以以多壁或者管束的形式存在,因此考虑管间相互作用对于声子谱的影响也是非常有意义的。图 4.13 给出了单壁(10,10)碳纳米管管束的声子结构,在沿着管轴方向上,除了低频段之外,管间相互作用对于声子模式的频率的影响非常小,这反映了管间相互作用是弱的相互作用。在低频段,声子支出现移动的现象,例如,在单壁碳纳米管中属于声学支的扭波模式在管束里面变成了光学模式。另外,径向呼吸模式的频率也有显著的上升,上升幅度在 15 cm^{-1}左右。在沿着垂直于管轴的方向上,低频段还有一些具有群速的声子支,然而在中、高频段,声子模式几乎不随着波矢的变化而改变,这说明在单壁碳纳米管管束中,大部分声子模式沿着垂直于管轴方向上的群速都为零,也就是说声子模式的传播几乎是一维的。图 4.14 给出了双壁(5,5)@(10,10)碳纳米管的声子结构,由于弱的管间相互作用,双壁碳纳米管的声子结构与单根单壁碳纳米管的声子结构的叠加非常类似,只是在低频段有些差异。由于两个单壁碳纳米管属于相称的结构,因此,声子结构中的声学支依然有 4 支,这与单壁碳纳米管相似。不同的是,单壁碳纳米管仅仅具有一个径向呼吸模式,但是双壁碳纳米管的径向呼吸模式可以有同相位和反相位的两个径向呼吸模式,例如,双壁(5,5)@(10,10)碳纳米管的同相位和反相位径向呼吸模式的频率分别为 176 cm^{-1}和 340 cm^{-1}。

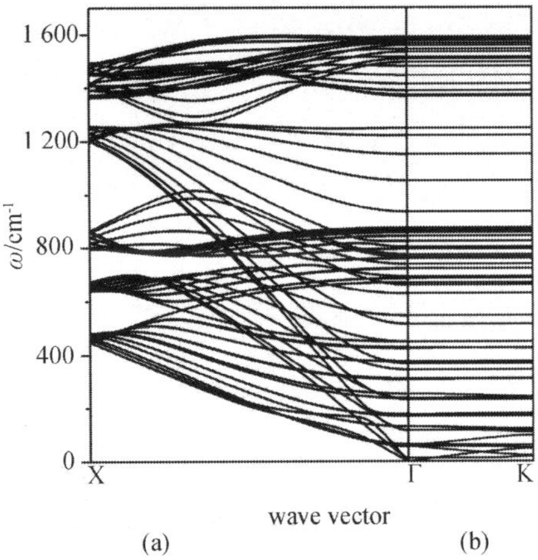

图 4.13 单壁碳纳米管管束的声子谱

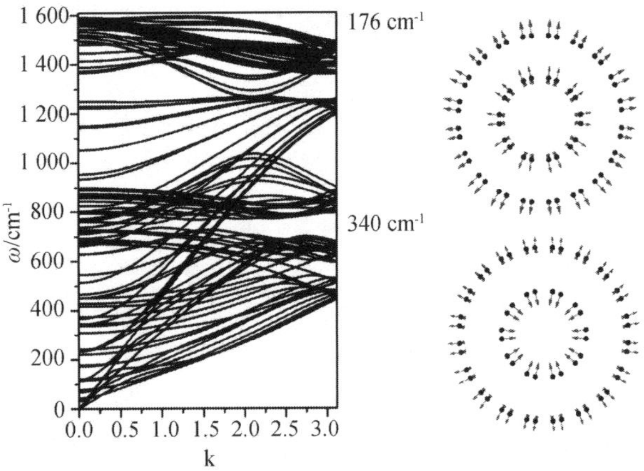

图 4.14 双壁(5,5)@(10,10)碳纳米管的声子结构及同相位和反相位的径向呼吸模式

2. 径向呼吸模式的卷曲效应

碳纳米管的声子结构计算通常使用的方法是力常数模型和密度泛函理论。与电子结构的计算一样,密度泛函理论更能够反映卷曲效应对于声子模式的影响,但是其庞大的计算量使得寻找描述声子结构与几何结构之间的普适标度关系变得困难,尤其是螺旋型碳纳米管的声子模式的计算。尽管力常数模型的计算对于经验参数的依赖程度较高,但是它能够更加有效地描述声子频率与管径和螺旋度之间的变化关系。而对于小管径碳纳米管,如 4 Å 的单壁碳纳米管,其较小管径使得直接使用石墨片的力常数计算声子谱显得不太合理。为了解决这个问题,我们从卷曲能出发提出了一种改进的力常数模型来研究卷曲效应对于小管径碳纳米管的径向呼吸模式的影响。

总能计算的结果表明碳纳米管与石墨片的能量之间具有如下关系

$$E_{tube} = E_g + E_c \tag{4.14}$$

其中，E_{tube}和E_g为碳纳米管和石墨片的总能量。为了能够定量地描述石墨片的总能量，石墨片的能量使用密度泛函理论(CASTEP)计算的数值$E_g=-10.6$ eV。E_c为卷曲能，反映了卷曲效应对总能量的影响。Adams 等提出卷曲能与碳纳米管管壁上近邻原子的π电子态之间的夹角ϕ密切相关[229]

$$E_c = E_0(1-\cos\phi) \tag{4.15}$$

其中，$E_0=4.17$ eV。结合式(4.14)和式(4.15)可以得到

$$E_{tube} = \left[1+\frac{E_0}{E_g}(1-\cos\phi)\right]E_g = AE_g \tag{4.16}$$

其中，$A=1+\frac{E_0}{E_g}(1-\cos\phi)$。由于径向呼吸模式仅仅与键伸展力常数相关，因此可以通过总能量对键长作二阶偏导得到键伸展力常数

$$K_{tube} = \left.\frac{\partial^2 E_{tube}}{\partial r^2}\right|_{r_g+u} = A\left.\frac{\partial^2 E_g}{\partial r^2}\right|_{r_g+u} = A\left(\left.\frac{\partial^2 E_g}{\partial r^2}\right|_{r_g} + u\left.\frac{\partial^3 E_g}{\partial r^3}\right|_{r_g}\right) \tag{4.17}$$

这里r_g和$r_{tube}=r_g+u$分别是石墨片和碳纳米管中原子间的平衡距离。由于$K_g=\left.\frac{\partial^2 E_g}{\partial r^2}\right|_{r_g}$，因此可以得到

$$K_{tube} = AK_g + A(r_{tube}-r_g)\left.\frac{\partial^3 E_g}{\partial r^3}\right|_{r_g} \tag{4.18}$$

这样，式(4.18)就建立了碳纳米管的键伸展力常数和石墨片的键伸展力常数之间的关系，为了进一步量化这一关系，就需要给出石墨片的总能量与键长之间的具体关系。Harrison 提出了一个具有 Morse 势形式的能量与键长之间的关系[230]

$$E_g = U[e^{-2(r-r_0)/b} - 2e^{-(r-r_0)/b}] \tag{4.19}$$

其中U是结合能，对于石墨，$U\approx3.7$ eV，b为可调参数，用于得到最近邻和次近邻原子间的力常数，对于最近邻和次近邻，b分别取0.57和1.16。将式(4.19)代入式(4.18)，可以得到

$$K_{tube} = AK_g + 6AU(r_g - r_{tube})/b^3 \tag{4.20}$$

(4.20)式表明碳纳米管与石墨片的键伸展力常数之间存在两种差异：(1)卷曲诱导的能量改变使得力常数发生变化。由于能量发生变化，石墨片的力常数在碳纳米管中被约化为它的A倍。(2)结构卷曲带来的原子间距变化使得力常数发生改变。当原子间距伸长和缩短时，力常数也会相应地降低和增加。对于大管径碳纳米管，A几乎等于1且r_g-r_{tube}很小，因此纳米管与石墨片的力常数相差不大。然而，小管径中A通常要小于1，如图4.15所示，在(5,0)管中A大约为0.95。另外，原子

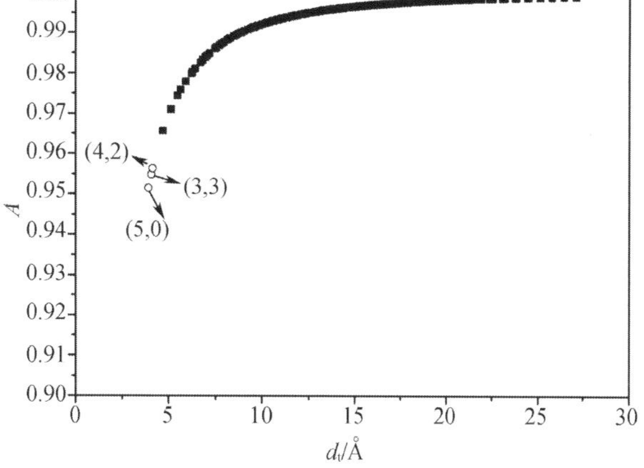

图4.15 单壁碳纳米管的参数A与管径的变化关系

间距的变化也比较大,因此这两项的综合影响使得碳纳米管与石墨片之间的力常数相差较大。

利用(4.20)式,我们计算了管径为 4 Å 的单壁碳纳米管的径向呼吸模式。首先,必须确定碳纳米管中原子间距 r_{tube}。因为第三、四近邻原子间相互作用较弱,这里仅仅考虑最近邻和次近邻原子,如图 4.16 所示,并分别用 f 和 s 表示。表 4.4 给出了(5,0)和(4,2)碳纳米管的最近邻和次近邻原子间距[231, 232],采用不同方法计算的原子间距几乎相当。使用这些原子间距和(4.20)式,我们计算了(5,0)和(4,2)碳纳米管的径向呼吸模式并给出了在沸石内部的碳纳米管的实验测量结果和其他研究者计算的结果,如表 4.5 所示。在管径为 4 Å 的碳纳米管的 Raman 谱测量中,由于(3,3)管的共振光吸收强度比较弱,使其共振 Raman 散射谱比较难以观察,因此,一般认为观察到的 Raman 谱主要来源于(5,0)和(4,2)碳纳米管[233]。从表 4.5 可以看出,实验上(5,0)和(4,2)管的径向呼吸模式的峰位在 510 cm^{-1} 和 550 cm^{-1} 左右。与实验结果相比[53, 234, 235],改进力常数模型的结果与实验符合得相当好,其他的计算结果与实验测量相差较大,这说明(4.20)式能够反映管径为 4 Å 的碳纳米管的径向呼吸模式的卷曲效应。此外,我们分析了(4.20)式中右边第二项对于径向呼吸模式的贡献,发现碳纳米管沿着圆周方向的键长的变化较大,相比于轴向方向上的键长,对径向呼吸模式的贡献要更大。

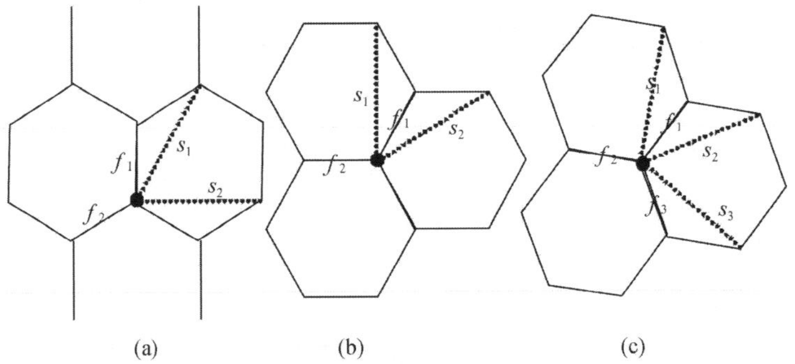

图 4.16 (a)锯齿型、(b)扶手椅型和(c)螺旋型碳纳米管的最近邻和次近邻原子间距离的示意图

表 4.4 (5,0)和(4,2)单壁碳纳米管的键长 f 和 s 的值(单位:Å)

	(5, 0)		(4, 2)	
f_1	1.40[231]	1.41[232]	1.44[231]	1.44[232]
f_2	1.45[231]	1.45[232]	1.44[231]	1.44[232]
f_3	-	-	1.42[231]	1.42[232]
s_1	2.47[231]	2.48[232]	2.46[231]	2.46[232]
s_2	2.40[231]	2.40[232]	2.42[231]	2.42[232]
s_3	-	-	2.46[231]	2.46[232]

表 4.5 管径为 4 Å 碳纳米管的径向呼吸模式及与其他结果的比较(单位:cm^{-1})

实验结果	510[233]	550[233]
	514[234]	545[234]
	515[53]	548[53]

表4.5(续)

(5,0)的理论结果	547	525[231]	562[233]	536[53]
(4,2)的理论结果	513	529[231]	530[233]	538[53]
(3,3)的理论结果	528	538[231]	541[233]	

4.2.3 纳米管的比热及热导率

1. 纳米管的比热

体系的比热一般写为[236]

$$C_V(T) = k_B\int_0^\infty \frac{(\hbar\omega/k_BT)^2\exp(\hbar\omega/k_BT)}{[\exp(\hbar\omega/k_BT)-1]^2}g(\omega)\mathrm{d}\omega \tag{4.21}$$

式中,$g(\omega)$为振动模式密度;$\hbar$ 和 k_B 是普朗克常数和玻尔兹曼常数。

图4.17给出了(10,10)碳纳米管和氮化硼管的比热。对于这两种纳米管,当温度很低时,比热与温度基本上是线性关系(见图4.17(a)中的内插图),这主要是由于低温时仅仅只有声学支对比热有贡献所致。当温度高于6 K时,光学支声子被激发使得比热在高于6 K时偏离线性关系,这种偏离体现了单壁氮化硼纳米管的一维特征。此外,在几乎整个温度段,氮化硼纳米管的比热都高于碳纳米管,这使得氮化硼纳米管有望与碳纳米管一样可被用来制作散热器件。一般而言,热导率为比热、声子群速和平均自由程的乘积。在热输运过程中,热导率主要决定于边界散射和Umklapp散射过程。在低温下,Umklapp散射的平均自由程很小,热导率主要取决于边界散射过程,然而边界散射的平均自由程不随温度变化而变化[237]。因此,纳米管的低温热导率主要取决于比热。如果氮化硼纳米管的边界散射平均自由程与碳纳米管的相当(一般而言,边界散射平均自由程主要取决于体系的尺寸),那么氮化硼纳米管的低温热导率将高于碳纳米管。理论与实验研究均表明,碳纳米管具有很高的热导率,然而氮化硼的低温热导率预计要比碳纳米管还高,所以在纳米散热应用中或许将有比碳纳米管更为广阔的应用前景。

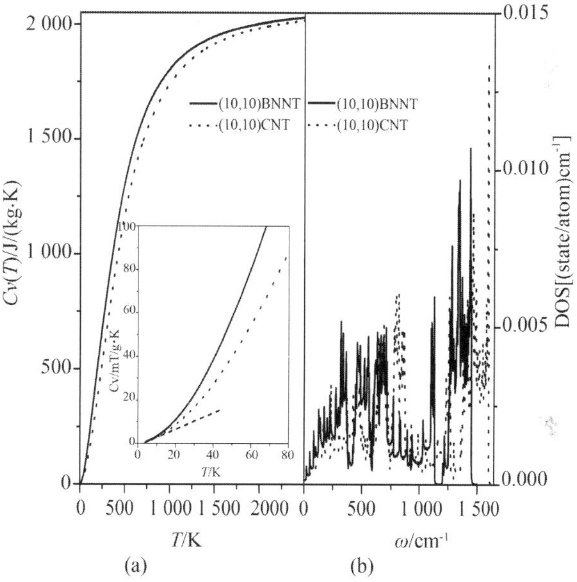

图4.17 (10,10)氮化硼、碳纳米管的(a)比热和(b)振动模式密度

图4.18(a)给出了二维氮化硼片、(10,10)和(10,0)氮化硼纳米管的比热。在几乎整个温度范围内,二维氮化硼的比热高于(10,10)和(10,0)纳米管,这主要是由于二维氮化硼的out-of-plane声子支对于比热的贡献所致。此外,(10,10)管的比热曲线与(10,0)管的曲线在

31 K 附近交叉,这一点是由于两种不同管的低频振动模式不同所致。在振动模式密度的低频段(如图 4.18(b)),(10,0)管的模式密度要高于(10,10)管,使得(10,0)管在低温时有较高的比热。但是当温度增加到 31 K,相比于(10,0)管,由于(10,10)管的第一个光学模式能量较低并被激发,其比热将高于(10,0)管。从氮化硼纳米管的低温比热,我们可以清楚地看到第一个光学模式对于比热的影响。另外,不同氮化硼系统的比热随温度的变化关系也反映了维度对于比热的影响,所以从中可以得到氮化硼系统的维度的相关信息。

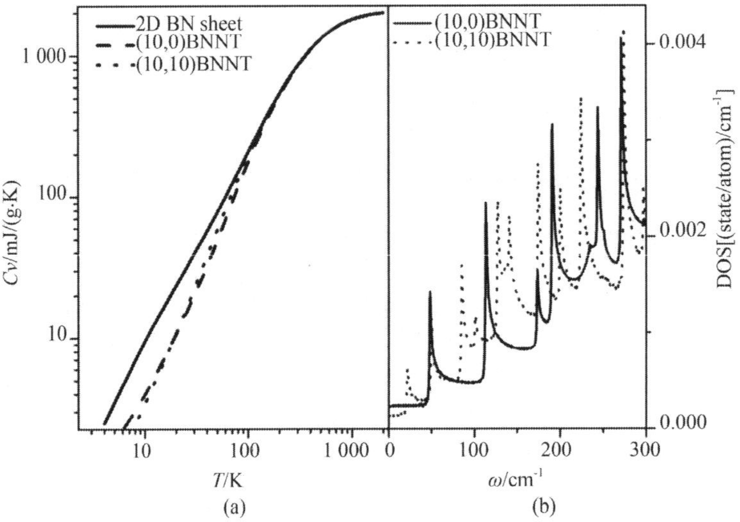

图 4.18　二维氮化硼片、(10,10)和(10,0)纳米管的比热和振动模式密度

图 4.19 和图 4.20 给出了$(n, m)$$(n=6\sim25,\ m=0\sim n)$管的室温比热随管径和螺旋度的变化关系。对于小管径的纳米管,比热随管径增大而迅速增加。在管径很大时,预测其将接近于二维氮化硼片的比热($C_V=841$ mJ/(g·K))。拟合比热数据可以得到 $C_V(T)=C_{V2D}-7.6/d^2$。拟合曲线与计算数据在大管径时符合甚好,但在小管径时有些偏差。这种偏差可以认为是纳米管的卷曲效应所致。当管径很大时,单壁氮化硼纳米管可以被近似认为是二维氮化硼片,因此比热在管径非常大时将趋近于二维氮化硼的比热。此外,比热与螺旋度及管径的关系可以拟合成以下公式

$$C_V = C_{V2D} - \frac{B}{d^2}\left[240.0 + 57.3\arctan\left(\frac{\sqrt{3}m}{2n+m}\right)\right] \tag{4.22}$$

其中 $B=0.03$ mJ·nm²/(g·K)。因为 $\theta=57.3\ \arctan(\sqrt{3}m/(2n+m))$,所以公式可以简化为:$C_V=C_{V2D}-B\cdot(240.0+\theta)/d^2$。当 n,m 逐渐增大时,比热将逐渐接近于二维氮化硼的比热。由于实验上制备具有确定的 n,m 的纳米管还比较困难,所以公式对于定性地估计实验样品的比热具有重要的意义。

2. 比热的量子尺寸效应和表面效应

在众多碳纳米管的比热研究中,研究较多的一个问题就是比热的量子尺寸效应,实验和理论结果的分析大多是从这个效应出发来细致阐述[222, 238, 239]。另一个方面,在材料表面和微小颗粒的比热研究中,人们发现当一个材料存在表面的时候,比热会显著增加[240],而且增加的

部分与表面的尺寸具有一定的关系。无机纳米管也具有表面,而且有些无机纳米管的表面存在大量的悬挂键[241]。那么,无机纳米管的表面是不是也会对其比热有影响呢?基于此,接下来将对无机纳米管的比热的量子尺寸效应和表面效应进行系统的研究。

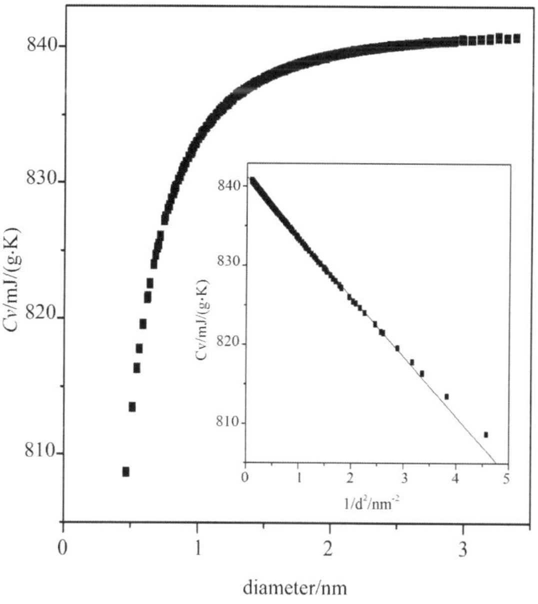

图 4.19　氮化硼纳米管的比热与管径的关系

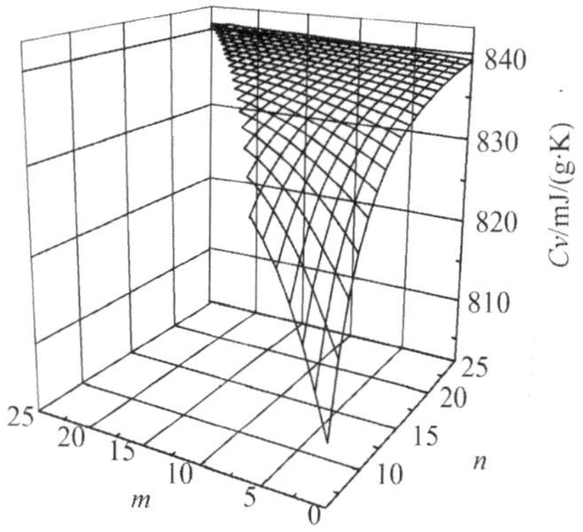

图 4.20　氮化硼纳米管的比热与 n, m 的关系

由于表面效应和量子尺寸效应,无机纳米管的振动模式密度将不同于块体,将其写为

$$g(\omega) = g_{\text{quantum}}(\omega) + g_{\text{surface}}(\omega) \quad (4.23)$$

代入(4.21)式可以得到

$$C = C_{\text{quantum}} + C_{\text{surface}} \quad (4.24)$$

(4.24)式右边第一项和第二项分别代表无机纳米管的比热的量子化贡献和表面贡献。与通常的表面相比,量子化贡献是由于无机纳米管的声子结构的量子化特征所引起的。为了给出定量的结果,我们选取了两类具有代表性的无机纳米管,碳纳米管和单晶 GaN 纳米管。在构建单晶 GaN 纳米管的结构时,主要是通过两个六边形在 GaN 晶体上切割而成,如图 4.21 所示。在计算比热之前,首先需要讨论声子谱的计算。前面已经介绍了碳纳米管的声子结构的计算,而对于 GaN 纳米管的声子谱,相互作用势选为

$$V = \frac{1}{2}a(\Delta r_{ik})^2 + \frac{1}{2}b(\Delta\theta_{jik})^2 \quad (4.25)$$

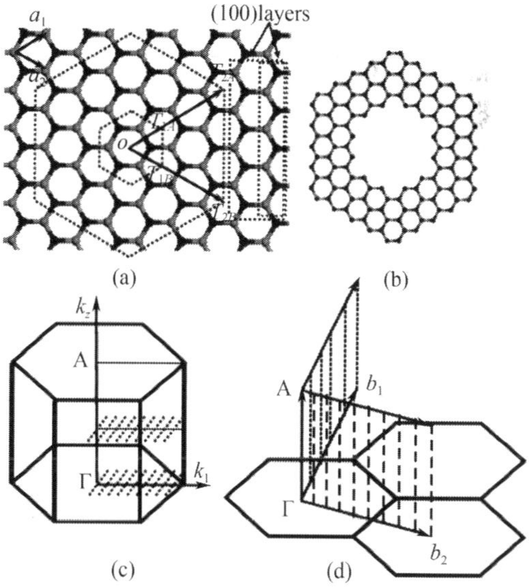

图 4.21　(a)在 GaN 块体上用两个六边形切割单晶 GaN 纳米管的示意图,其中的虚线方框用来计算表面比热;(b)GaN 纳米管的结构;(c)多壁碳纳米管和(d)GaN 纳米管的布里渊区

其中 Δr_{ik} 和 $\Delta\theta_{jik}$ 分别是键长和键角的改变量。力常数参数 a 和 b 的值是通过拟合纤维锌矿结构的 GaN 在实验上测得的声子模式[242]而得到的。

图 4.22(a)和(b)分别给出单壁碳纳米管和 GaN 纳米管的比热与管径之间的关系。从图中可以看出,两类纳米管的比热随着管径的增加而增大,并逐渐趋近于一有限值,通过拟合可以给出表达式

$$C_{\text{swnt}} = C_0 - \frac{A}{d^{\alpha}} \tag{4.26}$$

C_0 和 A 为常数,α 为标度常数。(4.26)式表明对于单壁无机纳米管而言,其比热随着管径增加的趋势不因纳米管的种类而改变。在图 4.22(c)和(d)中,多壁碳纳米管的比热也随着管径的增加而增加,然而多壁(有限壁厚)GaN 纳米管的比热却随着管径的增加而降低。为了理解这两类多壁纳米管的比热的不同行为,我们分别计算了比热的量子化贡献 C_{quantum} 和表面贡献 C_{surface}。

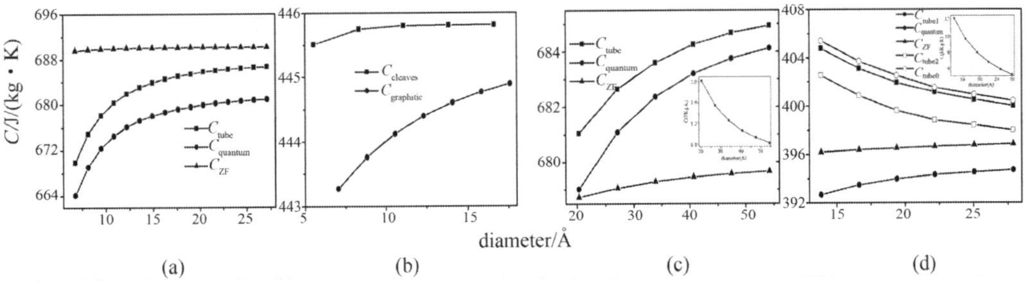

图 4.22 (a)单壁碳纳米管;(b)单壁 GaN 纳米管;(c)多壁碳纳米管;(d)多壁 GaN 纳米管的比热及量子化、表面贡献与管径的变化关系

无机纳米管的表面贡献可从以下表达式中得到

$$C_{\text{surface}} = C_{\text{Nlayers}} - C_{\text{bulk}} \tag{4.27}$$

其中 C_{Nlayers} 和 C_{bulk} 分别是从晶体中切割出的 N 个单层(其厚度与多壁纳米管的壁厚一致)和块体的比热。对于碳纳米管和 GaN 纳米管,我们分别选取石墨的(001)面和 GaN 的(100)面作为一个单层。尽管通过这种方法计算出来的比热与实际无机纳米管的表面比热有一定的差异,但是对于管径较大的无机纳米管而言,这种差异将不会有太大的影响。得到表面比热后,即可通过(4.24)式得到比热的量子化贡献。另外,也可通过区域折叠法计算比热的量子化贡献,计算的思路与计算碳纳米管的电子结构的区域折叠法类似。首先确定多壁碳纳米管和 GaN 纳米管的布里渊区,如图 4.22(c)和(d)所示。然后计算在这些波矢上的声子模式,最后得到振动模式密度和比热。通过区域折叠法计算得到的量子化贡献与实际计算得到的量子化贡献几乎相当,而且趋势也一致。

对比图 4.22(c)和(d)发现,量子化贡献随着管径增加而增加,这反映了尺寸的增大导致被允许的波矢的数目的增加,然而表面贡献却随着管径的增加而降低。更重要的是,多壁碳纳米管的比热的量子化贡献随着管径的增加速度要明显快于表面贡献的降低速度,因而多壁碳纳米管的比热随着管径增大而增加。另外,单晶 GaN 纳米管的比热的量子化贡献的增加速度比较缓慢,慢于表面贡献的下降速度,因此 GaN 纳米管的比热随着管径增大而降低。我们可以将结论推广到无机纳米管,对于层状结构的无机纳米管,其管间相互作用一般都比较弱,因

此比热都随着管径的增加而增大。对于非层状的无机纳米管,管间相互作用比较强,使得表面贡献在比热的尺寸变化中占据主导地位,决定了比热随着管径的增加而降低。数值拟合给出了比热的不同表达式,对于层状纳米管

$$C_{\text{layered}} = C_{2D} - \frac{A_1}{d^{\alpha}} \tag{4.28}$$

其中,C_{2D}是其二维单层的比热。对于碳纳米管而言,$\alpha = 1.0 \pm 0.02$, $A_1 = 125.3$ J/(kg · K · Å)。另外,对于非层状纳米管

$$C_{\text{nonlayered}} = C_{3D} + \frac{A_2}{d^{\alpha}} \tag{4.29}$$

其中,C_{3D}是其块体比热。对于 GaN 纳米管,$\alpha = 1.0 \pm 0.01$,$A_2 = 131.2$ J/(kg · K · Å)。(4.28)式和(4.29)式对预测无机纳米管的比热将具有重要意义。

3. 纳米管的声子弛豫时间及热导率

当材料中存在温度梯度 $\mathrm{d}T/\mathrm{d}x$,热流密度 Q 为

$$Q = -\kappa \frac{\mathrm{d}T}{\mathrm{d}x} \tag{4.30}$$

式中,κ 是材料的热导率,这里仅考虑声子对热传导的贡献。设材料的比热为 C,材料一端的温度为 T_1,另一端温度为 T_2。温度高的一端有较多的声子被激发,当这些声子被传送到温度低的一端时,这一端也将具有相同的声子数,这样就把热量从一端传到另一端。如果声子间不存在相互作用,那么热导率将会无穷大。然而,实际上声子间会存在相互作用,当它们从一端传到另一端时,声子间会发生散射。假定声子在两次碰撞之间所走过的路程是 l,那么距离相差 l 的两个区域间的温度差可以写为

$$\Delta T = -\frac{\mathrm{d}T}{\mathrm{d}x} l \tag{4.31}$$

声子移动 l 后,把热量 $C\Delta T$ 从距离 l 的一端传到另一端。若声子沿材料的 x 方向的速率为 v_x,则能流密度可以写为

$$Q = (C\Delta T) v_x \tag{4.32}$$

结合(4.31)式和(4.32)式可得

$$Q = -C v_x l \frac{\mathrm{d}T}{\mathrm{d}x} \tag{4.33}$$

自由路程 l 可以写为

$$l = \tau v_x \tag{4.34}$$

那么,能流密度为

$$Q = -C v_x^2 \tau \frac{\mathrm{d}T}{\mathrm{d}x} \tag{4.35}$$

比较(4.30)式和(4.35)式,热导率为

$$\kappa = C v_x^2 \tau \tag{4.36}$$

在计算热导率时,需要考虑所有声子模式的贡献。因此,热导率为

$$\kappa = \sum_q C_q v_{gq}^2 \tau_q = \sum_q C_q v_{gq}^2 \frac{1}{\dfrac{1}{\tau_{bq}} + \dfrac{1}{\tau_{Uq}}} = \sum_q C_q v_{gq}^2 \frac{\tau_{bq}\tau_{Uq}}{\tau_{bq} + \tau_{Uq}} \tag{4.37}$$

其中 C_q,v_{gq}和 τ_q 分别是声子 q 的比热、群速和弛豫时间。τ_{bq}和 τ_{Uq}是声子边界散射和 Umklapp 散射的弛豫时间。因为边界散射并不依赖于温度,通过与实验结果比较,对碳纳米管可取 $\tau_{bq}=50$ ps。在计算热导率时,关键是要确定声子 Umklapp 散射的弛豫时间,一旦确定了 τ_{Uq},就可以利用(4.37)式计算热导率。根据微扰理论,Umklapp 散射的弛豫时间从以下推导中获得[243]。

对于一个量子力学系统,其包含一系列量子态 i,j 等,本征能量为 E_i,E_j,而 W_i,W_j 为量子态 i,j 出现的概率幅。当系统受到外界扰动时,量子态 i 和 j 之间的扰动哈密顿量为 H'_{ij},那么在时间间隔 t 内概率幅 W_i 的变化量为

$$W_i(t)-W_i(0)=2\sum_j (H'_{ij})^2\frac{1-\cos(\Delta Et/\mathrm{h})}{\Delta E^2} \tag{4.38}$$

式中,$\Delta E=E_i-E_j$,(4.38)式左边代表量子态 i 的概率幅的净改变量,它与量子态 i 和其他量子态之间的哈密顿量的平方有关。对于 H'_{ij},可以根据声子的产生和湮灭算符求得。对于没有外界扰动的系统,其哈密顿量可以写为

$$H^0=\frac{1}{G}\sum_x\sum_{q,q'}M\omega\omega'\mathrm{e}^{i(q-q')\cdot x}a^*(q')a(q) \tag{4.39}$$

其中的求和是针对所有的晶格格点 x 和声子模式 q,q'。由于是对所有晶格格点 x 求和,因子 $\mathrm{e}^{i(q-q')\cdot x}$仅仅当 $q=q'$时求和不为零,因而

$$H^0=\sum_q M\omega^2a^*(q)a(q) \tag{4.40}$$

这表明在没有外界扰动时,体系产生一个声子 q,紧接着将它湮灭掉,因而整个系统处于平衡状态。

如果体系受到外界扰动,那么扰动哈密顿量可以为

$$H'=\sum_{q,q'}c_2(q,q')a^*(q')a(q)\quad q\neq q' \tag{4.41}$$

或者高阶项

$$H'=\sum_{q,q',q''}c_3(q,q',q'')a^*(q'')a(q)a(q') \tag{4.42}$$

(4.42)式表明声子 q'产生,而声子 q 湮灭掉,(4.42)式表示声子 q''产生,而声子 q 和 q'湮灭掉,反映了三声子散射过程。因此,热传导的主要贡献来源于三声子过程。为了得到哈密顿量,将声子的产生和湮灭算符写为

$$[a(q)]_{N,N-1}=(h/M\omega)^{1/2}N^{1/2} \tag{4.43}$$

$$[a^*(q)]_{N,N+1}=(h/M\omega)^{1/2}(N+1)^{1/2} \tag{4.44}$$

对于三声子过程,声子 q 的占据数 N 的净改变量可以写为

$$\frac{\mathrm{d}N}{\mathrm{d}t}=\sum_{q,q'}2|c_3(q,q',q'')|^2\frac{h^3}{M^3\omega\omega'\omega''}\frac{1-\cos\Delta\omega t}{h^2\Delta\omega^2}[(N+1)(N'+1)N''-NN'(N''+1)] \tag{4.45}$$

其中,c_3 主要依赖于三次非谐相互作用,Klemens 考虑了一个与晶体内部应变相关的格林埃森模型[244],其中 c_3 可以写为

$$c_3=[2\gamma/(3G)^{1/2}]M\omega\omega'\omega''/v_g \tag{4.46}$$

声子 q 的占据数 $N(q)$可以写为

$$N(q)=N_0(q)+n \tag{4.47}$$

其中 $N_0(q)$ 和 n 分别为声子 q 的平衡占据数和对于 $N_0(q)$ 的占据数偏离。因而

$$(N+1)(N'+1)N'' - NN'(N''+1) = n[N_0(q'') - N_0(q')] \tag{4.48}$$

此外，定义有效弛豫时间来决定声子占据数 N 的净改变量，即

$$\frac{dN}{dt} = -\frac{n}{\tau} \tag{4.49}$$

结合式(4.45)，(4.46)，(4.48)和(4.49)，可以得到三声子散射的弛豫时间为

$$\frac{1}{\tau_{Uq}} = \frac{4\gamma^2 h}{3}\sum_{q'}\frac{F(\omega, v_g, N_0)}{\rho} \tag{4.50}$$

$F(\omega, v_g, N_0) = [\omega\omega'\omega''(N'_0 - N''_0)/v_g^2]\delta(\omega+\omega'-\omega'')$，$\gamma$ 是格林埃森参数，h 是普朗克常数，ρ 是密度。δ 函数决定了三个声子满足选择定则

$$q + q' = q'' + G \tag{4.51}$$

$$\omega + \omega' = \omega'' \tag{4.52}$$

其中 G 是倒格矢量。因此，计算声子 Umklapp 散射的弛豫时间时，需要考虑所有满足选择定则的声子散射过程并求和。接下来，以碳纳米管为例来介绍声子弛豫时间和热导率的计算过程。

首先，我们仅仅考虑单壁碳纳米管的四个声学支来计算声子弛豫时间。图4.23给出了单壁锯齿型$(n,0)$碳纳米管的声学支的频率与波矢之间的变化关系。横声学支 TA 在布里渊区中心与波矢成线性关系，对于小管径碳纳米管，这一线性关系在整个布里渊区中都得以保持，但是大管径碳纳米管在远离布里渊区中心时逐渐偏离线性关系。纵声学支 LA 随着管径的增加逐渐向 TA 模式靠近，然而扭波模式始终保持线性关系，而且对所有的锯齿形管几乎没有偏离。图 4.24 给出了 TA 模式的弛豫率（弛豫时间的倒数）与频率的变化关系，所有的碳纳米管的弛豫率在频率较低时都为零，然后逐渐增加。但是，从(10,0)碳纳米管开始，弛豫率出现一个极大值，这个极大值主要是由于在高频时没有足够的三声子散射事件的发生导致。如果考虑更多的声子支，例如光学声子支，弛豫率的曲线可能会继续增加。图 4.25(a)给出了(6,0)碳纳米管的弛豫率在不同温度下随着频率的变化关系，在不同温度下，弛豫率开始都是零，然后随着

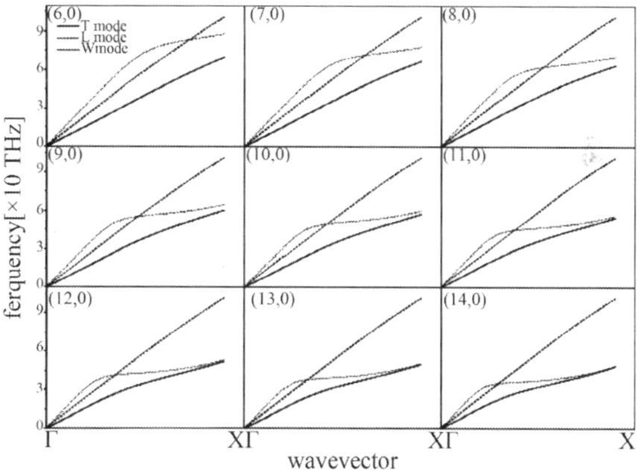

图 4.23 锯齿型碳纳米管的声学支

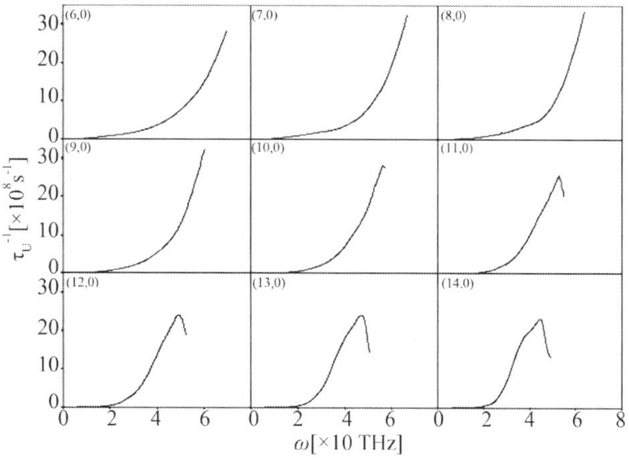

图 4.24 锯齿型碳纳米管的声子弛豫率与频率的关系

频率的增加而上升。数值拟合表明不同温度下的弛豫率和频率呈现关系 $1/\tau = Ae^{\omega/\omega_0}$，在 100，200，300，400，500，600 K 时，$\omega_0 = 9.8, 13.3, 14.4, 15.1, 15.2T$ Hz。ω_0 在高温时已经基本不变，这是由于在高温时所有的声子模式都已经被激发并参加三声子散射过程。从图 4.25(a) 的内插图中也可以发现，弛豫率与温度成正比关系，这一正比关系可以从声子的平衡占据数中得到解释。对于声子的平衡占据数 $N_0 = 1/[\exp(h\omega/k_BT) - 1]$，在温度极高时，$N_0 \propto T$，因此有 $1/\tau \propto T$。因为比热在高温时不随温度变化，因此高温热导率将与温度呈现反比关系 $\kappa \propto 1/T$，这与分子动力学模拟和实验观察的结果一致。图 4.25(b) 给出了在 35T Hz 时在不同温度下的弛豫率与管径的变化关系。在 100 K 时，弛豫率首先缓慢增加，随着温度升高，弛豫率以不同的增长趋势增加。这种行为与两个方面的因素有关：(1) 在较低温度下，被激发的声子数目相比于高温下被激发的声子数目要少许多，使得在低温下发生三声子散射的概率较小；(2) 小管径碳纳米管具有极小的尺寸，量子限域效应对于声子结构的影响较大，因而声子散射过程被极大地抑制。

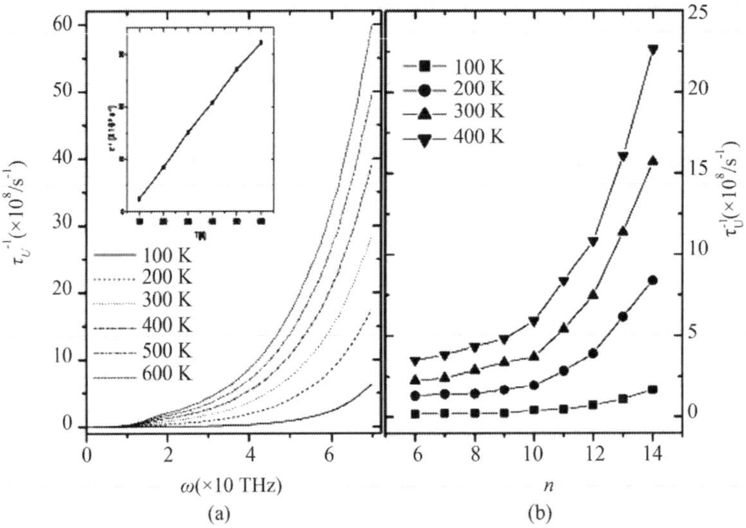

图 4.25 (a)(6,0)碳纳米管在不同温度下的弛豫率；(b)在不同温度下的弛豫率与 n 的变化关系

以上讨论了仅仅考虑声学支计算三声子散射弛豫率的结果，从中可发现对于高频模式，若仅考虑声学模式，那么其满足选择定则的三声子散射过程将比较少。当温度比较低的时候，这一处理是合理的。但是在温度较高时，更多的光学声子模式已经被激发，这些光学声子也应该参与到三声子散射中去，因此需要考虑更多的声子模式来计算弛豫率。接下来，考虑所有碳纳米管的声子模式（包括声学支和光学支）计算了碳纳米管的热导率。图 4.26 给出了单壁碳纳米管的热导率与温度、管径和螺旋度之间的关系。在低温时，(5,5) 管的热导率与温度的关系与比热的变化趋势一致，随着温度的进一步增加，热导率开始上升并达到一最大值，然后逐渐降低。热导率增加和降低分别是由于声子的边界散射和 Umklapp 散射导致的，最大值体现了两种散射机制的平衡。此外，对比 (5,5) 管和 (20,20) 管的热导率发现，(20,20) 管的热导率比 (5,5) 管的热导率小得多。这种差异反映了在小管径碳纳米管中声子 Umklapp 散射概率较低而导致较大的声子弛豫时间。图 4.26(a) 和 (b) 中的内插图为各自的声子谱，它清楚地反映，(5,5) 管和 (20,20) 管的声子带的数目分别是 60 和 240。相比于 (20,20) 管，(5,5) 管的声子结构中两个近邻声子带之间的较大能量差使得无法充分满足选择定则，预计在更小的碳纳米管中,其受限的几何结构和较少的声子带将会导致更高的热导率。图4.26(c)和(d)分别给出了非螺旋型管和螺旋型管的热导率与其尺寸间的变化关系,对比发现在相同尺寸下,非螺旋型管的热导率比螺旋型管要高,与分子动力学模拟的结果一致[245]。数值拟合给出了室温热导率与原胞内原子数目 N 之间的关系为

$$\frac{\kappa}{\rho} \propto \frac{1}{N^{1.3}} \tag{4.53}$$

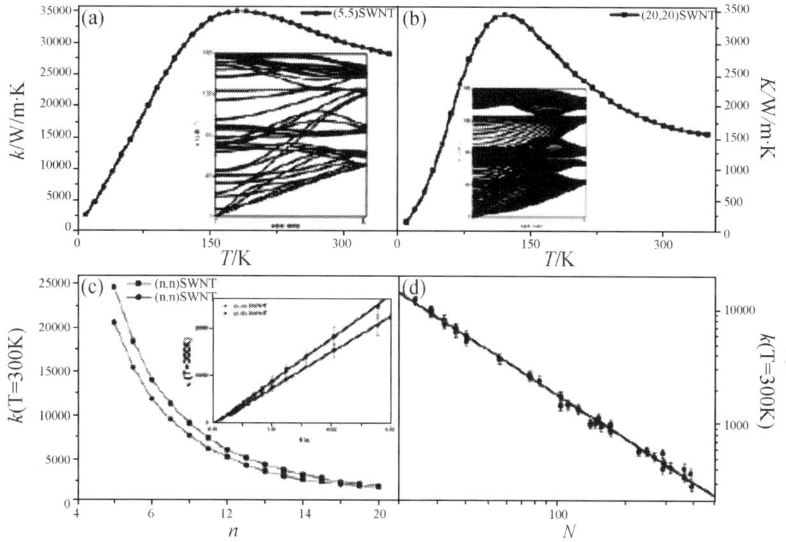

图4.26　(a)(5,5)和(b)(20,20)单壁碳纳米管的热导率;(c)扶手椅型和锯齿型碳纳米管的热导率与 n 之间的变化关系;(d)热导率与原胞内原子数目 N 的关系

接下来探讨多壁碳纳米管中的热导率与温度的变化关系。对于没有缺陷的多壁碳纳米管,由于较弱的管间相互作用,多壁管的声子模式在不同管之间发生散射的概率比较小,这一点可以从原子振动的物理图像中得到验证。对于三声子 Umklapp 散射过程,一个声子可以认为是在材料内部激发了一个弹性应变,当另外一个声子“感受”到这个应变,那么它将会被散射掉而产生第三个新的声子。弱的管间作用和较大的管间距离使得一个管的声子很难“感受”到另一个管的声子产生的应变。但是,如果多壁管的管间带有杂质或者缺陷,那么这个缺陷就可能充当媒介,使得不同管的声子通过这个媒介进行相互作用。在这里,通过考虑两个极端情形来模拟管间的声子散射:(1)声子间的弱耦合,两个属于不同管的声子 q 和 q' 完全不能够发生散射产生第三个声子;(2)声子间的强耦合,声子 q 可以与任意其他管的声子 q' 发生散射。图4.27给出了双壁(5,5)@(10,10)碳纳米管在强、弱耦合情况下的热导率。可以发现,强耦合情况下的热导率比弱耦合情况下的热导率要小很多,这是因为强的耦合作用增加了声子散射过程,从而降低了声子的弛豫时间。三壁、四壁碳纳米管的热导率也具有相似的特征。基于这些计算结果,可以给出多壁管的热导率与耦合强度之间的定性关系

$$\kappa_{\text{mwnt}} = \alpha \frac{\rho_{\text{mwnt}}}{\rho_1}\kappa_1 + \beta \frac{\rho_{\text{mwnt}}}{\rho_2}\kappa_2 + \cdots \tag{4.54}$$

ρ_i 和 κ_i 分别是第 i 个单壁管的密度和热导率。α 和 β 指声子散射在管间的耦合程度,对于弱耦合,$\alpha \approx \beta \approx 1$;对于强耦合,$0 < \alpha, \beta < 1$。

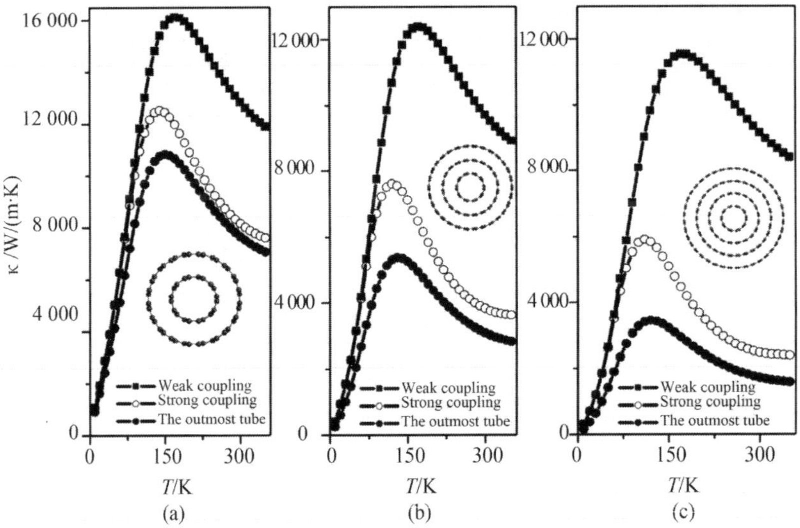

图 4.27 (a)双壁(b)三壁(c)四壁碳纳米管在强、弱耦合下的热导率与温度的关系

除了多壁碳纳米管之外,我们也给出了单壁碳纳米管管束在强、弱耦合下的热导率,如图4.28所示。其中4.28(a)的内插图是单壁(10,10)碳纳米管管束的声子结构。在沿着轴向的波矢方向上,高频声子带几乎与单根碳纳米管的声子带相似。但是在垂直于轴向的波矢方向上,除了低频的声子带之外,其余的声子带都是无色散或者色散较弱的声子带,其群速接近于0。这些低群速的声子使得单壁碳纳米管管束在沿着垂直于轴向方向上的热导率远小于沿着平行于轴向方向上的热导率。这说明,在无缺陷的单壁碳纳米管管束中,声子的输运几乎是一维的。我们也计算了强、弱耦合下管束的热导率,与多壁碳纳米管的结果相似,强耦合下的热导率小于弱耦合下的热导率。这表明在实验上测得的低热导率[246]来源于管间强的耦合作用,这种强耦合作用可能是由于管内的缺陷、管间的连接等因素造成的。另外,这里计算的单壁碳纳米管管束属于结构相称的体系,也就是管束内部的每一个管都是同一种类型的管。但是,在实际制备的管束中,管束内部的管大多不是同一种管,属于结构不相称的情形。因此,结构不相称可能使得这里考虑的管束结构的二维平移不变性不再保持,对于选择定则具有一定的影响。当然,如果管束内部存在缺陷的话,缺陷可能会改变选

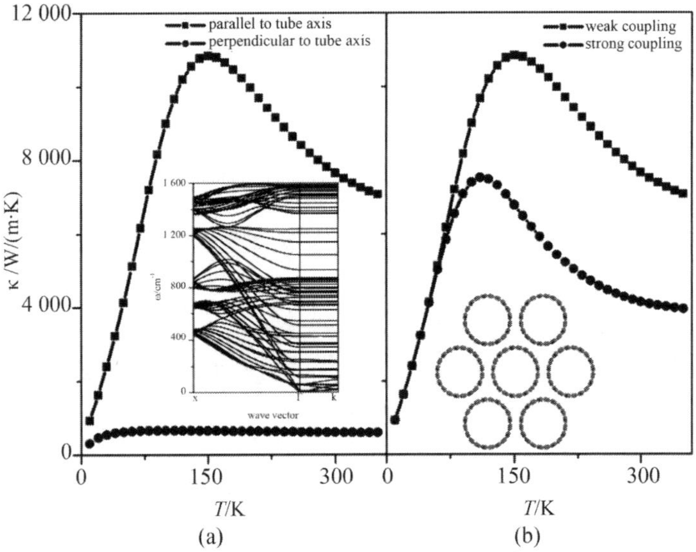

图 4.28 (a)单壁碳纳米管管束沿圆周方向和轴向方向的热导率;(b)在强、弱耦合作用下的热导率

择定则，例如，在碳纳米管 Y 型结中，Y 型结附近的原子振动可能不再具有通常的规律，使得声子的散射发生改变，这还有待于理论上的进一步研究。从以上的结果分析和讨论中，可以看到多壁碳纳米管和单壁碳纳米管管束中如果存在强的耦合作用，那么其热导率将会被大大抑制，这些耦合作用可能来源于结构上的缺陷。因此，如果能够对实验样品进行足够的有序化和去缺陷化的处理，就有可能提高碳纳米管试样的热导率。

4.3 纳米管的电子结构

4.3.1 紧束缚模型及计算

1. 紧束缚方法的基本思想

一般而言，晶体中单电子薛定谔(Schrödinger)方程可写为[236]

$$\left[-\frac{\hbar^2}{2m}\nabla^2+V(r)\right]\psi_{nk}(r)=E_{nk}\psi_{nk}(r) \tag{4.55}$$

式中，哈密顿量的第一项是电子的动能；第二项是晶体势场；E_{nk}是第 n 个能带且波矢为 k 的能级；$\psi_{nk}(r)$描述该能级晶体中的电子波函数。晶体势场可以表述为原子势场 $V^{at}(r)$的线性叠加，即

$$V(r)=\sum_{l}\sum_{\alpha}V^{at}(r-\boldsymbol{R}_l-\tau_\alpha) \tag{4.56}$$

式中，$\boldsymbol{R}_l$ 是晶格矢量；τ_α 是第 l 个原胞中第 α 个原子的相对位移。如果用原子轨道的线性组合(Linear Combination of Atomic Orbitals, LCAO)作为基矢，则晶体波函数 $\psi_{nk}(r)$可用 LCAO 的基矢 $\phi_{nk}(r)$展开为

$$\psi_{nk}(r)=\sum_{j}A_{nj}\phi_{jk}(r) \tag{4.57}$$

布洛赫函数 $\phi_{nk}(r)$为原子的轨道线性组合，其中

$$\phi_{jk}(r)=\frac{1}{\sqrt{N}}\sum_{l,\alpha}\mathrm{e}^{ik\cdot R_l}\phi_j^{at}(r-\boldsymbol{R}_l-\tau_\alpha) \tag{4.58}$$

式中，$\phi_j^{at}(r)$是第 α 个原子的第 j 个轨道；N 是单位体积内晶格原胞的数目。

将式(4.58)代入方程(4.55)并与 $\phi_{j'k}(r)$作内积可得

$$\sum_{j}A_{nj}<\phi_{j'k}|H|\phi_{jk}>=E_{nk}\sum_{j}A_{nj}<\phi_{j'k}|\phi_{jk}> \tag{4.59}$$

若定义

$$\begin{cases}H_{jj'}=<\phi_{nj'}|H|\phi_{nj}>\\ S_{jj'}=<\phi_{nj'}|\phi_{nj}>\end{cases} \tag{4.60}$$

则(4.59)式可简化为

$$\sum_{j}A_{nj}(H_{jj'}-E_{nk}S_{jj'})=0 \tag{4.61}$$

方程(4.61)是关于展开系数 A_{nj}的一组线性齐次方程组，为求得其系数和能量本征值，需

要求解下列本征方程

$$\det(H_{jj'} - E_{nk}S_{jj'}) = 0 \tag{4.62}$$

这就是紧束缚近似的基本思想和出发点。

2. sp^3s^* 紧束缚模型

在 sp^3s^* 紧束缚模型中[247],对于单壁碳纳米管而言,可选取每个碳原子的 $2s,2p_x,2p_y,2p_z$ 和 2s 态的激发态 s^* 作为原子的轨道波函数。虑及单壁碳纳米管的一个周期性原胞中有 L 个原子,因此,需要 $5L$ 个布洛赫波函数来展开碳纳米管晶体波函数,它们分别为

$$\psi_{nk}^{s}(\alpha,r) = \frac{1}{\sqrt{N}}\sum_m e^{ik\cdot R_m}\phi_s^{\alpha}(r - R_m - \tau_\alpha) \tag{4.63a}$$

$$\psi_{nk}^{p_x}(\alpha,r) = \frac{1}{\sqrt{N}}\sum_m e^{ik\cdot R_m}\phi_{p_x}^{\alpha}(r - R_m - \tau_\alpha) \tag{4.63b}$$

$$\psi_{nk}^{p_y}(\alpha,r) = \frac{1}{\sqrt{N}}\sum_m e^{ik\cdot R_m}\phi_{p_y}^{\alpha}(r - R_m - \tau_\alpha) \tag{4.63c}$$

$$\psi_{nk}^{p_z}(\alpha,r) = \frac{1}{\sqrt{N}}\sum_m e^{ik\cdot R_m}\phi_{p_z}^{\alpha}(r - R_m - \tau_\alpha) \tag{4.63d}$$

$$\psi_{nk}^{s^*}(\alpha,r) = \frac{1}{\sqrt{N}}\sum_m e^{ik\cdot R_m}\phi_{s^*}^{\alpha}(r - R_m - \tau_\alpha) \tag{4.63e}$$

式中,R_m 是沿碳纳米管管轴方向的平移周期;τ_α 是第 m 个平移周期内第 α 个原子的相对位移。利用式(4.63)所表示的 $5L$ 个布洛赫波函数,可将波函数写为

$$\Psi(r) = \sum_{\alpha,\lambda} A_{\alpha\lambda}\psi^{\lambda}(\alpha,r) \tag{4.64}$$

其中 $\lambda = s,p_x,p_y,p_z,s^*$。将波函数(4.64)代入薛定谔方程,即可得到如下久期方程

$$\det(<\psi^{\lambda}(\alpha,r)\mid H\mid \psi^{r}(\beta,r)> - E <\psi^{\lambda}(\alpha,r)\mid \psi^{\gamma}(\beta,r)>) = 0 \tag{4.65}$$

为了求解方程(4.65),我们需要引入以下假设:

(1)不同原子轨道是正交的,即 $<\psi^{\lambda}(\alpha,r)|\psi^{\gamma}(\beta,r)> = \delta_{\lambda\gamma;\alpha\beta}$;

(2)对于矩阵元 $<\psi^{\lambda}(\alpha,r)|H|\psi^{r}(\beta,r)>$,仅考虑最近邻原子间的相互作用。

根据以上假设,我们有

(i)α,β 不为最近邻格点 $<\psi^{\lambda}(\alpha,r)|H|\psi^{\gamma}(\beta,r)> = 0$;

(ii)α,β 为最近邻格点 $<\psi^{\lambda}(\alpha,r)|H|\psi^{\gamma}(\beta,r)> = E_{\lambda\gamma}$;

(iii) $<\psi^{\lambda}(\alpha,r)|H|\psi^{\gamma}(\alpha,r)> = E_{\lambda}\delta_{\lambda\gamma}$。

如果假定原胞中第 i 号原子与第 j 号原子互为最近邻原子,而第 l 号原子与第 i 号原子为非近邻原子,就很容易得到碳纳米管中紧束缚近似的矩阵元素表,如表 4.6 所示。表中 $\boldsymbol{H}_1$,$\boldsymbol{H}(d_{ij})$,$\boldsymbol{H}_0$ 均为 5×5 的方阵,由于只考虑最近邻相互作用,因此 $\boldsymbol{H}_0$ 的所有元素均为零。而 H_1 具有以下形式 $H_1^{(11)} = \varepsilon_s, H_1^{(22)} = H_1^{(33)} = H_1^{(44)} = \varepsilon_p, H_1^{(55)} = \varepsilon_{s^*}$,其他元素为零。其中 $\varepsilon_x,\varepsilon_p$,$\varepsilon_{s^*}$ 分别对应 s,p,s^* 的轨道能量。为求得近邻原子间的耦合矩阵元 $\boldsymbol{H}(d_{ij})$,可以引入相互作用参量 $V_{ss\sigma},V_{sp\sigma},V_{pp\sigma},V_{pp\pi},V_{s^*s\sigma},V_{s^*p\sigma}$,将原子间的相互作用矩阵元分解成 $\{V_{ss\sigma},V_{sp\sigma},V_{pp\sigma},V_{pp\pi},V_{s^*s\sigma},V_{s^*p\sigma}\}$ 的线性组合,而组合系数只与原子之间相对位矢 d_{ij} 的方向余弦 l,m,n 有关。这就是 J. C. Slater 和 G. F. Koster 在 1954 年提出的哈密顿矩阵参量表[248]。为了求得碳纳

米管的电子结构及其能态密度，首先必须确定 $E_s, E_p, E_{s^*}, V_{ss\sigma}, V_{sp\sigma}, V_{pp\sigma}, V_{pp\pi}, V_{s^*s\sigma}, V_{s^*p\sigma}$ 9 个参数的值。通过调节参数，我们得到下列参数值 $E_s = -6.0$ eV，$V_{ss\sigma} = 4.76$ eV，$V_{sp\sigma} = 4.33$ eV，$V_{pp\pi} = -2.77$ eV，$V_{pp\sigma} = 4.37$ eV，$V_{s^*p\sigma} = 3.56$ eV，$V_{s^*s^*\sigma} = 0.01$ eV，$E_p = E_s = 0.0$ eV，该组参数不仅能较好地给出碳纳米管的价带和导带，而且其能带结构与光吸收谱和光发射谱所测得的能带结构基本一致[249, 250]。

表 4.6　sp^3s^* 紧束缚近似的矩阵元素表

	ith	*jth*	*lth*
ith	$\boldsymbol{H}_1$	$\sum_j e^{ik \cdot d_{ij}} \boldsymbol{H}(d_{ij})$	$\boldsymbol{H}_1$
jth	$\sum_i e^{ik \cdot d_{ij}} \boldsymbol{H}(d_{ij})$	$\boldsymbol{H}_1$	
lth	$\boldsymbol{H}_0$		$\boldsymbol{H}_1$

3. 单壁碳、碳氮硼纳米管的能带结构

图 4.29 给出了锯齿型单壁碳纳米管 Γ－X 轴的能带结构。从图中可以看出，锯齿型碳纳米管的价带能级较为分散而导带相对集中。与 sp^3 紧束缚近似计算一致，(7,0)和(8,0)碳纳米管的导带和价带之间存在一个较宽的带隙，其带隙宽度分别为 1.04 eV 和 1.19 eV。所不同的是这里得到的带隙比 sp^3 紧束缚近似计算得到的带隙要稍微小一点（sp^3 紧束缚近似计算所得到的带隙分别为 1.09 eV 和 1.22 eV）。我们认为这主要是激发态电子参与电子杂化所致。由于碳纳米管的卷曲效应（Curvature effects），相对石墨而言，碳原子间的键长和键角均会发生变化。因而，碳原子的部分电子可能处于能量更高的状态，即激发态，而激发态的电子与 σ，π 电子发生耦合作用致使碳纳米管中的电子将发生重新杂化。重新杂化的结果将导致电子在碳纳米管内出现的概率比在管外出现的概率要小得多。不仅如此，相对 sp^3 杂化而言，这种杂化效应将会使导带向低能移动。与(7, 0)和(8, 0)碳纳米管不同，(6, 0)和(9, 0)碳纳米管的导带和价带在费米面附近似乎发生交叠，其实不然，仔细计算将会发现其导带和价带之间将存在一个很小的能隙。对于

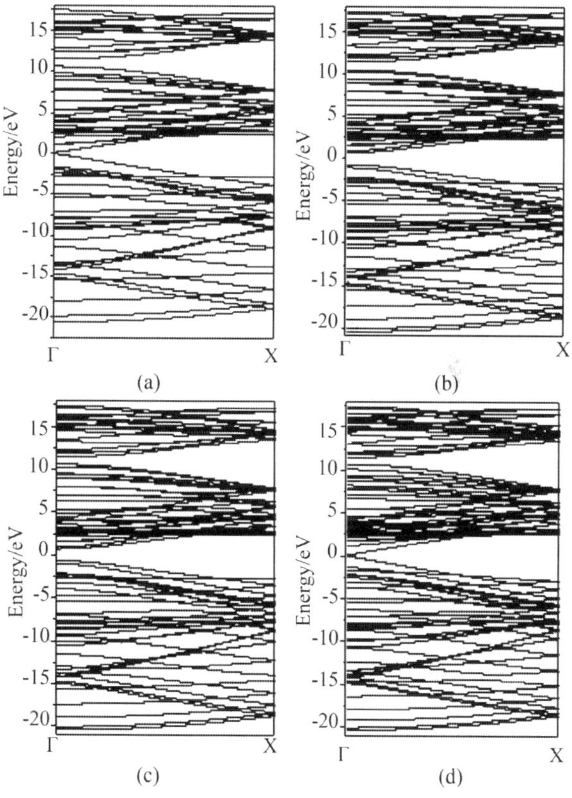

图 4.29　锯齿型单壁碳纳米管的能带结构
(a)(6,0)SWCN；(b)(7,0)SWCN；(c)(8,0)SWCN；(d)(9,0)SWCN

(6,0)和(9,0)管而言,其能隙分别为0.179 1 eV和0.075 4 eV。

图 4.30 给出了密度泛函理论和 sp^3s^* 紧束缚模型 BC_2N (2,2)纳米管的能带结构[251]。BC_2N 纳米管的能隙大约为 1.28 eV,其为直接带隙半导体,且小于 BC_2N 片层的能隙 1.76 eV。尽管 BN 层间可能会出现错位,但其能隙基本上不敏感于直径和螺旋度。相比于 DFT 计算得到的能带结构而言,尽管在能隙大小和色散特征上存在差异,紧束缚模型的结果基本上给出 DFT 能带的主要特征,这表明了紧束缚模型的有效性。

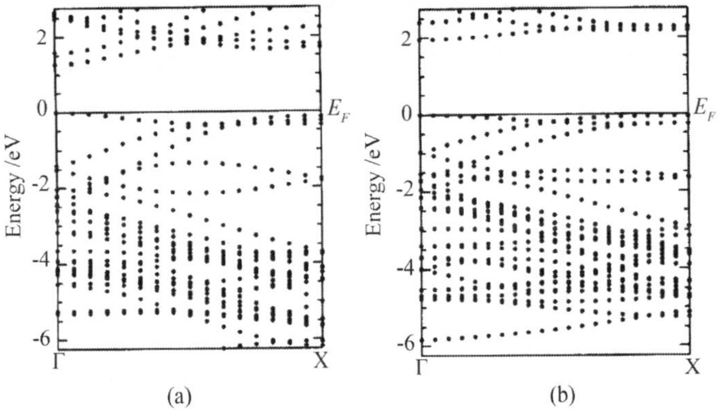

图 4.30 $BC_2N(2,2)$ 纳米管的能带结构

(a) DFT 计算;(b) sp^3s^* 计算[251]

从化学键的角度来看,若仅仅考虑 s,p 轨道的杂化似乎比较合理,因为只有价电子参与了化学成键。然而由于 LCAO 及函数是非正交的,因此要正确描述价带和导带就必须考虑更远近邻原子间的哈密顿量和交叠矩阵元。这意味着相对于只考虑最近邻来说要扩大基函数数目,其代价是要引入大量的参数。例如,考虑次近邻相互作用则需要 20 多个参数,而考虑三近邻相互作用则需要 50 多个参数。这里,仅引入了一个额外的 s 激发态,它不仅能较好地拟合出其价带和导带,且大大减少了参数数目。这种优势将在碳纳米管的能带结构计算中得到充分体现。

4.3.2 转移矩阵方法

1. 单壁碳纳米管电子结构的转移矩阵方法

上一节给出了紧束缚模型计算碳、氮化硼纳米管的具体思路,从中可以看出:如果考虑 sp^3s^* 模型,那么本征方程是 $5L \times 5L$ 矩阵。对于直径不太大的扶手椅型和锯齿型纳米管,原胞中原子数目 L 一般都不太大。然而,对于螺旋型纳米管,即使是一个小管径的螺旋管,其 L 可能都非常大。例如,(11,10)管的管径约为 0.7 nm,原胞内却有 1 324 个原子。这将极大地增加计算量,使得量化纳米管的能隙、态密度与直径之间的变化关系变得异常困难。为了克服这一困难,寻找新方法就显得非常必要。

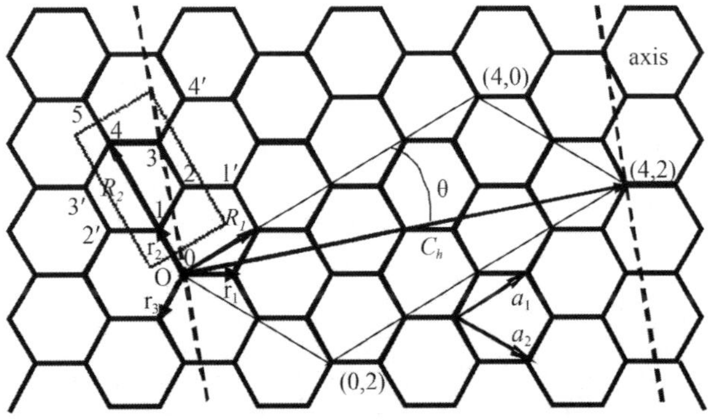

图 4.31 (4,2)管在二维石墨片平面上的表示方式

根据单壁碳纳米管的螺旋对称性和旋转对称性,我们只需要考虑一个包含 4 个碳原子的原胞。如图 4.31

所示,虚线框内为一个 4 原子的原胞,破折线为管轴方向。该原胞中各原子的电子波函数分别表示为 ψ_i($i=0, 1, \cdots, 5$),各近邻原子的电子波函数分别表示为 ψ_i'。为方便分析,引入两个正交矢量 $\boldsymbol{R}_1=a_1$, $\boldsymbol{R}_2=a_1-2a_2$, 如图 4.31 所示。根据 Bloch 定理,波函数应满足 $\psi'_i=\lambda_1^{\pm1}\psi_i$ 和 $\psi_{i+4}=\lambda_2\psi_i$,其中 $\lambda_1=e^{iK\cdot\boldsymbol{R}_1}$,$\lambda_2=e^{iK\cdot\boldsymbol{R}_2}$。沿 $\boldsymbol{R}_2$ 方向,该原胞内各原子对应的紧束缚薛定谔方程可写成转移矩阵的形式[252]

$$\begin{pmatrix}\psi_{i+4}\\ \psi_{i+3}\end{pmatrix}=\boldsymbol{M}\begin{pmatrix}\psi_i\\ \psi_{i-1}\end{pmatrix}=\lambda_2\begin{pmatrix}\psi_i\\ \psi_{i-1}\end{pmatrix} \tag{4.66}$$

上式中转移矩阵 $\boldsymbol{M}=\boldsymbol{M}_4\boldsymbol{M}_3\boldsymbol{M}_2\boldsymbol{M}_1$,并且有

$$\boldsymbol{M}_1=\begin{pmatrix}\dfrac{E}{\lambda_1^{-1}\gamma_1+\gamma_3} & \dfrac{-\gamma_2}{\lambda_1^{-1}\gamma_1+\gamma_3}\\ 1 & 0\end{pmatrix} \tag{4.67}$$

$$\boldsymbol{M}_2=\begin{pmatrix}\dfrac{E}{\gamma_2} & \dfrac{\lambda_1\gamma_1+\gamma_3}{-\gamma_2}\\ 1 & 0\end{pmatrix}$$

$$\boldsymbol{M}_3=\begin{pmatrix}\dfrac{E}{\gamma_1+\lambda_1\gamma_3} & \dfrac{-\gamma_2}{\gamma_1+\lambda_1\gamma_3}\\ 1 & 0\end{pmatrix}$$

$$\boldsymbol{M}_4=\begin{pmatrix}\dfrac{E}{\gamma_2} & \dfrac{\gamma_1+\lambda_1^{-1}\gamma_3}{-\gamma_2}\\ 1 & 0\end{pmatrix}$$

利用矩阵相乘,可得 $\det(\boldsymbol{M})=e^{-2i\phi}$,相因子 ϕ 可确定为

$$e^{i\phi}=(\lambda_1^{-1}\gamma_1^2+\lambda_1\gamma_3^2+2\gamma_1\gamma_3)/\rho \tag{4.68}$$

其中

$$\rho=\gamma_1^2+\gamma_3^2+2\gamma_1\gamma_3\cos(\boldsymbol{K}\cdot R_1) \tag{4.69}$$

在(4.66)式的两边同乘一个因子 $e^{i\phi}$,令 $\boldsymbol{M}'=e^{i\phi}\boldsymbol{M}$, 则有 $\det(\boldsymbol{M}')=1$,因而由(4.65)式有

$$\mathrm{tr}(\boldsymbol{M}')/2=\cos(\boldsymbol{K}\cdot\boldsymbol{R}_2+\phi) \tag{4.70}$$

其关系揭示了隐含的能量色散关系。

2. 能带结构的解析表达式

通过解析推导,从式(4.70)可得到单壁碳纳米管解析的能量色散表达式

$$\begin{aligned}E=\pm\Big\{&\sum_{i=1}^{3}\gamma_i^{\,2}+2\gamma_1\gamma_2\cos\Big[\frac{2\pi(n-m)\mu}{d_RN}-\frac{ndT}{N}\Big]\\ &+2\gamma_2\gamma_3\cos\Big[\frac{2\pi(n-m)\mu}{d_RN}+\frac{(n+m)kT}{N}\Big]\\ &+2\gamma_1\gamma_3\cos\Big[\frac{2\pi(2n+m)\mu}{d_RN}+\frac{mkT}{N}\Big]\Big\}^{1/2}\end{aligned} \tag{4.71}$$

由(4.71)式进一步可以得到

$$\frac{\mathrm{d}E}{\mathrm{d}k}=\frac{T}{NE}\Big\{\gamma_1\gamma_2 n\sin\Big[\frac{2\pi(n+2m)\mu}{d_R N}-\frac{nkT}{N}\Big]-\gamma_2\gamma_3(n+m)\sin\Big[\frac{2\pi(n-m)\mu}{d_R N}+\frac{(n+m)kT}{N}\Big]-\gamma_1\gamma_3 m\sin\Big[\frac{2\pi(2n+m)\mu}{d_R N}+\frac{mkT}{N}\Big]\Big\} \tag{4.72}$$

由此可计算单壁碳纳米管的态密度

$$D(E)=\frac{2}{N}\sum_{\mu=1}^{N}\int\left|\frac{\mathrm{d}E_\mu(k)}{\mathrm{d}k}\right|^{-1}\delta(E_\mu(k)-E)\mathrm{d}E \tag{4.73}$$

进一步,就可以分析范-霍夫奇点(VHS)的性质特征,并可以与STS谱进行直接对比。这个解析结果最近被应用于碳纳米管的光谱性质、介电性质及其Fullerence结构间的相互作用性质研究,获得了很好的成功[253, 254]。

根据公式(4.71)计算SWCN的能带结构时,仅仅与n,m相关,既不需要知道对称矢量,也无需知道螺旋轴矢量。这为探索SWCN能带结构与几何结构参量的关联提供了极大方便。

对于扶手型(n,n)管,$T=a$,$\gamma_2=\gamma_3>\gamma_1$,且$t=\gamma_2/\gamma_1>1$,公式(4.71)简化为

$$E=\pm\gamma_1\left(1+4t\cos\frac{\pi\mu}{n}\cos\frac{ka_1}{2}+4t^2\cos^2\frac{ka_1}{2}\right)^{1/2} \tag{4.74}$$

此即扶手型管的色散关系,从中容易得到其能隙为0,表明扶手型管是金属性的,对Peierls畸变稳定性,这与其他的理论[255]和实验观察[256]是一致的。其次,对所有的扶手型管,当$k=\pm\pi/a$时在$E=\pm\gamma_1$处都可以观察到有两个VHS,其能量位置与管径有关,这个结果与Saito等人的结果有所不同[257]。

在锯齿型$(n,0)$的情况下,$T=a$,$\gamma_1=\gamma_3<\gamma_2$,且$t=\gamma_1/\gamma_2<1$,其色散关系可以直接由公式(4.71)得到

$$E=\pm\gamma_1\left(1+4t\cos\frac{\pi\mu}{n}\cos\frac{\sqrt{3}ka}{2}+4t^2\cos^2\frac{\pi\mu}{n}\right)^{1/2} \tag{4.75}$$

其能隙可以严格地导出为

$$E_g=2\gamma_0\left|1-2t\cos\left(\frac{\pi}{3}-\frac{qa}{3d}\right)\right| \tag{4.76}$$

其中$q=0,\pm1$是n除以3的余数。显然,在原来所谓的金属性管$(q=0)$中我们得到了一个卷曲诱导的能隙,这种能隙在实验中已经被观察到了[256]。考虑到$\gamma_2=\gamma_0$,$\gamma_1=\gamma_0\cos(\pi/2n)$以及$\pi d=3na_{cc}$,这个能隙可以表示为

$$E_g=2\gamma_0\sin^2\frac{\sqrt{3}a_{cc}}{4d} \tag{4.77}$$

当管径较大时,可以进一步近似为

$$E_g=A_0/d^2 \tag{4.78}$$

其中$A_0=3\gamma_0a_{cc}^2/4$。该结果与Ouyang等人[256]的实验结果非常一致。其次,如果仅仅只考虑一个平均修正值,亦即$\gamma_1=\gamma_2=\gamma_3<\gamma_0$且$t=1$,则不会有任何能隙出现。这反过来说明:为了真实反映SWCN的能带结构,各向异性的C-C键对重叠积分的影响应该考虑。

同样地,锯齿型半导体管$(q=\pm1)$的能隙也可以近似地导出

$$E_g = \frac{2\gamma_0 a_{cc}}{d} - \frac{13q\gamma_0 a_{cc}^2}{12d^2} \tag{4.79}$$

若忽略高阶项,公式(4.79)直接表明锯齿型半导体管能隙与管径成反比,与线性波矢近似的结果一致[258]。不过,由于卷曲效应,高阶项的修正是不考虑卷曲时的3倍多[257]。这种情况允许我们像Yorikawa等人[259]所做的一样,可以将锯齿型半导体管分为 $q = \pm 1$ 两类。其次,这里预言的能隙值与用 sp^3 和 sp^3s^* 等方法计算的结果非常相近[260],它表明 γ_0 在不同键方向的变化和其他的卷曲效应如小的 s-p 杂化一样对SWCN的电子性质起着同等甚至更重要的作用。再者,对于所有类型的 $(2n,0)$ 管,无论是金属性的还是半导体的,在 $E = \pm\gamma_0$ 处我们都可以观察到两个VHS,其能量位置与管径和卷曲无关。这个结果为我们利用STS实验精确测量 γ_0 提供了一种可行的方法。

当忽略卷曲效应时,对所有类型的管,公式(4.71)进一步简化为

$$E = \pm\gamma_0\left[1 + 4\cos\left(\frac{3m\pi\mu}{d_R N} - \frac{2n+m}{2N}kT\right)\cos\left(\frac{2n+m}{d_R N}\mu\pi + \frac{mkT}{2N}\right) + 4\cos^2\left(\frac{2n+m}{d_R N}\mu\pi + \frac{mkT}{2N}\right)\right]^{1/2} \tag{4.80}$$

当管径较大时,能隙与管径和螺旋度的一个直截了当的关系可以由此近似导出

$$E_g = \frac{2\gamma_0 |q| a_{cc}}{d\cos\theta} - \frac{q\gamma_0 a_{cc}^2}{3d^2\cos^2\theta} \tag{4.81}$$

它清楚地表明半导体管的能隙不仅与管径有关,也与螺旋度有关。即使忽略高阶项,主项仍然包含螺旋度因子。这很好地说明了在Wildoer的实验中为什么在 $d = 1.4$ nm时观察的 E_g 可能在0.4~0.6 eV之间变化的原因。同样,这也可能是不同实验中测量 γ_0 在2.45~2.90 eV很宽范围变化的原因之一[256, 261]。

至于最一般的情形,亦即考虑卷曲效应的螺旋管。我们找到了确定能隙位置的巧妙方法,从而大大简化了复杂的计算。为计算能隙,我们仅仅只要考虑它们的最低导带(Lowest-lying Conduction Band, LCB)和最高价带(Highest-lying Valence Band, HVB)。注意到当将石墨层卷成一个纳米管时,其Brillouin区的 K 点卷到另一个与其重合的点。该点对应的波矢为

$$\boldsymbol{K} = \frac{2n+m}{3}\boldsymbol{K}_1 + \frac{m}{d_R}\boldsymbol{K}_2$$

因此,可以令

$$\mu = \frac{2n+m+q}{3} \tag{4.82}$$

$$\boldsymbol{k} = m|\boldsymbol{K}_2|/d_R + \boldsymbol{k}' \tag{4.83}$$

其中 k' 仍是连续的 k 变量。将(4.82)式和(4.83)式代入(4.80)式,我们可以获得LCB和HVB的一个子带。同样的,LCB和HVB的另一对称子带可以令

$$\mu = \frac{n-m-q}{3} \tag{4.84}$$

$$\boldsymbol{k} = (n+m)|\boldsymbol{K}_2|/d_R + \boldsymbol{k}' \tag{4.85}$$

而能隙容易从LCB和HVB计算中得到。

作为示例,在图4.32中我们给出了一般螺旋管的能带结构和能隙。首先,从图中可以看出,螺旋管的能隙位置和非螺旋管并不相同,偏离了锯齿型管($k = 0$)和扶手型管($k = 2\pi/3$)

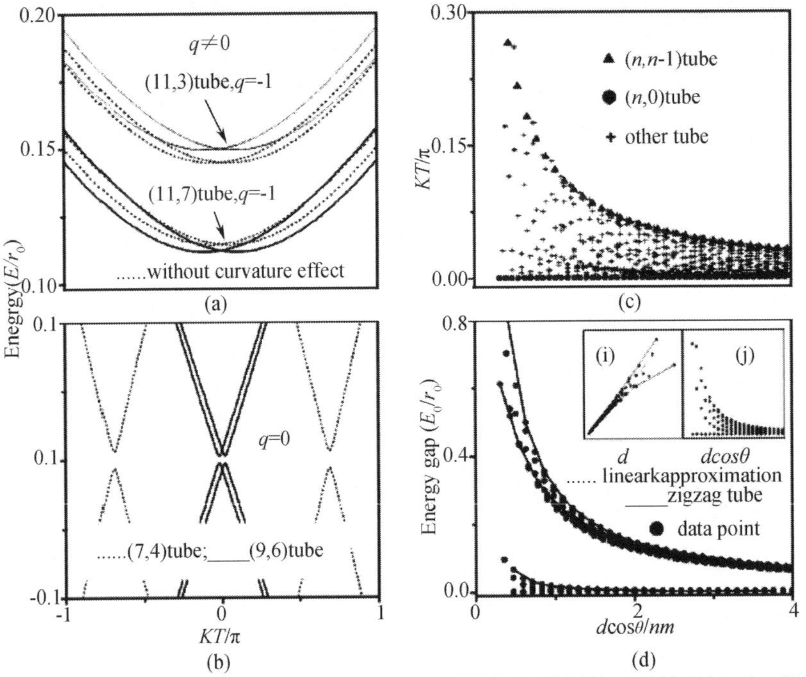

图 4.32　螺旋型管的能带结构和能隙($4<m<n<50$)

的位置,如图 4.32(a)和(b)所示。偏离的距离不仅与管径有关,也与螺旋度有关,并且(n,$n-1$)管确定了它的包络线,结果示于图 4.32(c)。这个结果与以前的预期不同。其次,从图 4.32(a)可以看出,由于卷曲和螺旋度的影响,半导体管的能隙有一个明显的修正。这可能导致其能隙与线性 k 近似有大的偏差,从图 4.32(d)的内插图(i)中可以明显地看出。这也可能是实验与理论存在偏差的原因所在。其三,根据能隙的计算,碳纳米管可以分为显然不同的三类:一类是宽隙半导体,其能隙近似标度为$1/d\cos\theta$;一类是窄隙半导体,其能隙近似标度为$1/d^2\cos^2\theta$,4.32(d)中的内插图(j)为其放大的刻度;另一类为金属,能隙为0(即扶手型管),如图4.32(d)所示。该结果提供了一些数值计算和理论方法的一个完整的描述。其四,像 Saito 等[257]所预言的一样,锯齿型半导体管($q=\pm1$)的能隙确定了所有其他半导体类型管的能隙范围。因为通常情况下实验并不能精密测量出 SWCN 的管径和螺旋度,这个结果为实验数据分析提供了方便。此外,一般螺旋度的导带上存在两个最小值,说明它们是多能谷半导体,这意味着在纳米管的光谱实验中电子可能发生非直接跃迁。

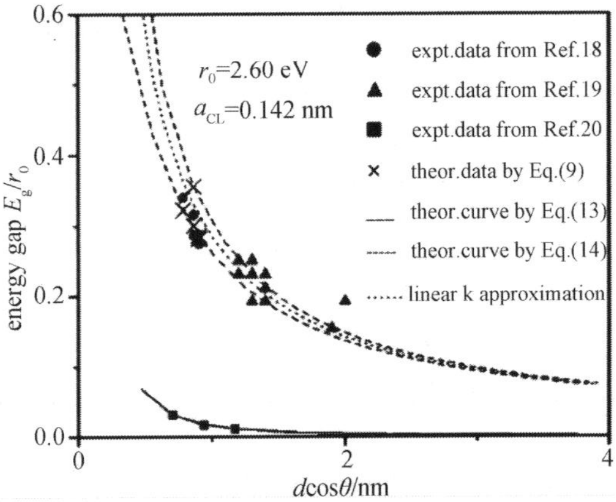

图 4.33　实验测量和理论计算的能隙。图中符号"×"对应 Odom et al. 所测的几个半导体管的计算结果

因为导出的能隙不仅与管径有关,也和螺旋度有关,这使得我们能将理论计算与几个组的实验同时进行直接的比较。在图 4.33中示出了几个实验小组测量的带隙和

我们理论计算的结果,从中看到实验和理论很好的一致。这同时检验了上述理论和方法的有效性。

4.3.3 单壁纳米管的电子结构的密度泛函计算

1. 碳纳米管

可预先使用 CASTEP 软件包来优化碳纳米管的结构并计算能带结构,同时确定所选参数。在计算中,采用 Generalized Gradient 近似并使用超软赝势(Ultrasoft Pseudopotentials),平面波的截断能为 280 eV,在轴向方向上取4个 k 点。在构建模型时,选取了正方形的超原胞,原胞的晶格常数分别是 a,b,c。a 和 b 的长度选取得足够大使得管间相互作用足够弱,c 的大小与碳纳米管的轴向晶格常数一致。通过对截断能和 k 点的测试,所选取的参数已经能够使能量快速收敛,证明所选参数是合理的。

图4.34分别给出了使用密度泛函理论和紧束缚理论计算的(5,0)和(7,0)碳纳米管的电子结构。从图中可以看到,紧束缚方法预测(5,0)管有能隙,且费米面附近的电子态的形状比较对称,这反映了 π 和 π^* 电子态的特征。然而,密度泛函理论的计算结果表明,(5,0)管是金属性管,没有能隙出现。对比两组计算结果发现,相比于紧束缚计算,密度泛函理论计算的(5,0)管的导带电子态和价带电子态发生了明显的下移和上移,尤其是导带电子态,其下移的幅度较大以致和价带发生交叠,使得整个体系变成金属性。当管径增大时,两种方法计算得到的结果都预测了(7,0)管为半导体管,但是在密度泛函理论计算中,导带电子态和价带电子态的移动使得能隙变得很小,其值为0.25 eV,小于紧束缚计算的结果。以上现象表明,小管径碳纳米管中的强的卷曲效应对于电子结构具有重要影响。随着管径的降低,紧束缚理论和密度泛函理论的计算结果之间的差异将逐渐加大,最终使得紧束缚理论在超小管径碳纳米管的电子结构预测中失效。除了费米面附近电子态的移动之外,卷曲效应也改变了碳纳米管中的电荷分布。图4.35给出了(5,0)和(14,0)碳纳米管在费米面附近具有代表性的价带电子态的电荷密度分布。对于(14,0)管,其电荷分布与预想

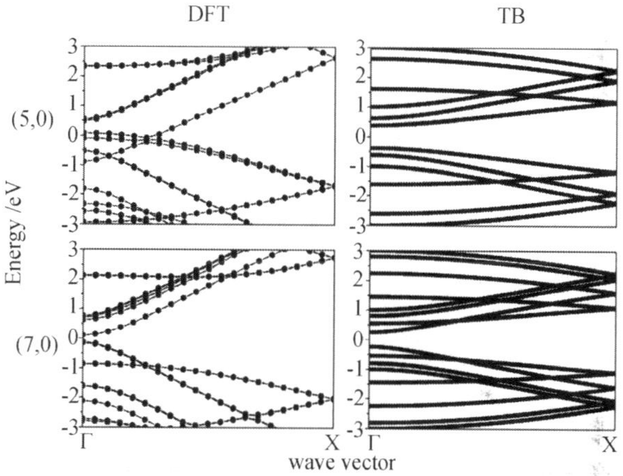

图4.34 单壁(5,0)和(7,0)碳纳米管的电子结构以及密度泛函理论和紧束缚理论计算结果的比较

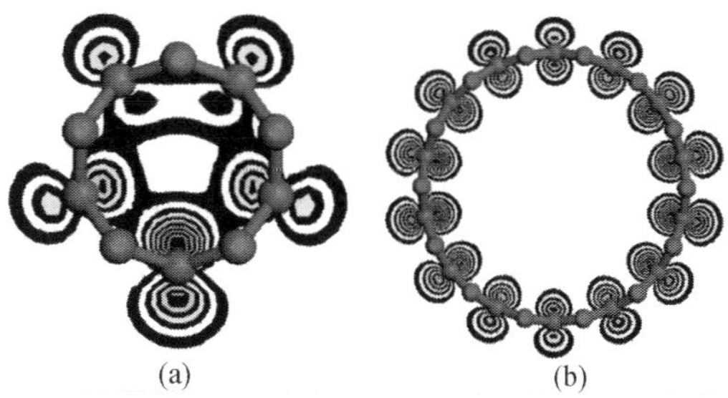

图4.35 (a)(5,0)和(b)(14,0)单壁碳纳米管的一个典型价带电子态的电荷分布

的情况一致，π 电子态几乎与碳纳米管的管壁垂直，交叠程度较小，表明卷曲效应的影响不太明显。然而，在(5,0)管中，相邻原子的电子态之间发生了显著的交叠。此外，(14,0)管的 π 电子态在管内和管外具有几乎相同的权重，即管内和管外的电子云的形状和分布范围几乎相当。然而，(5,0)管的 π 电子态在管内和管外具有不对称的权重，管外明显比管内大，这表明小管径碳纳米管中的电子轨道已经不同于大管径碳纳米管。

2. GaN 纳米管

这里考虑的 GaN 纳米管具有与碳纳米管相似的几何结构和原子排列方式，结构优化和电子结构计算由密度泛函程序 CASTEP 完成[186]。图 4.36 给出了直径在 3 ~ 5.5 Å 的单壁 GaN 纳米管的能隙及与直径的变化关系。可以看出，所有的 GaN 纳米管都表现出半导体特征，其能隙大约在1.1 eV到2.1 eV之间。这与碳纳米管有所不同：4 Å 的(5,0)和(3,3)碳纳米管表现出金属特征，而(4,2)纳米管则为半导体。不同于大管径的 GaN 纳米管，小管径的 GaN 纳米管的能隙与其直径和键取向紧密相关。扶手椅型和螺旋型 GaN 纳米管都是间接带隙半导体，(5,0)和(3,0)GaN 纳米管为直接带隙半导体，而(4,0)GaN 纳米管则是间接带隙半导体。对于大管径的 GaN 纳米管，锯齿型纳米管被预测都表现出直接带隙半导体特征。因此，(4,0)管的反常特征说明直接带隙与否并非仅与直径相关。

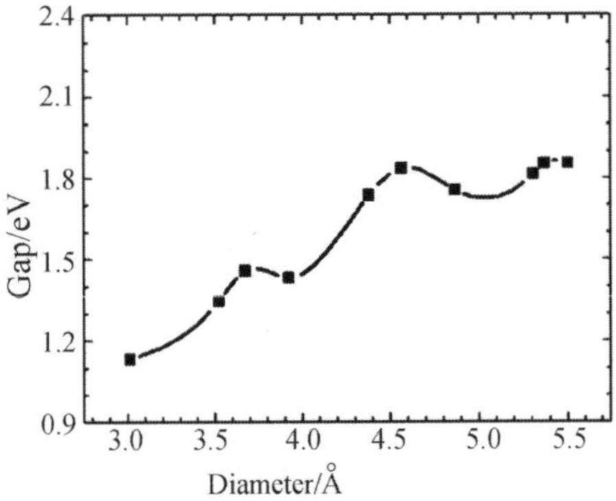

图 4.36 GaN 纳米管的能隙与直径的变化关系

理解这一反常特征，图 4.37 重点比较了锯齿型管(n,0)，(n = 3 ~ 8)能带结构的特征。从图中可以看出，锯齿型纳米管的能带结构对于 n 为奇数和偶数时分别表现出两种不同的行为。可以发现，在费米面附近出现了四个明显不同的表面态，即双重简并的无色散的局域态 L 和色散稍大的 E 态。对于所有的纳米管，L 态基本上都在费米面以下 1.0 eV 附近，然而 E 态随着直径降低逐渐下移。由于 E 态在 Gama 点附近与 L 态的位置发生了变化，因此使得(4,0)变为间接带隙半导体。E 电子态的移动与卷曲诱导的轨道杂化和 Ga，N 原子层间错位密切相关。从图 4.37(b)中的 E 电子态的电荷密度图可以看出，由于卷曲效应，轨道之间已经发生了明显的杂化。为了说明 GaN 层间错位对能带结构的影响，图 4.37(c)给出了不同 GaN 纳米管的错位距离和轴向长度。随着直径增加，轴向长度逐渐加大而错位距离却变小，也就是纳米管变得越来越薄。因为 E 态主要限

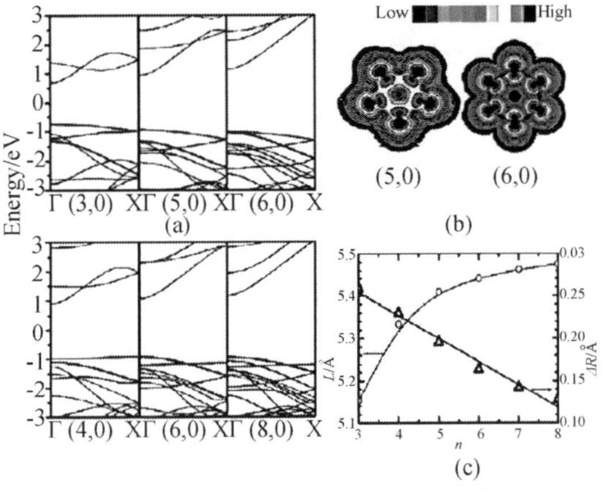

图 4.37 (a)锯齿型 GaN 纳米管的能带结构 (b)E 电子态的电荷密度图；(c)不同 GaN 纳米管的错位距离与轴向长度

域在 GaN 层间区域，而错位距离变小将最终导致 E 电子态逐渐随着管径增加而上移。

3. ZnO 纳米管

与 GaN 纳米管类似，ZnO 纳米管的结构主要考虑由具有类似石墨结构的 ZnO 片层卷曲而成。图 4.38 给出了扶手椅型、锯齿型和螺旋型单壁 ZnO 纳米管的能带结构[262]。所有计算的 ZnO 纳米管都为直接带隙半导体，其价带最高和导带最低位于 Gama 点。表 4.7 也给出了其他 ZnO 纳米管的能隙以及晶格常数。ZnO 纳米管的能隙大多在 1.8 eV 左右，与 ZnO 片层的能隙值相近。另外，与碳、氮化硼、氮化镓、氮化硅等纳米管完全不同，ZnO 纳米管的能隙完全不依赖于其直径和螺旋度，这种普适特征可从布里渊区折叠法中得到启示。图 4.39 给出了二维 ZnO 片层的布里渊区，纳米管的布里渊区可以认为是由离散的多根长线组成，每一根长线代表沿着轴向波矢方向的连续波矢。图 4.39(b) 和 (c) 分别给出了扶手椅型 (5,5) 和锯齿型 (9,0) 的布里渊区，其中布里渊区分别被分割成 10 和 9 个部分。对于碳纳米管而言，如果连续波矢经过 *K* 点，那么碳纳米管一般将表现金属性特征，否则为半导体特征（如果不考虑卷曲效应）。然而，ZnO 片层在 Gama 点具有直接带隙，故纳米管的布里渊区将总是包含 Gama 点。因此，ZnO 纳米管将总是表现出直接带隙半导体的特征。当然，当管径很小时，卷曲效应也可能会强烈地改变 ZnO 纳米管的能隙。

表 4.7 ZnO 纳米管的能隙，直径和轴向晶格常数

tubes	*D*/nm	*T*/nm	Δ/eV	tubes	*D*/nm	*T*/nm	Δ/eV
(4,4)	0.725 6	0.326	1.81	(6,0)	0.641 9	0.558	1.81
(5,5)	0.902 3	0.326	1.84	(9,0)	0.945 9	0.561	1.81
(6,6)	1.085 9	0.324	1.81	(10,0)	1.051 7	0.561	1.81
(7,7)	1.256 0	0.326	1.86	(12,0)	1.256 6	0.562	1.82
(9,9)	1.619 7	0.325	1.85	(14,0)	1.467 6	0.561	1.82
(11,11)	1.978 6	0.325	1.86	(2,8)	0.954 2	0.860	1.84
(5,0)	0.536 7	0.556	1.85				

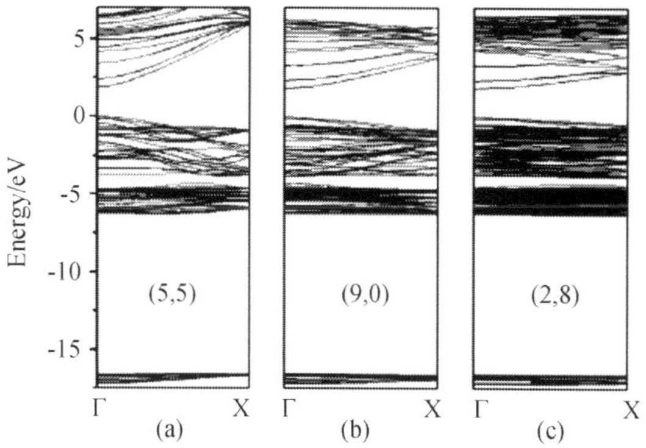

图 4.38 扶手椅型、锯齿型和螺旋型 ZnO 纳米管的能带结构

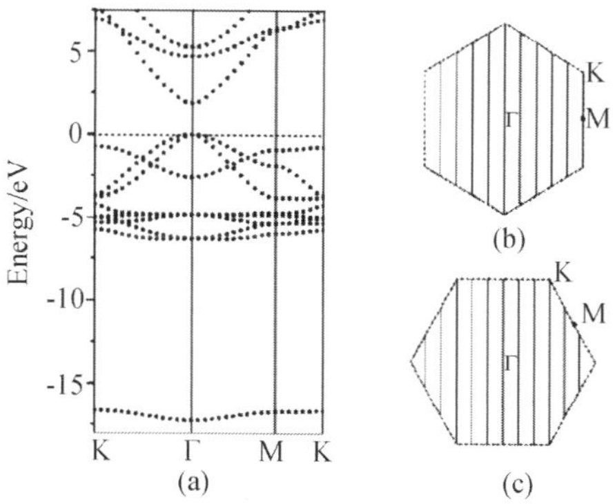

图 4.39 (a) 二维 ZnO 片层的能带结构；(b) 扶手椅型和 (c) 锯齿型纳米管的布里渊区

4.3.4 多壁纳米管的电子结构及卷曲、掺杂效应

以上给出的都是单壁纳米管的电子结构，接下来将着重介绍多壁纳米管的电子结构。图4.40给出了密度泛函理论计算的双壁碳纳米管(7,0)@(16,0)以及单壁(7,0)和(16,0)管的电子结构。(7,0)和(16,0)单壁碳纳米管均为半导体性管，由于管间相互作用属于较弱的van de waals作用，通常预测双壁管的电子结构为两个单壁管的电子结构的叠加。然而，计算表明双壁(7,0)@(16,0)纳米管的电子结构并不同于两个单壁管的电子结构的简单叠加，双壁管的最高占据轨道和最低未占据轨道几乎交叠在一起，能隙为0.1 eV，比叠加的电子结构的能隙(0.25 eV)要小，这种行为可以解释为：(1)小管径内管的强卷曲效应；(2)内管和外管之间卷曲效应的差异。尽管目前计算的双壁(7,0)@(16,0)纳米管依然是半导体性管，但是其极小的能隙使其极易在外界因素作用下发生半导体－金属转变。

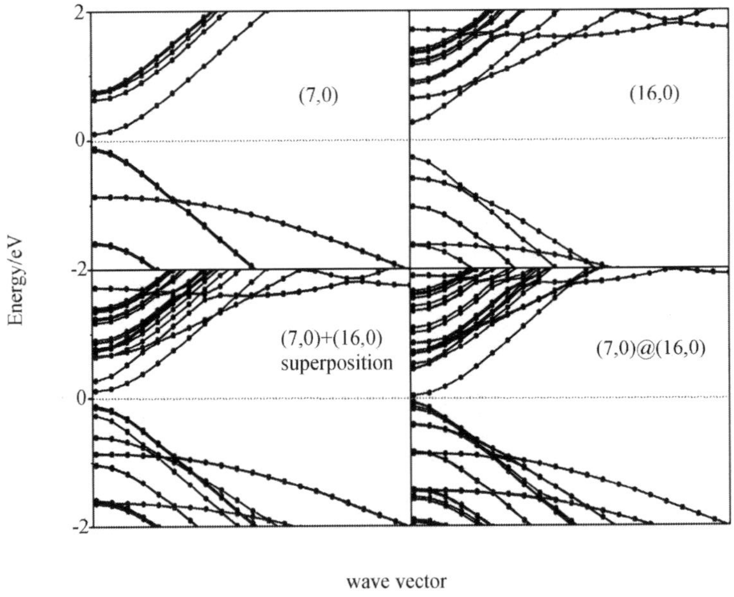

图4.40 (7,0)和(16,0)单壁碳纳米管及其双壁碳纳米管的电子结构

由于双壁纳米管的结构与传统的宏观圆柱形电容器非常相似，因此如果外界传递给双壁纳米管一些电荷，那么其电荷是否也会如圆柱形电容器一样仅仅分布在外管呢？为了探索这个问题，我们通过构造钾元素外掺杂双壁碳纳米管和碳－氮化硼纳米管，来研究其径向电荷分布规律[263]。这里，考虑的结构模型包括$(n,0)@(n+9,0)$ $(n=5\sim10)$和(5,5)@(10,10)双壁碳纳米管，以及(5,0)@(14,0)，(9,0)@(18,0)和(5,5)@(10,10)碳－氮化硼纳米管。掺杂物为钾原子，其在碳纳米管表面的位置为六边形的中心，计算表明此处与其他位置相比具有最大的结合能。表4.8给出了一个钾原子掺杂的双壁碳纳米管的内管和外管的电荷分布。对于管径较大的(10,0)@(19,0)管，钾几乎转移了一个电子给纳米管，其中大部分分布在外管，其他约6%的电荷分布在内管。根据上节的分析，这主要是由于静电效应引起的，电子态占据的影响在这里并不明显。图4.41(a)给出了(10,0)@(19,0)管的电子结构，最低未占据电子态具有外管的π^*轨道的特征。因此，当有电子转移到双壁碳纳米管时，将优先分布在外管

上。尽管费米面的进一步上移导致内管的电子态也可能被占据,但由于要使静电能最小,电荷将继续分布在外管,而不是内管。

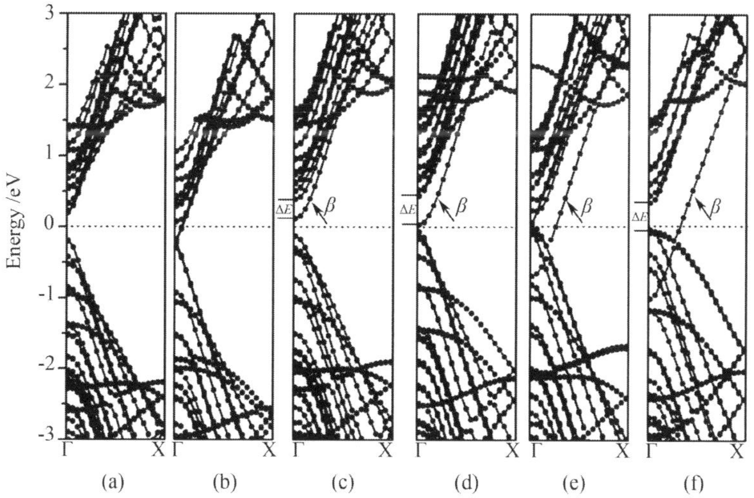

图 4.41 未掺杂的双壁(n, 0)@(n+9,0)碳纳米管的电子结构;(a)~(f)依次为 10~5

表 4.8 掺杂双壁碳纳米管的内管所带电荷和钾的转移电荷量

(n_1,m_1)@(n_2,m_2)	n_k/e	n_{inner}/e
(5, 0)@(14, 0)	0.93	-0.45
(6, 0)@(15, 0)	0.97	-0.16
(7, 0)@(16, 0)	0.92	-0.34
(8, 0)@(17, 0)	0.97	-0.12
(9, 0)@(18, 0)	0.99	-0.10
(10, 0)@(19, 0)	0.96	-0.06
(5, 5)@(10, 10)	0.99	-0.04

当双壁碳纳米管的内管管径逐渐降低时,电荷分布逐渐偏离通常预想的情况。根据紧束缚理论[247],(9,0)@(18,0),(8,0)@(17,0),(7,0)@(16,0),(6,0)@(15,0),(5,0)@(14,0)双壁碳纳米管的电子特征的配置为金属性－金属性、半导体－半导体、半导体－半导体、金属性－金属性、半导体－半导体。按照以上的分析,这些双壁管中的电荷分布情况将与(10,0)@(19,0)管相同。但是,密度泛函理论的计算却大不相同。如表 4.8 所示,(5,0)@(14,0)和(7,0)@(16,0)管中的内管和外管所带电荷的比例 n_{inner}/n_k 超过 1/3,其余的双壁管也超过 1/10,这说明卷曲效应使得电子结构的紧束缚理论的预测失效。如图 4.41(b)－(f)所示,在(9,0)@(18,0)和(6,0)@(15,0)管中,费米面附近内管和外管的 4 个简并的 π^* 电子态穿过费米面,因此内管和外管能够同时接收钾原子转移来的电荷,但静电效应使得电荷尽可能分布在外管上,因而分布比例 n_{inner}/n_k 相比于其他管要小。当管径逐渐降低时,电子结构逐渐偏离紧束缚理论预测的结果。一个重要的特征就是来源于内管的一个电子态(在图 4.41

中标为β)随着管径的降低而逐渐下移,这使得β电子态在(8,0)@(17,0)和(7,0)@(16,0)管中成为最低未占据轨道,而在(5,0)@(14,0)管中它与费米面相交。当钾原子转移电荷给这些双壁碳纳米管时,β电子态首先被占据,而不是外管的最低未占据轨道,因此电荷将优先分布在内管。这种行为表明由于内管和外管结构的卷曲程度不一样,使得费米面附近的电子态行为发生改变,从而影响钾掺杂双壁碳纳米管的电荷分布行为,使其不同于大管径双壁碳纳米管的电荷分布。图4.42(a)给出了掺杂和未掺杂(5,0)@(14,0)双壁碳纳米管电子结构,从中可以看出费米面附近的电子态的占据行为与以上的分析完全一致。此外,另一个重要特征就是钾掺杂使得费米面附近出现具有类似于自由电子特征的电子态,它已经被证明是n型掺杂碳纳米管的普适特征[264]。

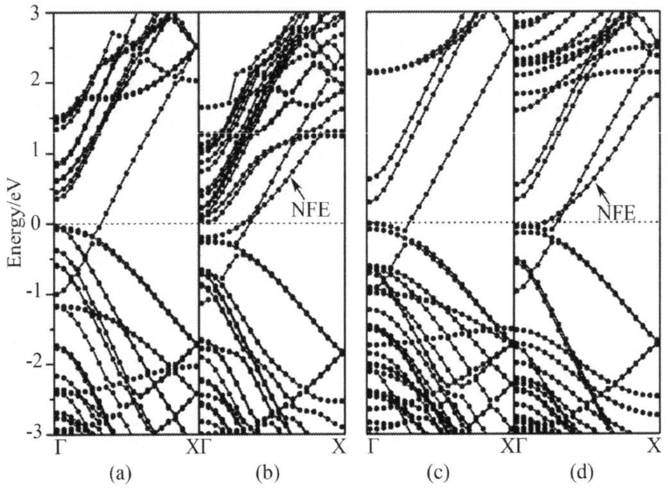

图4.42 (a)未掺杂和(b)掺杂后的(5,0)@(14,0)双壁碳纳米管的电子结构;(c)未掺杂和(d)掺杂后的(5,0)@(14,0)碳-氮化硼纳米管的电子结构

除了锯齿型双壁碳纳米管之外,我们也计算了(5, 5)@(10, 10)碳纳米管的电荷分布。电荷分布比例n_{inner}/n_k大约为5%,电荷分布机制与(6,0)@(15,0)碳纳米管的一致。基于以上的计算结果,我们对于双壁碳纳米管的电荷分配机制给出一简单的概括。当内管和外管为金属性-金属性和半导体-金属性碳纳米管时,例如(9,0)@(18,0)管,电荷分布将类似于经典的圆柱形电容器,即大部分电荷将分布在外管上。对于金属性-半导体性碳纳米管,例如(5,0)@(14,0)管,内管上将分布部分电荷,具体的电荷量将由其费米面附近的电子态的特征决定。然而,如果内管和外管都是半导体,电荷分布将由内管和外管的卷曲效应的差异决定。在我们的计算中,卷曲效应的差异使得从(8,0)@(17,0)到(5,0)@(14,0)管变化时,最低未占据电子态已经不是外管的电子态而是β电子态。更有趣的是,(7,0)@(16,0)管的能隙已经变得非常小,极有可能变成金属性管。大致的估计表明,当双壁碳纳米管的内管管径小于7 Å时,金属性-半导体性和半导体-半导体性碳纳米管的电荷分布将不同于经典的圆柱形电容器。目前,双壁碳纳米管试样大多是通过在高温下将纳米豆荚(Peapod)中的富勒烯熔化得到[265, 266],内管的管径一般在6~9 Å左右,因此双壁碳纳米管的碱金属掺杂引起的电荷分布还需要充分考虑内管的卷曲效应带来的影响。

当双壁碳纳米管的外管为氮化硼纳米管时,电荷分布表现出与双壁碳纳米管完全不同的特征。表4.9给出了碳－氮化硼纳米管的电荷分布,由于钾与氮化硼纳米管之间较小的结合能,钾转移给氮化硼纳米管的电荷量都比较小。不同于双壁碳纳米管,碳－氮化硼纳米管的电荷分布比例 n_{inner}/n_k 都超过了75%,这是由于氮化硼纳米管的绝缘特征所致。图4.42(b)给出了(5,0)@(14,0)碳－氮化硼纳米管的电子结构,氮化硼纳米管的绝缘性使得费米面附近的电子态基本上属于内管,当钾转移电荷给双壁管时,内管的电子态将首先被占据,使得电荷将优先分布在内管。另外,由于氮化硼是极性材料,氮和硼原子分别带负电荷和正电荷,因此氮化硼纳米管内的库仑相互作用将强于碳纳米管。如果过多的电荷分布在氮化硼纳米管上,库仑相互作用将显著增强,从而提高了体系的总能。目前,这一类由不同材料组成的复合双壁纳米管在实验上已被成功合成[267],因而进一步进行掺杂实验将有助于检验我们计算结果的正确性。

表4.9　掺杂碳－氮化硼纳米管的内管所带电荷和钾的转移电荷量

$(n_1,m_1)@(n_2,m_2)$	n_k/e	n_{inner}/e
(5, 0)@(14, 0)	0.77	−0.57
(9, 0)@(18, 0)	0.52	−0.44
(5, 5)@(10, 10)	0.70	−0.37

4.4　纳米管的应用

4.4.1　碳纳米管的应用

基于碳纳米管的奇异性能,人们开始探索碳纳米管在实际生活中的应用。研究表明,在今后人类文明基于纳米技术和纳米结构材料的革命化过程中,碳纳米管将起重要的作用。例如,诺贝尔奖获得者Smalley声称:“碳纳米管将是价格便宜,环境友好并为人类创造奇迹的新材料。”这说明碳纳米管将具有十分广阔的应用前景,特别是在微电子器件方面其巨大的应用潜力难以估计。表4.10根据其应用的尺度范围,对碳纳米管可能的应用领域进行归类,并加以简要说明。

表4.10　碳纳米管可能的应用领域

尺度范围	领域	应用
纳米材料	纳米制造技术	扫描探针显微镜的探针、纳米类材料的模板、纳米泵、纳米管道、纳米钳、纳米齿轮和纳米机械部件等
	电子材料与器件	纳米晶体管、纳米导线、分子级开关、存储器、微电池电极、微波增幅器等
	生物技术	纳米注射器、生物传感器
	医药	胶囊(医药载体)
	化学	纳米化学、纳米反应器、化学传感器等

表 4.10(续)

尺度范围	领域	应用
宏观材料	复合材料	增强树脂、金属、陶瓷和碳的复合材料、导电性复合材料、电磁屏蔽材料、吸波材料等
	电极材料	电双层电容、锂离子电池电极等
	电子源	场发射型电子源、平板显示器、高压荧光灯
	能源	气态或化学储氢材料
	化学	催化剂及其载体、有机化学原料

1. 纳电子器件

碳纳米管独特的电学性能使之非常适合于制备微电子电路中的量子线和异质结。当前,以硅为基础的微电子器件在进一步提高集成度和微型化时逐渐逼近其物理极限。为进一步缩小微电子电路,需要发展分子器件。最早设计以碳纳米管为基础的电子器件是 Kwon 提出的[268]。2001 年,Postma 采用单个金属性单壁碳纳米管构建了室温下的单电子晶体管[269],它能在室温下操作,其开关速度性能完全可与已有的半导体装置相比。理论预测,采用碳纳米管组成的纳米开关其速度可达 10^{12}次/秒,比当时已有的处理器快 1 000 倍[270]。Bachtold 则采用单壁碳纳米管制作了场效应晶体管演示逻辑电路,可以进行逻辑非、逻辑或非、静态随机存储器单元和直流环形振荡等逻辑电路操作[271](如图 4.43 所示),该晶体管具有高增益、快速开关、室温可用等特性,而且局部的逻辑电路可集成多个装置到单个芯片上,可广泛应用于现代微电子集成电路中。Collins 讨论了碳纳米管及碳纳米管集成电路的工业化问题,使碳纳米管在纳米电子器件应用方面又前进了一步[270]。实验研究表明,碳纳米管具有发射域值低、发射电流密度大、稳定性高等优异的场发射性能,可用于制作高性能的平板显示器。如图 4.44 所示,2002 年,韩国三星电子公司研制出以碳纳米管为主要材料的新一代显示器——场致发射平板显示器[272],这种显示器不仅具有阴极射线管显示器显示质量高、液晶显示器低功耗优点外,相对于这些传统显示器,还具有质量轻、分辨率高、对比度高、亮度更大、视角大、响应时间短等优越性能。此外,还可以利用碳纳米管的电导随外界气体环境变化的特性制作气体分子传感器[273]。与固体传感器相比,这种分子传感器具有尺寸小、反应速度快和灵敏度高等特征,可广泛应用于环境监控、化学反应控制、农业、医疗卫生等领域。

2. 纳米机电器件

原子力显微镜、隧道扫描显微镜等各种扫描电镜的分辨能力与其探针尖端的大小、形状、化学组成以及表面性质密切相关。其顶端愈尖锐,图像的分辨力愈高;尖端越长,能探测的表面越深。此外,理想的探针还要求在原子尺度上具有明确的几何结构,化学惰性和一定的导电能力。采用化学气相沉积技术可在硅尖端生长单个的碳纳米管,使之牢固地锚接在探针顶部,从而制作成各种扫描电镜探针[274]。由于碳纳米管特别细小,不仅可以大大地改善图像的分辨率,而且能使极微小的深部裂纹甚至于 DNA 之类的生物分子也能成像[275]。此外,由于碳纳米管的高弹性,当探针尖端与基体相接触时将引起结构的可逆弯曲而不会遭到破坏。市场上已有碳纳米管探针悬臂出售,被用作扫描探针显微镜的消耗品。此外,利用碳纳米管的力学

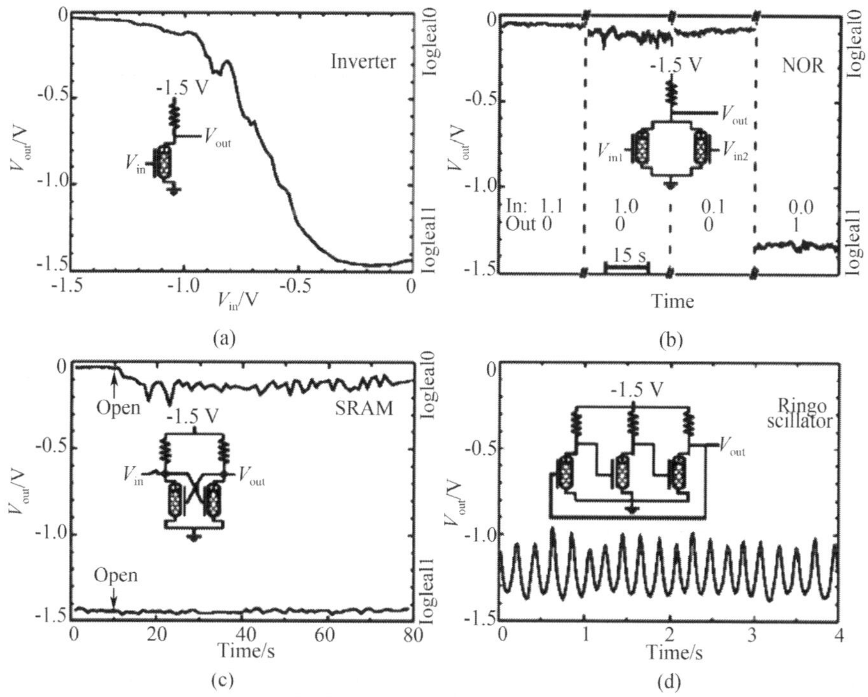

图 4.43　基于碳纳米管的纳电子器件[270]

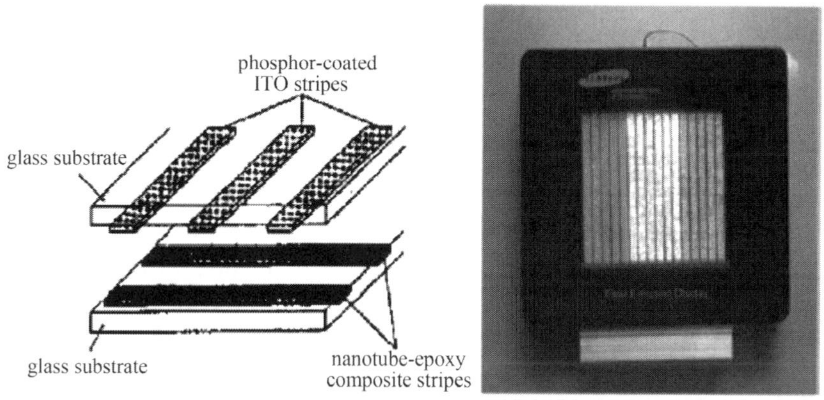

图 4.44　基于碳纳米管的平板显示器[272]

和电学综合性能,还可用于制作纳米钳[276](见图 4.45)、纳米齿轮[277]和纳米机械部件和碳纳米管人工肌肉[273]。

3. 纳米模板

利用碳纳米管作为模板,对其进行填充、包敷和空间限制反应可合成其他一维纳米结构材料。如将碳纳米管与液态铅一起退火,可使碳纳米管端口打开,熔融的铅因毛细现象而填充进管内,从而可获得直径仅为 1.2 nm 的导线[278]。低表面张力的材料如硫、硒、铯都可通过该方法制得一维纳米线[279]。而表面张力高的金属则可通过将其混入电极使之填充至管中[280]。利用化学电镀在碳纳米管的表面包敷一层金属镍而获得一维磁性纳米材料[281]。此外,还可以利用限制化学反应在碳纳米管的空间范围内可制得结构完美、发光性能良好的氮化镓或氮化物的纳米棒阵列[282]。

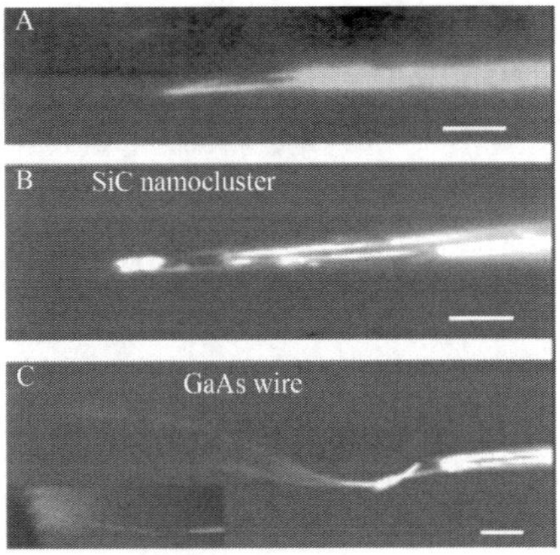

图 4.45 采用碳纳米管所制作的纳米钳[276]

4. 复合材料的增强剂

实验和理论研究表明,碳纳米管具有很好的力学性能,可用作复合材料的增强剂[284]。尽管在加工复合材料时不像碳纤维那样容易断裂,但如何将缠结和弯曲的制品在基体聚合物中分散、伸直,发挥大的长径比作用还存在较大的困难,因此其应用范围也非常有限。但碳纳米管作为功能复合材料,填充到聚合物中,可提高其导电能力散热能力等,可充分发挥其优异的综合性能。

5. 储能、储气材料

碳纳米管可作为储能、储气材料。碳纳米管,特别是单壁碳纳米管的中空部分是极好的微容器,可吸附大小合适的各种分子,可存储包括氢在内的各种气体[285]。研究表明,氢会在碳纳米管中凝缩,其储氢量可与目前最好的储氢材料相比。可以采用加压和掺杂过渡金属元素的方法使储存于碳纳米管内的氢气脱离出来,然后进行利用。研究发现有缺陷的单壁碳纳米管上可以将水分解,而获得氢气。碳纳米管是一种理想的储能、产氢、储气的材料,为国际上公认为期不远的氢燃料电池汽车奠定基础。

4.4.2 其他无机纳米管

相比于碳纳米管,其他的无机纳米管的应用研究尽管处于发展之中,但已经进行的研究表明这些无机纳米管在未来也将拥有广阔的应用前景。其功能应用是与其物理性能紧密相关的。研究表明,$NbSe_2$ 纳米管与其块体一样具有超导特性,其超导转变温度在 8.3 K 附近[286],因而可被用来制作超导材料。Ishigami 等在实验上发现具有 5 eV 能隙的 BN 纳米管在加横向电场的条件下,其能隙在一定的电场强度下能够变为 0,BN 纳米管从绝缘体性纳米管变为金属性纳米管,即 Stark 效应[287],相应的第一性原理计算也证实了这个效应。此外,理论上也预言了电场对于 BN 纳米管的吸收光谱具有重要影响,这预示着 BN 纳米管在电光调制器件中将会发挥重要作用[288]。在热学性质方面,Chang 等人最近在 Science 上发表论文报道了基于氮化硼纳米管的固态热整流器[283],该系统在沿着轴向的两个不同的正反方向上表现出不同的热传导系数,这表明纳米管除了可以做成电整流器件之外,也可以做成热整流器。

此外,Silica 纳米管能够被制作成场效应晶体管[289],如图 4.46 所示。通过对 MoS_2 和 WS_2 纳米颗粒的力学性能的研究,科学家预测了它们的纳米管可以被用作润滑液和自润滑涂层[289]。VO_x-烷基胺纳米管在室温下具有铁磁性,能够被用作自旋电子器件[290]。通过 Li 掺杂,SnO_2 纳米管和 VO_x-烷基胺纳米管能够被用作锂离子电池的制作[291]。此外,无机纳米管也可被制作成纳电子器件、传感器、高容量电池、太阳能转化器件。

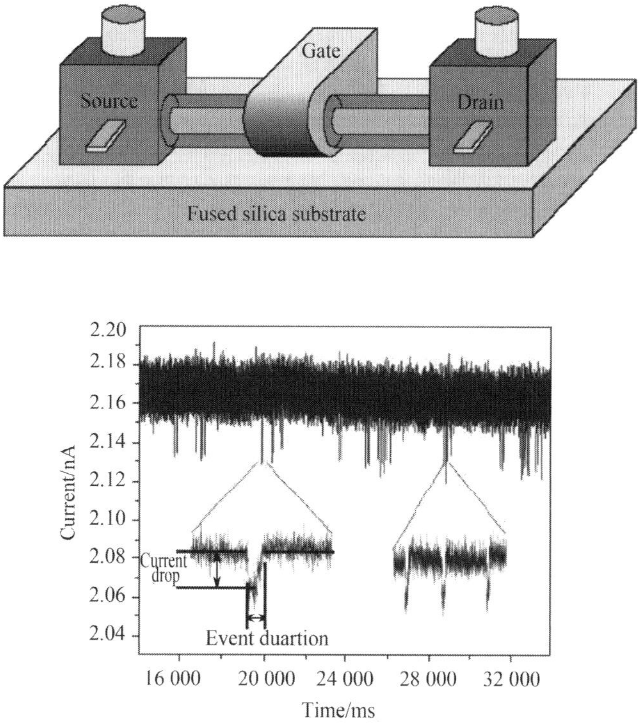

图 4.46 使用 Silica 纳米管制作场效应晶体管的结构示意图及其性能[283]

第 5 章　纳米线及其一维量子现象

与前一章所述的纳米管类似,截面半径为纳米数量级的无限长纳米(量子)线也是准一维纳米结构[292],其中的电子同样在两个维度方向受限,因而也具有非常丰富的性质。它不包括长度与直径相差量级(纵横比)不是足够大的纳米棒或纳米柱[282],也不包括宽度过大的纳米带[293](如图 5.1 所示)。根据组成材料的不同,纳米线可分为不同的类型,包括金属纳米线(如:Au,Ag,Rh,Zr 等),半导体纳米线(如:InP,Si,GaN 等)和氧化物纳米线(如:SiO_2,TiO_2 等)。最细的纳米线是单原子链[294],如链状硅结构[295]由于悬挂于有机溶剂中,使硅原子的悬挂键得到饱和,确保了一维原子链的结构稳定性。若忽略悬挂键饱和的势场影响,单原子链就适应于传统的固体理论。但有一定截面半径的纳米线由于截面尺寸在纳米数量级,电子在截面所在的二维平面内受限,加上纳米线较大的比表面和表面的结构畸变,纳米线的物理性质变得与块体可能不同,而传统的固体理论又难以直接研究。因此人们发展了各种基于量子理论的方法来研究这一新型纳米材料的物理性质。研究表明,纳米线具有许多三维物体中没有发现的有趣的物质结构和物理特性,如金属纳米线的螺旋结构、表面效应、电导和热导量子化现象等。在电子、光电子和纳电子机械器械中,纳米线将起到非常重要的作用。它同时还可以作为合成物中的添加物、量子器械中的连线、场发射器和生物分子纳米感应器。到目前为止,在纳米线这个崭新的低维纳米结构中还有许多奇妙的现象正等待人们去发现,无论是对基础的低维物理还是未来分子电子设备的应用,都将产生深远的影响。

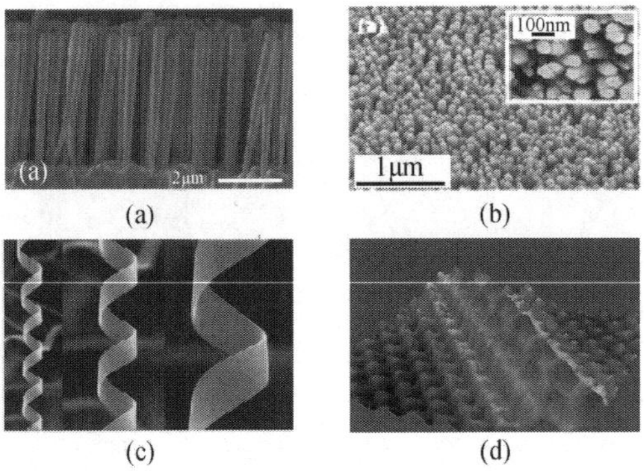

(a)　(b)　(c)　(d)

图 5.1　(a)纳米线[292];(b)纳米柱[282];(c)纳米带[293];(d)原子链[294]

5.1　金属纳米线

金属纳米线是指由 Au,Ag,Cu 等金属制备成的纳米线结构。1997 年 Kondo 等人首先在金属点接触之间的窄桥上通过自动薄化而得到了几个纳米长的非常规则的 Au 纳米线[296]。2000 年,他们在超高真空透射电子显微镜下用电子束辐照在 Au 薄膜上,成功制备出了 Au 纳米线[297]。除了透射电子显微镜外,还可以通过其他方法制备金属纳米线。比如,用 Ag 纳米晶作阴影模制备 Bi 金属纳米线[298,299];用 Ti/Au 薄层的离子辐照方法成功地制备了直径在几个纳米以下的 Au,Ti 纳米线[300];Lisiecki 等人[301]用化学方法制备出直径几个纳米以下、长度在微米量级的 Cu 纳米棒。目前几乎所有的具有稳定块体结构的金属和合金材料都能被制备成纳米线。随着制备手段的丰富和工艺的进步,近年来实验上已经能制备和表征出直径在

1 nm以下而长度在 6 nm 以上的超细金属纳米线[296, 297, 302]。通过高分辨电子显微镜观察，这些纳米线是由同轴圆管（或壳）组成的，类似纳米碳管的单壳或多壳结构，管由绕着线轴的螺旋原子绳构成。理论工作围绕这种新奇结构形态的形成机制、奇异的物理性质和可能的应用前景而同时展开。

1998 年，Tosatti 等人[303]用分子动力学结合胶水势[304, 305]，在计算 Pb 纳米线的预融化行为[306]的基础上，模拟了超细的 Pb 和 Al 金属纳米线的结构，预言了临界尺寸以下的非晶结构，包括二十面体密堆和螺旋结构，即所谓的魔结构，并从表面能各向异性和优化组装的意义上进行解释。后来他们又计算了超细 Al 纳米线的电子性质及电导[307]，并研究了过渡金属（如 Ni，Pd）纳米线的电子结构与磁性[308~310]。Wang 等人采用基于分子动力学（MD）的遗传算法[311, 312]，结合胶水势模拟优化了自由状态的 Au 纳米线的结构，给出了中等尺寸 Au 纳米线的结构生长规律，并在优化结构的基础上，计算了典型尺寸和结构 Au 纳米线的振动、电子、热力学等各种物理性质[312~314]。他们还用紧束缚势[315]对各类超细金属纳米线进行了系统的研究[316~321]，发现了许多奇特的物理现象，如研究了超细的 Ti 纳米线的螺旋多壳结构与振动性质、电子性质的关联以及融化性质[316, 318]。

在实验观察到各类超细金属纳米线的推动下，近年来自由金属纳米线的理论研究还取得了一些新的进展。在电子结构方面，Hesagawa 等人计算了纳米线螺旋结构的能带结构和电子态密度[322]；Opitz 等人计算了截面在 4 到 100 个原子的 Cu，Na 纳米线的电子结构[323]；Ciraci 研究组计算了具有五次对称结构的多种金属纳米线的能带并分析了电子密度[324]。Zhao 等人对有限和无限长的 Ag 纳米线的导电特性进行了系统的研究，特别是得到了结构缺陷对电导的影响以及结构缺陷之间相互作用引起的量子干涉效应[325]。

上述的研究表明金属纳米线是一个既不同于体材料又不同于原子分子，还与团簇有很大差别的新的微观体系，它具有非常独特的结构特征和奇异的物理性质。下面我们将分别对金属纳米线的结构特征、磁性质以及电子输运性质等进行说明。

5.1.1　金属纳米线的结构特征

1997 年，Kondo 和 Takayanag 提供了 Au 尖端之间颈结、窄桥的形成和纳米线的结构和演化过程的 TEM 实验结果[296, 297]，给出 Au 纳米线类似纳米碳管的幻螺旋多壳结构谱[297]，他们猜测模拟的螺旋匹配方式和 TEM 映像图片如图 5.2 所示。多壳螺旋结构由同轴的圆管（或者壳）构成。这种表面密堆结构即所谓的“曲面外延生长”，是金属纳米线的共同特征。Tosatti 称之为魔线（Weirdwires）[326]。按照 Kondo 和 Takayanagi 的标记，一个壳 s 有确定的螺旋原子绳数 ns，每根绳是几个单原子 Au 链的螺旋项圈。壳中的绳数随着壳的半径增大而

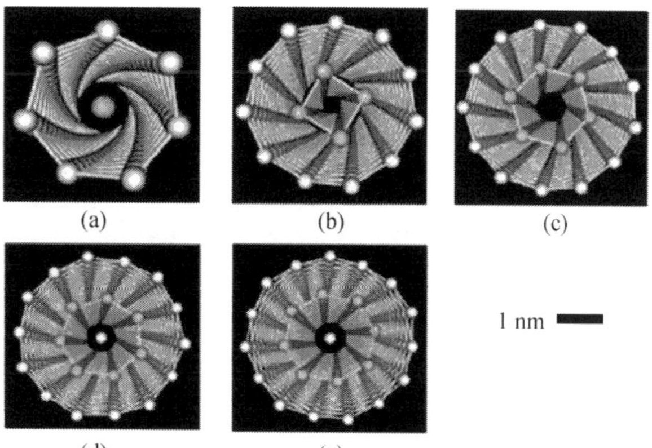

图 5.2　金纳米线多壳结构的实验影像[297]

(a)7－1；(b)11－4；(c)13－6；(d)14－7－1；(e)15－8－1

增加,每个幻线由 ms 序列数来表征。比如,外壳为七根绳,内壳为单原子链构成的中心绳,则可缩写成7－1。当 ns 大于1时,绳接近但并不精确平行于轴线排列形成管。同一根线中不同壳螺旋线的倾斜度不同。原子在壳中弯曲似乎是要保持完好的位置,两个近邻壳间总是7绳之差。

螺旋多壳 Au 纳米线中每个同轴管中的原子排列成扭曲的三角网格,这使人们想起由石墨平面弯曲成的碳纳米管。类比碳纳米管,可以将纳米线的壳看成是 Au 晶体平面(fcc(111)三角平面)卷曲成的管,互相排列整齐规则地定位(如图5.3)。但是为什么壳间原子绳之差是7,而不是5或者6。Tosatti 等人[326, 327]就这种在两端金属的点接触之间悬浮的 Au 纳米线实验结果进行了非常细致的理论研究。证明 Au 纳米线两端的顶针作用在纳米线上的拉力对原子绳差为7的结果起决定作用。

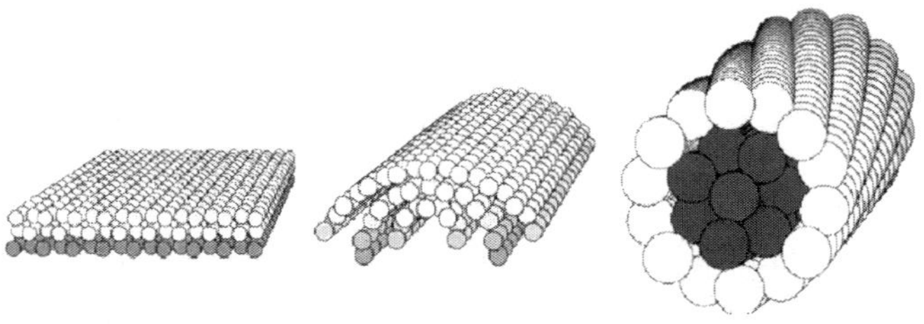

(a) (b) (c)

图5.3 魔的金线是如何形成的

(a)三层(111)金的晶面结构;(b)形成纳米线的初步倾向;(c)三角层弯曲成一般的螺旋结构形成纳米管[328]

设想描绘一根纳米线用顶尖从0拉开到 L 后半径为 $R(R << L)$。如果 u 是体材料的化学势,F 是线的自由能,顶尖对线所做的负功是$(F - uN)$,单位长纳米线

$$f = (F - uN)/L \tag{5.1}$$

f 是广义线中拉伸张力,顶尖悬浮的线通过对其求极小确定。粗略地有 $F = uN + \gamma 2\pi RL$,γ 是表面张力,则 $f = \gamma 2\pi R$。线中张力 $f(R)$ 通常随线的半径增加而增加,它的绝对极小在 $R = 0$。随半径收缩而减小的张力是线自动细化的驱动力,可能有局域极小。这些极小意味着长寿命的亚稳态,即对应于幻尺寸纳米线。对最细的 Au 和 Ag 纳米线的计算发现,对单管 Au 纳米线拉伸张力极小时的结构是7绳的螺旋结构,与实验观察完全一致。相反,Ag 纳米线没有这种极小。s－d 竞争导致 Ag 纳米线表面重构的缺乏,也就是说两端悬挂的 Ag 纳米线将不是7绳的螺旋结构。

对于自由 Au 纳米线,Wang 等人的研究表明在不同的尺寸发现了不同的结构类型[312],即螺旋的($D \leqslant 0.6$ nm),多壳圆柱体的($D \leqslant 1-2.2$ nm)和类似 fcc 的($D \geqslant 2.2$ nm)结构。直径在0.6 nm 以下的纳米线最稳定的结构是由几根相同原子绳构成的螺旋密堆结构。当 $D >$ 0.6 nm时,纳米线的结构转变为多壳的圆柱体类型,这些多壳结构由几个密堆的曲面层构成,这些曲面层可以看成是螺旋原子绳沿着线轴卷成的同轴圆管。当纳米线的尺寸进一步增加时,在半径方向大于四层时,fcc 晶化结构逐渐从核芯开始(如图5.5中 A7,A8)。

纳米线的中等尺寸范围是实验上最关心的区域,特别是外围螺旋壳层包裹着类晶核芯的奇特结构将导致不寻常的物理性质。在图5.5中画出了直径大约在1.5～2.9 nm、壳层数从3到5个的中等尺寸 Au 纳米线的结构[329]。为直观起见用符号 Sa－x 来标记纳米线,a 代表生长方式或者截面及芯的形状,x 表示 a 生长序列中的序号。比如 S5－1 则表示五边形生长方式中的第一个线。图5.5中括号内的数字是用所谓"幻闭壳数"[297]来表征的纳米线中壳层内的原子绳数,即用 n,nl,n2,n3,n4 来表示纳米线同轴圆管中的螺旋原子链的股数,从外到内

$n > n1 > n2 > n3 > n4$。从图5.5我们看到,从S1－x到S6－x（x＝1～3）表示六种不同芯线结构的生长方式,它们分别是,中心单链（S1－x），平行双芯线内核（S2－x）,三角形（S3－x）,四边形（S4－x）,五边形（S5－x）和六边形（S6－x）。纳米线形成了六个非常奇特的Au纳米线生长系列,特别之处在于其核芯结构和内外壳之间的螺旋匹配方式上。在这些结构中,除了S1－x序列外,双链、三链、四链、五链、六链的核芯结构中,原子绳不是螺旋环绕的细管,而是近似平行排列的类晶结构,比如S5－3（即图5.4中的A7）,五个中心原子绳平行排列成fcc结构,而其外围是多壳的螺旋结构。S1－x序列的情况则比较特殊,这是一个有中心单原子链的生长序列,按照Tosatti[326, 327]的分析,这种结构应该是fcc结构的金属的（111）面卷成螺旋纳米线时最容易形成的结构。

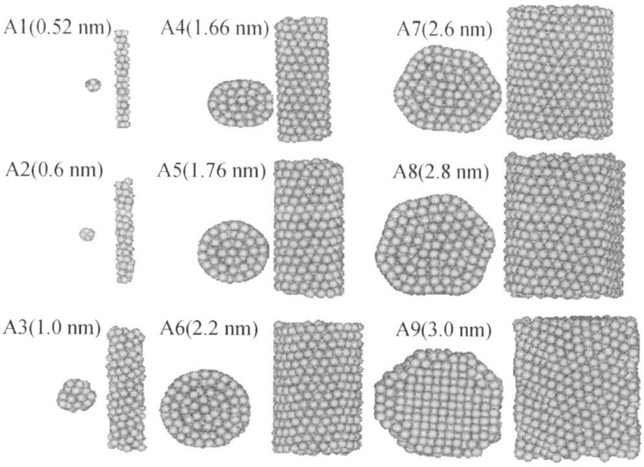

图5.4 几种金纳米线的形貌图[312]

从图5.5我们看到这些中等尺寸的Au纳米线的壳间原子绳之差,在S2－x,S3－x,S5－x和S6－x系列都是6,而S4－x,S1－x除了核心为5外其余的壳间绳差也都是6,这些纳米线的内外壳之间都是奇－奇（S3－x,S5－x）或偶－偶（S2－x）匹配,而S4－x族纳米线为除核心外的奇－奇匹配,S1－x族纳米线则为除核心原子外的偶－偶匹配。

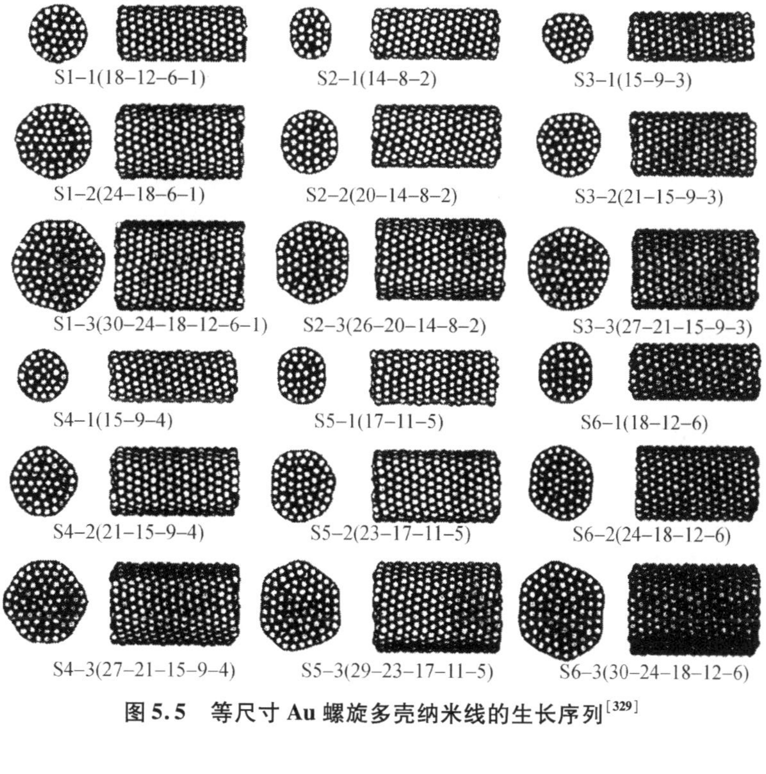

图5.5 等尺寸Au螺旋多壳纳米线的生长序列[329]

与 Au 纳米线的结构类似,Rh 纳米线的结构也是同轴圆管(或壳)构成的螺旋多壳圆柱体(如图 5.6)[319]。沿用前面标记 Au 纳米线的记号,这里用符号 Ra－x 来标记 Rh 纳米线。最细的 Rh 纳米线 R3－1($D=0.48$ nm)是三条原子链的螺旋,R3－2($D=0.97$ nm,9－3)由双壳构成结构;R4－1($D=0.55$ nm)和 R4－2($D=1.03$ nm,9－4)是四边形生长方式;R5－1($D=0.69$ nm,5－1)和 R5－2($D=1.13$ nm,10－5－1)是五边形(即二十面体)生长方式;R6－1($D=0.76$ nm,6－1)和 R6－2($D=1.19$ nm,12－6－1)为中心六边形结构。而 R2－1($D=0.85$ nm,8－2)和 R2－2($D=1.35$ nm,13－8－2)为双原子链芯的生长序列,中心是两条平行的直原子链。这些结构在形貌上与 Zr 纳米线的生长方式基本一样。

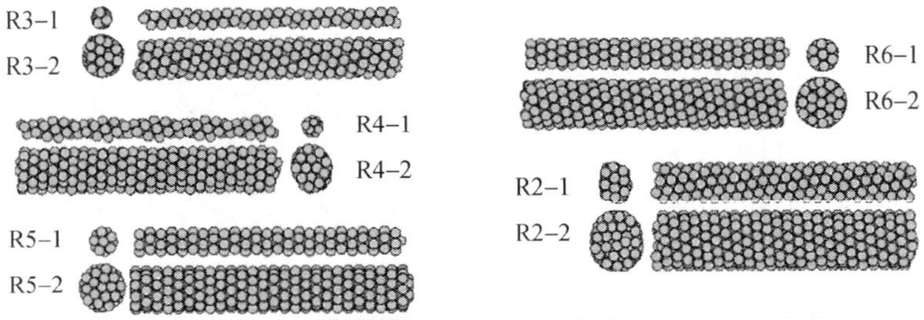

图 5.6 几种 Rh 纳米线结构生长序列[319]

除 Au,Rh 纳米线外,Zr 等过渡金属纳米线也呈现出螺旋多壳结构[317, 319]。尽管在螺旋度和匹配方式等细节上存在一些差异,但过渡金属纳米线基本上是与 Au 纳米线相类似的几种生长模式[329]。

5.1.2 金属纳米线的电子结构及磁性质

由于尺寸和结构效应,金属纳米线的电子结构和磁性是人们首先关注的物理性质,特别是随着体系尺寸的变化,电磁性质由类分子向体结构过渡。在团簇物理中,有些非磁性的体材料,其小团簇是磁性的,而在特定的结构和尺寸下又会出现磁性的淬灭。在一维金属纳米线的情况下,特别是具有奇异结构的超细金属纳米线,电磁性质的变化有什么规律,是人们普遍关注的。N. Zabala 等人[330]在稳定的凝胶模型下,用自洽密度泛函方法,研究了非磁性简单金属纳米线自发磁化现象,发现简单金属纳米线在一定的临界尺寸以下,会出现自发磁化现象,在外磁场作用下的磁阻塞也被预言。

Wang 等人对金纳米线的电子结构进行了计算[312]。图 5.7 给出了金纳米线的电子态密度随尺寸的演化并趋向于块体极限的情况,非常细的纳米线 A2 的电子谱表现出类分子电子态密度的多峰和离散形貌。从 A3 纳米线开始,离散能级逐渐相互交叠形成连续的电子能带。A3－A9 纳米线的电子态密度的形状并不随线的直径的变化而改变,但电子带宽却随着线变粗而逐渐变窄。能带的变窄可以通过二维量子限制效应来解释,即能级宽度的大小反比于二维量子阱的维数。到 A9 纳米线,电子带的宽度非常接近于块体的值,其形貌与快体的电子态密度相似,其电子性质已经非常接近块体行为。

过渡金属 Rh 的体材料是非磁材料,实验上观察到 Rh 团簇具有超顺磁磁矩[331]。从实验结果导出的平均磁矩随尺寸增加而振荡,在某些尺寸出现最大和最小。例如,平均磁矩在 $N=$

15,16 和 19 处特别大,而在 $N=13,14,17$ 和 18 处显著减少。这个实验结果引起许多理论工作者的注意,并给出了一系列有意义的结果[332~335]。理论上,对 Rh 的团簇、表面和薄片以及 Rh 薄膜取向附生在 Fe,Ag,Au 等金属表面的磁性质受到极大关注[336~339],特别是最新的实验发现了 Rh(001)面有明显磁序的证据,确认了低维系统 Rh 是磁性的。这样,探究超细的 Rh 纳米线是否具有磁性是非常有意义的工作。Wang 等人采用基于分子动力学的遗传算法优化 Rh 纳米线的最低能量结构,用递归算法计算 Rh 纳米线在最低能量构型下的电磁性质[317]。在表 5.1 中,给出了图 5.7 中 10 个 Rh 纳米线的计算平均磁矩,结果表明所有的纳米线都是磁性的。Rh 纳米线的磁矩随直径的增加快速下降,表现出明显的尺寸效应。

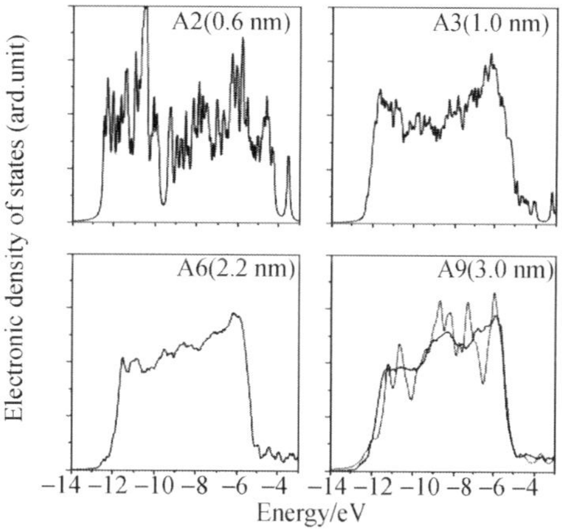

图 5.7 Au 纳米线 A2,A3,A6,A9(见图 5.4)的电子态密度,虚线为体材料的态密度[312]

表 5.1 Rh 纳米线的直径 D,平均键长 <R>,平均配位数 <Z>和计算平均磁矩[317]

Nanowires	R3 −1	R3 −2	R4 −1	R4 −2	R5 −1	R5 −2	R6 −1	R6 −2	R2 −1	R2 −2
D/nm	0.48	0.97	0.55	1.03	0.69	1.13	0.76	1.19	0.85	1.35
$\langle R\rangle$/Å	2.61	2.64	2.67	2.65	2.68	2.67	2.68	2.64	2.65	2.66
$\langle Z\rangle$	6.00	8.89	7.00	9.01	8.67	9.81	8.86	9.27	8.50	9.47
$\mu_n(\mu_b)$	0.18	0.10	0.25	0.09	0.59	0.15	0.76	0.24	0.26	0.02

图 5.8 分别给出 10 个 Rh 纳米线的 sp 和 d 电子的自旋态密度。从图中可以看到,Fermi 面附近主要表现为 d 电子特征。在费米面上下 sp 电子的贡献变得明显,特别是大的 spd 杂化靠近 d 带边缘。图中较细的纳米线 R3 −1,R4 −1,R5 −1,R6 −1,和 R2 −1 的自旋态密度非常接近于文献[340]中计算的小 Rh 团簇的结果和自由单层 Rh(001)薄片的紧束缚自旋态密度,而较粗的线 R3 −2,R4 −2,R5 −2,R6 −2,和 R2 −2 的自旋态密度有点类似于 Rh 取向附生在 Au(001)和 Ag(001)面上的自旋态密度。

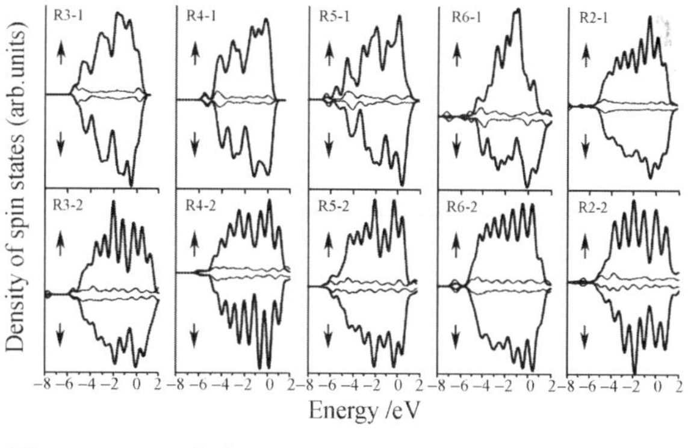

图 5.8 Rh 纳米线(见图 5.6)的平均 sp 电子(细线)和 d 电子(黑线)自旋态密度,费米面在原点[317]

5.1.3 金属纳米线的电子输运性质

由于超细金属纳米线的直径与电子费米波长相当,因此其电子输运特性呈现以 $G=2e^2/\hbar$

为单位的电导量子化。与金属性的碳纳米管相类似,金属纳米线的导电通道的数目决定于穿越费米能的电子能带数目,并且和纳米线的原子结构密切相关。由于电导量子化及其高度敏感性,在未来纳米技术应用中,可以用为单原子开关、纳米导线、化学传感器。因此,研究金属纳米线的电子输运特性,特别是电导与金属纳米线尺寸、原子结构的关联,以及纳米线电导受结构缺陷、应变、气体环境等因素的影响,对于未来金属纳米线在纳米电子学和其他相关领域的应用至关重要。[329]

Wang 等人计算了 Au 纳米线(A2－A9)的最大电导(最大导电通道数)以及一个典型的纳米线(A6)电导值,如图 5.9。[312]一般来说,导电通道数随纳米线的直径线性增加。人们对凝胶纳米线和量子压缩的电导计算表现出在纳米线直径连续增加的情况下电导的台阶增长[341, 342]。由于 Wang 等人的计算是对有限数目的纳米线,无法使线的直径连续变化,因而不可能描述这种台阶增长。同时纳米线的对称性和原子结构对电导起着重要作用。例如,A5 纳米线因为高的对称性和较小的缺陷而具有特别强的电导。

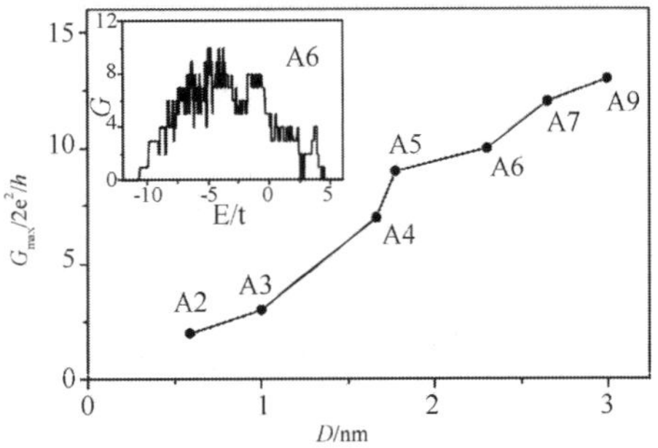

图 5.9　Au 纳米线(见图 5.2)的最大电导值随纳米线直径的变化曲线。插图表示的是 A6 线的电导随电子能量的变化曲线[312]

实验上,Kim 研究组采用有机模板方法合成了具有块体 fcc 单晶结构的超细银纳米线,纳米线具有达到微米量级的长度,而直径仅 0.4 nm、横截面上只有 4 个原子。[343]这无疑为研究超细金属纳米线电导特性提供了一个极为理想的体系。由于 Ag 原子的 4 d 价电子轨道表现出类似内壳层的行为,第一性原理能带计算表明,相应的 d 能带占据低能,对于费米能附近的 s 能带影响很小。因此采用 s 轨道紧束缚近似,就可以描述 Ag 纳米线的电导行为。Wang 等人对比计算表明,紧束缚方法得到的 s 能带和局域密度近似(LDA)得到的能带符合很好,共有三个 s 带穿越费米能,因此这种仅 4 个原子粗的超细 Ag 纳米线,应该具有 3 个导电通道,如图 5.10 所示。[329]对于这类直径仅几个原子的金属纳米线,不可避免地将存在局部的结构缺陷。了解缺陷对于导电特性的影响,对未来将这类金属纳米线作为纳米导线意义重大。Wang 等人考虑了空位缺陷和原子吸附缺陷两种情况,计算发现,引入孤立的单原子缺陷,将破坏金属纳米线的一个导电通道。与缺陷的结构细节无关(见图 5.10)。这个效应可以理解为,局部缺陷产生的势对传导电子的散射,在碳纳米管中存在类似现象。当引入两个单原子缺陷,纳米线的电导进一步减小,并呈现随缺陷距离的周期振荡,相应的电导值在 1.5 和 2.0 之间,其空间周期性决定于金属纳米线的费米波长。在碳纳米管中,也观察到这种传导电子态的量子干涉现象。

通过进一步考虑多原子缺陷,计算表明引进两原子缺陷将破坏一个或两个导电通道。然而,对这种截面仅 4 个原子的纳米线,不管是引进三原子局部缺陷,还是增加各类缺陷的缺陷密度,纳米线将仍存在起码一个导电通道。Wang 等人还考虑了应变对于纳米管电导的影响,发现 10% 以内的应变,基本不影响纳米线导电通道的数目。因此,这类超细金属纳米管在未来纳米电子学器件的应用中由于具有很稳定的导通性因而可以作为导线。

总之,螺旋多壳的金属纳米线作为一种新的物质结构形态,既不同于原子分子,又不同于

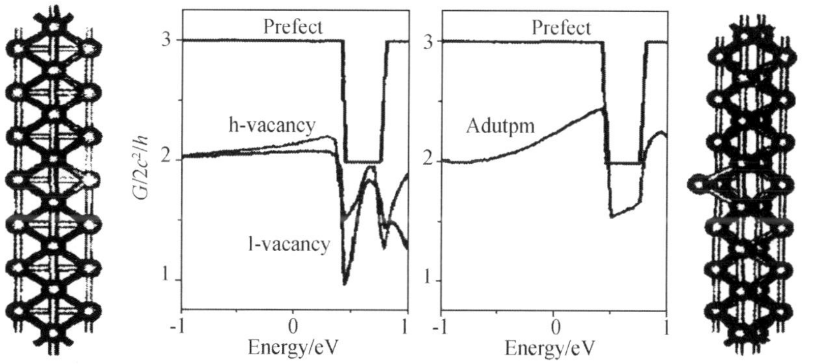

图 5.10 完美结构和有缺陷结构情况下超细 Ag 原子纳米线的结构及其电导随能量的变化(费米能设为能量零点)

左边结构的深色和浅色原子分别表示高低配位的结构空位;右边结构表示吸附一个单原子引起的结构缺陷[329]

大块的凝聚态物质,还与团簇有很大差别。但是,它又具备团簇结构的某些特性和块体材料结构的周期性,非常细的纳米线还具有大分子的某些结构属性。金属纳米线的物理性质,像纳米线的振动谱、电子态密度、输运性质、磁化性质等的结构敏感性,预示着这种体系在分子电子技术上应用的可能性。我们可以通过控制纳米线生长条件的方法,制备出特定拓扑的多壳金属纳米线,调节其物理性质。这样,金属纳米线的螺旋多壳结构有希望像碳纳米管那样用于分子电子设备。

5.2 半导体纳米线

半导体纳米线(量子线)是指由 Si, Ge, In, P 等半导体材料及其复合材料构成的纳米线(量子线)[328, 344, 345]。早在 1982 年,日本东京大学的 H. Sakaki 在半导体量子阱的基础上就提出了量子线的概念[346]。从 1986 年开始陆续有了一些制备量子线的实验报道[347, 348]。最初的半导体纳米(量子)线是在半导体量子阱上用再刻蚀的方法获得,但这种方法会在纳米线表面产生许多表面缺陷。因此后来就采用分子束外延技术在各种自然表面上直接生长的方法,如解理边生长、超台阶面生长,或者采用光场调制外延技术、自然光刻等技术。目前已经能制造出迁移率很高而且很"干净"的半导体纳米线。

与金属纳米线一样,由于体系维度的降低、比表面积的增大,各种量子效应诸如量子尺寸效应、表面积效应、量子隧穿效应、库仑阻塞效应和量子限域效应等一系列低维体系特征在半导体纳米线中表现得越来越强烈。如对带 T-型突起的量子线输运性质的研究表明 T 型结构侧端有效长度较小的变化能使整个系统的传输系数发生很大改变;对量子线中嵌入一段磁超晶格结构的研究发现周期性的磁结构导致了电导的量子化行为。利用这些量子效应人们已经制备出了量子线激光器、量子线场效应晶体管、量子干涉场效应晶体管、单电子晶体管等光电器件。半导体纳米线可望成为未来电子和光子器件的重要构成部分。

5.2.1 半导体纳米线的制备及结构

低维半导体量子线结构的制备方法从总体来看,分为自上而下和自下而上两种。目前发展的主要趋势是寻找原子级无损伤加工方法和应变自组装生长技术,以求获得无边界损伤的量子线材料。自上而下的方法是指微结构材料生长与微细加工技术相结合的方法,即采用分子束外延或金属有机化学气相沉积技术生长按设计要求的异质结构,然后在二维层状结构的基础上,结合高空间分辨电子束干法或湿法刻蚀、高空间分辨的离子束注入隔离等工艺技术来制备量子线样品。这种方法的优点是按人为意愿加工出具有任意复杂图形的低维半导体结构,特别适用制备各种低维电子器件。自下而上法则包括很多种,其中能够获得表面钝化且单分散的量子线的方法主要有化学溶液法、热蒸发法以及自组装生长法。下面对几种典型半导体纳米线的制备方法和结构进行介绍。

1. InAs 量子线

采用分子束外延法可在 InP(100)衬底上生长 InAs 量子线,量子线的形成归因于 In 原子扩散的各向异性现象[349]。其制作方法是首先在 InP(100)上生长 $Al_{0.48}In_{0.52}As$ 缓冲层,然后生长 InAs,再在其上面生长厚度为 50 nm 的 $Al_{0.48}In_{0.52}As$ 顶层,将样品在 300 ℃下迅速冷却形成 InAs 量子线。

2. GaAlAs 量子线

在带有 V 型槽的 GaAs 衬底上生长的 $Ga_{1-x}Al_xAs$ 量子线有很强的表面效应,故可用引入应力的方法来消除缺陷,这对于制作光电器件和基础研究是非常有用的。为了得到很强的载流子限制效应,需要在薄层上生长量子线,这种薄层可使量子线发射和相邻的量子阱发射相叠加,量子阱发射增加了量子线发射强度[351]。用低压有机金属化学气相沉积(LPMOC—VD)法在刻有 V 型槽的 GaAs 衬底上生长 GaAlAs 量子线[352]。其制作方法是用光刻蚀和化学腐蚀法在半绝缘 GaAs(mo)衬底上制作 V 型槽,在其上面生长厚度为 0.1 的 GaAs 缓冲层和厚度为 1 的 $Ga_{0.5}Al_{0.5}As$ 层,然后在厚度为 100 nm 的 $Ga_{0.5}Al_{0.5}As$ 势垒之间嵌入 2 nm GaAs/2 nm $Ga_{0.8}A_{10.2}As$/3 nmGaAs 量子阱结构,最后生长厚度为 20 nm 的 GaAs 顶层。当用低剂量的 As 离子注入上述量子阱区时,GaAlAs 量子线发射较强,其发射强度与温度有关,在 45 K 附近发射强度最高。图 5.11 为 GaAlAs 量子线和离子注入 GaAs/GaAlAs 量子阱的剖面图。图中,SQW 表示量子阱的侧壁,NQW 表示相邻的量子阱。

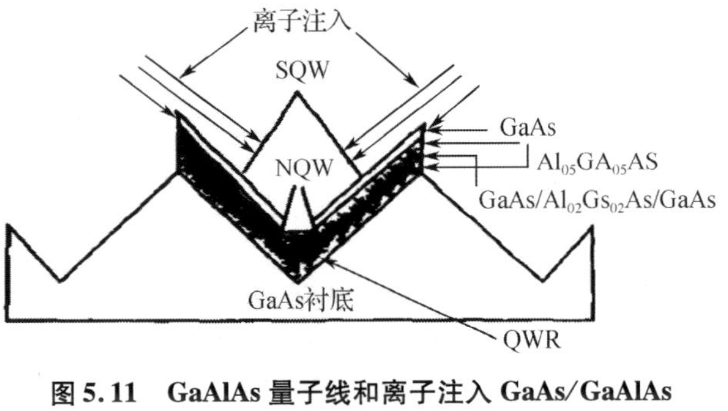

图 5.11 GaAlAs 量子线和离子注入 GaAs/GaAlAs 量子阱的剖面图[350]

3. InGaAs 量子线

采用 MBE 法以(553)B 取向的 GaAs 作为衬底,生长出具有优良的一维特性和高均匀性的 $In_{0.15}Ga_{0.85}As$ 量子线[353],其密度为 $5\times10^5\ cm^{-1}$,荧光光(PL)谱波长为 864 nm。日本北海道大学的研究人员以化合物半导体材料的微倾斜面上的阶梯为起点进行横向生长,形成量子线结构。该方法的优点是制作方法较为简单,除了需要改变所使用的基板取向外,不需要特别的加工技术[354]。其制作方法是采用(100)面向(111)A 面或(111)B 面倾斜 20 ~ 60 的 GaAs 衬底,用有机金属气相外延(MOVPE)法在其上面生长 AlAs/GaAs 超晶格,在晶体表面上不均匀的单原子层阶梯形成 GaAs 多级原子层阶梯结构,然后在其上面制作 InGaAs 量子线。GaAs 多级原子层阶梯上的 InGaAs 量子线结构如图 5.12 所示。用该量子线研制出激光二极管(LD),该 LD 在 77 K 下的起振波长为 1.0 wm,可用改变 In 含量的方法来控制其起振波长。

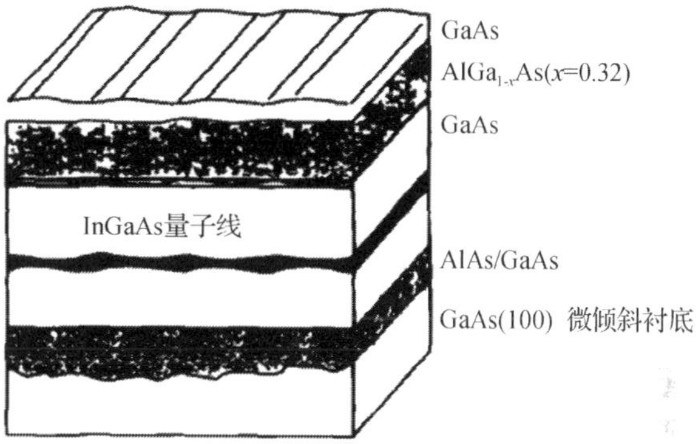

图 5.12　GaAs 多级原子层阶梯上的 InGaAs 量子线结构[354]

4. Si 纳米线

近年来,由于硅纳米线潜在的应用前景和硅材料在半导体工业中的主导地位,硅纳米线的制备激起了大量研究者的广泛兴趣。采用先进的制备工艺,已经制备出具有大小不一且不同取向的硅纳米线。在最初的实验中,制备出来的硅纳米线的直径大多在几个 nm 左右,而且有些硅纳米线的表面覆盖了一层氧化硅的包覆层,内晶核是单晶硅。最近,实验人员已经能够制备出不具有氧化硅的包覆层和缺陷较少的高质量硅纳米线。目前制备 Si 纳米线主要有如下几种方法。

(1)激光烧蚀法

在硅靶上掺入一些催化剂元素,如铁、镍等,在反应的过程中由于在催化剂和纳米线的界面上有反应物的吸附,使得纳米线沿着一个方向不断生长,从而形成硅纳米线。其中,催化剂的作用是限制硅纳米线的直径。因此,可以选用不同的催化剂生长出尺寸不同的硅纳米线,并能够较为容易地控制实验条件。1998 年,哈佛大学的 Lieber 研究组采用激光烧蚀法并结合固 - 液 - 气生长方法制备出硅纳米线[355]。图5.13 为制备的纳米线的透射电镜像,从中可以看出所制备的硅纳米线的直径在 6 nm 到 20 nm 之间,纳米线的长度在 1 到 30 微米之间,硅纳米线的表面包覆着一层氧化硅的包覆层。通过使用不同的催化剂和生长条件,作者探讨了硅纳米线的生长机制,并通

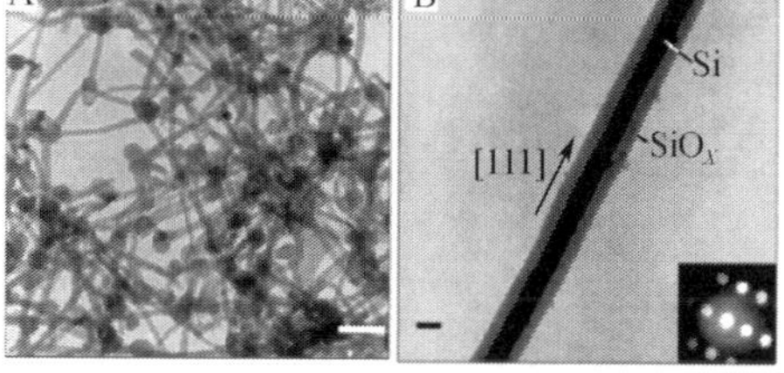

图 5.13　激光烧蚀法制备的硅纳米线[355]

过相图来选择不同的催化剂和合适的生长条件来制备硅纳米线。

(2)化学气相沉积方法

采用与物理气相沉积法相同的加热源,将原料转化为气相,再通过化学反应,成核生长得到纳米粒子。水热合成法:高温高压下在溶液或气体等流体中合成;化学沉淀法:将沉淀剂加入到金属盐溶液中,沉淀后进行热处理得到纳米材料,沉淀的形式包括直接沉淀、共沉淀、均一沉淀法等。Zeng 等人采用化学气相沉积法,选用材料金和硅制备出硅纳米线[356]。

(3)溶液法

Holmes 等人采用超临界溶液法制备出尺寸一致的硅纳米线[357],硅纳米线的直径在 40 nm 到 50 nm 左右,长度约为几个微米,纳米线中缺陷较少,且样品量达到了块体的量级。在溶液法的制备过程中,作者使用了一种烷烃硫醇包裹的金纳米晶,直径在 2.5 nm 左右,这种纳米晶被用来作为晶核使硅纳米线结晶,结晶是在加热溶液中进行,且外界压强已经达到临界值,硅纳米线的取向主要决定于反应时的压强。由于具有较好的化学选择性和可调控性,溶液法能够制备出高质量的硅纳米线。

(4)模板法

Lew 和 Redwing 结合模板法和固 - 液 - 气生长方法制备出硅纳米线[358],其制备思路如图 5.14 所示。首先使用纳米多孔氧化铝膜作为模板,模板对于单晶硅纳米线的生长提供较好的生长环境。在生长中,使用金和银作为催化剂,温度控制在 400 ℃到 600 ℃,反应压力在 0.13 T到 0.65 T 之间,生长速率在 400 ℃时为 0.068 m/min,在 500 ℃增加到 0.52 m/min。当温度超过 500 ℃时,通过降低生长速率,首先将硅沉积到纳米多孔氧化铝膜的表面和微孔内,然后去掉催化剂银,继续通入 SiH_4 生长硅纳米线,最后去掉模板得到硅纳米线。

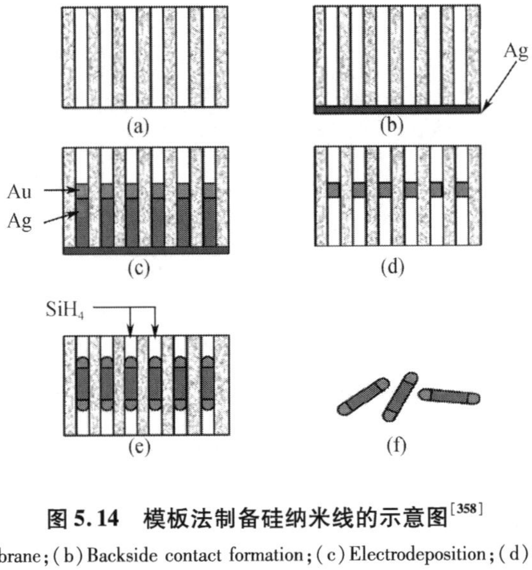

图 5.14 模板法制备硅纳米线的示意图[358]

(a) Blank membrane; (b) Backside contact formation; (c) Electrodeposition; (d) Removal of Ag;
(e) VLS growth of Siananowires; (f) Removal of membrane

图 5.15 是香港城市大学 Li 研究组所制备的[110]取向的硅纳米线[359],其直径在 2 nm 到 3 nm 左右,而且还能够清楚地辨别出硅原子的排布方式。根据这些实验结果,人们可以根据生长取向构造出几种典型的硅纳米线的理论模型。图 5.16 是沿着[100],[110],[111]方向观察的硅块体的结构,对于实验上不同的生长取向,硅纳米线的内晶核的原子排布应该与硅块

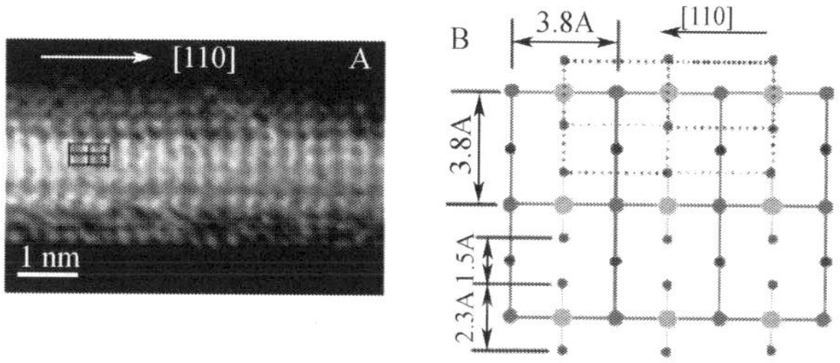

图 5.15　硅[110]纳米线的扫描隧道显微镜像和表面原子排布模型[359]

体中的大致相当。但是不同于块体中的原子排布,硅纳米线的表面原子排布应表现出极其不同的特征。在表面上,由于原子没有形成硅块体中的四个共价键的结构,体系的能量较高。为了降低体系的能量,表面原子会偏离理想结构中的位置,达到能量最低的状态,这就是硅纳米线的表面重构现象。表面重构对于硅纳米线的结构,电学性质具有重要影响。因此,采用合适的理论方法来探讨硅纳米线的表面重构显得非常必要。Zhao 等人计算了硅纳米线的总能量[360],并分析了表面、edge 和内晶核的原子对于总能量的贡献。计算结果表明,当硅纳米线的直径小于 6 nm 时,优化得到的硅纳米线的结构为具有五次对称性的多晶硅纳米线,而不是单晶硅纳米线。另外,表面重构对于硅纳米线的结构稳定性也具有重要影响。Kagimura 等人采用密度泛函软件 SIESTA 也计算了直径在 0.5 nm 到 2 nm 之间的硅纳米线的稳定结构和总能量[361],他们分析了金刚石结构、类似于块体结构和类似于富勒烯结构的硅纳米线的相对稳定性,对于直径小于 1 nm 的硅纳米线,具有金刚石结构的硅纳米线是不稳定的,容易形成具有非晶结构的硅纳米线。对于直径在 0.8 nm 到 1 nm 之间的硅纳米线,类似于富勒烯的硅纳米线具有最高的稳定性。当直径小到 0.5 nm 左右时,具有六边形结构的硅纳米线相对更加稳定。曹等使用 VASP 软件研究了[100]硅纳米线的几何结构和总能量[362],对于直径小于 1.7 nm 的硅纳米线,具有正方形横截面的硅纳米线显得更加稳定,这主要是由于表面重构和小尺寸硅纳米线中较强的角与角之间的共同作用引起的。

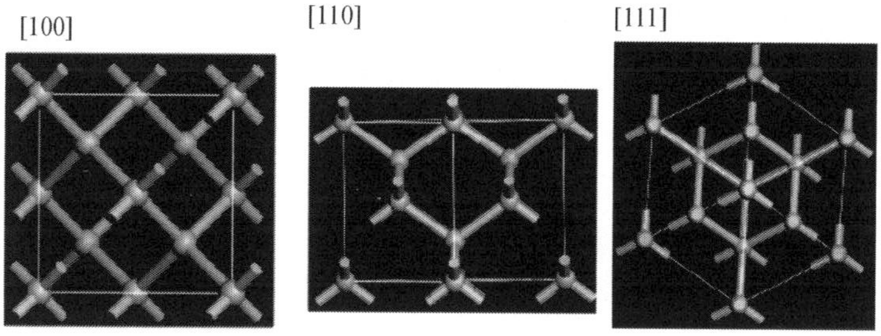

图 5.16　沿着[100],[110],[111]方向观察的硅块体的结构

5.2.2　半导体纳米线的性质及应用

与金属纳米线一样,一维半导体量子线具有与块体材料截然不同的特异性质。当材料的直径与它的德布罗意波长相当时,导带与价带进一步分裂,能隙将随着直径的减小而增大,各种量子效应、非定域量子相干效应、量子涨落和混沌、光生伏特效应及非线形光学效应等都会表现得越来越明显,这必将从更深层次上揭示低维材料所特有的新现象。同时,可望为新一代固态电子、光电子器件的研制奠定基础,并将对 21 世纪的信息高科技产业产生深远的影响。例如量子线材料比量子阱材料更容易达到激光作用所必需的粒子数反转,故更适于制作激光

器,而对量子阱材料则需要考虑整个子带的填充。由于量子线比量子阱有更大的量子限制效应,用量子线材料制作的激光器将降低其阈值电流密度,提高直接调制速度,使光谱线变窄,降低阈值电流对温度的敏感性。利用量子线控制杂质散射的原理,可以制成量子线沟道场效应晶体管,单模量子线可制作量子干涉 FET 和布喇格反射量子干涉 FET 等电子干涉效应器件。

与块体材料比较,低维纳米材料由于极大的表面-容积比以及可能存在的量子限域效应,呈现出不同的光、电、化学及热性能。当前一维半导体纳米材料的研究已成为材料科学的前沿,无论是它们对科学发展的重要性(如在理解量纲与尺寸对物理性质作用的基本概念方面的价值),还是因为它们在很广的范围内(包括化学、物理、电子学、光学、材料科学等方面)潜在的应用价值都是非常巨大的。

Si 纳米线作为一种非常典型的纳米结构,具有非常丰富的物理性质。了解 Si 纳米线物理性质有助于理解纳米线与块体材料的异同及其所在纳米尺度下呈现的量子效应。这里,我们以 Si 纳米线为例来说明半导体纳米线的一些物理性质及其应用

1. Si 纳米线的光学性质

图 5.17(a)是典型的 Si 纳米线阵列的拉曼光谱[363]。最显著的特征是约 513 cm^{-1}位置处的峰,归因于一阶光学声子模(TO)的散射。与体材料硅(c-Si)的 TO 模式比较,Si 纳米线阵列相应的拉曼峰从 520 cm^{-1}降到 513 cm^{-1},TO 模式的半峰宽大约从 2.8 cm^{-1}变为18 cm^{-1}。峰红移、较大的半峰宽和不对称性可能与 Si 纳米线阵列的小直径、独特的形状和高表面-容积比引起的量子限域效应相关。Si 纳米线阵列的这些典型的拉曼光谱特征同样会出现在自由分散的 Si 纳米线中[364, 365]。对 Si 纳米线阵列的光致发光谱(Photoluminescence Spectrum, PL)研究表明,c-Si 相比,其室温 PL 强度增加了 4 倍[363]。不过,Si 纳米线的 PL 强度随温度升高会迅速衰减。图 5.17(b)所示为退火处理后 Si 纳米线的 PL 光谱[366],可以看到在 538.6 nm处有很强的峰,其对称性良好。这说明退火后 Si 纳米线消除了缺陷及内应力。这种强的可见光波(538.6 nm)的光致发光可能暗示了量子限域效应使 Si 纳米线转变为直接带隙。因此通过仔细"裁剪"和控制 Si 纳米线的直径、长度及生长方向等微观参数,完全有可能将其应用于未来的纳米级光学器件中。

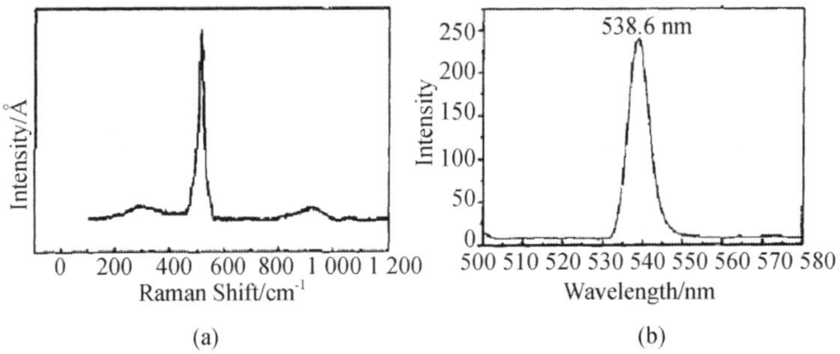

图 5.17 (a) Si 纳米线阵列的拉曼光谱[363];(b) 退火处理后 Si 纳米线的 PL 光谱

2. Si 纳米线的电学性质

Cui 等[367]对 Si 纳米线的 $I-V$ 曲线及其掺杂特性进行了研究。图 5.18(a)所示为不同栅电压下直径为 70 nm 的本征 Si 纳米线的 I(电流)$-V$(偏压)曲线,其中曲线 1,2,3,4,5,6 和 7

分别对应于栅电压 Vg 为 -30，-20，-10,0,10,20 和 30 V。图 5.18(b)为直径 150 nm 掺硼 Si 纳米线的 $I-V$ 数据，其中曲线 1 ~ 8 分别对应于栅电压 Vg 为 -20，-10，-5,0,5,10,15 和 20 V。当 Vg = 0 时，掺硼 Si 纳米线的电阻率比本征 Si 纳米线小 2 个数量级。显然，电导率随栅电压的增加而减小，这是 P 型半导体的特征。图 5.18(c)为 60 nm 直径掺磷 Si 纳米线的 $I-V$数据，其中曲线 1 ~ 6 分别对应于栅电压 Vg 为 20,5,1,0，-20 和 -30 V。其电导率随栅电压的增加而增加，暗示掺磷 Si 纳米线是典型的 N 型半导体。

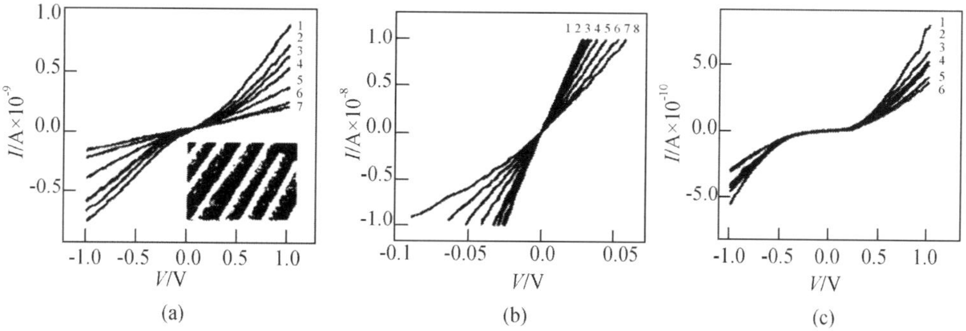

图 5.18 本征(掺杂)Si 纳米线的电流 - 偏压曲线[367]

掺杂技术是硅在当今微电子领域广泛应用的重要基础。从 Cui 小组[367]的研究结果可以看出，对 Si 纳米线的微观结构进行 P 型或 N 型半导体掺杂已成为可能。今后的方向在于提高掺杂精度，实现其浓度的可控调节。另一方面，掺硼(掺磷)Si 纳米线的电导率可以在几个数量级的范围内变化，并由栅电压控制，这种电特性能够满足不同的电路设计及功能元件的需要。

3. Si 纳米线的场发射性能

目前的场发射器阵列技术已发展到接近实际应用的阶段，制备具有高的束填充密度的大面积场发射器阵列至关重要。有尖锐端部的纳米管和纳米线是一类有望应用于冷阴极场发射器件的材料[368]，用有序 Si 纳米线阵列来制作场发射阵列器件是值得研究和关注的。图 5.19 是将 Si 纳米线阵列制成简单场发射器件的电流 - 电压曲线[363]，可以看到其发射过程比较稳定。要产生 0.01 mA/cm^2 的电流密度所需要的电子发射开启场强约为 14 V/μm，这与其他材料(碳纳米管和 SiC)的场发射器相当。

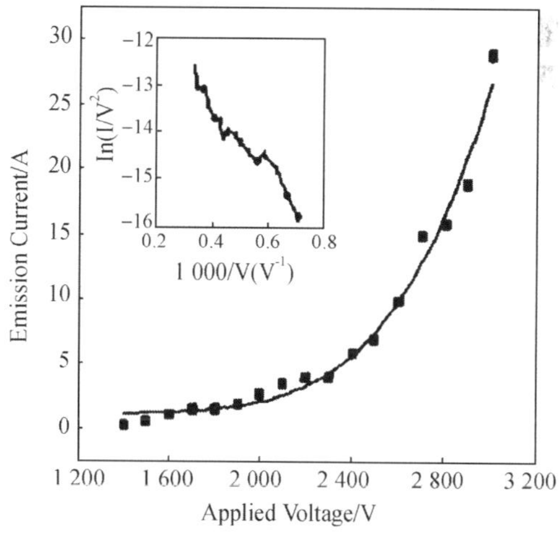

图 5.19 Si 纳米线阵列的发射电流 - 电压曲线[363]

4. Si 纳米线的热稳定性及热导率

一维纳米结构的热学性质在纳米尺度的光电子器件中相当重要。因为纳米结构材料的熔点将大大降低，在作为功能元件或互连时，它们的耐热能力减弱可能会是一个不足之处，所以我们必须考虑其热稳定性和热导率。当一维纳米结构的尺寸减小到声子平均自由程的范围内时,由于声子边界散射,其热传导率会减小。分子动力学模拟计算表明,在温度范围 200 ~ 500 K,Si 纳米线的热传导率大约比体材料硅小两个数量级[369]。Li 等[370]制作了微型器件对单根单晶 Si 纳米线的热导率进行了测量。图 5.20 所示为不同直径的本征 Si 纳米线的热导率随温度变化曲线。可以看出,Si 纳米线的热导率比材料硅小两个数量级,证实了上述计算的结果。另一方面,Si 纳米线的热导率随其直径的减小而降低,当 Si 纳米线的直径小于 20 nm时,其声子散射关系需要修正(声子限域的结果)。

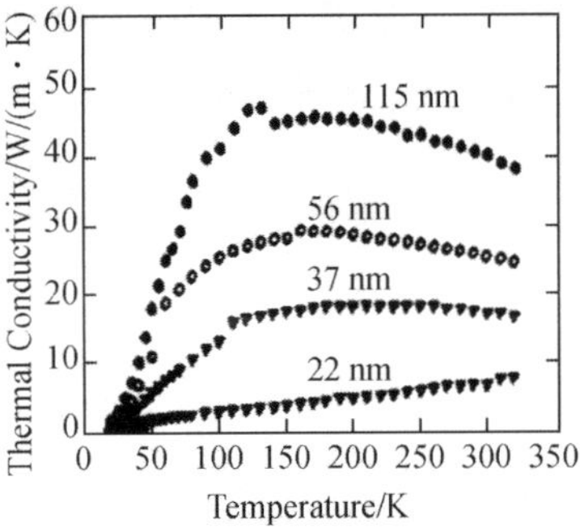

图 5.20 不同直径的硅纳米线的热导 - 温度曲线[371]

对 Ti 催化生长的 Si 纳米线的热稳定性[371]的研究发现,具有自然氧化层的 Si 纳米线在 900 ℃甚至更高温度下都没有明显的形貌变化,而没有自然氧化层的 Si 纳米线在 850 ℃仍能保持稳定。Si 纳米线的这种低热传导率的减小有望应用于热电制冷和发电,初步的热稳定性研究暗示 Si 纳米线能够耐受目前微电子电路的热环境,并在其中安全可靠地工作。

5. Si 纳米线的应用

Si 纳米线的量子限域效应与材料的低维度相关,衬底上生长的纳米线有很高的表面/体积比,这表明它可能与体材料的物理化学性质完全不同。从这个观点来看,Si 纳米线具有很多潜在的应用前景,例如与表面效应相关的高容量小尺寸可充电电池。实际上,最近有报道表明,用 Si 纳米线作锂电池的电极材料,其容量比常见的高 8 倍[372]。另一方面,Si 纳米线仍然保持了半导体的电学性质,可以掺杂为 N 型或 P 型半导体。有报道证实 Si 纳米线具有简单的场效应晶体管功能[367]。Peng 等制备了大面积的硅纳米线 P - N 结阵列[373],具有类似于二极管的整流效应。而特殊掺杂的 P 型和 N 型 Si 纳米线则能够组装成 P - N 结、二极晶体管和互补倒相器,并表现出良好的整流及放大特性。这些结果说明通过优化掺杂技术,Si 纳米线能够用于制作纳电子器件的关键组件,既可以作为其中的功能单元也可以用于器件互相连接。此外,还有人研究了 Si 纳米线作为化学探测器的可行性,将其应用于微量浓度的 NH_3 的检测[373]。一维 Si 纳米材料的显著优点是可以很好地与目前的硅基微电子技术相结合[374],兼容性良好,不存在晶格失配的问题。就目前的进展而言,Si 纳米线的研究已全面展开;特殊形态的一维 Si 纳米结构,还很难在生长参数上进行合理控制,其可能的特殊应用值得探讨。另一方面,Si 纳米线及其引申而来的大多数应用还处于技术发展的早期阶段,在发挥重要的应用潜力之前,还有很多问题有待研究并加以解决。首先,我们需要系统研究并良好控制 Si 纳米线的化学、热学、力学稳定性。由于 Si 纳米线生长机制的限制,常常需要高温、危险的硅前驱体、复杂的装置和其他严格的条件。而且,这些过程生长 Si 纳米线比较缓慢,成本较高。所以对于 Si 纳米线的合成,如何使工艺过程简单有效,提高其产率和纯度,实现其尺寸和方向上的可控生长,讨论金属催化剂对其性能的影响,对掺杂特性的表征等,都是值得深入研究的方向。此外,就现有的技术而言。Si 纳米线的有序阵列对于测试单个纳米线的性质和将它们有效组装成器件都很重要。因此,如何大面积低成本地制备高纯度、高度定向的 Si 纳米线阵列是一个很大的挑战。化学合成 Si 纳米线面临的第二个挑战是它们如何自组装成复杂结构或器件体系,这将直接决定它们在未来纳米电器件中的应用前景。

5.3　纳米线物理性质的唯象理论

纳米线相对于块材料与其他纳米结构材料，具有其独特的物理性质与行为。就目前而言，尚未有相关完备理论对其物理性质与行为进行解释，仅有一些唯象理论部分地解释纳米线相关的物理机制。以下，将就当前一些主要的基于纳米线(量子线)物理性质的唯象理论进行介绍。

5.3.1　纳米线的热力学模型

从未来纳米电子器件应用的角度，对各种金属纳米线的力学和热力学性质的研究是必需的。各种温度环境下体系的结构和热力学性质的演化，以及在外部荷载下纳米线的弹性与塑性形变机制的研究，也是近年来金属纳米线研究的重要方向之一，分子动力学方法是研究这类问题的有力工具。

由于具有较大的表面体积比，纳米线的融化行为与块体明显不同。Wang 等人从优化的金纳米线螺旋多壳结构出发，采用常温分子动力学分析纳米线的热力学行为，讨论这种奇异结构的纳米线的融化行为[313]。定义原子键长的均方根涨落为

$$\delta = \frac{2}{n(n-1)}\sum_{i<j}^{n}\frac{(<r_{ij}^2>_t - <r_{ij}>_t^2)^{1/2}}{<r_{ij}>_t} \tag{5.2}$$

每个原子热容与能量 E 的涨落的关系为

$$C_v = \frac{(<E^2> - <E>^2)}{nk_BT^2} \tag{5.3}$$

这里的 r_{ij} 是 i 和 j 核间的距离；n 是超胞中的总原子数；k_B 是 Boltzman 常数；$<\cdots>$ 表示系统平衡后在正则系综的热力学统计平均。

常温分子动力学的时间步长为 2.15×10^{-15} s，开始 10^5 步使系统趋于平衡，用 10^6 步来得到物理量的热力学平均。图 5.21 给出单链中心纳米线(图 5.4 中的 A5(18－12－6－1))在不同温度下结构演化轨迹的快照。在较低的温度下内部原子沿着线轴方向扩散，而没有表面融化发生。由于纳米线的表体比相对较大，与块体比又有较高的对称性，因此，纳米线中的内部原子结合能比块体低，使得它们容易沿着线轴方向扩散。同时研究发现优先形成外层螺旋结构，这可能意味着纳米线中表面比内部更稳定。因此，低维纳米线系统融化从内核开始，内核的融化温度比外壳及整体融

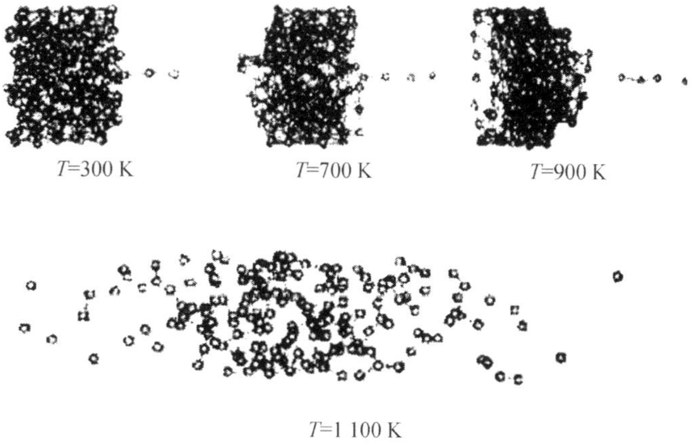

图 5.21　Au 纳米线 A5 随温度升高的结构演化[313]

化温度低。

为了阐明表面原子和内核原子融化行为的差异，图 5.22 中画出了 A5 线的表面原子(δ_s)和内核原子(δ_c)及整个系统的均方根(δ)键长涨落随温度的变化情况。可以清楚地看出，在表面原子融化之前，内核的融化行为与整体非常相似，在 350 ~ 1 000 K 区间 δ_s 几乎不变，而 δ_c 有小幅涨落而导致整体 δ 的小幅涨落。这说明纳米线开始的融化行为来自内核原子。三个参数在很窄的温度区域(1 000 ~ 1 150 K)以类似的方式快速增加，说明表面原子和内核原子在该区域对系统的融化有同样的效应。在 1 150 K 以上，三个参数同时稳定平滑变化，表明系统进入了完全融化状态。结合图 5.21，融化过程可能是这样进行的：随着温度的升高，最内层原子首先沿着线轴方向移动，形成小幅涨落；温度进一步升高，里面第二层原子由于约束减小，容易沿着轴线移动，导致 相对大的增加；当温度继续增高时，里面第三层原子也发生迁徙，沿轴线越跑越远，温度足够高时，表面原子也发生大的迁徙，系统完全融化。因此金纳米线中内核原子的融化在表面原子之前。由此可以看到螺旋多壳结构金纳米线融化有其独特的行为，融化温度低于体材料但高于纳米团簇，融化行为与线的内部结构特征密切相关，从纳米线的内核芯开始，芯融化温度低于完全融化，在金纳米线中没有观察到表面融化现象。

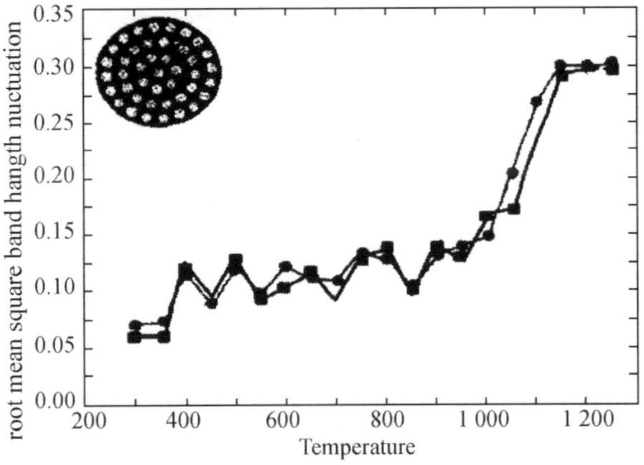

图 5.22 Au 纳米线的整体、中心和表面原子的均方根键长涨落随温度的变化[313]

5.3.2 量子线的能带结构及输运理论

1. 量子线受限截面的子带能级

考虑一沿 z 轴方向为无限长的量子线，在 x 和 y 方向受限。则电子在 x 和 y 方向存在限制势垒，而沿 z 方向作自由运动，体系在受限平面的薛定谔方程为

$$\left[-\frac{\hbar^2}{2m^*}\left(\frac{\partial^2}{\partial x^2}+\frac{\partial^2}{\partial y^2}\right)+V(x,y)\right]\phi_{mn}(x,y) = E_{mn}\phi_{mn}(x,y) \tag{5.4}$$

式中，$V(x,y)$为因量子线截面平面内小尺寸导致的电子受限势垒。

电子的总波函数和本征能量分别为

$$\psi_{mnk}(x,y,z) = \phi_{mn}(x,y)e^{ikz} \tag{5.5}$$

$$E_{mnk} = E_{mn} + \frac{\hbar^2k^2}{2m^*} \tag{5.6}$$

对于单根量子线，(x,y)取值在量子线的截面内，势能 $V(x,y)$取值为零；(x,y)取值在量子线的截面外，势能 $V(x,y)$取值为无穷大。这里取两种最简单的截面形状来讨论。

若截面为长和宽分别为 a,b 的矩形，则体系的电子波函数和本征能量为

$$\psi(x,y,z) = \left(\frac{4}{ab}\right)^{\frac{1}{2}} \sin\frac{\pi m x}{a} \sin\frac{\pi n y}{b} e^{ikz} \tag{5.7}$$

$$E_{mnk} = \frac{m^2\pi^2\hbar^2}{2m_x^* a^2} + \frac{n^2\pi^2\hbar^2}{2m_y^* b^2} + \frac{\hbar^2 k^2}{2m_z^*} \tag{5.8}$$

式中,$m,n=1,2,3,\cdots$为量子数;m_x^*, m_y^*, m_z^* 分别为电子沿 x,y,z 轴方向的有效质量。

显然,本征能量因截面的纳米尺寸限制而量子化。

若截面为圆形,电子被无限高势垒限制在截面半径为 d 的无限长纳米圆柱中运动。体系在受限平面内的薛定谔方程改写为

$$\left[-\frac{\hbar^2}{2m^*}\left(\frac{1}{r}\frac{\partial}{\partial r}\left(r\frac{\partial}{\partial r}\right)+\frac{1}{r^2}\frac{\partial^2}{\partial\theta^2}\right)+V(r)\right]\phi_{mn}(r,\theta) = E_{mn}\phi_{mn}(r,\theta) \tag{5.9}$$

限制势垒 $V(x,y)$ 为 $V(r)$ 仅与到截面中心的距离 r 有关,与角度 θ 无关。可以求得,体系的本征函数和能量本征值分别为

$$\psi(r,\theta,z) = AJ_{nm}(r)e^{in\theta}e^{ikz} \tag{5.10}$$

$$E_{mnk} = B_{mn} + \frac{\hbar^2 n^2}{2m^*} + \frac{\hbar^2 k^2}{2m^*} \tag{5.11}$$

本征能量因截面所在平面的纳米尺寸限制而出现分裂,为量子化能级子带。

2. 模匹配方法及量子线中的束缚态

在量子线结构中一个很吸引人的现象就是存在量子束缚态。研究量子束缚态的属性对于理解一些光电实验和现象具有重要意义。量子束缚态可以引起许多有趣的光学性质,如增加激子束缚[375]、增强光学非线性[376]及激子激光发射[377]。而电导图谱中的传输共振和反共振也和量子束缚态有密切的联系,这就为裁剪电子输运属性提供了可能[378]。这些丰富的物理现象对设计新型的光电设备是非常重要的。因此,对各种量子线中量子束缚态的研究已经广泛地开展起来了[378~381]。在这些经典非束缚体系中存在束缚态是介观体系量子效应的体现。模匹配方法是计算量子线中束缚态的一种常用的量子方法,下面我们以计算十字型量子线中的束缚态为例来简单介绍一下模匹配方法[382]。

考虑如图 5.23 所示 $X-Y$ 平面上的十字型量子线。通过点线可以把结构分成 5 个区域,即四个电极 1,2,3 和 4 分别连接到中间区域 5 上。十字型量子线所有手臂都有相同的宽度 W。在每个区域中,能量为 E 的电子波函数 ψ 可以写成对应量子线中传播和衰减模式的线性组合。因此,在左手臂中电极 1 的波函数 ψ_1 可以表示为

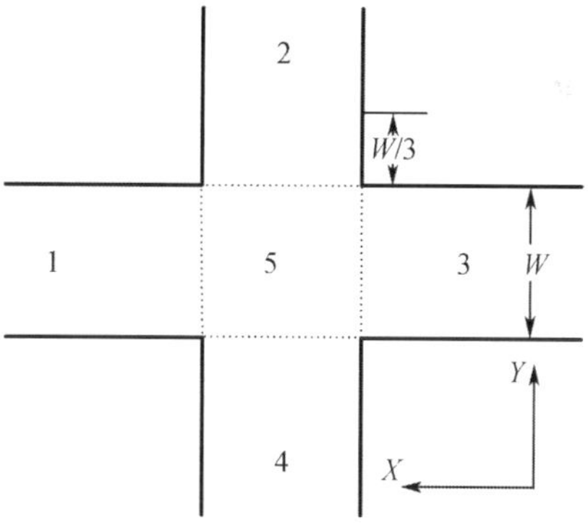

图 5.23　十字型量子线的结构图,其中 1,2,3 和 4 是四个电极。十字型量子线所有手臂都有相同的宽度 W。X 和 Y 轴的坐标原点在区域 V 的右下角。

$$\psi_1 = \sum a_n^1 \sin(n\pi y/W)\exp(-k_n^1 x) \tag{5.12}$$

式中,波数 k_n^1 满足 $(n\pi/W)^2-(k_n^1)^2=2mE/\hbar^2$。在描述电极 2 的波函数中,用 a_n^2 代替式(5.12)中的系数 a_n^1 并且交换坐标 x 和 y

$$\psi_2 = \sum a_n^2 \sin(n\pi x/W)\exp(-k_n^2 y) \tag{5.13}$$

同样地，在其他两个手臂中分别使用系数 a_n^3 和 a_n^4。而在区域 5 中的波函数可以表示成

$$\psi_5 = \sum \{\sin(n\pi x/W)[b_n \exp(-k_n^2 y) + c_n \exp(k_n^2 y)] + \sin(n\pi y/W)$$
$$[d_n \exp(-k_n^1 x) + e_n \exp(k_n^1 x)]\} \tag{5.14}$$

在每个边界上，根据波函数及其导数的连续性可以得到两个方程，把所得到的两个方程投影到 n 个模式。由于结构中存在 4 个界面，因此一共有 8 个边界条件。利用这些边界条件，然后根据 sin 函数的正交性可以得到一个 $8n\times 8n$ 的矩阵 $\boldsymbol{M}_{ij}$，其中包含 $8n$ 个系数 $a_n^1, a_n^2, a_n^3, a_n^4, b_n, c_n, \cdots$。则根据边界条件得到的方程可以表示成一个矩阵方程 $\boldsymbol{M}_{ij}V_j=0$（V_j 由 $8n$ 个系数组成）。结构中存在束缚态的条件是 $\det|\boldsymbol{M}|=0$，也就是说，束缚态能量 E 满足 $\det|M(E)|=0$。当我们得到了束缚态能量 E，就可以求得系数及相应的波函数。

一般来说，能量本征值是一个复数 $(E_R, -\gamma/2)$，其中 γ 是共振峰的半宽度。然后本征态的活动时间可以通过下式求得

$$\tau = \frac{1}{\gamma} \tag{5.15}$$

图 5.24 是用模匹配方法计算的十字型量子线中束缚态的能量与下手臂中势垒高度的关系图。[382] 当 $P=0$（没有势调制）时，$E=E_1$ 是完美十字型量子线中束缚态的能量。当一个较弱的势 P 加入到区域 6 中时，能量随着势垒高度的增加而快速线性增加，但是在较强的势调制下能量变化非常缓慢。当 $P=\infty$ 时，电极 4 与中间区域的耦合完全消失。这时的十字型量子线等价于一个 T 型量子线，而 T 型量子线中束缚态的能量 $E=E_2$（短横线所示）。图 5.24 插图中束缚态的电子概率密度图显示了束缚态在势调制下的演化过程。在没有势调制时，由于对称的几何结构，概率密度分布图也反映出一种四重对称性。束缚态中的电子以很大的概率分布在角区域，而在手臂区域中概率密度指数衰减，因此束缚态中的电子被束缚在 T 结附近。当下面的手臂中存在势调制时，四重对称性被破坏。随着势调制强度的增加，束缚态的波函数逐渐被推出下面的手臂而扩展到其他三个手臂中。当 $P=\infty$ 时，波函数在下面的手臂中完全消失而整个被局域在 T 型量子线中。

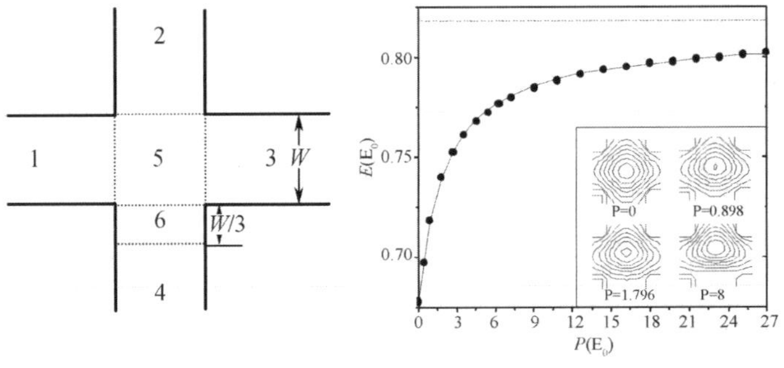

图 5.24 (a) 下面的手臂中存在势调制的十字型量子线。P 表示区域 6 中势垒的高度。十字型量子线所有手臂都有相同的宽度 W，所有势垒的宽度为 $W/3$；(b) 右图：十字型量子线中束缚态能量随势垒高度 P 变化的关系图。能量的单位是 $E_0=\hbar^2\pi^2/(2mW^2)$（插图：束缚态在势调制 P 下的电子概率密度图）

3. 格林函数方法及 T 型量子线的输运理论

从 20 世纪 50 年代开始，量子场理论中的格林函数方法被用于研究统计物理学中的问题。到 20 世纪 60 年代后期，格林函数理论在固体物理等多个领域得到了进一步拓展，被认为是一种强有力的数学工具[383]。但是在很多实际问题中，如一些较复杂的有限尺寸量子系统，要得出其格林函数的解析表达式是很困难的，因此必须要通过数值计算来解决。格点格林函数方法[384]是通过把系统分离成一些格点，然后通过计算这些格点及格点间的格林函数，进而得出整个体系的格林函数的一种有效数值计算方法。它与其他的一些数值方法如有限元法[385]转移矩阵法[386]、散射矩阵法[387]等相比较，格点格林函数方法能够很方便地处理磁场和无序(掺杂)等问题。在系统的某个区域加入磁场时，只需要考虑一个 Peierls 相位因子。当系统的自由度很大时，用一般的格点格林函数方法求解系统的格林函数就对应一个很大维数的矩阵计算。虽然计算机技术飞速发展，但是计算机的容量仍然制约着人们所能直接处理的矩阵的维数。在这种情况下，迭代技术已经被越来越广泛地应用于处理这一类问题。递归格林函数方法也在这种要求下得到了很大的发展。Lee [388]和 MacKinnon[389]等作了开创性的工作，然后人们又发展了各种递归格林函数方法来处理一些具体的结构或边界条件下的尺寸效应和多终端效应。如 Soles[390]等用递归格林函数方法计算了有 T 型突起的量子线的电子输运性质，Ando[391]则考虑了在磁场调制下的量子点接触的电导。

在量子物理中，格林函数常常被定义为

$$[E - H(\vec{r})]G(\vec{r},\vec{r}';E) = \delta(\vec{r} - \vec{r}') \tag{5.16}$$

式中，E 是复变量；H 是一个厄米的含时算符。

如果 $E - H$ 的本征值是非零的，我们可以写出格林函数的等价定义式

$$G = \frac{1}{E - H} \tag{5.17}$$

如果 H 的本征函数 ψ_n 是正交完备的，且 λ_n 是其相应的本征值，则

$$G = \sum_n \frac{|\psi_n\rangle\langle\psi_n|}{E - H} \tag{5.18}$$

我们可以利用它来计算格林函数。在格点和混合表象中，格林函数具有不同的表达形式，但是它们可以相互转换。只要我们知道了体系的格林函数，我们就可以计算出与格林函数相关的物理量。如：

系统的局域态密度(LDOS)和态密度(DOS)

$$\mathrm{LDOS} = \mu \frac{1}{\pi}\mathrm{Im}G^{\pm}(\vec{r},\vec{r}';E) \tag{5.19}$$

$$\mathrm{DOS} = \mu \frac{1}{\pi}\mathrm{Im}\{TrG^{\pm}(E)\} \tag{5.20}$$

这里我们通常引入一个辅助函数

$$\tilde{G}(E) = G^{+}(E) - G^{-}(E) = 2\mathrm{Im}G^{\pm}(E) \tag{5.21}$$

则

$$\mathrm{LDOS} = -\frac{1}{2\pi i}\tilde{G}(\vec{r},\vec{r}';E) \tag{5.22}$$

电子从左边电极第 β 个模式通道透射到右边电极第 α 个模式通道的传输系数表示为

$$t_{\alpha\beta} = \left(\frac{v_\alpha}{v_\beta}\right)^{\frac{1}{2}} \{V\psi^{-1}(+) < N+1 \mid G \mid 0 > P[F^{-1}(+) - F^{-1}(-)]\psi(+)\}_{\alpha\beta} \quad (5.23)$$

式中，v_β, v_α 分别表示左右电极中第 β 和第 α 个通道的电子波包的速度；$<N+1|G|0>$ 是体系的格林函数；$V, P, [F^{-1}(+) - F^{-1}(-)]\psi(+)$ 及 $F(\pm)$ 将在下一节进行说明。

通过 Landauer 公式求得两终端间的电导

$$G = \frac{2e^2}{\hbar} \sum_{\alpha\beta} \mid t_{\alpha\beta} \mid^2 \quad (5.24)$$

假定量子线的宽度为 W，如图 5.25 所示，其中 L 和 R 分别表示作为电极的左右半无限长量子线，而 M 表示量子线中的散射区域。可以用紧束缚模型来描叙这个准一维量子体系

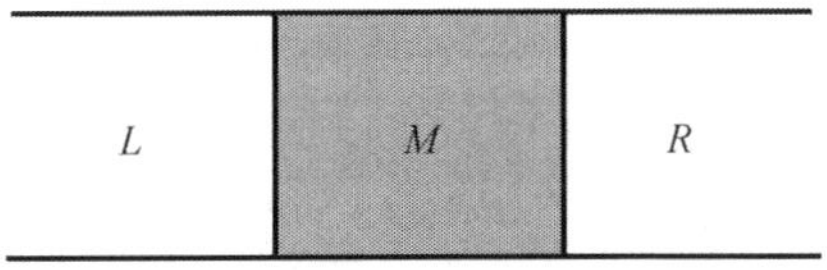

图 5.25 量子线模型

$$H = \sum_{i,j} \varepsilon_{i,j} \mid i,j > < i,j \mid + \sum_{i,j} V(\mid i,j > < i,j+1 \mid + H.c) + \sum_{i,j} V(\mid i+1,j > < i,j \mid + H.c) \quad (5.25)$$

式中，$\varepsilon_{i,j}$ 是格点 (i,j) 的格点能；V 是描述最近邻格点之间相互作用的矩阵元。

通常情况下，$V = -\hbar^2/2m^* a^2$（a 和 m^* 分别是晶格常数和电子有效质量）且 $\varepsilon_{i,j} = -4V$。我们可以采用格林函数方法来计算量子线的电子输运性质。

在格点表象下，左右电极 p, q 的格林函数分别表示为

$$G_p^R = V^{-1}F(+), G_q^R = V^{-1}F^{-1}(-) \quad (5.26)$$

其中

$$F(\pm) = \psi(\pm)\cdots(\pm)\psi^{-1}(\pm), \psi(\pm) = (\psi_1^\pm, \psi_2^\pm, \cdots, \psi_M^\pm) \quad (5.27)$$

$$\cdots(\pm) = \begin{bmatrix} \lambda_1^\pm & & \\ & O & \\ & & \lambda_M^\pm \end{bmatrix} \quad (5.28)$$

而 $\lambda_i^\pm$ 和 $\psi_i^\pm$ 分别表示量子线中向左、右传播模式的本征值和本征函数。

对于一些自由度较大或者边界条件较为复杂的体系，系统的格林函数对应着一个很大很复杂的矩阵。这些矩阵的计算将耗费大量的计算机资源，如计算时间和计算机的内存。如果减少矩阵的维数，则计算结果的精度要受到影响。为了解决这个问题，我们可以采用递归的方法来计算格林函数。这里，我们以一维体系为例描述格林函数的递归过程。

图 5.26 表示两个相邻的耦合的晶格部分 L 和 R。值得注意的是，这个图和所推导出来的方程对任意维度系统都有效。也就是说图中的黑圆圈可以代表一个单一的格点（一维）、一个横向的格点链（二维）或者一个横向的格点面（三维），这些圆圈也和每个格点对应的格林函数相联系。两个分离的部分 L 和 R 分别代表了格林函数 G_L 和 G_R，这些格林函数我们可以用前面两种表象或用下面的递归过程求得。我们下面要推导的是两部分耦合以后的格林函数 G_{L+R}。

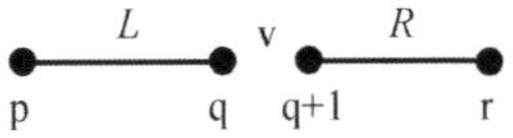

图 5.26 两部分耦合的晶格体系

递归格林函数的基础是 Dyson 方程

$$G = G^0 + G^0 \hat{V} G \quad (5.29a)$$

$$G = G^0 + G\hat{V}G^0 \tag{5.29b}$$

式中，G^0 是没有微扰下的哈密顿量 H_0 所对应的格林函数；V 是两部分间的微扰势；G 是加入微扰后的哈密顿量 $H_0 + V$ 所对应的格林函数。

根据选择的表象，我们用如下的标记

$$\langle r | G | p \rangle = G_{rp} \tag{5.30}$$

来表示两格点 p 和 r 间的格林函数。则根据 Dyson 方程可得

$$\langle r | G | p \rangle = \langle r | G^0 | p \rangle + \sum_{a,b} \langle r | G^0 | a \rangle \langle a | V | b \rangle \langle b | G | p \rangle \tag{5.31}$$

这里我们插入了两任意格点态 $|a\rangle$，$|b\rangle$ 的完全基组。因为在图 5.27 中，V 只单独地作用在格点 q 和 $q+1$ 之间，没有从 p 到 r 或者从 q 到 r 的已知格林函数 G^0，(5.31) 式简化为

$$\langle r | G | p \rangle = \langle r | G^0 | q+1 \rangle \langle q+1 | V | q \rangle \langle q | G | p \rangle \tag{5.32}$$

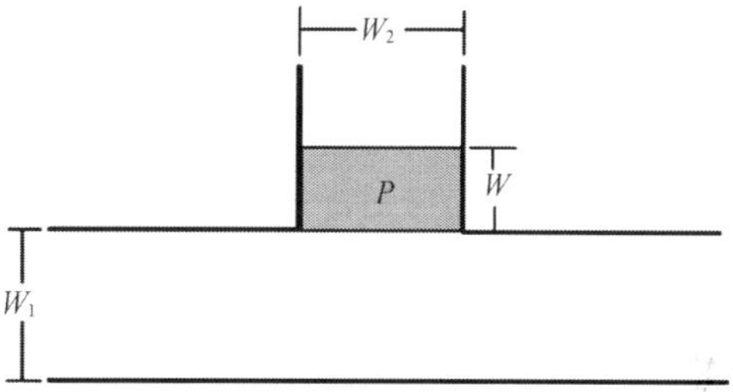

图 5.27　势调制下的 T 型量子线（W_1 和 W_2 分别表示水平和垂直纳米线的宽度，而 W 和 P 则分别表示垂直纳米线中势垒的宽度和高度）

根据 (5.30) 的标记，我们把矩阵方程写成

$$G_{rp}^{L+R} = G_{r,q+1}^{R} V_{q+1,q} G_{qp}^{L+R} \tag{5.33}$$

同样我们可以得到下面的矩阵方程

$$G_{qp}^{L+R} = G_{qp}^{L} + G_{qq}^{L} V_{q,q+1} G_{q+1,p}^{L+R} \tag{5.34a}$$

$$G_{q+1,p}^{L+R} = G_{q+1,q+1}^{R} V_{q+1,q} G_{qp}^{L+R} \tag{5.34b}$$

$$G_{pp}^{L+R} = G_{pp}^{L} + G_{pq}^{L} V_{q,q+1} G_{q+1,p}^{L+R} \tag{5.34c}$$

由 (5.34a)(5.34b) 式可得到包含了右边的格点微扰后左半部分的格林函数

$$G_{qp}^{L+R} = G_{qp}^{L} + G_{qq}^{L} V_{q,q+1} G_{q+1,q+1}^{R} V_{q+1,q} G_{qp}^{L+R} \tag{5.35}$$

我们用 $\sum_q^R = V_{q,q+1} G_{q+1,q+1}^{R} V_{q+1,q}$ 来代表所谓的自能项，从而 (5.35) 式可以用自能项写成

$$G_{qp}^{L+R} = G_{qp}^{L} + G_{qq}^{L} \sum_q^R G_{qp}^{L+R} \tag{5.36}$$

从而可以解得

$$G_{qp}^{L+R} = \left(1 - G_{qq}^{L} \sum_q^R\right)^{-1} G_{qp}^{L} \tag{5.37}$$

把 (5.37) 代入 (5.33)，求得两部分耦合后整个的格林函数

$$G_{rp}^{L+R} = G_{r,q+1}^{R} V_{q+1,q} G_{qp}^{L+R} \left(1 - G_{qq}^{L} \sum_q^R\right)^{-1} G_{qp}^{L} \tag{5.38}$$

同样我们可以求得整个系统在 p 点的表面格林函数

$$G_{pp}^{L+R} = G_{pp}^{L} + G_{pq}^{L} \sum_q^R \left(1 - G_{qq}^{L} \sum_q^R\right)^{-1} G_{qp}^{L} \tag{5.39}$$

把一般的递推过程总结为下面的递归式

$$\langle i+1 | G^{i+1} | i+1 \rangle^{-1} = E - H_{i+1} - H_{i+1,i} \langle i | G^{i} | i \rangle H_{i,i+1} \tag{5.40a}$$

$$\langle i+1 | G^{i+1} | 0 \rangle = \langle i+1 | G^{i+1} | i+1 \rangle H_{i+1,i} \langle i | G^{i} | 0 \rangle \tag{5.40b}$$

式中，$\boldsymbol{H}_{i,j}$ 是第 i 列和第 j 列单位元之间的作用势能矩阵。

通过这些递推公式，我们可以求得整个体系的格林函数。

通常可以通过下列递推式求得整个体系除电极外的格林函数[391, 392]

$$< i+1 \mid G^{i+1} \mid i+1 >^{-1} = E - H_{i+1} - H_{i+1,i} < i \mid G^{i} \mid i > H_{i,i+1} \quad (5.41a)$$

$$< i+1 \mid G^{i+1} \mid 1 > = < i+1 \mid G^{i+1} \mid i+1 > H_{i+1,i} < i \mid G^{i} \mid 1 > \quad (5.41b)$$

式中，$<i|G^i|1>$表示第1列到第i列的格林函数；$<i|G^i|i>$表示第i列的格林函数。

当我们用递归方法求得左右电极的格林函数矩阵$\boldsymbol{G}^R_{p,q}$及电极之间区域的格林函数矩阵$\boldsymbol{G}^R$后，电子从左边电极p到右边电极q的传输系数表示为[384]

$$T_{pq} = \mathrm{Tr}[\Gamma_p G^R \Gamma_q G^A] \quad (5.42)$$

其中$\Gamma_{p,q} = i[\sum^R_{p,q} - \sum^A_{p,q}]$，$G^R = (G^A)^*$，$\sum^R_{p,q} = (\sum^A_{p,q})^* = V^2 G^R_{p,q}$是左右电极的自能。通过Landauer公式求得两终端间的电导

$$G = \frac{2e^2}{\hbar} T \quad (5.43)$$

下面我们介绍利用格林函数方法对T型量子线电子输运性质的研究。

T型量子线的概念最初是由Chang等提出来的[393]。这种结构起初受到广泛关注是因为它具有优良的光学性能[375, 394]。近来对它的电子输运性质的研究也开始展开。由于T型量子线具有开放的几何结构，使得在其内部传播的电子有很大的概率传输进入侧向的电极，从而显示出电子输运对能量的很强的依赖作用。Baranger[395]等对T型量子线不同电极间电导计算表明这种结构能够对不同能量的电子起到过滤的作用，同时改变电子在这种准一维波导管各种传播模式中的分布。Goldoni[396]等发现通过裁剪量子线的宽度和串联几个T型量子线能够得到不同的电导图谱。Bohn[397]对周期性的T型量子线序列的研究表明，当电子在T型量子线序列中输运时，侧向量子线的电导显示了一个独特的共振结构，还发现反射和透射系数可以出现同时共振的现象。最近，通过光谱分析和理论计算都表明在T型量子线中存在束缚态。这些束缚态将对T型量子的输运产生很大的影响。

在图5.28(a)~(d)中，Chen等人用格林函数方法计算了图5.27所示的单个T型量子线在垂直手臂中存在不同势调制P时的电导[398]。在计算结果中，电子能量和势的大小以$(-\mathrm{V})$为单位(V是格点之间的作用能)。实线和点线分别代表了水平方向和拐角方向的电导。当$P=0$，在$E=0.38$处水平和拐角方向的电导上都有一个反射共振谷(图5.28(a))。当阴影区域中势的大小不为零时，这个反射共振谷消失了(图5.28(b))，取而代之的是一个谷和一个峰分别出现在水平和拐角方向的电导曲线上。显然，能量在谷峰对附近的电子有较大的概率通过拐角方向。这个谷峰对是由电子的入射模式与T型量子线中的束缚态耦合引起的。在拐角方向，由于势垒的存在导致了这个方向的衰减模式与束缚态耦合，从而形成共振峰。在水平方向上，则是传播模式与束缚态的耦合因此形成了共振谷。在图5.28(e)中我们画出了对应这个谷峰对的束缚态的电子概率密度分布。由于这个束缚态本征能量的虚部$\gamma=0.031$，说明这个束缚态的活动时间很短。因此电导谱上的谷峰对对应的能量范围比较宽。随着势垒的增大，这一对谷和峰变得越来越尖锐同时移向第二传播模式的起点能处。图5.28(f)和5.28(g)分别画出了对应图5.28(c)和5.28(d)中谷峰对的束缚态的电子概率密度图。可以看到束缚态的波函数在势调制下逐渐被推出垂直量子线而向水平量子线中扩展。当势的调制足够强时，由于势垒阻断了垂直量子线和水平量子线之间的耦合，从而水平电导形成了量子化的台阶(如图5.28(d)中的虚线)。这时，波函数被完全推出T型量子线的垂直手臂。

图5.29(a)和5.29(b)给出了单个T型量子线在不同势垒宽度W时的电导。比较图

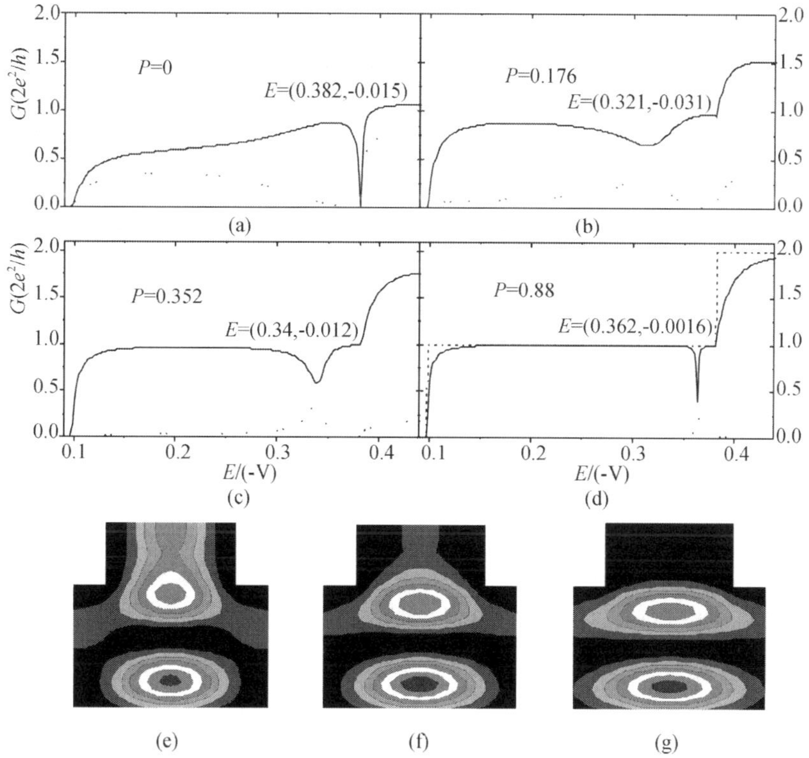

图 5.28　在单个 T 型量子线的阴影区加入不同的势调制 P 后的电导($W = W_1/3$)

(a) $P=0$；(b) $P=0.176$；(c) $P=0.352$；(d) $P=0.88$。

实线和点线分别代表水平方向和拐角方向的电导。图(d)中的虚线代表宽度为 W_1 的完美量子线的电导。(e)～(g)对应电导中谷峰对的束缚态的电子概率密度图；(e)对应图(b)中的谷峰对；(f)对应图(c)中的谷峰对；(g)对应图(d)中的谷峰对。[398]

5.29(a)和图 5.28(b)，可以看到当 W 从 $W_1/3$ 增加到 W_1 时，谷峰对也变得明显并且向低能区有一个微小的移动。这主要是因为势垒宽度的变化改变了 T 型量子线中束缚态的能量及活动时间。图 5.29(c)所示束缚态的电子概率密度也说明处于这个束缚态中的电子有较大的概率被局限在 T 型结中。当宽度 W 进一步增加到 $2W_1$ 时，在电导图谱上可以看到两个谷峰对的结构(图 5.29(b))。这就表明这时 T 型结中存在两个束缚态。在图 5.29(d)和 5.29(e)中，分别画出了这两个态的电子概率密度图。可以看到势垒宽度的增加使得束缚态中的电子进一步被局限在 T 型量子线的垂直手臂中。

从上述计算结果我们可以看到，几何结构和势调制是影响纳米结构中电子干涉效应的两个重要因素。各种不同的几何结构和势调制将会产生新的量子效应。对于单个 T－型量子线，势垒使得水平和拐角方向的电导谱上出现了一个谷峰对结构；势垒宽度的变化使得这个谷－峰对变得越来越明显并且增加了电导的振荡。这个谷峰对是由 T 型量子线中的束缚态引起的。我们可以通过对势垒高度和宽度的调制来实现对电导谱的裁剪从而得到各种电导谱。

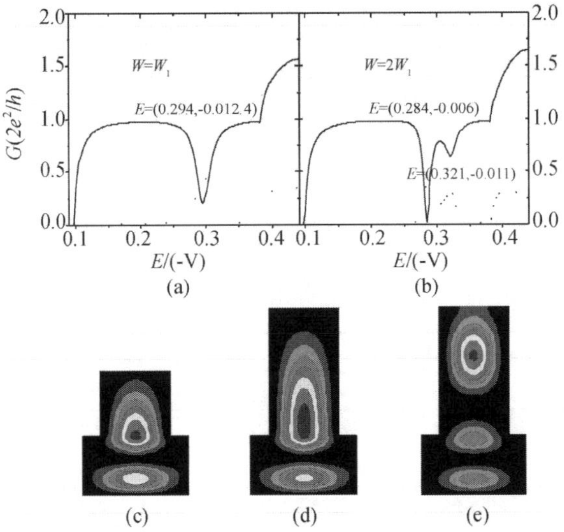

图 5.29 单个 T 型量子线中不同的势垒宽度 W_4 时的电导，其中 PVI = 0.176

((a) $W_4 = W_1$;(b) $W_4 = 2W_1$。实线和点线分别代表水平方向和拐角方向的电导。(c) ~ (e)对应电导中谷峰对的束缚态的电子概率密度图;(c)对应图(a)中的谷峰对;(d)对应图(b)中的第一个谷峰对;(e)对应图(d)中的第二个谷峰对[398])

第 6 章　低维量子结构势阱的电磁效应

6.1　Landauer-Büttiker 理论

在经典的电学理论中，电流有两种描述方式：其一是局部性描述 $j=\sigma E$，局部电流密度 j 等于该处电导率 σ 和电场 E 的乘积；其二是全局性描述 $I=GV$，总电流 I 等于通电导体的电导 G 和端电压 V 的乘积。对于大的均匀导体，两种描述没有本质差别。但对于介观结构，描述局部导电行为的电导率没有意义了，通常用电导 G 来表征体系的电子输运性质。设电子的定域化长度为 ξ、弹性平均自由程为 l、结构尺寸为 W，则 $W<l<\xi$ 时，电导为弹道式，电子散射只在边界起作用；当 $l<W<\xi$ 时，电导是扩散式的，简化的电输运图像为无规行走；而当 $\xi>W,l$ 时，电子是强局域化的。因此，电子在介观结构中输运可按其定域化长度分为三个区[399]：①弹道输运区，系统的几何尺度比电子弹性散射平均自由程小或相近，输运过程仅由边界散射所决定；②量子扩散区，系统的尺度远大于电子弹性散射平均自由程而小于非弹性散射平均自由程，电子行为表现为无规行走，表现出弱局域电性；③强局域输运区，系统的尺度大于电子非弹性散射平均自由程，表现出强局域特性。

6.1.1　两端单通道器件

假定流入导体的电流的速度（电子移动速度）为 v，密度为 n。则线性输运下的净电流密度 j 满足如下方程

$$j = nevT = nev(1-R) \tag{6.1}$$

式中，T 和 R 分别为电子隧穿势垒的透射系数和反射系数。

1957 年，Landauer 首先提出研究基于无序导体的电导理论[400]，电子在导体中的散射等效于势垒的作用，电子隧穿势垒等效为通过的电流。1970 年，Landauer 为研究位于两个理想端电极之间一段带有一维无序导体的电导而采用了一个更为简化的单通道模型[401]（如图 6.1(a)）。假定理想导线两端连接化学势分别为 μ_1 和 μ_2 的电子库。假定两接触端无反射地接收电子（绝热假设），每个接触端都发射电子束到导电结构，其中一部分通过导电结构传送到另一接触端，剩余部分被结构反射回来。设两端电极的化学势分别为 μ_1 与 μ_2，若假设 $\mu_1-\mu_2$ 非常小，可看作线性输运特性，不考虑电子自旋方向，类似方程(6.1)，从左端电极流入右端电极的净电流可由下式给出

$$I = ev\left(\frac{\partial n}{\partial E}\right)(\mu_1-\mu_2)T \tag{6.2}$$

式中，e 为基本电荷；v 为费米速度；n 为两个自旋方向中考虑正速率的电子态密度，在一维系统中，$\frac{\partial n}{\partial E}=\frac{2}{hv}$，这里 h 为普朗克常数，则总电流又可表示为

$$I = \left(\frac{2e}{h}\right)(\mu_1 - \mu_2)T \tag{6.3}$$

然而当系统内有电流流过时,系统内的电荷或电势将重新分布而平衡,这使得势垒两侧一维导体的化学势μ_A,μ_B不同于端电极的化学势μ_1,μ_2(见图6.1(b))。从图可知,在这一维系统,μ_2以下能级已被全部填满,因此我们仅需考虑$\mu_1 - \mu_2$之间的电子态密度及重新分布。因此考虑负速率的情况下,理想一维导体的态密度总数为$2(\partial n/\partial E)(\mu_1 - \mu_2)$。既然把一维导体看作具有$T$透射系数的散射势垒,则平衡后的化学势$\mu_A$,$\mu_B$由以下方程决定。散射势垒右边,$\mu_B$将由下式决定

$$\left(\frac{\partial n}{\partial E}\right)(\mu_1 - \mu_B)T = \left(\frac{\partial n}{\partial E}\right)(\mu_B - \mu_2)(2 - T) \tag{6.4}$$

而散射势垒左边,μ_B将由下式决定

$$\left(\frac{\partial n}{\partial E}\right)(\mu_1 - \mu_A)(1 + R) = \left(\frac{\partial n}{\partial E}\right)(\mu_A - \mu_2)(1 - R) \tag{6.5}$$

既然$R + T = 1$,则从式(6.4)与式(6.5)可得到

$$\mu_A - \mu_B = R(\mu_1 - \mu_2) \tag{6.6}$$

则电荷或电势重新分布后,得到的总电流表达式为

$$I = \left(\frac{2e}{h}\right)(\mu_1 - \mu_2)T = \left(\frac{2e}{h}\right)(\mu_A - \mu_B)\frac{T}{R} \tag{6.7}$$

对于理想一维导体,若设作用散射势垒的电压为V,则有

$$eV = \mu_A - \mu_B \tag{6.8}$$

则由式(6.7)与式(6.8)可得

$$G = \frac{I}{V} = \frac{Ie}{\mu_A - \mu_B} = \frac{2e^2}{h}\frac{T}{R} = \frac{2e^2}{h}\frac{T}{1 - T} \tag{6.9}$$

以上就是著名的Landauer公式,为两端单通道器件的电导公式。然而,为获得(6.9)式,在这理想一维系统中,已经假定了电子库最高填充到准费米能级μ_A,因此上式仅对于温度为0 K时是完全准确的。而在较高温度时($T > 0$ K),Büttiker等[402]假设电子库的分布符合费米分布,则一维势垒左边的电子分布函数为

$$f(E - \mu_1) = \frac{1}{\exp\beta(E - \mu_1) + 1} \tag{6.10}$$

这里由于μ_1,μ_2被考虑为准费米能级,则加上了修正系数β,同上,势垒右边的电子分布函数为

$$f(E - \mu_2) = \frac{1}{\exp\beta(E - \mu_2) + 1} \tag{6.11}$$

则某一温度时方程(6.3)中的透射系数T可写为

$$T = \int\left(-\frac{\mathrm{d}f}{\mathrm{d}E}T(E)\right)\mathrm{d}E = \int\left(-\frac{\mathrm{d}f}{\mathrm{d}E}(1 - R(E))\right)\mathrm{d}E \tag{6.12}$$

这里$T(E) + R(E) = 1$。考虑势重新分布产生的电压为

$$eV = \frac{\int\left(-\frac{\mathrm{d}f}{\mathrm{d}E}\frac{\partial n}{\partial E}R(E)\right)\mathrm{d}E}{\int\left(-\frac{\mathrm{d}f}{\mathrm{d}E}\frac{\partial n}{\partial E}\right)\mathrm{d}E}(\mu_1 - \mu_2) \tag{6.13}$$

从式(6.3),式(6.12)与式(6.13),可获得电导公式

$$G = \frac{2e^2}{h}\left[\int\left(-\frac{\mathrm{d}f}{\mathrm{d}E}\frac{\partial n}{\partial E}R(E)\right)\mathrm{d}E\right] \times \frac{\int\left(-\frac{\mathrm{d}f}{\mathrm{d}E}\nu^{-1}(E)\right)\mathrm{d}E}{\int\left(-\frac{\mathrm{d}f}{\mathrm{d}E}v^{-1}(E)R(E)\right)\mathrm{d}E} \tag{6.14}$$

这里假设$\frac{\partial n}{\partial E}=\frac{2}{hv(E)}$，上式即为根据 Landauer 公式修正的考虑温度效应的两端单通道 Landauer-Büttiker 公式[402]。实际上，温度为 0 K 时，将有 $-\frac{\mathrm{d}f}{\mathrm{d}E}=\delta(E-E_F)$，则公式(6.14)简化 Landauer 公式(6.3)。

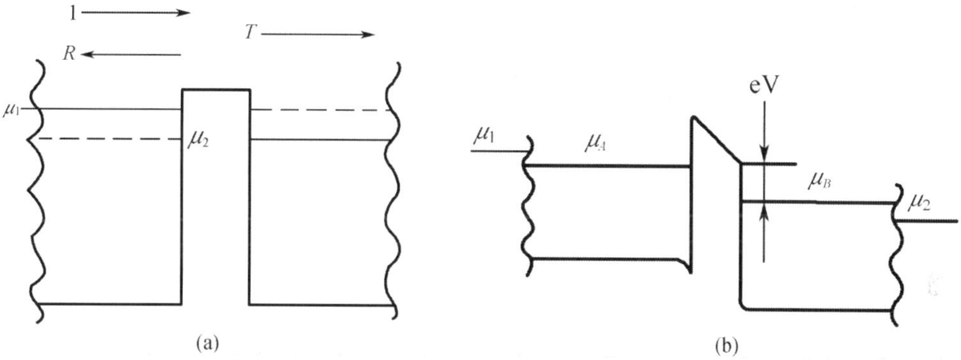

图 6.1　(a)连接化学势为 μ_1，μ_2 端电极之间的单通道的理想化模型[399]；(b)单通道模型中，电流流动引起的导体内的电势的重新分布

6.1.2　两端单多通道系统

对于以上(6.14)基于两端单通道电导公式，若把每个能量范围看作一独立通道，则(6.14)也可认为是多通道模型的电导公式。如下，将进一步给出基于 Landauer-Büttiker 理论两端通道电导公式。

若两端间导线不是理想的一维导体而是具有一定宽度，电子将填充数个子能带，这就是两端多通道问题。假设共有 N 个通道被填充，对一给定能量 ε，可令 $T_{ij}(\varepsilon)=|t_{ij}(\varepsilon)|^2(R_{ij}(\varepsilon)=|r_{ij}(\varepsilon)|^2)$为电子从左边第 j 个通道透射(反射)到右(左)边第 i 个通道的概率，则 $T_i=\sum_j T_{ij}(\varepsilon)$ 及 $R_i=\sum_j R_{ij}(\varepsilon)$ 分别为总的透射或反射进入第 i 个通道的概率。同理可得左边的通道 $T'_i=\sum T'_{ij}(\varepsilon)$ 及 $R'_i=\sum R'_{ij}(\varepsilon)$，则有

$$T_i + R'_i = 1, R_i + T'_i = 1 \tag{6.15}$$

通过所有通道的总电流为

$$I_{tot} = \sum_i I_i = \frac{2e(\mu_1-\mu_2)}{h}\sum_i T_i = \frac{2e(\mu_1-\mu_2)}{h}\mathrm{Tr}(tt^+) \tag{6.16}$$

这里 $t\equiv(t_{ij}(\varepsilon))$为透射系数矩阵元。根据单通道电导相似推导过程，则可得两端多通道电导一般表示式

$$G = \frac{2e^2}{h}\sum_i T_i \frac{2\sum_i \nu_i^{-1}}{\sum_i(1+R_i-T_i)\nu_i^{-1}} \tag{6.17}$$

这里，$\frac{\partial n}{\partial E}=\frac{2}{h\nu_i}$。以上 Büttiker 等[402]给出的两端多通道且考虑温度效应的电导公式，若考虑通道是连续的，则为(6.14)式形式，实际上(6.17)式给出了电导通道退化为独立多通道的表达式。若考虑电导 G 是有限值，一维导体有一定宽带，而通道数 N 变得很大时，则 $T_i \propto 1/n, R_i = 1 - T_i \approx 1 - O(1/n)$，则公式(6.17)将简化为

$$G = \frac{2e^2}{h}\sum_i T_i = \frac{2e^2}{h}\mathrm{Tr}(tt^+) \tag{6.18}$$

以上 Landauer-Büttiker 公式经常被用于低维介观体系的电子输运研究。

6.1.3 二维电子气系统

上面给出的只是普遍适用的电导公式，在不同计算中将表现出不同形式。为了以后相关章节的需要，以下也给出了基于 Landauer-Büttiker 二维电子系统中电导公式相关推导过程[403]。

假设在有磁垒组成的体系的两端与粒子库相联结，且在体系的两端施加一定的电压。设体系左端的粒子库的化学势为 μ_1，则可知在二维波矢空间中区域 dk 内的电子数密度为

$$2f(E-\mu_1)\mathrm{d}k/(2\pi)^2 \tag{6.19}$$

式中，$f(E)$ 为态分布函数。设从体系左端的粒子库入射进体系的电子在电场方向(x 轴方向)的速度分量为 $v_x(k)$，体系从左端至右端对电子的透射系数为 $T_{12}(k)$，则从左端粒子库通过体系流入右端粒子库的电流为

$$I_{12} = -\frac{2el_y}{(2\pi)^2}\int v_x T_{12} f(E-\mu_1)\mathrm{d}k \tag{6.20}$$

式中，l_y 为体系在 y 轴方向的长度。

同理，从右端粒子库通过体系流入左端粒子库的电流为

$$I_{21} = -\frac{2el_y}{(2\pi)^2}\int v_x T_{21} f(E-\mu_2)\mathrm{d}k \tag{6.21}$$

式中，μ_2 为与体系右端相联的粒子库的化学势；$T_{21}(k)$ 是体系从右端至左端对电子的透射系数。

由(6.20)式和(6.21)式可得，通过体系的净电流为

$$I = I_{12} - I_{21} = \frac{2el_y}{(2\pi)^2}\int v_x[T_{12}f(E-\mu_1) - T_{21}f(E-\mu_2)\mathrm{d}k \tag{6.22}$$

平衡时，$\mu_1=\mu_2=\mu_0$，体系的净电流为零。这要求 $T_{12}=T_{21}=T(E,q)$。线性响应情形下，即施加于体系的电场较弱时，$f(E-\mu_{1,2})$ 可近似地展开为

$$f(E-\mu_{1,2}) \approx f_0(E) + \left(-\frac{\partial f_0}{\partial E}\right)(\mu_{1,2}-\mu_0) \tag{6.23}$$

式中，$f_0(E)$ 为 Fermi-Dirac 分布函数。

将(6.23)式代入(6.22)式，并利用电导的定义式 $G=I/V$，其中电压 V 由 $eV=\mu_2-\mu_1$ 给出，可以得出电导的表示式

$$G = \frac{2e^2 l_y}{(2\pi)^2}\int v_x T\left(-\frac{\partial f_0}{\partial E}\right)\mathrm{d}k \tag{6.24}$$

设电子的速度 v 与 x 轴的夹角为 ϕ，则 $v_x = v\cos\phi$。因为粒子库可视为自由电子气，即 $E = \hbar^2 k^2/2m$，则 $k\mathrm{d}k = (m/\hbar^2)E$。于是二维波矢空间中的区域 $\mathrm{d}k$ 可写为 $\mathrm{d}k = k\mathrm{d}k\mathrm{d}\phi = (m/\hbar^2)\mathrm{d}E$。将 v_x 和 $\mathrm{d}k$ 的表示式代入(6.24)式，得

$$G = \frac{2e^2 m l_y}{h^2}\int_0^{\infty}\mathrm{d}E\int_{-\pi/2}^{\pi/2}\mathrm{d}\phi v\cos\phi T(E, \sqrt{2mE/\hbar^2}\sin\phi)\left(-\frac{\partial f_0}{\partial E}\right) \tag{6.25}$$

式中，透射系数的自变量 q 已用 $q = k\sin\phi = \sqrt{2mE/\hbar^2}\sin\phi$ 替换。

考虑零温度附近的电导，这时 $(-\partial f_0/\partial E) \approx \delta(E - E_F)$，其中 E_F 为 Fermi 能级，则(6.25)式变为

$$G = \frac{2e^2 m v_F l_y}{h^2}\int_{-\pi/2}^{\pi/2} T(E_F, \sqrt{2E_F}\sin\phi)\cos\phi\mathrm{d}\phi \tag{6.26}$$

式中，v_F 为电子的 Fermi 速度。

6.2　纳米势垒的共振隧穿

20 世纪 30 年代 Kronig 与 Penney 提出一个一维晶体势场由方形势阱势垒周期排列组成的势模型[404]，(如图 6.2 所示)这是固体物理学上第一次能够解释得到晶体的非均匀势场的能级结构的尝试。

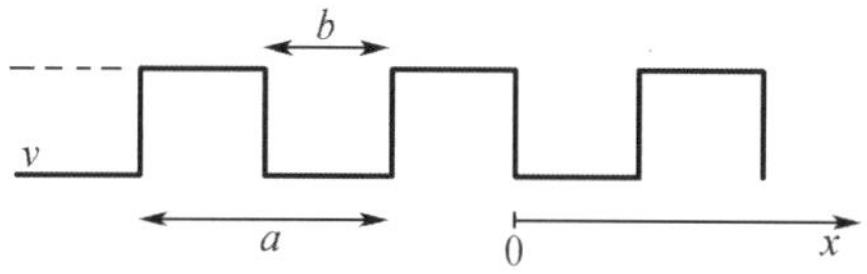

图 6.2　克龙尼克－潘尼(Kronig-Penney)模型势垒示意图

1970 年被江崎与朱兆祥[405, 406]提出后，1973 年张立纲等[407]用分子束外延技术生长出第一例人造半导体超晶格。半导体超晶格的制备成功使人们不仅能够通过实验验证这一简单的物理模型产生的物理现象，而且可以推广该模型揭示表面结构、合金结构、新型半导体结构等体系更多的物理机理。例如，由两种结构匹配、带隙宽度不同的半导体构成的半导体异质结，沿异质结生长方向产生一个由势垒和势阱交替变化的势能结构，垂直生长方向为二维无限大系统，构成二维电子系统。如果势阱/势垒的特征宽度相当于电子的德布罗意波长，则电子在势阱/势垒中的束缚将使出射电子呈现量子态。

6.2.1　基于一维纳米势隧穿的传递矩阵法

考虑一个限制在一维势结构中运动的点子，取 Z 作为生长方向，可以得到包络函数 $\phi(Z)$ 的 Schrödinger 方程

$$\left[-\frac{\hbar^2}{2m^*(z)}\frac{\mathrm{d}^2}{\mathrm{d}z^2} + V(z)\right]\phi(z) = E\phi(z) \tag{6.27}$$

式中，$m^*(z)$ 为电子的有效质量；$V(z)$ 是导带底的能量(势结构的调制函数)；E 是受限制的载流子的本征能量。

由包络函数在界面处的连续性条件，可以求得本征能 E 的色散关系。

当势结构为宽度为 L 的无限深方势阱时，阱内势能 $V = 0$，阱外势能 $V = \infty$，可得势阱中的

电子本征能是量子化的 $E=\dfrac{n^2\hbar^2\pi^2}{2m^*L^2}$，其中量子数 $n=1,2,3,\cdots$，电子本征波函数为 $\phi_n(z)=(2/L)^{1/2}\sin(n\pi z/L)$。电子局域在阱中，阱外波函数为零。而当势结构为宽度为 L 的有限深势垒(阱)时，电子的本征行为可分成入射、出射、阱中三个区，分别用Ⅰ，Ⅱ，Ⅲ表示。电子在势结构外，Ⅰ，Ⅱ区的本征能量为自由电子能量 $E=\hbar^2k^2/2m^*$，电子波函数可以写成前行波和背向波的线性组合

$$\phi_{\mathrm{I}}(z)=A_{\mathrm{I}}\mathrm{e}^{ikz}+B_{\mathrm{I}}\mathrm{e}^{-ikz},\phi_{\mathrm{II}}(z)=A_{\mathrm{II}}\mathrm{e}^{ikz}+B_{\mathrm{II}}\mathrm{e}^{-ikz} \tag{6.28}$$

将势垒(阱)宽度 L 分成 n 等分(n 足够大)，则 $V(z)$ 可看成 n 个宽度为 $a=L/n$ 的方势阱的组合(如图6.3所示)，其中第 i 个方势垒(阱)为垒高(阱深)为 Vn 的有限深方势垒(阱)，则电子在该分方势垒(阱)中的本征波矢为 $k_n=\sqrt{2m^*(E-V_n)}/\hbar^2$，其电子波函数的前行波和背向波的线性组合形式为

$$\phi_i(z)=A_i\mathrm{e}^{ik_iz}+B_i\mathrm{e}^{-ik_iz} \tag{6.29}$$

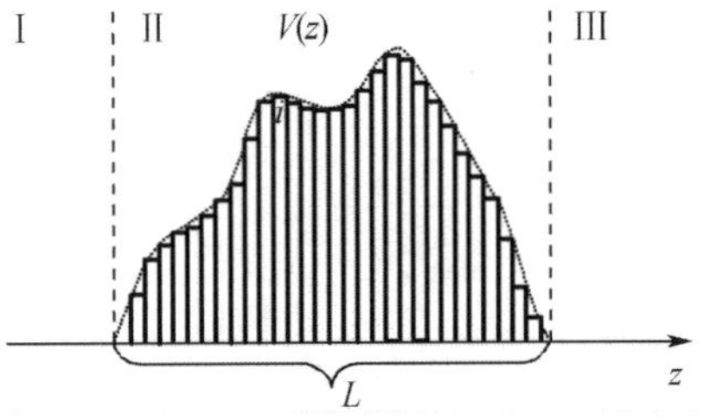

图6.3 单势垒(阱)传递矩阵法示意图

电子波函数在入射势垒(阱)前后节点和分方势垒(阱)之间节点都应满足连续性边界条件，由此得到传递矩阵

$$\begin{pmatrix}A_{\mathrm{II}}\\B_{\mathrm{II}}\end{pmatrix}=M\begin{pmatrix}A_{\mathrm{I}}\\B_{\mathrm{I}}\end{pmatrix}=\begin{pmatrix}M_{11}&M_{12}\\M_{21}&M_{22}\end{pmatrix}\begin{pmatrix}A_{\mathrm{I}}\\B_{\mathrm{I}}\end{pmatrix} \tag{6.30}$$

传递矩阵 $\boldsymbol{M}$ 为

$$\boldsymbol{M}=\begin{pmatrix}M_{11}&M_{12}\\M_{21}&M_{22}\end{pmatrix}=m_n\cdots m_{j+1}m_j\cdots m_2m_1m_0 \tag{6.31}$$

其中

$$m_0=\frac{1}{2}\begin{pmatrix}\left(1+\dfrac{k}{k_1}\right)&\left(1-\dfrac{k}{k_1}\right)\\\left(1-\dfrac{k}{k_1}\right)&\left(1+\dfrac{k}{k_1}\right)\end{pmatrix} \tag{6.32}$$

$$m_n=\frac{1}{2}\begin{pmatrix}\left(1+\dfrac{k_n}{k}\right)\mathrm{e}^{i(k_n-k)L}&\left(1-\dfrac{k_n}{k}\right)\mathrm{e}^{-i(k_n+k)L}\\\left(1-\dfrac{k_n}{k}\right)\mathrm{e}^{i(k_n+k)L}&\left(1+\dfrac{k_n}{k}\right)\mathrm{e}^{-i(k_n-k)L}\end{pmatrix} \tag{6.33}$$

$$m_j=\frac{1}{2}\begin{pmatrix}\left(1+\dfrac{k_{j-1}}{k_j}\right)\mathrm{e}^{i[(k_{j-1}-k_j)\cdot ja-k_ja]}&\left(1-\dfrac{k_{j-1}}{k_j}\right)\mathrm{e}^{-i[(k_{j-1}+k_j)\cdot ja+k_ja]}\\\left(1-\dfrac{k_{j-1}}{k_j}\right)\mathrm{e}^{i[(k_{j-1}+k_j)\cdot ja+k_ja]}&\left(1+\dfrac{k_{j-1}}{k_j}\right)\mathrm{e}^{-i[(k_{j-1}-k_j)\cdot jak_ja]}\end{pmatrix},j=1,2,\cdots,n-1 \tag{6.34}$$

基于 Schrödinger 方程的解 $\phi(z)$ 的复共轭 $\phi^*(z)$ 也是方程的解的事实，传递矩阵 $\boldsymbol{M}$ 应满足

$$M_{11}=M_{22}^*,M_{12}=M_{21}^* \tag{6.35}$$

进一步，由概率流守恒条件可得 $\det|\boldsymbol{M}|=1$，体系的本征能量应遵循久期方程

$$\frac{1}{2}\mathrm{Tr}\,|\,\boldsymbol{M}\,|\leqslant 1 \tag{6.36}$$

由此可求得体系的本征能量与波矢的色散关系。特别地,对势垒(阱)高度(深度)为 V_0 的方势垒(阱),电子在垒(阱)内和垒(阱)外的本征波矢分别为 $k' = \sqrt{2m^*(E-V_0)}/\hbar$ 和 $k = \sqrt{2m^*E}/\hbar$。根据电子波函数在 $z=0$ 和 $z=L$ 处的连续性边界条件,可得传递矩阵为

$$\boldsymbol{M} = \frac{1}{2}\begin{pmatrix} \left(1+\frac{k'}{k}\right)e^{i(k'-k)L} & \left(1-\frac{k'}{k}\right)e^{-i(k'+k)L} \\ \left(1-\frac{k'}{k}\right)e^{i(k'+k)L} & \left(1+\frac{k'}{k}\right)e^{-i(k'-k)L} \end{pmatrix}\cdot\frac{1}{2}\begin{pmatrix} 1+\frac{k}{k'} & 1-\frac{k}{k'} \\ 1-\frac{k}{k'} & 1+\frac{k}{k'} \end{pmatrix}$$
$$= \frac{1}{4}\begin{pmatrix} \left(2+\frac{k'}{k}+\frac{k}{k'}\right)e^{i(k'-k)L} + \left(2-\frac{k'}{k}-\frac{k}{k'}\right)e^{-i(k'+k)L} & -\left(\frac{k}{k'}-\frac{k'}{k}\right)\left(e^{i(k'-k)L}-e^{-i(k'+k)L}\right) \\ \left(\frac{k}{k'}-\frac{k'}{k}\right)\left(e^{i(k'+k)L}-e^{-i(k'-k)L}\right) & \left(2-\frac{k'}{k}-\frac{k}{k'}\right)e^{i(k'+k)L} + \left(2+\frac{k'}{k}+\frac{k}{k'}\right)e^{-i(k'-k)L} \end{pmatrix} \tag{6.37}$$

由久期方程可得,体系的能量本征值满足

$$\frac{1}{4}\left\{\left[2+\left(\frac{k'}{k}+\frac{k}{k'}\right)\right]\cos(k'-k)L + \left[2-\left(\frac{k'}{k}+\frac{k}{k'}\right)\right]\cos(k'+k)L\right\}\leqslant 1 \tag{6.38}$$

类似地,可以计算势垒结构的能级结构,所不同的是电子从势垒一端入射,以低于垒高的本征能量隧穿势垒后出射。对于一个位于 $z_1 = -L/2$ 到 $z_2 = L/2$ 之间高度为 V_0 的方势垒,电子在方势垒内和方势垒外的本征波矢分别为 $k' = \sqrt{2m^*(V_0-E)}/\hbar$ 和 $k = \sqrt{2m^*E}/\hbar$。具有能量 $E<V_0$ 的电子穿透势垒的透射系数为

$$T = \frac{4k^2k'^2}{4k^2k'^2+(k^2+k'^2)^2\sinh^2 k'L} = \left[1+\frac{V_0^2}{4E(V_0-E)}\sinh^2 k'L\right]^{-1} \tag{6.39}$$

方程(6.39)给出了方势垒的透射系数与能量的关系,可以看出,当 $E<V_0$ 时,$T\to 0$,但有弱小隧穿;当 $E>V_0$ 时, $T\to 1$,但电子在接近势垒高度时有一定共振现象。

6.2.2　半导体异质结及其共振隧穿

由Ⅱ－Ⅳ族元素或Ⅲ－Ⅴ元素生长形成异质结结构是载流子的典型势垒/势阱结构。宽带隙材料的价带和导带边相对于窄带隙材料的价带和导带边间的能量间隔 ΔE_c 和 ΔE_v 称为能带偏移,是异质结的特征参量。根据两种异质材料能隙的宽窄特征,异质结的量子阱具有如图 6.4 所示的几种情形[408]:图 6.4(a) Ⅰ型量子阱,电子和空穴都局域在窄隙半导体层,宽隙半导体层对于电子和空穴都相当于势垒;图 6.4(b)窄隙半导体层对电子输运相当于势垒,而对空穴则是势阱;图 6.4(c) Ⅱ型量子阱,电子局域在窄隙半导体,空穴局域在宽隙半导体;图 6.4(d)电子局域在窄隙半导体,但宽隙半导体对空穴不再是势垒。

最早预言异质结能带结构的是电子亲和势理论[409,410],认为异质结的导带偏移等于两种半导体材料的电子亲和势之差,因此可以直接从各自的能带得到偏移值。这种理论与实验结果差异太大,只能起着参考能级的作用。线性理论[411,412]认为异质结中的能带排列决定于半导体材料的本征性质,指出其能带排列具有传递性和对易性。传递性是指若已知 AB 异质结

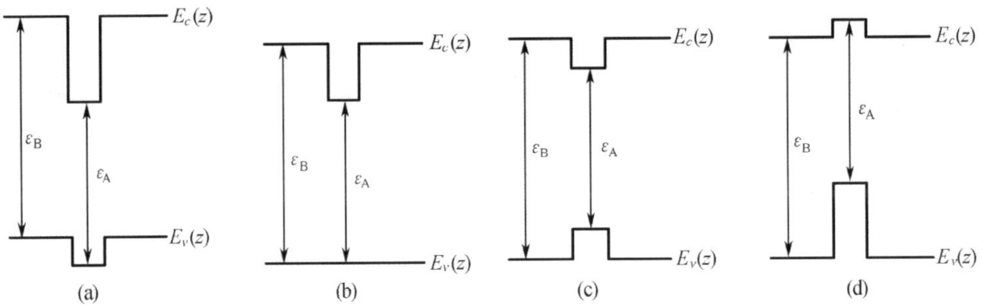

图 6.4 异质结的量子阱几种构型[408]

和 BC 异质结的能带偏移值,则 AC 异质结能带偏移值等于 AB 和 BC 两异质结能带偏移之和;对易性是指能带排列与异质结生长次序无关。线性理论对晶格匹配异质结是比较成功的,但由于忽略了界面的电子结构和偶极矩等界面结构对能带排列的影响,其对晶格失配的应变异质结完全不符。在此基础上,非线性理论[413, 414]精细考虑了界面结构的影响,严格计算异质结界面处的能带排列,较好地处理了晶格失配问题。

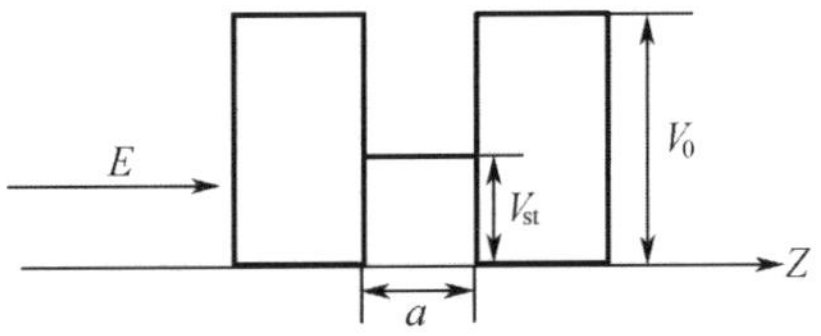

图 6.5 双垒单阱结构示意图

若将异质结看成一单量子阱,设阱宽为 L、阱深为 V_0,则由方势阱的久期方程可以确定量子束缚态能级。根据异质结的材料和结构特征,多数异质结可以等效成双垒单阱结构(图 6.5 所示)。著名的量子器件共振隧穿二极管就是这种势结构,它是第一个成功实现人工合成半导体能带结构[415],电子共振隧穿二势垒和势阱后出射,费米能高于阱底但低于垒顶,沿异质结生长方向加了一个偏置电压。无偏置电压时,该势结构可看成电子在双势垒中的隧穿。设阱底与垒外为零势场,势垒高为 V_0,垒宽和阱宽均为 a,电子本征能量处于 $0<E<V_0$,电子在势垒外(含势阱中)和势垒中的波矢分别为 $k=\sqrt{2m^*E}/\hbar$ 和 $k'=\sqrt{2m^*(E-V_0)}/\hbar$。取势阱中点为 $z=0$ 坐标位置,由前所述的转移矩阵方法可得电子本征能满足如下久期方程

$$\begin{aligned}\frac{1}{2}\mathrm{Tr}(M) &= \left[2+\left(\frac{k'}{k}+\frac{k}{k'}\right)\right]^2\cos2(k'-k)a+\left[2-\left(\frac{k'}{k}+\frac{k}{k'}\right)\right]^2\cos2(k'+k)a \\ &\quad +2\left[4-\left(\frac{k'}{k}+\frac{k}{k'}\right)^2\right]\cos2ka+2\left(\frac{k'}{k}-\frac{k}{k'}\right)^2\cos4ka \\ &\quad -\left(\frac{k'}{k}-\frac{k}{k'}\right)^2\cos(2k'+4k)a-\left(\frac{k'}{k}-\frac{k}{k'}\right)^2\cos(2k'-4k)a\leqslant 1 \qquad (6.40)\end{aligned}$$

相应地,可以求得透射系数与能量的关系。一般情况下,$E<V_0$ 的电子因势垒的束缚会局域在势阱中,透射系数趋近于零。当势阱和势垒宽度 a 趋于纳米尺寸时,$E<V_0$ 时的透射系数会出现大于零的现象,这是电子在势垒势阱中出现共振隧穿的结果。当偏置电压大于某一域值 V_{th} 时,量子阱中电子的束缚态能级与发射极的费米能持平,透射系数大于零,电流开始出现,称为共振隧穿电流,V_{th}称为阈值电压。随着外加偏压的增加,隧穿电流逐渐上升,当偏压达到某一最大值 V_{st}时,隧穿电流达到最大。此时,若偏压继续增加,参与共振隧穿的电子数目将突然又最大降至零,共振隧穿截止[416]。

若沿异质结生长方向加磁场调制，双势垒结构的电导特性曲线在低能段将出现共振隧穿峰，特性曲线有类似 Shubnikov-de-Haas 振荡特征[417]。沿 z 方向含均匀磁场调制的系统满足如下薛定谔方程

$$\left[-\frac{1}{2m^*}(\boldsymbol{p}+eA)^2+V(z)\right]\Psi(r)=E\Psi(r) \tag{6.41}$$

采用朗道规范，由分离变数法定义 $\Psi(x,y,z)=\phi(x,y)\phi(z)$，可得沿异质结生长方向体系满足方程 6.27 的一维单电子薛定谔方程，能量本征值 $\varepsilon(k_z)$ 的求解可以由前所述方法求出。而垂直异质结生长方向的 xoy 平面的本征能量为朗道量子化能级 $\varepsilon_{xy}=\left(n+\frac{1}{2}\right)\hbar\omega_c$，其中 $n=0,1,2,\cdots$；ω_c 为均匀磁场中电子的回旋频率

$$\omega_c=\frac{eB}{m^*} \tag{6.42}$$

则体系总的能量本征值为

$$E_{nk_z}=\varepsilon(k_z)+\left(n+\frac{1}{2}\right)\hbar\omega_c \tag{6.43}$$

因此，由固体物理知识可得，该体系的物理特性将会随磁场的倒数呈周期性振荡。值得指出的是，随着磁场的加大，低能共振隧穿会增强，而且会出现共振峰的增加，这是磁场电子的简并能级发生分裂造成的。

由于异质结（图 6.5）势阱由于沿 Z 方向受限，将形成一二维电子气系统，而若在其顶部沉积铁磁条块薄膜，就相当于在二维电子气系统构造了磁势垒。根据其不同磁化方向，可形成四种形状的磁势垒[418]。电子通过磁垒结构，也将发生共振隧穿现象（图 6.6），磁垒共振隧穿现象发生不仅与电子入射能量有密切关系，同时也强烈地依赖于电子横向波矢，表现出很强的波矢滤过特性。这意味着电子在磁势垒发生共振隧穿现象，不仅与电子垂直势垒方向的动量有关，也与电子平行势垒的动量有关。应该注意到，这与电子隧穿异质结（电势垒）发生的共振现象是不同的，其共振隧穿仅与垂直势垒方向的电子动量有关。

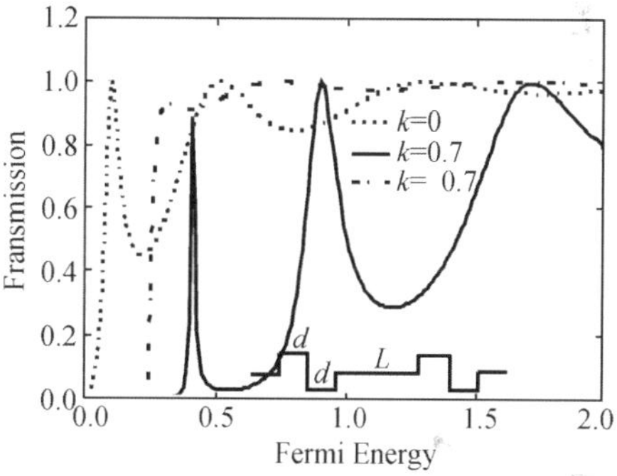

图 6.6　电子在不同横向波矢 k 情况下通过如图中插图的磁结构的方磁垒的透射系数曲线图（其中参数 $d=1$ 和 $L=3$，实线曲线（$k=0.7$），点线曲线（$k=0$）和点划线（$k=-0.7$）。见文献[418]）

6.3　纳米势阱（垒）阵列的共振隧穿及其物理效应

6.3.1　电子在电超晶格（纳米电势垒阵列）中的共振隧穿特性

自从江崎和朱兆祥[405,406]提出半导体超晶格的设想，实验上成功地设计和制备了许多具

有丰富电磁性质的半导体超晶格结构和器件。美国AT&T贝尔实验室制备的 $GaAs/Al_xGa_{1-x}As$ 纳米结构半导体超晶格[419]是阱宽和垒厚均为几个纳米尺寸的准一维纳米结构，电子在超晶格中的输运等效为在电势垒阵列的共振隧穿，可称为电超晶格，以下简单介绍电子共振隧穿非周期与周期电超晶格物理效应。

对于非周期电超晶格，它是由两种不同能级结构的半导体排列而成，形成的势垒阵列 $V(z)$ 可以看成由 A,B 两个纳米方势垒结构 V_A 和 V_B 按照一定规则排列而成（如图6.7所示）。若 A,B 势垒交替排列成…$ABABAB$…序列，则 $V(z)$ 为周期性纳米势垒阵列；若 A,B 按照 $B\to A$ 和 $A\to AB$ 的膨胀规则排列成…$ABAABABAABAAB$…的Fibonacci序列，则 $V(z)$ 为准周期性纳米势垒阵列；而若 A,B 势垒随机排列，则 $V(z)$ 为非周期性纳米势垒阵列。当无外电场和外磁场时，体系满足单电子薛定谔方程，由转移矩阵方法可以求出电子通过纳米结构势垒阵列的隧穿电导和电子的能级结构。当 $E>\max(V_A,V_B)$ 时，尽管势垒结构的周期和非周期特征对电子态有一定的调制，但电子态都是延展性的。而通过重整化群方法对此类势垒阵列电子输运行为研究表明[420]，在某些能量范围内，电子也将呈现出延展态行为。

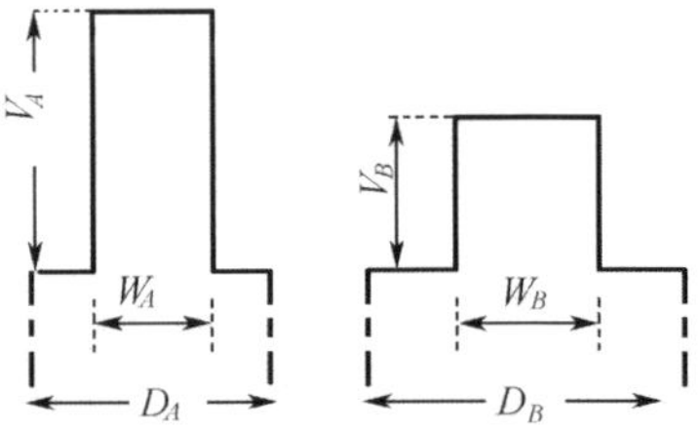

图6.7 非周期势垒阵列单元示意图

而对于周期电超晶格，Tsu和Esaki[421]首先对电势垒隧穿进行了研究，发现了电子在电势垒隧穿输运的一般性规律，即电子通过 n 个势垒结构的隧穿将会产生 $n-1$ 重的共振分裂峰（如图6.8所示）。最近，Liu及Stamp[422]对此隧穿规律作出了严格的解析推导，证实了不管是方势垒还是其他形状的势垒都存在着电子通过 n 个电势垒隧穿将会有 $n-1$ 重劈裂的出现。这些共振劈裂峰实际反映出多量子阱结构中阱与阱相互作用而导致的准能级的存在。

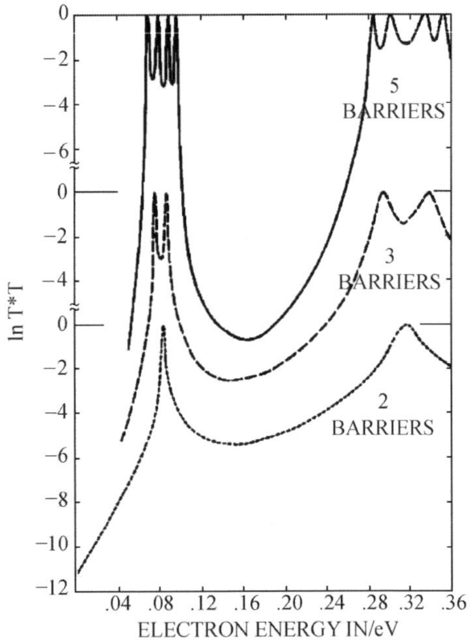

图6.8 电子隧穿不同周期电势垒隧穿系数与电子能量关系曲线图[420]

6.3.2 电子在磁超晶格（纳米磁势垒阵列）中的共振隧穿特性

就其本质而言，电子在超晶格输运可分为两类。一类是电子在电势垒中的隧穿，电子垂直隧穿半导体超晶格层结构；另一类是电子通过磁垒超晶格的隧穿输运。磁垒超晶格实质上可以看作是在半导体超晶格层面沉积铁磁体、导体和超导体条带而实现。各种超微加工技术的发展与完备，为在磁垒超晶格的输运提供了极大可能的实验条件。Matalis等[418]提出了四种可以实现的真实磁垒。通过对电子在方磁垒中的输运过程的研究，发现其实质是一个二维过程，具有波矢滤过特性。游建强等首先[423]研究了电子Matalis等[418]提出的真实磁垒下的隧穿过程，实质与方磁垒是一致的，发现其透射系数和电导均有共振峰出现。是否周期磁超晶格与电超晶格一样，同样具有 n 个磁势垒隧穿将会有 $n-1$ 重劈裂出现的普遍性规律呢？

为研究纳米周期势垒在电场与磁场调制下电子隧穿输运问题，我们可考虑如下简单模型，在垂直二维电子气平面加上周期正弦电场与侧向垂直加上调制磁场，设调制电场沿 x 轴方向 $V(x)$，而调制磁场为 $B(x)=\nabla\times\vec{A}(x)$（其中 $\vec{A}(x)=(0,A(x),0)$，为朗道规范矢势，则单电子近似下的 Schrödinger 方程可写为

$$\left[\frac{1}{2m^*}(p+e\vec{A}(x))^2+V(x)\right]\Psi(x,y)=E\Psi(x,y) \tag{6.44}$$

其中 m^* 为有效质量。由于调制势场仅与 x 轴方向有关。对弹道输运而言，可用平面波函数为 $\Psi(x,y)=e^{iqy}\Phi(x)$ 来表征电子的输运行为，其中 q 为横向波矢。令磁线度 $l_B=\sqrt{\hbar/eB_0}$，回旋频率 $\omega_c=eB_0/m^*$，可作变换 $\vec{r}\to\vec{r}l_B$，$\vec{k}\to\vec{k}l_B$，$\vec{B}(x)\to\vec{B}(x)B_0$，矢势 $\vec{A}(x)\to\vec{A}(x)B_0l_B$，$V(x)\to V(x)V_0\hbar\omega_c$，$E\to E\hbar\omega_c$，（在此变换下，对于 GaAs 系统[418]，大约有 $B_0=0.1$ T，$l_B=813$ Å，$\hbar\omega_c=0.17$ meV，$l_B\omega_c=1.4$ m/sec。对于 GaAs/AlGaAs 系统，电子的平均自由程可达10 μm，满足弹道输运条件。）则方程（2.1）可化为无量纲形式

$$\left[\frac{d^2}{dx^2}+k^2\right]\Phi(x)=0 \tag{6.45}$$

其中

$$k^2=2(E-V(x))-(A(x)+qy)^2 \tag{6.46}$$

若势垒区域仅约束在区域$[0,L]$，而在$x<0$及$x>L$时势垒为0也无电磁调制作用，则可依据6.2节求解一维势垒隧穿的转移矩阵法同求得透射系数 T，然后根据(6.26)式获得其弹道电导。

周期纳米磁势垒阵列共振隧穿可简单看作为电子在一维周期磁势垒体系弹道输运问题。为研究多周期磁势垒共振隧穿的普适性规律，如图6.9所示，采用如下四种类型磁垒基本单元[424]（1）Kronig-Penney 模型：$B(x)/B_0=\gamma\sum_{n=-\infty}^{n=+\infty}(-1)^{n+1}\delta(x-nl/2)$，对应 $A(x)/A_0=\gamma^{\frac{1}{2}}\mathrm{sgn}[\cos(2\pi x/l)]$。（2）台阶模型：$B(x)/B_0=\gamma\sum_{n=-\infty}^{n=+\infty}(-1)^n\theta(x-nl/2)\theta[(n+1)l/2-x]$，对应磁矢为 $A(x)/A_0=\gamma\sum_{n=-\infty}^{n=+\infty}[x-(2n+1)l/4]\theta(x-nl/2)\theta[(n+1)l/2-x]$。（3）正弦模型：$B(x)/B_0=\gamma\sin(2\pi x/l)$，对应磁矢为 $A(x)/A_0=-\gamma 1/(2\pi)\cos(2\pi x/l)$。（4）锯齿模型：$B(x)/B_0=-\gamma 2/l\sum_{n=-\infty}^{n=+\infty}(x-nl)\theta[x-(n+1/2)l]\theta(x-nl)$，对应磁矢为 $A(x)/A_0=\gamma 1/l\sum_{n=-\infty}^{n=+\infty}(x-nl)^2\theta[x-(n+1)l/2]\theta(x-nl)$。上述四式中 l 是系统的结构参数，$\theta(x)$ 为阶跃函数及 r 为磁场强度参数。

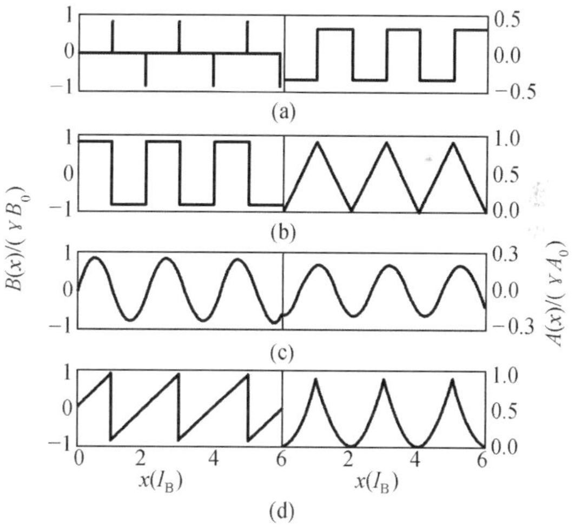

图6.9　四种类型周期磁势垒模型及其相应的磁矢示意图（左图为磁垒形状，右图为其磁矢）

（a）台阶模型；（b）Kronig-Penney 模型；

（c）正弦模型；（d）锯齿模型[424]

如图 6.10 和 6.11，显而易见地，不同构型的单磁势垒，弹道电导没有出现共振隧穿峰，对于双势垒将出现一个明显共振隧穿电导峰，而随着磁势垒周期数目的增多，电导共振隧穿峰的数目也随之增多；电子通过周期排列的 n 重磁垒，不管其形状如何，将都会有 $n-1$ 重共振分裂峰出现，且峰变得更加尖锐，与电子隧穿半导体超晶格有相似的规律。而当 n 趋近于无穷大时，与隧穿电超晶格一样[422]，这些连续的磁微带结构形成的共振峰将填满整个能量区域。然而，由于电子隧穿磁势垒时将受到横向波矢强烈影响，因此其透射率不存在类似弹道电导的普适性规律。众所周知，电子隧穿电超晶格，当电子隧穿能与量子阱结构中束缚能级一致时，将发生共振隧穿（即透射概率为 1）；对于多垒/阱结构，由于阱与阱直接的耦合效应，单个量子阱的本征能级将发生劈裂，这些劈裂态重新分布而形成一系列的准能级，这就是电子隧穿在电超晶格发生共振劈裂行为的本质。电子隧穿磁超晶格，由于横向波矢滤过特性[418]，电子透射率将不发生规律的共振劈裂行为，其隧穿行为将变得更加复杂。从式 6.46）看，磁势相对于电势不同之处在于，为平方项且多了一横向波矢 q，但在求解弹道电导（式(6.26)）过程，将对所有可能整个横向波矢取平均，这就意味对弹道电导而言，就纯数学观点而言，其整体效应是一样，因此我们也就不难理解，电子隧穿磁超晶格产生与电超晶格一样的共振劈裂特性。郭永等[425]总结了这两类超晶格中共振分裂的普遍性，也就是不管电子在磁超晶格中输运还是在半导体超晶格中输运的隧穿输运，有其共同的普遍性规律存在。但同时，其劈裂的共同特征也可能取决于超晶格的构型及构筑单元的几何参数，在磁超晶格中，劈裂的特征与垂直隧穿的波矢也有关。

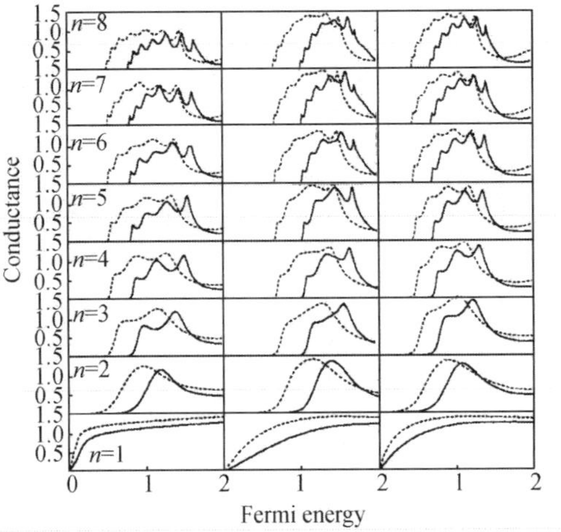

图 6.10 电子隧穿三同构型不同周期磁势垒的弹道电导与费米能关系曲线图（左边为 Kronig-Penney 模型，中间为台阶模型；右边为正弦模型，结构参数 $l=2$，在 Kronig-Penney 模型与台阶模型中，虚线与实线分别代表磁强度参数为 2 与 2.5，而在正弦模型中，虚线与实线分别代表磁强度参数为 4 与 5[424]）

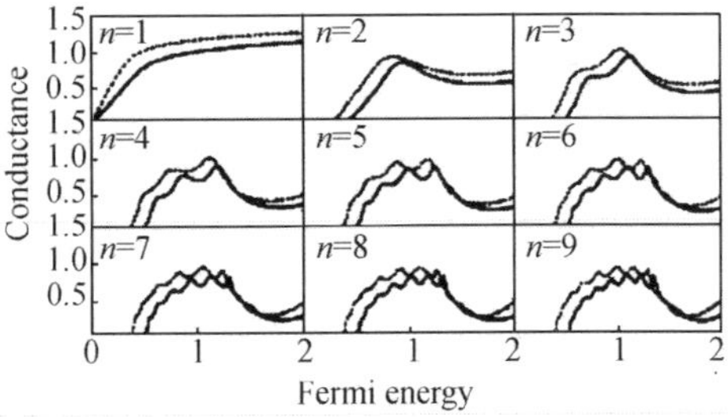

图 6.11 电子隧穿锯齿构型不同周期磁势垒的弹道电导与费米能关系曲线图（结构参数 $l=2$，虚线与实线分别代表磁强度参数为 3 与 3.5[424]）

6.3.3　电子在磁电超晶格(纳米磁电势垒阵列)中的共振隧穿特性

如上所述,电子通过电垒或磁垒的隧穿有 $n-1$ 重共振劈裂特征,电子输运的振荡是否有普遍的规律可循呢? 就实验而言,在超晶格的二维电子气层面上加上磁调制来实现电势垒与磁势垒共存,技术上已能得到纳米尺度的电磁势垒,例如在二维电子气层沉积铁磁条实现磁垒,而沉积肖特基金属条实现电势垒。在理论上,可采用上节针对电磁共同调制的转移矩阵方法来研究二维电子气的电磁弹道隧穿输运的研究。

在周期电与磁势共同调制情况下,也就是磁电超晶格中,电子共振隧穿将表现何种行为呢? 为找出弹道隧穿的普遍规律,分别计算了电子隧穿四种不同构型的电磁势垒的弹道电导[426]。设电磁势垒为周期正弦电垒 $V(x)/V_0=\sin(2\pi x/l)$ 垂直加上所述四种构型的周期磁垒(1)Kronig-Penney 模型;(2)台阶模型;(3)正弦模型;(4)锯齿模型。图 6.12 显示出电子隧穿正弦电势垒与磁势垒弹道电导随不同周期的变化。这里,弹道电导的单位为 G_0,费米能的单位为 $\hbar\omega$。可看出,虽然有单电势垒与磁势垒同时存在,电导共振峰并没有出现。而当两个电磁势垒同时加入时,明显存在一个电导共振峰,同样我们可以在 3 个电磁势垒时发现 1 个"肩膀峰"。电导共振峰的数目也同时增加 1 个,同时随着势垒数的增加,电导峰变窄、变尖。可以看出,当势垒数趋近于无穷时,共振峰将湮灭而连续。计算结果表明,电势垒与磁势垒同时存在时,也同样存在电子隧穿电势垒或磁势垒时的电导共振峰劈裂的规律性亦即电子隧穿周期排列的 n 个电磁势垒也会导致 $n-1$ 个电导共振分裂峰。

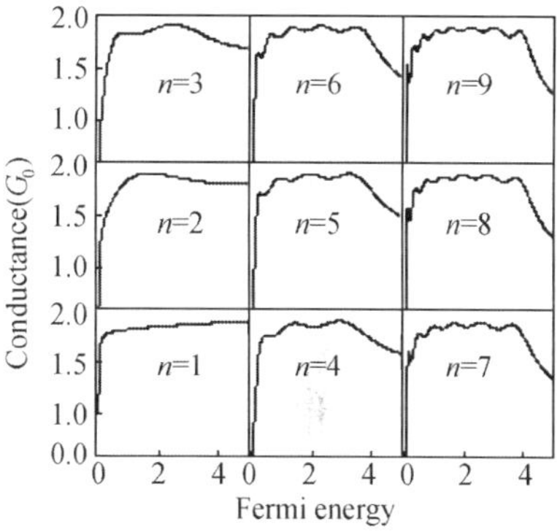

图 6.12　电子通过不同周期正弦电势垒及正弦磁势垒弹道电导与费米能的变化曲线图[426]

在其他条件不变的情况下,我们计算了 Kronig-Penney 模型、台阶模型和锯齿模型的弹道电导共振分裂峰特性。如图 6.13 ~ 6.15 所示,可以看出,在电子隧穿 n 个电磁势垒弹道都出现了 $n-1$ 共振峰,共振劈裂的规律性与电磁势垒类型无关。进一步地,较之仅有磁势垒的情况[427],电磁势垒电子隧穿有着更大的普适性,因为不同模型可在同一条件体现这一规律性,而仅存磁势垒电子隧穿,对不同模型时需改变结构参数才能得到此规律。这也同样说明了在电与磁共同调制下更加改善了电子弹道输运的振荡特性,与电子隧穿电或磁超晶格的结论一致。

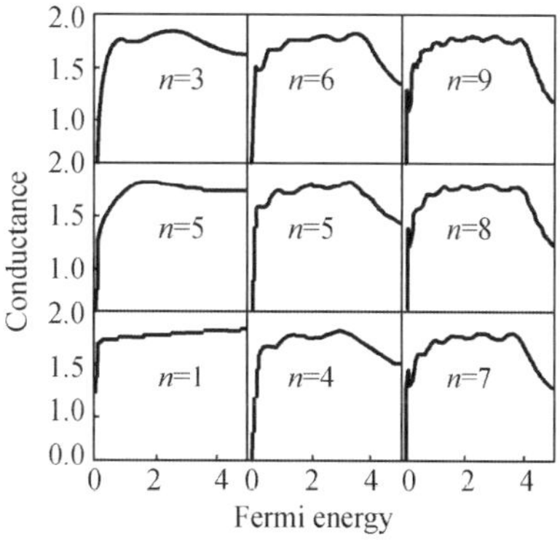

图 6.13　电子通过不同周期的正弦电势垒及 Kronig-Penney 磁势垒电导与费米能的变化曲线图[426]

以上研究表明,对于电磁势垒同时存在,同样存在着 n 个势垒结构将会出现 $n-1$ 个共振分裂峰。而随势阱宽度的减小,电导将从弱局域态到扩展态变化。由于考虑的是弹道输运,因而要求电子在输运过程发生的是弹性散射,即要求阱宽相当于或小于电子的相位相干长度。对仅有电势垒

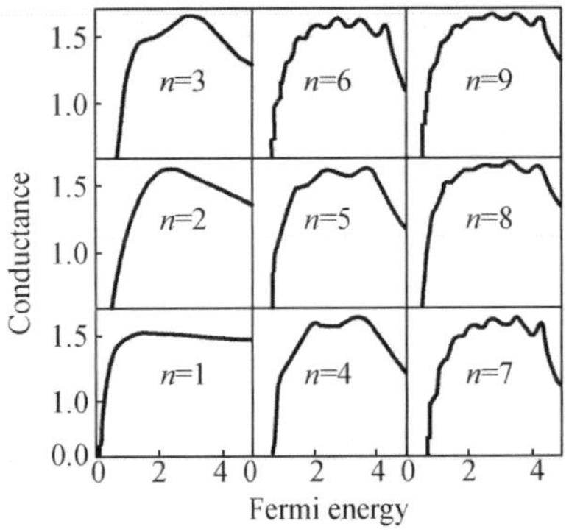

图 6.14 电子通过不同周期的正弦电势垒及台阶磁势垒电导与费米能的变化曲线图[426]

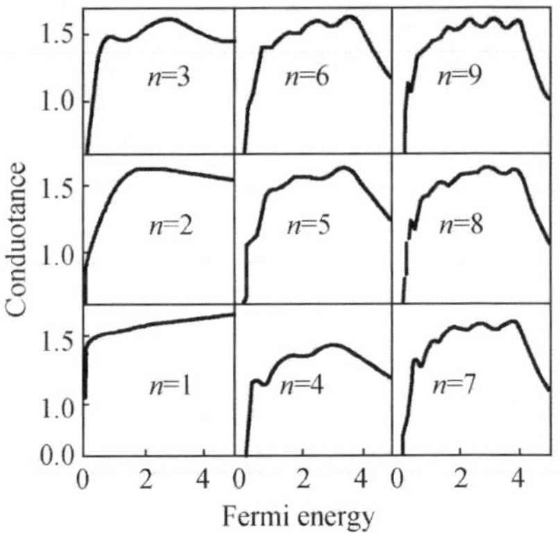

图 6.15 电子通过不同周期的正弦电势垒及 Kronig-Penney 磁势垒电导与费米能的变化曲线图[426]

或磁势垒而言,电子隧穿的谐振峰是因为在二维电子气系统势阱中,能带或退化为束缚态能级或由于其磁量子化而演化为朗道分立能级。当电子通过势垒输运时,结合能与这些分立能级相同时,分立能级将重新分布它们原先的位置而形成准束缚态,导致透射的共振分裂峰出现。当势垒数趋近于无穷时,能带又将形成。固然,电子隧穿电势垒或磁势垒或电磁势垒下的二维电子气系统有不同的物理意义。但在求解 Schrödinger 方程的数学实质应是一致的,实际上,电磁有效势仅仅是电有效势能与磁有效势能的线性组合。在求弹道电导的过程,仅在费米面上对波矢 k_y 取了平均。而且在对朗道规范中,已充分保证了磁势垒与电势垒在同一方向。这样,在磁势阱中将产生分立的朗道能级,而电势阱中将存在分立的束缚态能级。在两种势阱的同时作用下,出现的也只能是分立能级。同样电子通过多势垒时,将重新分布能级,也会形成准能带,势垒数目趋近于无穷时,将形成能带。因此,电导共振分裂峰现象的物理实质与单独只有电势垒或磁势垒的情况是一样的。R. Heer 等[428]在实验上验证了在偏压电场下的超晶格系统随能量变化的透射谐振峰特性。处于二维电子气系统的电磁势垒,实际上相当于在磁超晶格系统中加上了周期性电场偏压,因此,这种共振峰的规律性有其实在的物理意义。

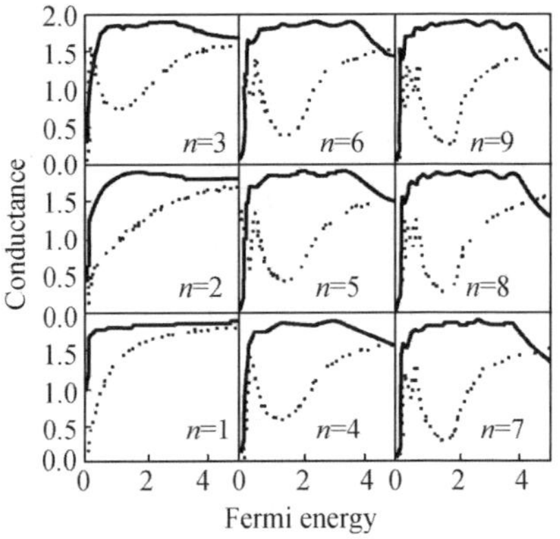

图 6.16 在不同结构参数下,通过不同周期正弦电势垒及磁势垒的电导随费米能变化曲线图。其中 $\gamma=1, V_0=B_0=1$,实线($l=1$),虚线($l=2$)[429]

在电子隧穿磁超晶格研究中发现[424],结构参数 l 对弹道电导有较大的影响。而周期电磁势垒阵列中,结构参数影响如何呢,这里也给出了相关一些研究结果[429]。对于周期势垒结构,l 可表征为势阱或势垒宽(计算中,采用无量纲形式,则 $l \to l l_B$)。图 6.16 为电子隧穿正弦模型周期排列的电磁势垒时阱宽对弹道电导共振峰的影响,其中,实线 $l=1$,虚线 $l=2$,其他参数都一样。可以看出,随着阱宽加大一倍,低能区的电导共振峰数目变少,电导值变小。但共振峰变得更明显而清晰,共振峰值相对变得大而尖锐,且共振峰向低能区移动而相互挤压。同样在其他参数不变的情况下,图6.17显示出Kronig-Penney模型、台阶模型和锯齿模型的弹道电导随阱宽的变化特性,我们也发现随阱宽的增加弹道电导峰数目变少,共振峰变得更加明晰而尖锐,而 $l=3$ 时,结果出现了反常。图6.18中计算了电子在9个正弦电磁势垒下电子隧穿,随着阱宽的减小弹道电导的变化情况。结果表明随阱宽的减小,共振峰增多,但峰逐渐变得模糊。且峰向高能区扩展,最后,弹道电导完全变成了扩展态,失去了共振隧穿特性。以上结果表明,普适的共振劈裂规律仅在结构参数 $l=1$ 时出现,也就是说,仅在一定的阱宽弹道隧穿才显示其规律性。而随着阱宽增加时,共振峰的数目减少但隧穿峰更明显,阱宽增加到足够大时,共振峰将局域化。而随着阱宽的减小,峰的数目增多但峰变得模糊,最后形成扩展态。从这里可看出,足够大的阱宽将可能导致电子在阱中无序散射而形成局域化,但二维电子气系统是一个较干净系统,因而只能产生弱局域性,而且,当阱宽远大于电子的平均自由程时,电子的输运将脱离弹道输运范畴。而阱宽变得足够小时,则当阱与阱之间的耦合足够强时,将完全隧穿势垒,而形成扩展态。

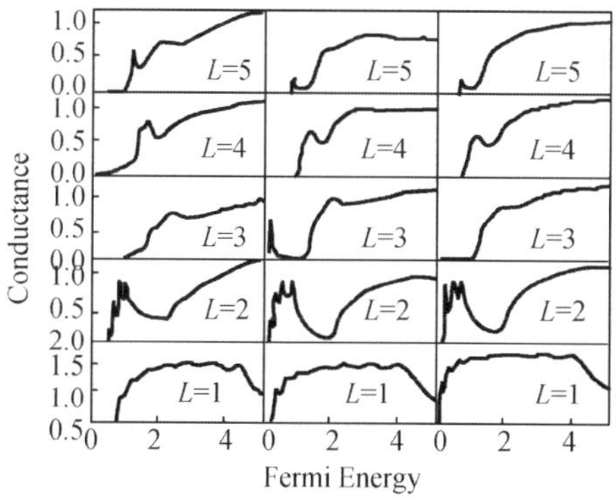

图6.17　Kronig-Penney模型、台阶模型及锯齿模型在电磁隧穿中,电导随结构参数变化曲线图[429]

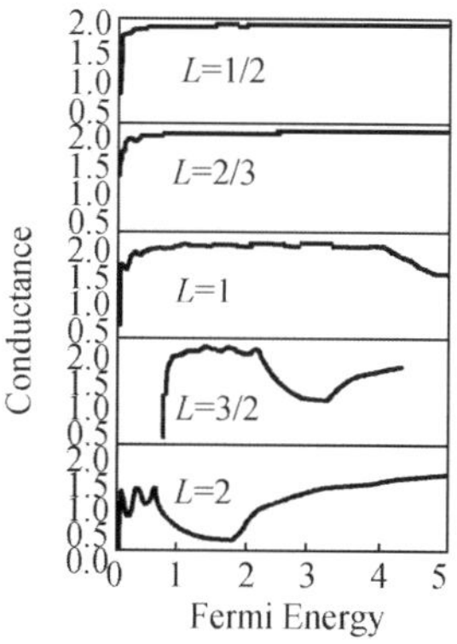

图6.18　电子通过9个正弦电磁势垒隧穿,电导随结构参数的变化曲线图,其中,$\gamma=1, V_0=B_0=1$[429]

综上,通过计算电磁超晶格的弹道电导的共振分裂峰及其结构参数对弹道电导的影响发现,与电或磁超晶格类似,对于电磁势垒周期阵列的同时存在,也存在着 n 个周期势垒结构将会出现 $n-1$ 个共振分裂峰。但随势阱宽度的减小,电导将从弱局域态到扩展态变化。既然考虑的是弹道输运,因而要求电子在输运过程发生的是弹性散射,即阱宽相当于或小于电子的相位相干长度,计算结果(图6.17)表明,当 $l\geqslant3$ 时,弹道电导变化已不再明显,则可能是这个原因。

6.4　自旋电子学初步

描述绕原子核运动的电子包括电量、自旋量子数、轨道量子数等三个物理量。传统的物理理论都是基于电子的电量,电子的轨道角动量是描述局域原子的量,不能用作电子在整个器件中的电子行为,但自旋是伴随电子始终的,是电子的个体行为。电子具有荷电电量和自旋两种属性。传统的电子器件是利用其荷电性导电,如利用半导体中电荷载流子的特性做成的微电子器件成为现代信息处理和运算的基础。利用铁磁材料中电子自旋(磁矩)做成的各类存储器成为现代信息存储的基础[430]。能否同时利用电子的电荷和自旋两方面的特性,自旋电子学 (Spintronics) [431, 432]就是研究以电子的自旋为信息载体,把微电子学和自旋效应结合起来,为设计新型器件提供基础的一门新的交叉学科。由于自旋有两个状态(Up and Down),因此利用到自旋的元件将比只利用电荷的传统元件有更丰富的功能。目前以电子电荷为基础的电子学即将达到其技术极限,全世界的科学家纷纷把电子学研究的目光投向自旋电子学。从材料的观点来看,自旋电子学包含了磁性物质和半导体的交集(如磁性半导体的领域),或者是在微结构以及纳米结构中相互组合成具有磁与电传导特性的新组件材料(如多种磁电阻材料)。自旋电子学中人们极感兴趣的研究课题有[433, 434]:(1) 如何获得电子自旋最大的渡越时间;(2) 怎样探测纳米尺寸结构中的自旋相干;(3)自旋极化载流子在异质结表面是如何输运的,另外,在自旋电子学不断发展的基础上,许多跟自旋相关的新型低维量子器件也随之出现,例如,自旋场效应晶体管 (Field Effect Transistor), 自旋发光二极管 (Light-emitting Diode), 共振隧穿器件(Resonant Tunneling Device),等等。

6.4.1 自旋电子输运及其应用

1. 自旋输运

理论上,费米(Fermi)能级上自旋态密度分布不同,就会产生自旋极化输运[435, 436]。从图6.19 很容易看出来:对于普通金属,例如 Cu,自旋向上和自旋向下的电子数目相同,故没有极化电流;而对于铁磁金属,为了使得电子在费米能级处具有高的态密度,同时体系的能量又不过高,自旋向上态和自旋向下态的能级存在一个劈裂,称之为"交换劈裂(Exchange Splitting)",这样就导致自旋非平衡分布,产生了部分的极化电流。最早尝试验证自旋极化输运的实验是量子隧穿实验。在该实验中,以普通金属为接触点,电流通过"自旋过滤器",即电导依赖于自旋的势垒[437]。然而,最有影响的自旋输运实验当属 1970 年 Meservey 等人做的实验[438]。他们首次在磁性金属薄膜中直接测到了电流的自旋极化率。在此实验中,电子隧穿通过一个非磁绝缘势垒薄膜层进入到超导金属薄膜层。当在该结构上施加一磁场时,超导金属薄膜层便担当起"自旋极化率" 检测器的角色。进一步,利用极化率公式$P = \frac{I_{\uparrow} - I_{\downarrow}}{I_{\uparrow} + I_{\downarrow}}$,得到对于铁,极化率是 44% ;对于钴和镍分别是 34% 和 11% 。随后在 1975 年,自旋输运的另外一个重要的进展就是利用铁磁金属薄膜而不是施加有外场的超导薄膜来分析自旋极化电流[439]。它的机理如图 6.20 所示,在第一个薄膜费米能级处产生的一个自旋态会被第二个薄膜费米能处相同自旋的未满态接收。如果两个铁磁薄膜的磁化方向相同,自旋向上的电子将会到达自旋向上的态,自旋向下的电子将会到达自旋向下的态。但是如果磁化方向相反,来自于第一个薄膜的自旋向上的电子将占据第二个薄膜自旋向下的空态,或反之。随后,Slonczewski 对此结构的电导作了理论分析,发现平行结构比反平行结构具有更高的电导[440]。

2. 自旋注入

自从 Datta 和 Das 基于自旋抑制和由外电场调节的自旋轨道耦合作用(Spin-orbit Cou-

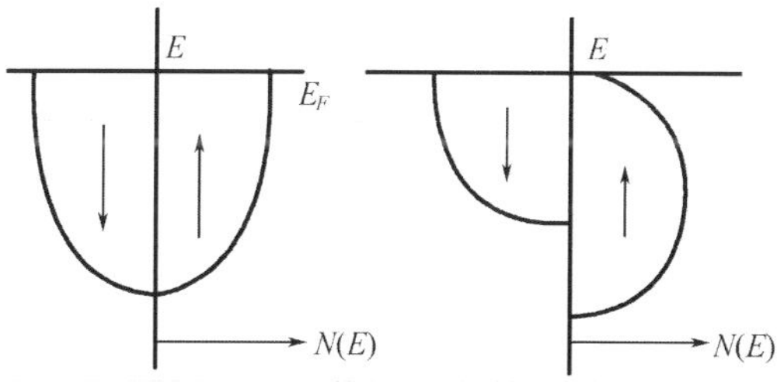

图 6.19　描述普通金属和铁磁金属态密度的图

（其中铁磁金属的多子自旋态密度是全满的 E 是电子能量；E_F 是费米能；$N(E)$ 是态密度[435]）

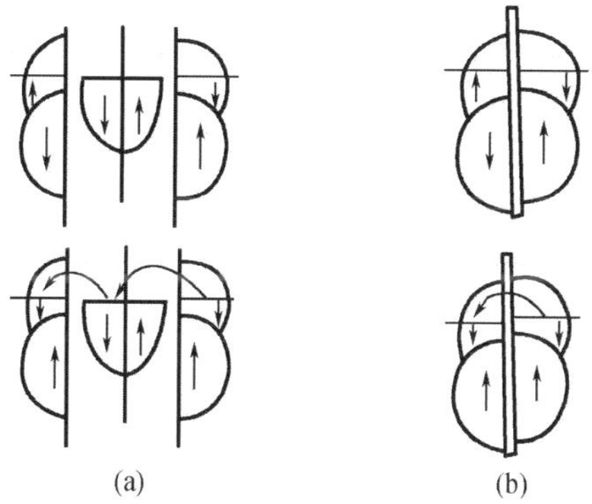

图 6.20　(a)电子从一个铁磁金属薄膜通过非磁金属到另一个铁磁金属薄膜的输运过程，图的上部表示两层铁磁薄膜的磁矩彼此反平行，图的下部表示两层铁磁薄膜的磁矩彼此平行；(b)电子从一个铁磁金属薄膜通过绝缘薄膜到另一个铁磁金属薄膜的隧穿过程，图的上、下部的意义和(a)中一致[439]

pling)[441]开创性的提出了自旋三极管[442]，自旋极化电子注入到半导体里就成为大家感兴趣的领域[443~445]。但是 Lee 等人[446]和 Hammar 等人[447]的实验结果显示自旋注入效应不到1%。与此同时，用光探测方法从磁性材料到半导体的自旋注入却很成功[448, 449]。Schmidt 等人[450]指出自旋从铁磁金属到半导体最基本的障碍是它们之间电阻的不匹配。这个问题看起来不可以解决，但是 Rashba[451]指出，在 FM－N 界面处插入一个隧穿结或许可解决此问题。隧穿结控制自旋注入率并且减小电导的不匹配。Alvarado[452]也展示了：对于一个窄的垒，自旋极化可以达到50%。其他隧穿接触的方法也取得了极大的成功，如，STM 针尖在真空[452]和空气[453]的隧穿，Schottky 势垒[454]和共振双势垒[431, 432]中的自旋极化。当然，需要注意的一点是，在慢自旋弛豫情况下，将不是弹道输运，而是电化学势的不同导致了有效的自旋注入。

3. 自旋弛豫

当能够产生自旋极化载流子后，另一个很重要的参数就是载流子的自旋弛豫时间，即载流子能够保持自旋状态的时间。这对于自旋电子学器件是很重要的，如果自旋弛豫得过快，自旋载流子在器件中传输的距离就很短，就没有任何实用价值。1955 年，Feher 等人[455] Dyson[456]分别从实验和理论得出，低温下某些金属中的自旋弛豫时间足够长。1985 年，实验成功地测量了从铁磁结点到顺磁金属中的自旋扩散长度[457]，并且得出了非常惊人的实验结果：在40 K的温度下，自旋扩散长度达到0.1 mm。这个结果表明，自旋极化载流子完全能够渡越现代的电子器件而不改变它的自旋状态。

4. 巨磁电阻效应

从发现到其产业化应用的最新例子就是所谓的巨磁电阻(GMR)效应[458, 459]。法国科学家阿尔贝・费尔[458]和德国科学家彼得・格林贝格尔[459]因先后独立在 1988 年发现了“巨磁电阻”效应,分享了2007年诺贝尔物理学奖。在巨磁阻发现后的第6年,IBM的工程师斯图尔特·帕金(Stuart Parkin)首先利用巨磁电阻,研制出高灵敏度磁头,将磁盘记录密度一下子提高了17倍。这项新技术使每兆的存储价格垂直下落,从1997年的20美分一直到2001年不到半美分,全球硬盘的收入也近乎翻了一倍。今天,几乎最新的磁头读出技术都是基于巨磁电阻原理研制的。磁场变化影响电阻变化的现象被称为磁致电阻。磁致电阻的根本原因是电子的自旋。将磁性材料置入外来磁场中,当电子的自旋方向与磁力线一致时,磁力线会加速电子的运动,电阻因此变小,当电子的自旋方向与磁力线方向垂直时,电子运动受到阻碍,电阻因此增加。但是,这种磁致电阻效应非常小,通常电阻改变只在1%到2%之间。1988年,法国和德国的两个研究小组几乎同时独立发现了一种巨大的磁致电阻现象。由法国物理学家费尔领导的一个研究小组[458],在纳米尺度内,用厚度只有几个原子大小的磁性材料铁膜片和非磁性材料铬膜片做成一个纳米尺度的多层膜,发现磁致电阻效应可以高达60%;与此同时,德国尤利希研究中心的实验物理学家格林贝格尔领导的研究小组[459],将铬膜片置入两个铁膜片之间,组装成一个纳米尺度的3层膜,发现磁致电阻效应提高到6%。如图6.21所示,当铁磁层的磁化方向平行时,载流子受到的散射最小,系统的电阻最小。当磁化方向反平行时,电阻最大。电阻的大小通过磁致电阻比 $MR=\dfrac{R_{AP}-R_P}{R_P}$ 来描述,其中 R_{AP} 和 R_P 分别是左右两铁磁层磁化方向平行和反平行时的电阻。在低温下,Schad 等[460]测量了 FM - M - FM 结构的 MR,在较高磁场下,MR 可达到 100% ~220%。Petukhov 等[461]阐明了在 GaMnAs/AlAs/GaAs/AlAs/GaMnAs 双势垒结构中 MR 超过 800%。另一方面,在所谓的庞磁阻区(CMR),MR 可以达到,但是需要5T的强磁场[462]。

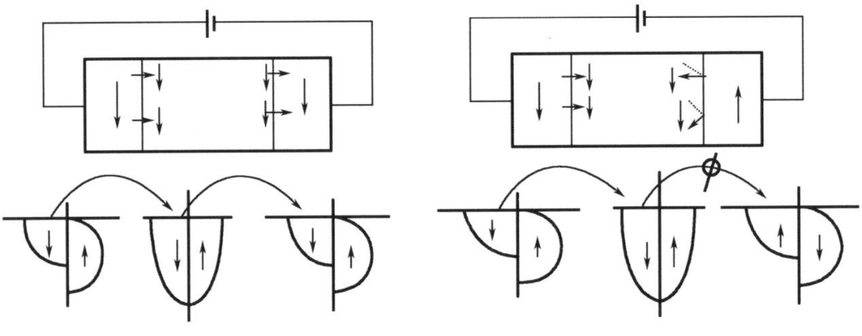

图6.21 用态密度示意图表示的巨磁电阻效应原理[459]

5. 自旋阀(Spin Valve)

自旋阀(SV)元件是构成GMR“读”磁头和传感器的核心元件。从图6.22可以看到,自旋阀是由两个铁磁层(通常是镍、铁和钴的合金)和一个非磁的金属(通常是铜)构成的三明治结构[463]。自旋阀器件基于GMR,两个铁磁层中一个磁性被固定(Pinned),即这层的磁矩对外场的调制不敏感,而另外一个铁磁层则相对自由,它的磁矩很容易改变,即使外场很微弱。换句话说,钉扎层的磁矩固定不变,自由层的磁矩易受磁场的影响而发生改变。由于钉扎层的磁矩与自由层的磁矩之间的夹角发生变化,会导致SV - GMR元件的电阻值改变,进而使读出电流发生变化。为了提高SV元件的灵敏度,必须把自由磁性层做得很薄。但是,这样又将导致界面传导电子的不规则反射而降低电阻的变化率。因此,后来又增设了一层氧化物,使电子成镜面反射，故而又把这种元件叫做“镜面 SV 元件”。从 2001 年起，GMR“读”磁头制造商正式采用镜面 SV 元件。当前，日立的研究人员成功地把磁头的尺寸缩小了一半以上，新磁头的尺寸在 30 ~ 50 nm 范围内，是普通人发丝宽度（约为 70 ~ 100 微米）的 1/2 000。日立的新技术被称作电流垂直记录（电流垂直于平面）巨型磁阻（CPP - GMR）磁头，预计将于 2009 年应用于产品中，2011 年实现其全部技术空间。日立将于 2007 年 10 月 15 日到 17 日在日本东京国际论坛上举行的第 8 届垂直磁记录会议（PMRC 2007）上展示这一最新技术。

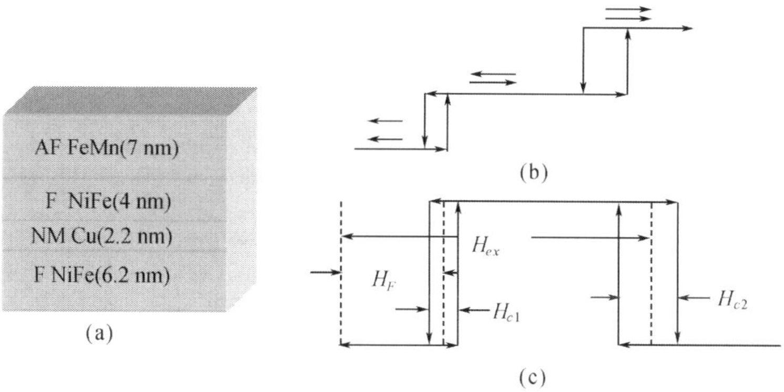

图 6.22　自旋阀的结构和原理示意图[463]

目前研究最广泛的自旋阀结构是顶自旋阀和底自旋阀。但无论哪种自旋阀中要出现巨磁电阻效应必须满足下列条件[464]：(1) 传导电子在铁磁层中或在铁磁/非铁磁(F/NM) 界面上的散射概率必须是自旋相关的；(2) 传导电子可以来回穿过两铁磁层并能记住自己身份（自旋取向），即自旋自由程、平均自由程大于隔离层厚度。

自旋阀具有如下优点：(1) 磁电阻变化率 $\Delta R/R$ 对外磁场的响应呈线性关系、频率特性好；(2) 低饱和场、工作磁场小；(3) 与 AMR 相比，电阻随磁场变化迅速，因而操作磁通小、灵敏度高；(4) 利用层间转动磁化过程能有效地抑制 Barkhausen 噪声，信噪比高。因此，它率先进入实用化阶段。

6. 磁隧穿结（MTJ）

实验发现，通过铁磁金属/绝缘体/铁磁金属（FM - I - FM）三明治结构的自旋极化隧穿过程也可以产生 GMR 效应[465, 466]。这种三明治结构通常被称为“磁隧穿结（Magnetic Tunnel Junctions, MTJ）。从图 6.23 也可以看到，磁隧穿结是在固定层和自由层之间加入一个薄的绝缘层，通常是氧化铝。隧穿电阻和自旋阀一样由外场来调节。因为隧穿电流比较小，MTJ 装置具有比较高的电阻。MR 在 20% ~ 40% 之间。早在 1975 年，Julliere[439]就研究了这种系统中的自旋极化隧穿过程，指出其中的磁电阻效应来自两个铁磁层中自旋向上电子（多数）和自旋向下电子（少数）态密度（Density of States, DOS）的不对称性。假设没有自旋反转散射（隧穿过程中电子的自旋守恒），自旋极化隧穿概率依赖于两个铁磁层中磁化强度的相对取向。在磁化强度相互平行时，两个铁磁层材料能带中多数电子的自旋取向相同，

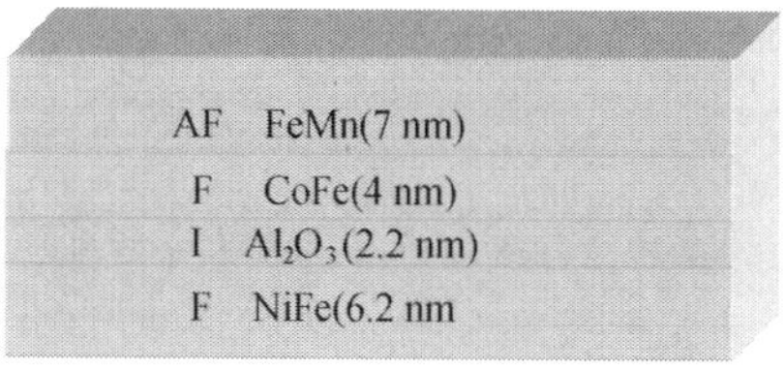

图 6.23　磁隧穿结的结构图[465]

费米面附件可填充态的数目之间具有最大匹配程度,使隧穿电流最大,隧穿电阻最小。相反,在磁化强度反平行时,电子的隧穿行为发生在一个铁磁层的多数电子态(自旋向上)和另一个铁磁层的少数电子态(自旋向上)之间。这种态密度之间的不匹配造成了最小的隧穿电流和最大的隧穿电阻。当外加磁场使磁化强度从平行态转动到反平行态,或从反平行态转动到平行态时,磁电阻现象出现。由于 MTJ 中电子的输运机制是隧道效应,所以这种 GMR 效应又被称为隧道型磁电阻(Tunnel Magneto Resistance,TMR)。

目前所研究的 MTJ 可以分为两种基本类型,一种是硬 - 软 MTJ (Hard - Soft MTJ),另一种是目前人们比较感兴趣的钉扎 MTJ。在前者中,由于两个铁磁层具有不同的开关场(Switching,Field)在不同的磁场下,两个铁磁层的磁化强度可以被设置成平行或反平行状态。在钉扎 MTJ 中,一个铁磁层的磁化强度被相邻的反铁磁层通过交换作用所钉扎(Exchange Biased or Pinned),从而使磁滞回线从零磁场对称位置移至一偏置场(Offset Field)。相比之下,这种钉扎 MTJ 的行为比硬 - 软 MTJ 要复杂得多。

虽然 MTJ 已经研究了 20 多年,但直到 1995 年才有关于室温下隧穿结的 GMR 效应(约 20%)的研究报道。Moodera 等人[462, 466, 467]发现在低结电压下,由 CoFe 和 Co 或 NiFe 膜构成的 $CoFe/Al_2O_3/Co(NiFe)$ 隧穿结在室温下的 TMR 可高达 22%。几乎与此同时,日本东北大学工学部的 Miyazaki 和 Tezuka 等人[468, 469]也报道了 $Fe/Al_2O_3/Fe$ 隧穿结中室温下的 TMR 值达 18%。虽然目前所观察到的室温下的隧穿结的磁电阻值比以前的要高许多,但仍然小于由自旋极化率计算的理论值。此外,在几百毫伏的结电压下,磁电阻值的快速降低也是难以理解的。

为了观察到显著的 TMR 效应,MTJ 应满足下列条件:(1)铁磁薄膜层的自旋极化率要大(在制备过程中避免氧化);(2)氧化物势垒足够高,使电子以隧穿形式输运(势垒致密且无针孔等缺陷);(3)在外磁场下,两个铁磁层之间的磁化强度可任意平行或反平行排列(如使之具有不同的矫顽力等)。

自旋电子学能否成为 21 世纪的新科技应用领域,要看自旋电子组件是否可取代微电子,虽然自旋晶体管还在实验室阶段,但集成自旋电子电路已经不再遥不可及,依照目前科技趋势来看,器件的发展趋势是小型化,并且自旋电子电路与半导体制造过程非常兼容,若纳米尺度的蚀刻技术更趋成熟,这时自旋电子将会逐步取代微电子成为工业的主流。而在巨磁电阻效应之后,人们普遍预测,掀起存储技术下一轮革命的,很可能是靠电子自旋方向而不是磁场方向来存储数据的自旋电子学。

6.4.2 调制磁超晶格的自旋输运特性

如上所述,自旋电子学研究引起了人们广泛关注,已成为研究热点,研究领域涉及各个方面。为了更好地理解上节所述的磁超晶格共振隧穿输运特性应用及进一步拓展在考虑电子自旋情况输运行文,本小节将就调制磁超晶格的自旋输运特性作一简单介绍。

要获得较大的磁阻率,另一种方法就是利用在二维电子气结构上,通过磁条或超导条施加异质磁场来调控电子的行为。Nogaret 等人展示了一种新型的,存在于铁磁/半导体复合结构中的低温磁阻效应[427],而且当温度为 4 K 时,磁阻率可达 103%。同时,在周期磁场中出现的磁阻振荡也被人们发现了,这一效应普遍认为是由于二维电子气内部的 Landau 能级分裂引起的。理论研究主要集中于能谱以及电子输运特性的研究，如波失滤过特性、共振劈裂以及弱场调制下的二维电子气在弹道区和扩散区的磁阻效应。一种存在于磁场调制下的二维电子气中的自旋无关的磁阻效应被 Zhai 等人提出[470]。结果表明，虽然磁结构的平均磁场为零，但这种结构却可以产生很大的磁阻率，最高可以达到 106%。然而，磁结构的变化对磁阻效应的影响还没有任何报道，尤其是把单个结构单元变为周期性结构后（调制磁超晶格）的变化对磁阻的影响。电子在垂直方向上的运动由晶格周期以及相邻势阱之间的耦合决定，而不是单独的由某个势垒决定。周期磁场调制下的二维电子气可能是实现新型电磁器件的有效途径。在以下的内容中将着重讨论在由可变间隔的周期调制磁超晶格的磁阻效应[471]。

我们将研究的体系近似是一个自由电子体系，其中的电子相互作用被忽略。因此，不考虑磁场对自旋的反转。而且，如果忽略 Rashba 效应[472]和 Dresselhaus 有关的项[473, 474]，则在有效质量近似下，这样一个单粒子体系的哈密顿量可描述为

$$H = \frac{p_x^2}{2m^*} + \frac{[p_y + eA_y(x)]^2}{2m^*} + \frac{eg^*}{2m_0}\frac{\hbar\sigma}{2}B_z(x) \tag{6.47}$$

式中，m_0 是自由电子的质量；m^* 是有效质量；p_x 和 p_y 分别是电子动量的 x 和 y 方向的分量；g^* 是有效朗德因子；σ 是电子自旋方向（上自旋（$\sigma = 1$），下自旋（$\sigma = -1$））。

这里，我们所考虑的磁场是垂直于二维电子气的，即 $B = B(x)\hat{z}$。这一结构可以通过在半导体异质结上沉积磁化方向平行于二维电子气的铁磁条实现[475]。这一系统如图 6.24（a）所示，其中 L 是单周期结构的长度，z_0 是铁磁条和二维电子气之间的距离。通过施加适当的外场，可以将相邻磁条的磁化方向由反平行变为平行。当铁磁条和二维电子气之间的距离足够小时，磁垒可以简化为磁 Kronig-Penney 模型[476]。磁垒模型可以用下式表示

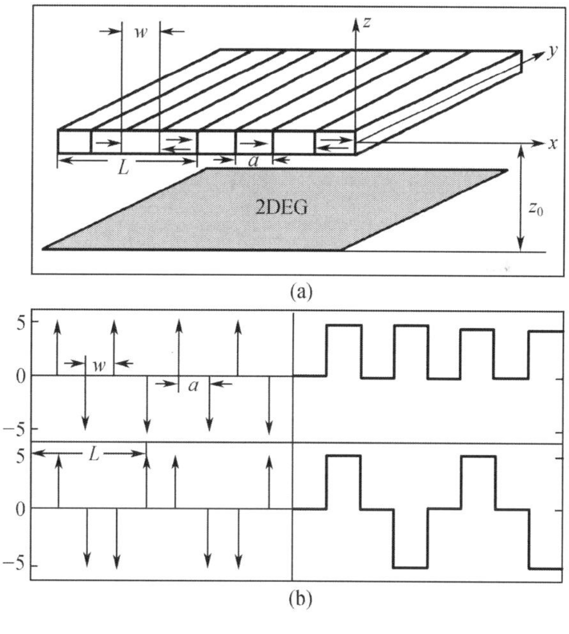

图 6.24　平行磁垒结构（P）以及反平行磁垒结构（AP）的磁场（a）及其相应的矢势示意图（b），图中给出了两个周期磁垒单元的情况[471]

$$B(x)/B_0 = \gamma\sum_{n=-\infty}^{n=+\infty}\{[\delta(x + a + nL) - \delta(x + 2a + nL)] + \lambda[\delta(x + 2a + w + nL) - \delta(x + L + nL)]\} \tag{6.48}$$

式中，γ 是磁场的特征参数；λ 代表磁垒结构（$\lambda = \pm1$ 时，分别表示平行和反平行结构；$|\lambda| \neq 1$ 时，代表非对称结构）。对于这样的结构，根据 Landau 规范，矢势 $\vec{A}(x) = (0, A(x), 0)$。两个周期的平行结构（P，Parallel）与反平行结构（AP，Antiparallel）的磁垒结构以及相应的矢势在图 6.24（b）中给出。磁阻率（MR Ratio）通常定义为 $MR = (G^P - G^{AP})/G^{AP}$，其中，$G^P$ 和 G^{AP} 分别表

示平行磁垒结构和反平行磁垒结构的电导，按照上节采用转移矩阵求解弹道电导的方法，则可求出磁阻率。

首先，我们研究单磁晶格时，不同磁条间距 w 对磁阻的影响。其他参数分别为，$B=5$，$a=1$。图 6.25(a) ~ (e) 给出了对于不同 w 的费米能和磁阻之间的关系曲线，其中，(a) $w=1$，(b) $w=2$，(c) $w=3$，(d) $w=4$，(e) $w=5$。很显然，随着费米能的增加，磁阻率表现出了强烈的振荡特征，并且磁阻效应主要存在于低能区，对于高能区磁阻率几乎为零。随着 w 的增加，磁阻的振荡进一步加强，并且磁阻率的最大值快速下降。为了更清楚地看到这一点，图6.26给出了对于不同的 w 所对应的磁阻率最大值的变化曲线，可以看出 w 和磁阻最大值之间几乎是一种线性关系。这一结果实际上源于电导的变化。在图 6.25 的插图中，我们给出了相应的对于平行磁垒结构（虚线）与反平行磁垒结构（实线）的费米能与电导的关系曲线。对于平行磁垒结构与反平行磁垒结构而言，电导在低能区几乎为零。过了这个区域之后，平行磁垒结构的电导快速增加，然而反平行磁垒结构却在很大的区域内依然很小，正是由于这种差别导致了明显的磁阻效应。同时，我们也可以发现无论对于哪种结构，随着 w 的增加，电导的振荡特性变得更为明显。

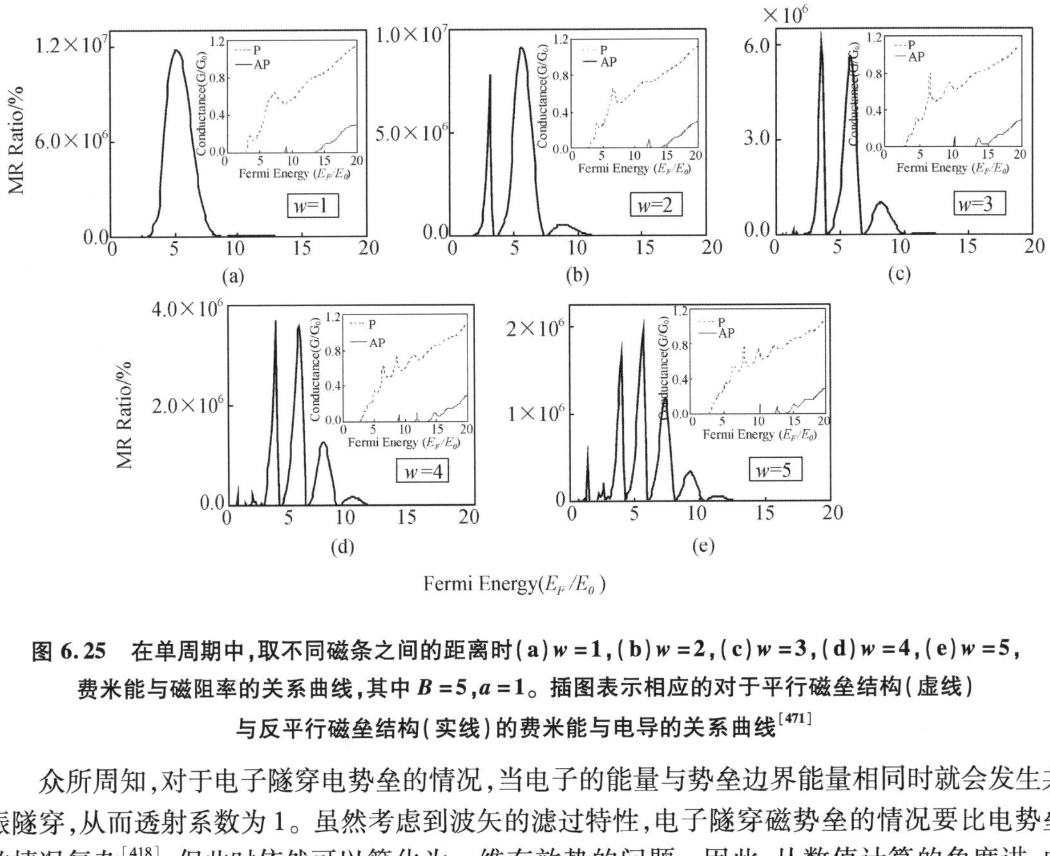

图 6.25 在单周期中，取不同磁条之间的距离时 (a) $w=1$，(b) $w=2$，(c) $w=3$，(d) $w=4$，(e) $w=5$，费米能与磁阻率的关系曲线，其中 $B=5$，$a=1$。插图表示相应的对于平行磁垒结构（虚线）与反平行磁垒结构（实线）的费米能与电导的关系曲线[471]

众所周知，对于电子隧穿电势垒的情况，当电子的能量与势垒边界能量相同时就会发生共振隧穿，从而透射系数为 1。虽然考虑到波矢的滤过特性，电子隧穿磁势垒的情况要比电势垒的情况复杂[418]，但此时依然可以简化为一维有效势的问题。因此，从数值计算的角度讲，电子隧穿磁势垒的情况与电势垒的情况是类似的。由于各个势垒之间的偶合作用，原本分裂的能级出现了分裂，相应的，这些分裂的能级形成了微带结构。这就导致了电导以及相应的磁阻率的振荡现象。特定的磁条间距可能导致更大的平行磁垒结构与反平行磁垒结构的透射系数以及电导的不同，磁阻率也自然的会有相应的变化。

为了研究磁垒对称性对磁阻效应的影响，我们计算了当 $|\lambda| = 0 \sim 2$ 时，双势垒结构的磁阻效应。从图 6.27 中可以明显地看到磁阻最大值总是出现在 $|\lambda| = 1$ 的位置。这表明大磁阻效应存在于对称性较高的磁垒结构中。

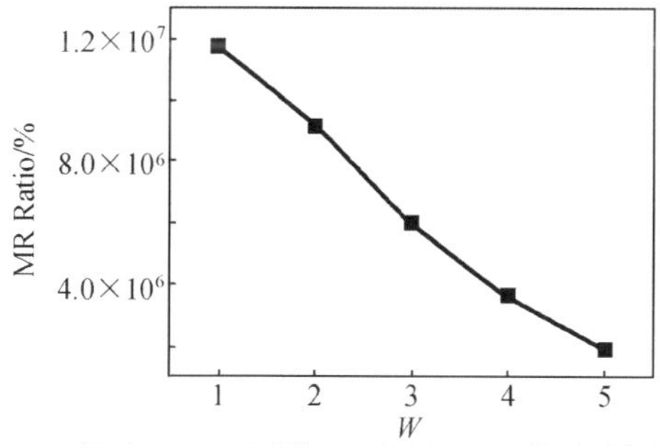

图 6.26　磁阻率最大值与磁条间距的关系曲线，其他参数与图 6.24 相同[471]

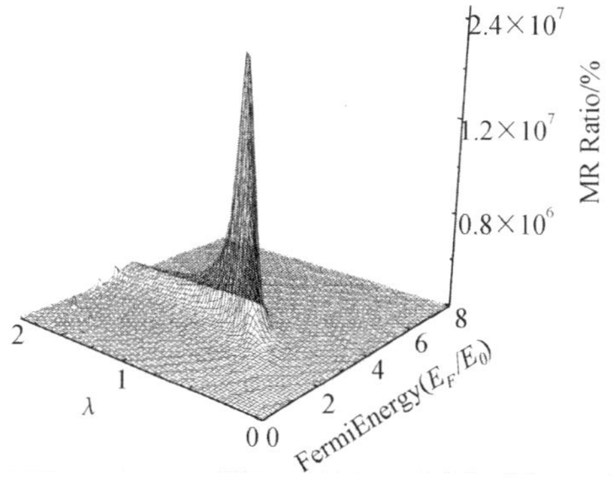

图 6.27　当 $w = 1$，在双磁垒结构中磁阻率与费米能以及 λ 的关系曲线，其他参数与图 6.25 相同

既然，磁阻效应与磁条之间的距离密切相关，我们可以选择最佳磁条间距，然后研究周期变化对其磁阻效应的影响。

图 6.28 给出了当 $w = 1$ 时，对于不同周期，$n = 2 \sim 7$ 的磁阻率，其他结构参数同图 6.25。考虑到磁阻率在高能区几乎为零，费米能的范围从 $0 \sim 8$。很显然，对于不同的周期，只有一个峰值，而且固定在费米能为 3.41 的位置。与以前的结果相比[477]，这是一个非常有趣的现象。这表明具有 3.41 能量的电子对于给定的磁垒结构最为敏感。从应用的角度讲，这种磁垒结构对于制造新型选择电子注入器件十分有利。

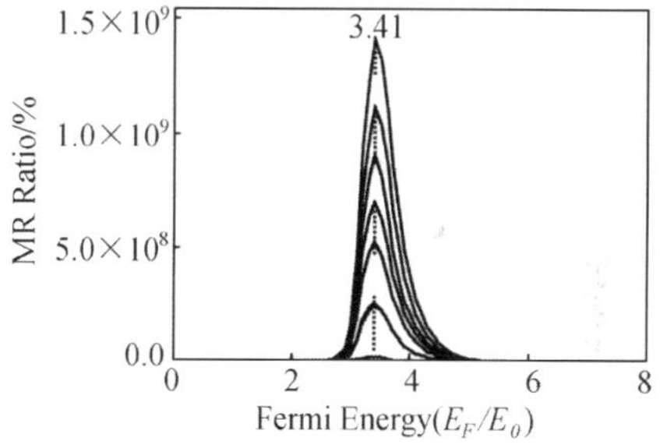

图 6.28　当 $w = 1$，周期从 2 到 9 时，磁阻率与费米能的关系曲线，其他参数与图 6.26 相同[471]

为了更清楚地研究周期与磁阻效应之间的关系，在图 6.29 中，我们给出了最大磁阻率与周期之间的关系，其他参数与图 6.25 相同，周期为 $n = 1 \sim 29$。随着周期的增加，磁阻率最大可达到 109%，更有趣的是，奇数周期(OP，Odd Period)的磁阻率总是大于偶数周期(EP，Even Period)的磁阻率。对于平行磁垒结构和反平行磁垒结构，随着周期的增加对其平均矢势的影响是不同的。对于平行磁垒结构基本上没有什么变化，但是对于反平行磁垒结构则发生了明显的变化，其奇数周期的势阱数目与相邻偶数周期的势垒数目相同。这就导致了奇数周期与偶数周期的明显不同。这

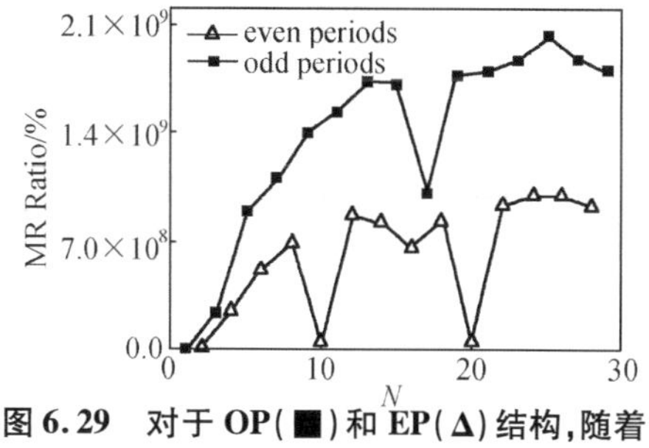

图 6.29　对于 OP(■)和 EP(Δ)结构，随着周期的增加，最大磁阻率的变化曲线，其他参数与图 6.28 相同[471]

一特征同样表明,合理地安排铁磁条的结构有利于进一步提高磁阻率。

6.4.3 对称破缺磁超晶格的自旋输运

磁超晶格制备一般是在异质结上沉积铁磁条块,由于各种偶然或者意外的因素,某些铁磁条块可能沉积不均匀,从而导致磁超晶格的对称性或者周期性遭到破坏。基于此,本节将就此建立一个对称破缺的磁超晶格物理模型,研究对称破缺对磁超晶格的自旋输运的影响[477]。

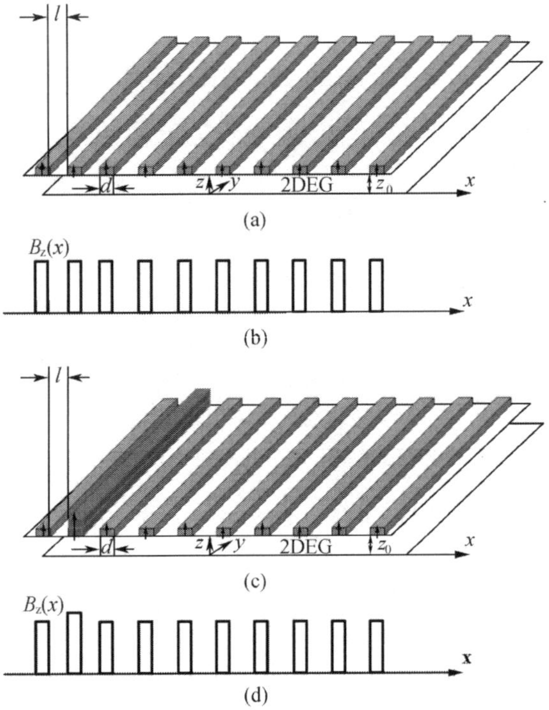

图 6.30 模型示意图,磁条宽度为 d,间距为 l,z_0 是磁条和二维电子气之间的间距

(a)在二维电子气上面周期地沉放十个铁磁条,铁磁条的磁化方向垂直于 x 轴;(b)对应于(a)的具有理想对称性的磁场 $B_z(x)$ 的形状;(c)类似于(a)但是第二个铁磁条磁化与其他不同;(d)与(b)相同[477]

图 6.30 给出了两类磁超晶格结构。设想的试验体系是这样的:在异质结上平行地沉积磁化方向与二维电子气平面(x,y)垂直的铁磁条,相邻的铁磁条的磁化方向相同(如图 6.30(a)和(c))。磁条宽度为 d,间距为 l,z_0 是磁条和二维电子气之间的间距。假设铁磁条提供的磁场沿 y 方向均匀不变的,只沿 x 轴变化(如图 6.30(b)和(d))。

为了定量地描述图 6.31 中所示磁超晶格结构中的势垒对称性破缺(例如,反常势垒)对自旋输运的影响,假定变化的势垒的高度是 B_i,不变势垒的高度是 B_0,则可以引入一个非对称因子(反常因子),定义为 $\lambda_i = \frac{\Delta B_i}{B_0}$,其中 $\Delta B_i = B_i - B_0$ 为第 i 个势垒 B_i 和正常势垒 B_0 之间的差值。当 $\lambda_i = 0$ 时,如图6.30(b)所示,它描述的是一个理想的对称结构;当 $\lambda_i \neq 0$ 时,便是一个非对称结构,正如图6.30(d)所示的含有反常势垒的磁超晶格。对于这些结构,磁势垒的表达式为

$$B_z(x) = \sum_{i=1}^{N} (\lambda_i + 1) B_0 \Theta[x - (i-1)(d+l)] \Theta[id + (i-1)l - x] \tag{6.49}$$

式中,下标 i 用来定义势垒的个数;λ_i 的值表示反常势垒的高度;$\Theta(x)$ 是 Heaviside 阶梯函数;N 是任意自然数。

利用上节的转移矩阵方法可求解弹道电导 G,则电导的自旋极化可求

$$P_G(E_F,\lambda_i) = \frac{G_-(E_F,\lambda_i) - G_+(E_F,\lambda_i)}{G_+(E_F,\lambda_i) + G_-(E_F,\lambda_i)} \tag{6.50}$$

式中,E_F 是费米能;G_+ 和 G_- 分别是上自旋和下自旋电子的电导。

为了阐明势垒对称性破缺(例如,反常势垒)对自旋输运的影响,作为一个例子,研究了一个含有 10 个势垒且第二个势垒反常的体系。在数值计算中,选择 InAs 为二维电子气材料,因此 $g^*=5.0$,$m^*/m_0=0.024$[478],对于 $B_c=0.1$ T,简化单位 $l_B=81$ nm,$E_0=\hbar\omega_c=0.48$ meV。其他参数为 $d=0.5$, $l=1.0$。

根据上面的参数可知由外磁场引入的 Zeeman 效应大约是 1.5×10^{-9} eVm,而 Rashba 效应大约是 4.5×10^{-11} eVm,此外,Dresselhaus 有关的项远远小于 Rashba 项[479]。因此,在这里不考虑 Rashba 效应和 Dresselhaus 有关的项是合理的。

首先,研究了不同 λ_2(相当于改变反常势垒的高度)情况下,自旋电子隧穿磁超晶格的透射率。当 $\lambda_2=0$ 时,上下自旋的透射率只发生轻微的分离(如图 6.31(a)),但是由于 Zeeman 效应上自旋透射率的几个共振峰向高能端偏移而下自旋的却向相反方向移动。进一步,从图 6.31(b)~(f)可以清楚地看到:随着 λ_2 的增加,上下自旋透射率之间的分离明显的展宽,但是上自旋透射率的值显著的降低;此外,对于 λ_2,如图 6.31(f)所示,除了在能量 10~12.5 之间有一个共振峰之外,上自旋透射率的共振峰在所考虑的能量范围内基本完全消失。这表明在这种非对称结构中,非对称因子可以强烈地调制共振峰的特征。

对于上面的结果,也许可以从磁超晶格结构的对称性和有效势增强来理解。当 $\lambda_2=0$ 时,磁超晶格是一个理想的对称结构,如果对称磁超晶势垒的有效势比电子入射能低,那么上下自旋电子都可以通过磁超晶格。但是,反常势垒($\lambda_2\neq0$)的存在将导致两个额外的效应:一个是磁势垒的对称性破缺,另一个是有效势的增强。随着反常因子的增大,系统的对称性降低,并且磁矢势 A 沿传导方向的守恒性被破坏掉,而这种守恒性的破缺正反映了上下自旋电子输运行为的不同。由于 λ_2 的增大导致有效势升高。随着有效势的升高,首先它将阻碍上下自旋的电子隧穿输运,相应于图 6.31(b)~(f)透射率的降低;其次,高的有效势就意味着强磁场[448, 449],则磁超晶格中巨大的 Zeeman 劈裂将导致上下自旋电子透射率最大限度的分离。因此在图6.31(b)~(f)可以看到,随着 λ_2 增加,上自旋透射率显著的降低。另外,由于反常势垒的改变调节有效势的形状,而有效势的形状是与传导带的子带有关的[480]。这就意味着,可以通过调节反常势垒的高度来调控磁超晶格中透射率共振峰的特征。

为了更直接地理解带有可变反常势垒磁超晶格中的自旋输运,在图 6.33 中给出了上下自旋电子电导随费米能的变化。可以清楚地发现,随着的增长,电导间的间隔越来越大,并且下自旋电导与上自旋电导相比几乎不发生移动。此外,如图 6.32 (b)~(d)所示,上自旋电导的主共振峰数目明显的由两个变成了一个。这是因为上自旋透射率对结构对称性和磁超晶格的有效势很敏感,所以对电导的影响应该来源于反映电子隧穿过磁超晶格数量的透射率。显而易见,结构对称性破缺和有效势增强将强烈抑制上自旋电导,却使得上自旋电子的轨道展宽,所以在 $E_F=10$ 附近上自旋电导仅仅只有一个共振峰出现。最后需要指出的是,在低能域上自旋电导之所以能够超过下自旋电导(如图 6.32(a)~(b)),来源于近似完美对称结构中自旋有关的共振增强效应[481]。

众所周知,在隧穿体系中,当上自旋和下自旋电子之间存在电导差值时,电子在输运过程中将展现自旋极化效应。因此,上面的计算也暗示了反常势垒也可能对磁超晶格中的自旋极化有显著的影响。根据方程(6.48),图 6.33 中给出了电子隧穿含有一个可变反常势垒磁超晶格的自旋极化。在低能端,自旋极化表现出复杂的振荡行为。这种振动行为来源于分离的朗道能级和费米面的相互作用[482]。进一步,在费米能大于 2.0 的能量范围内发现,随着非对

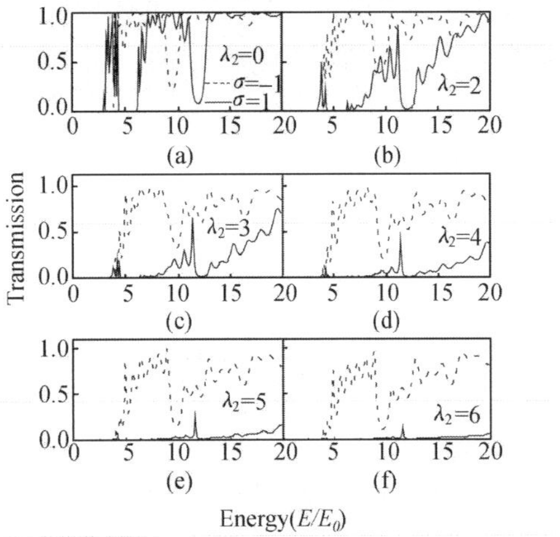

图 6.31 不同反常因子 λ 情况下,上自旋透射率 T_+(实线)和下自旋透射率 T_-(破折线)与电子能量的关系曲线

(a)$\lambda_2=0$;(b)$\lambda_2=2$;(c)$\lambda_2=3$;(d)$\lambda_2=4$;(e)$\lambda_2=5$;(f)$\lambda_2=6$。其他参数为 $k_y=2.0$, $B_0=1.0$, $d=0.5$, and $l=1.0$[477]

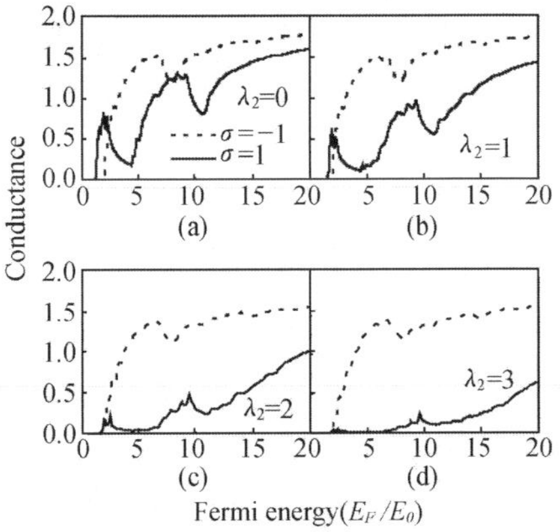

图 6.32 在第二个势垒反常的体系中,自旋有关的电导与费米能的关系曲线

(a)$\lambda_2=0$;(b)$\lambda_2=1$;(c)$\lambda_2=2$;(d)$\lambda_2=3$。其他参数与图 6.31 一致[477]

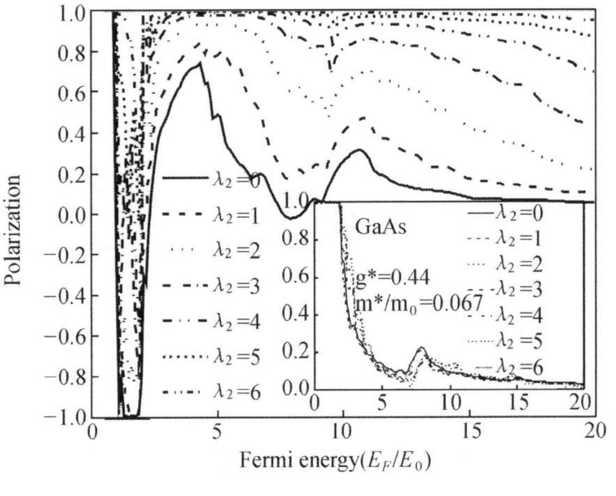

图 6.33 不同的反常因子下,电导的自旋极化随费米能的变化曲线(插图中为 GaAs 系统的电导的自旋极化。g^* 为 0.44,$m^*/m_0=0.067$,约化单位为 $l_B=81$ nm,$E_0=\hbar w_c=0.17$ meV。其他参数与图 6.31 中的相同[477])

称因子 λ_2 的变化,电导的极化增强。尤其,当$\lambda_2=6$时,除了 $E_F=10$ 附近有一个非常小的降低,电导的极化几乎达到 100%。极化率的这些行为恰恰反映了带有反常势垒磁超晶格中的上下自旋电子透射率或电导的不同。与已报道的对称结构[482, 483]对比,在较大能量范围内得到了较高的自旋极化率。这也表明仅仅通过可变反常磁势垒,利用类似于这样的磁超晶格结构就能够得到较高的自旋极化。然而,对于具有不同朗德因子的二维电子气系统,反常势垒对磁超晶格中自旋极化的影响是截然不同的。例如,选择 GaAs 系统(g^* 大约是 0.44),计算得到的结果表明非对称因子的增加几乎不影响自旋极化率(如图 6.33 中的插图)。因为小 g^* 因子导致弱的磁效应,所以在具有小 g^* 因子的二维电子气系统中反常势垒对自旋极化的影响减退了。

最后,研究了多个反常势垒情况下非对称磁超晶格中的自旋输运。从图 6.34 中可以看到:当只有一个反常势垒($\lambda_1=3$)时,在低能区域自旋极化出现一个强共振峰(如图 6.34(a))。在两势垒反常的情况下,这个共振峰变得非常陡峭(如图 6.34(b))。图 6.34(c)和

(d)表明:反常势垒的数目由 3 个增加到 4 个,共振峰劈裂成两个较低的峰,并且最终一个峰消失。这也许也可从有效势对自旋极化的影响来解释。关于单个或多个势垒共振隧穿的研究已经指出:势垒越高,共振峰越不明显[484, 485]。随着反常势垒的数目增多,根据方程(6.48)可知有效势将增大,并且阻碍上下自旋电子的透射,这便导致共振峰减少,极化率降低。结果表明不但可以通过改变单个反常势垒的高度来调控自旋极化的变化,而且可以通过改变反常势垒的数目来实现。最后,需要指出的是:其他非对称因子,例如磁超晶格中势垒间距和宽度的不均匀性都可以影响自旋输运的行为。电子在这些情况下的输运过程变得比较复杂,因此这些系统中的自旋输运特性需要进一步深入研究。

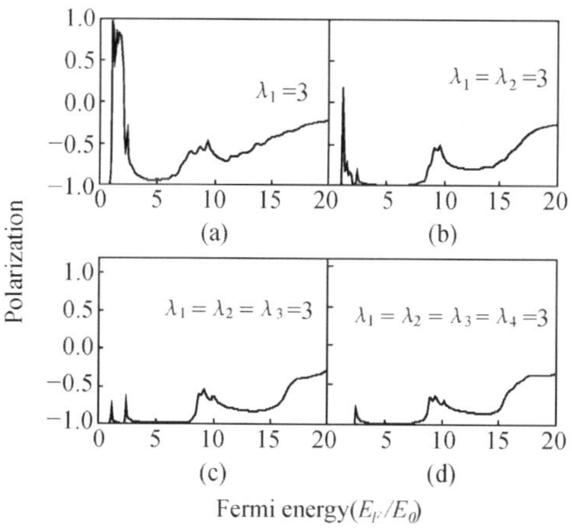

图 6.34　当 λ =3 时,电导自旋极化随费米能的变化,反常势垒的数目分别是(a) I =1;(b) I =2;(c) I =3;(b) I =4。其他参数与图 6.31 中的相同[477]

第 7 章　功能纳米薄膜

薄膜(Thin Film)是由离子、原子或分子等基团形成的典型的二维材料。薄膜及其相关的薄膜器件兴起于 20 世纪 60 年代,是新理论与高技术高度结晶的产物,已成为集成电路、电子信息、传感器、光学、能源利用等技术领域的核心材料,在电子工业、航空航天、光学工程、生物技术、新型能源以及武器装备等方面均有广泛应用,是 21 世纪材料科学与工程发展的关键所在,更是世界各国高技术竞争的焦点之一。发展薄膜的基础与应用研究,真正的意义是为了加快高技术应用的步伐,加强传统学科知识和现代学科知识的有机联系,不仅可以扩充块体材料的应用领域与利用高性能的薄膜器件,而且可以通过薄膜的结构特点获得新的人工合成物质与发现新的物理化学性质,并创新科学的理论。

目前,还很难具体给薄膜下一个一般性的定义,我们可以这样理解:采用一定的物理或化学方法,使处于某种状态的一种或几种物质(源材料)的基团以物理或化学方式附着于某种物质(基底材料)表面,在基底材料表面形成一层新的物质,这层新的物质可以称为薄膜,如图 7.1所示。广义上讲,薄膜包括有气态、液态和固体三种形态,分别称为气态薄膜、液态薄膜和固体薄膜,但是通常所指的薄膜一般是固体薄膜(Solid State Thin Film)。按照结晶状态,薄膜可以分为非晶态薄膜与晶态薄膜,后者进一步分为单晶薄膜和多晶薄膜。单晶薄膜的概念是从外延生长特别是同质外延和结晶学而来的,在单晶的基底材料上进行同质或异质外延,要求外延薄膜连续、平滑且与衬底材料的晶体结构存在对应关系,并且是一种特定晶向的生长,这就要求单晶薄膜不仅在平行于厚度的方向具有晶格的连续性,而且在平行于基底的表面方向也具有连续性;多晶态薄膜是指在一个基底材料上生长的由许多取向相异单晶集合体组成的薄膜;相对于晶态薄膜,非晶态薄膜是指在薄膜结构中原子的空间排列表现为短程有序、长程无序。从化学角度看,薄膜可以分为无机薄膜和有机薄膜。依据薄膜的组成元素,可以分为金属薄膜与非金属薄膜。以物理性能划分,可以分为金属导电薄膜、半导体薄膜、超导薄膜、介电薄膜、铁电薄膜、铁磁薄膜、光学薄膜、声学薄膜、热学薄膜、硬质薄膜以及复合功能薄膜等。从层数及其结构区别,可以分为单层、多层薄膜以及超晶格。

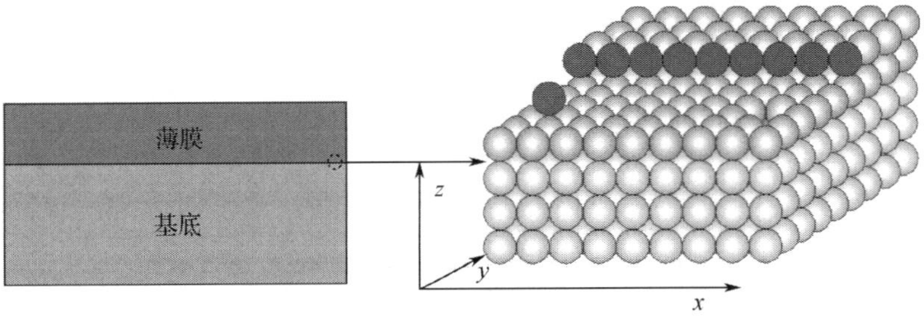

图 7.1　薄膜的结构示意图

纳米薄膜是指厚度在纳米级的单层薄膜,或每层厚度在纳米级的多层薄膜或超晶格,同时也可以是由 0-D,1-D 等低维结构构成的薄膜,或将纳米微粒镶嵌于某种薄膜中构成的复合薄膜等。与普通薄膜相比，纳米薄膜具有更为丰富的尺度效应，从而表现出更为独特的物理化学性质和更为重要的应用前景。目前，针对纳米薄膜的结构、特性及其应用研究还处于起步阶段，随着研究工作的不断深入，必将出现更多的结构新颖、性能独特的纳米薄膜。本书主要介绍具有电磁效应的纳米功能薄膜，如场电子发射纳米薄膜和纳米磁性薄膜。

7.1　典型功能纳米薄膜

基于半导体光伏效应的太阳能电池是取之不尽、用之不竭的清洁能源，已经成为最具竞争力的高效的可再生能源之一，专家预测到 2040 年全球太阳能电池的光伏发电将占世界发电量的 26%，到 2050 年以后基本成为世界能源供应的支柱。长期以来，单晶硅太阳能电池由于成本偏高，而非晶硅太阳能电池的转换效率偏低以及光致衰退效应也制约了硅基太阳电池进一步的发展。1991 年，瑞士洛桑高等理工学院的 M. Grätzel 教授[486]提出了一种新型的以 TiO_2 纳米薄膜为阳极、以过渡金属 Ru 以及 Os 的有机物作为染料的染料敏化太阳能电池（Dye - Sensitized Solar Cell，DSSC），并取得了 7% 的光电转换效率。这种 TiO_2 纳米薄膜染料敏化太阳能电池的出现，为光伏产业的发展带来了新的福音，其易于工业化生产的工艺技术和廉价的生产成本以及广阔的应用前景，立即得到了国际上的广泛关注。对于传统的半导体太阳能电池（如硅基太阳电池）中，半导体主要起到两个作用：其一为捕获入射光子而获取光子能量，并转换为光生载流子；其二为传导光生载流子而产生光电流。但是，对于 TiO_2 纳米薄膜染料敏化太阳能电池，这两种作用是分别执行的，如图 7.2 所示。首先，光子的捕获是由敏化剂完成的；受到光子能量的激发（光敏化），染料分子从基态跃迁到激发态（即电荷分离态），而处于电荷分离态的染料分子极不稳定，光生电子快速注入到近邻 TiO_2 纳米薄膜的导带。其次，染料分子中失去的电子则很快从氧化还原的电解质中得到了补偿，而进入 TiO_2 纳米薄膜导带中的电子最终通过透明的导电玻璃与外回路产生光电流。如果是常规的半导体薄膜，由于其表面可能吸附的染料分子非常少，无法同时提高光子的捕获效率和量子转换效率，而 TiO_2 纳米薄膜的多孔性导致其有效的表面积远远大于其几何表面积，例如，对于一个 10 μm 厚的 TiO_2 纳米薄膜（构成薄膜的 TiO_2 纳米微粒直径为 15 ~ 20 nm）其有效的表面积增大 1 000 倍，可能实现 TiO_2 纳米电极表面单分子层染料的吸附，使得电极在最大吸收波长附近光子的捕获效率可以达到 100%，而且量子转换效率也接近于 100%。所以，TiO_2 纳米薄膜作为染料敏化太阳能电池的电极既可以保证高的光子捕获效率，也可以保证高的光电转化量子效率。而且，TiO_2 纳米薄膜染料敏化太阳能电池只有导带上存在光生电子，即阳极发生光敏化以后，光生电子注入到近邻 TiO_2 纳米薄膜的导带，而光生空穴却滞留在表面的染料分子上，因此，比较好地限制了光生电子与光生空穴的重新复合。从而，TiO_2 纳米薄膜染料敏化太阳能电池可能使用多晶或纯度不高的材料，有利于简化电池的工艺流程，并降低电池的生产成本。从这个角度看，TiO_2 纳米薄膜电极的应用使得太阳能电池的研究和应用成功地进入了一个全新的时代。

1998 年，M. Grätzel 教授领导的研究小组又研制出全固态的 TiO_2 纳米薄膜染料敏化太阳能电池，使单色光的光电转换效率达到 33%[487]。其中，染料分子是具有氧化态和还原态转变特性的固态高分子材料，染料分子中的电子受到能量低于 TiO_2 禁带宽度的光激发跃迁至激发态，然后注入到 TiO_2 的导带内，而注入到 TiO_2 中的电子富集于导带的带底，并通过外电路流

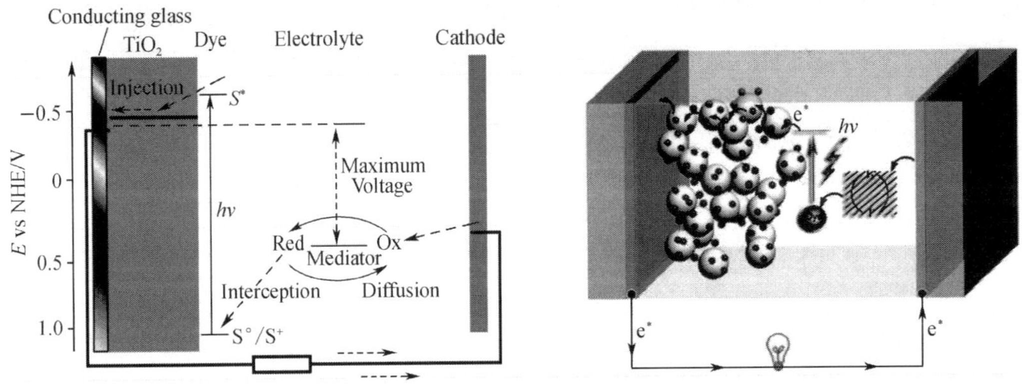

图 7.2　TiO_2 纳米薄膜染料敏化太阳能电池的原理图

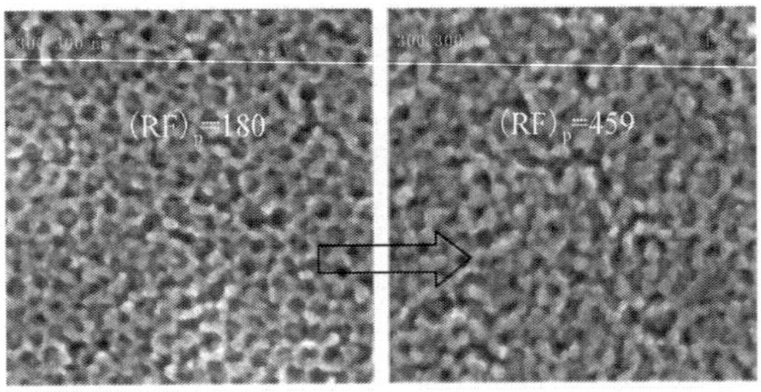

图 7.3　单层与三层 TiO_2 纳米薄膜的 SEM 照片

向金属电极，而在 TiO_2 纳米薄膜近邻的染料分子则通过空穴传输层获得电子而被还原。同样，在整个过程中各种物质表面上没有发生变化，而光能转化为电能。电池的开路电压取决于 TiO_2 的 Fermi 能级和空穴传输层材料的 HOMO 能级之差。2005 年，他们采用蒸发诱导 layer - by - layer 的自组装方法，在不改变薄膜表面宏观形貌的情况下，进一步获得了具有高粗糙度因子（RF）的 TiO_2 纳米薄膜（见图 7.3），显著提高了 TiO_2 纳米薄膜的有效表面积，使三层 TiO_2 纳米薄膜染料敏化太阳能电池单色光的光电转换效率接近了 50%（见图 7.4）[488]。目前，具有大规模化生产能力的染料敏化太阳能电池的光电转化效率已能稳定在 10% 以上，寿命长达 15 ~ 20 年，且其制造成本仅为硅基太阳能电池的 $\frac{1}{10}$ ~ $\frac{1}{5}$。

超晶格就是指由两种（或两种以上）组分（或性质）不同、厚度 d 极小的薄层材料交替生长在一起而得到的一种周期结构，其中周期（超晶格）大于各薄层材料的晶格常数 a，但接近于或小于电子的平均自由程（或其德布罗意波长），因而产生新的量子效应。1970 年，最早由 IBM 实验室的江崎（L. Esaki）和朱兆祥（P. Chu）提出了半导体超晶格的概念，如图 7.5 所示。随着分子束外延（MBE）和金属有机物化学气相沉积（MOCVD）等薄膜沉积技术的发展，扩大了超晶格的研究领域和应用范围，不仅通过半导体超晶格实现了从“半导体杂质工程”到“半导体能带工程”以及“半导体电子学和光电子学特性剪裁”的跨越，而且拓展到组分调制超晶格、掺杂调制超晶格、应变超晶格以及其他类型的超晶格等，并由此引发了一系列重大的科学发现。

1956 年 9 月，IBM 实验室的科学家 Reynold Johnson 根据磁致电阻（简称为磁电阻）的原理，发明了世界上第一个计算机磁盘储存系统 IBM 350 RAMAC，总容量只有 5 MB（共使用了 50 个直径为 24 英寸的磁盘），其磁头可以直接移动到盘片上的任何一块存储区域，从而成功地实现了随机存储。在随后 30 多年中，由于以坡莫合金的各向异性磁电阻为代表的材料研究进展极为缓慢，磁电阻的提高通常只在 1% 到 2% 之间，随着信息量的激增，人们希望磁盘中能

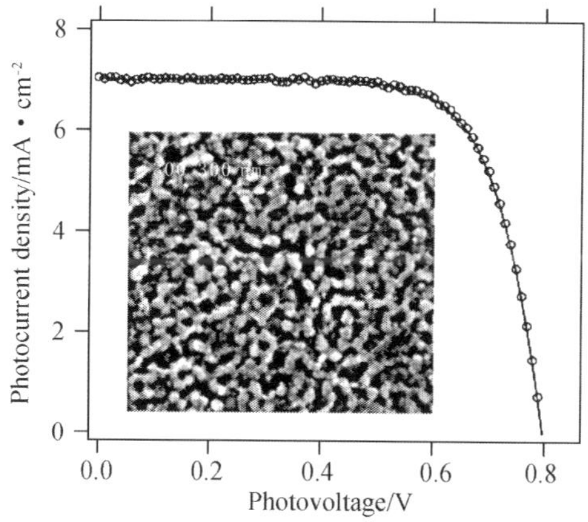

图7.4 三层 TiO_2 纳米薄膜染料敏化太阳能电池的光伏特性曲线

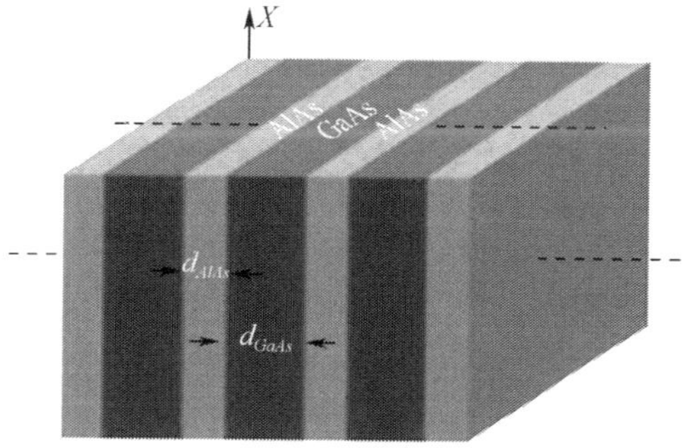

图7.5 超晶格的结构示意图

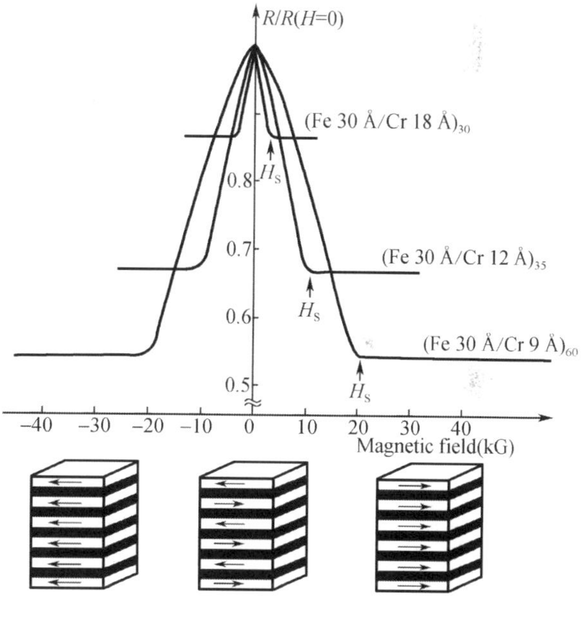

图7.6 超晶格(Fe/Cr)N 中归一化的磁电阻(温度为4.2 K)与磁场强度的关系。测试时,电流与磁场平行膜面并沿晶轴110方向,箭头表明饱和磁场的位置(为克服相邻铁磁层间的反铁磁交换耦合而使铁磁层磁化强度方向平行所需要的最小外磁场强度)

储存更多信息或将磁盘变得更小的愿望长期以来并没获得重大的突破。在1986年德国科学家 Peter Grunberg 的研究小组观察到 Fe(20 nm)/Cr(0.4 nm)/Fe(20 nm)三明治结构纳米薄膜中反铁磁交换耦合现象[489]的基础上,1988年由法国科学家 Albert Fert 领导的研究小组在 MBE((001)Fe/(001)Cr) n(n 为周期数)的超晶格中发现存在巨大的磁电阻效应(Giant Magnetoresistance, GMR)[490]。定义磁电阻(MR)为 $\Delta R/R_0=(R_0-R_s)/R_0$(其中 R_0 为零场时的电阻值,R_s 为饱和场时的电阻值),当温度为4.2 K和施加的磁场为20 KOe时,对于特定Cr薄层厚度的样品其电流平行于膜面时的电阻比不加外磁场时下降了一半,表明其磁电阻达到了50 %,如图7.6所示,远远超过了以前已知坡莫合金的各向异性磁电阻(MR 最大为3%)。因此,Albert Fert 和 Peter Grunberg 等人的研究表明:一个由铁磁和非铁磁导体相间组成的超晶格放入外磁场中,磁场的微弱变化将可能导致电阻的巨大变化。不久,实验科学家 Stuart Parkin 和他在 IBM Almaden 研究中心的同事很快意识到巨磁电阻现象的重要性,及其可能在更灵敏的计算机硬磁盘(HDD)中磁读头中的实际应用。针对周期表中铁磁元素与其他过渡族元素不同组合的超晶格,他们发现在相邻铁磁层间不仅存在铁磁或反铁磁的交换耦合,而且与磁电阻的振荡规律完全一致,具有

RKKY 型振荡交换耦合(铁磁↔反铁磁)的特征[491]。如图 7.7 所示,由铁磁和非铁磁导体相间组成的超晶格,其磁电阻($\Delta R/R_0$)和饱和磁场(H_s)都同步随非磁性导体中间层的厚度增大发生振幅减小的振荡。当相邻铁磁层间为反铁磁交换耦合时,相邻铁磁层的磁化强度方向反平行排列,外加磁场引起磁矩结构的变化,使相邻铁磁层磁化强度方向由反平行排列转到平行排列,此时的磁电阻较大,而且所需要的饱和磁场也较大;而当相邻铁磁层间为铁磁交换耦合时,相邻铁磁层的磁化强度方向平行排列,外加磁场并不能改变材料的磁矩结构,相邻铁磁层的磁化强度方向仍平行排列,此时磁电阻很小、甚至为零,而所需要的饱和磁场也较小。进一步的研究表明:当非磁性导体中间层由第一个反铁磁性耦合峰值的厚度继续减薄时,只存在铁磁交换耦合。1990 年,为了替代操作复杂、价格昂贵的 MBE 方法,他们尝试采用设备简单、价格低廉的磁控溅射方法,成功制备出多晶$(Co/Cu)_n$和$(Fe/Cr)_n$的超晶格,不仅观察到相邻铁磁层的振荡交换耦合现象,并且在$(0.8\ nm\ Co/0.83\ nm\ Cu)_{60}$的超晶格中获得的磁电阻在 4.2 K 时达到了 115%,即使在室温时也可以为 65%[492],为设计和应用超高密度的磁读头奠定了重要的科学基础与技术标准。

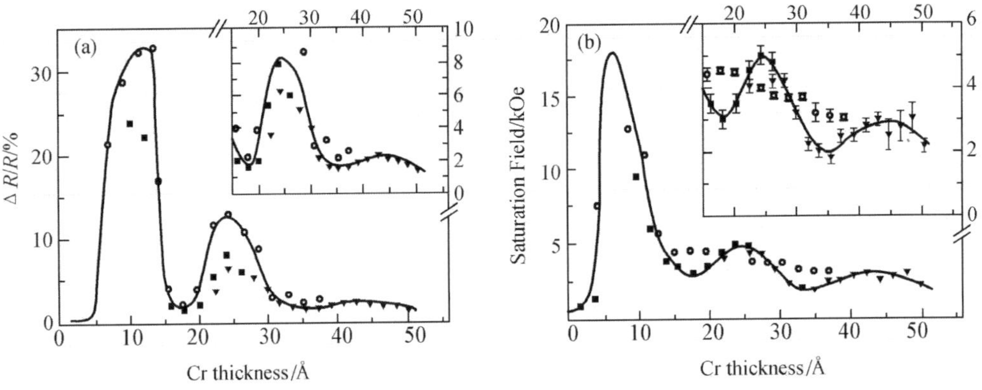

图 7.7 ((2 nm)Fe/Cr)$_n$ 超晶格(其中◇:$n=20$,其余 $n=30$)的饱和磁电阻以及饱和磁场与 Cr 层厚度的关系

铁磁和非铁磁导体的超晶格中发现的巨磁电阻现象,推动了磁盘储存系统的革命,促使计算机的磁记录密度在 10 年内提高了 3 000 倍以上,生产成本却降低了数千倍。1997 年以来,至今已有超过 50 亿只的 GMR 磁读头投入使用,利用现在的磁记录硬盘技术已经可以把目前北京国家图书馆的馆藏图书信息,全部保存在一具组合书柜大小的叠层式硬盘存储器中,这意味着"家庭图书馆"电子版藏书数以千万计很快就会梦想成真。而且,诞生出新的磁电子学和自旋电子学,为利用电子的自旋特性打开了崭新的大门。为此,A. Fert 和 Peter Grunberg 分享了 2007 年度的诺贝尔物理学奖。

热电制冷利用的是物理现象中的珀而帖(Peltier)效应,靠电子(空穴)等带电荷的载流子在运动中直接传递热量来实现的。由 P 型和 N 型半导体材料组成的热电偶对,通电后产生热效应,一面为冷端(吸热),一面为热端(放热),这种热电制冷方式较气体制冷方式有很多优点,主要表现在不使用制冷剂,而且无需机械传动部分。因此,解决了气体制冷方式中存在的泄漏明显、污染严重和噪声过大问题,同时还具有寿命长、微型化的特点。图 7.8 为热电效应几种应用的示意图,转换效率更大程度依赖于热电材料的基本特性。热电材料的基本特性采用无量纲 ZT 值的大小来衡量，其中 T 为绝对温度，Z 为热电品质因素（Figure of Merit），且 $Z = S2\sigma/k$（S 为 Seebeck 系数，σ 和 k 分别为电导率和热导率），而 $S = 8\pi2kB2m^*T(\pi/3n)/3eh^2$（与载流子的有效质量 m^* 成正比，同时与载流子的浓度 n 成反比）。ZT 值越大，热电制冷能力越强。自 20 世纪 50 年代发现 ZT 值接近 1 的 Bi－Te 系和 Bi－Se 系合金以来，热电制冷的效率并没有取得重大进展，虽然用这些材料制备的制冷器件在一些特殊场合得到应用，但与机械制冷相比，只能达到机械制冷效率的 30%，这就需要将热电材料的 ZT 值提高到 3 以上，才能实现大规模应用。直到 1996 年，美国橡树岭国家实验室 B. C. Sales 等[494]发现 RM4X12（R：La，Ce，Nd 等；M：Fe，Ru 等；X：As，Sb 等）型化合物的 ZT 值可达 1.4，这一重大进展为热电制冷及新材料的研制注入新的活力。近几年，美国、日本、澳大利亚等国家在热电制冷材料领域的研究非常活跃，一些高性能的材料不断涌现。1999 年，美国 Clemson 大学的 Terry M. Tritt[495]等报道发现 $ZrTe_5$ 和 HfTev5 化合物可以实现 100 ~ 250 K 温度范围的热电制冷，引起关注，目前美国海军研究实验室等几个主要的国家实验室以及一些大公司已积极介入此方向。高水平的研究论文频频发表在 *Science*，*Nature*，*Phy. Rev. Lett* 等有影响的学术刊物上，这些突破主要是以降低材料热导率为突破口来提高 ZT 值。例如，Michigan 州立大学的 Duck－Young Chung 等[496]通过在 Bi－Te 合金中引进多层 Cs 离子，并从实验上证明晶格热导率得到了降低。经 Cs 掺杂的 Bi－Te 材料在低温 200 K 下 ZT 值高达 0.8。在此之前，人们降低晶格热导率的手段大多集中在选择具有特定晶体结构的材料，广泛地研究了方钴矿（Skutterrudites）型的笼形络合物以及 Half－Heusler 合金。这些特定晶体结构的材料具有较大的晶胞，且载流子的有效质量较大，相应的载流子平均自由程较小，因此，有可能在不影响电导率的前提下通过引入缺陷增加对声子的散射截面，从而达到降低热导率的目的。然而，这种思路的尝试并没有取得令人满意的结果。

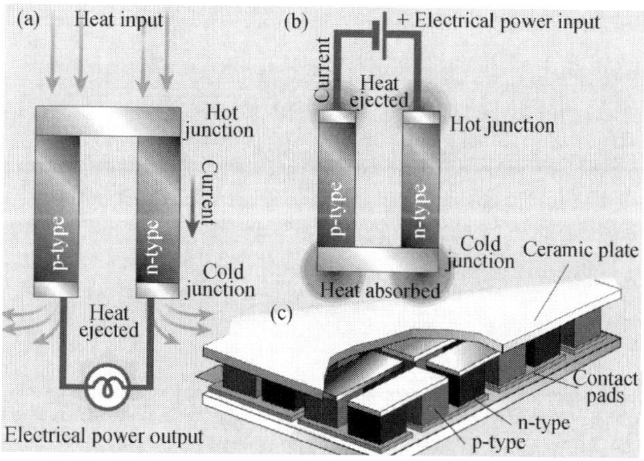

图 7.8　热电效应应用示意图

（a）热电转换；（b）热电制冷；（c）由数千个独立热电偶组成的热电器件，其热电特性可以通过热电偶的数量来进行调制[493]

2001 年，美国 RTI 研究所的 R. Venkatasubramanian[497]等将 Bi－Te 基合金制备成超晶格，300 K 下其 ZT 值达到 2.4，成为目前世界的最高水平（如图 7.9 所示）。图 7.10 为 Bi－Te 基合金超晶格的 TEM 照片及其异质结能带结构图，其基本思路是利用超晶格来控制电子和声子的输运，增加费米能级附近的状态密度增加 Seebeck 系数，并不显著地增加表面的电子散射，增加声子散射，从而降低材料的热导率的同时并不使材料的电导率降低，达到显著提高 ZT 值的目的；而且当满足量子限制条件，载流子浓度一定时，超晶格可显著增加载流子的迁移率。但是，一些反对的观点认为：很难准确测定低维结构材料的热导率，而且低维结构材料中也存在缺陷，很难预见哪些材料采用超晶格是适宜的，同时制备成本相对较高。不过，Venkatasubramanian 他们的工作带来了新的启发,促使人们重新思考在三维块材中如何增加声子散射机制,并同时增加电子有效质量。因此,增加晶界散射的机制变得重要起来。1968 年,H. J. Goldsmid 曾预见[498]晶界和非晶相对声子的散射将会大大降低晶格热导率,同时又不降低载流子浓度。根据 Goldsmid 的预见,Terry M. Tritt[499]等最近研究了 Ti 基 Half - Heusler 合金中的晶粒结构、尺寸对其热导率的影响,发现通过减小晶粒尺寸来增加晶界含量,可以降低晶格的热导率,比较平均晶粒分别为 10 μm 和 8 μm 的样品,晶格热导率从 11 W/(m · K)降到 7 W/(m · K)。目前,他们采用球磨技术进一步获得了 0.5 μm 平均晶粒的材料,其晶格热导率在室温降至 3.7 W/(m · K),表明增加晶界的含量对声子的散射效果是非常有效的。

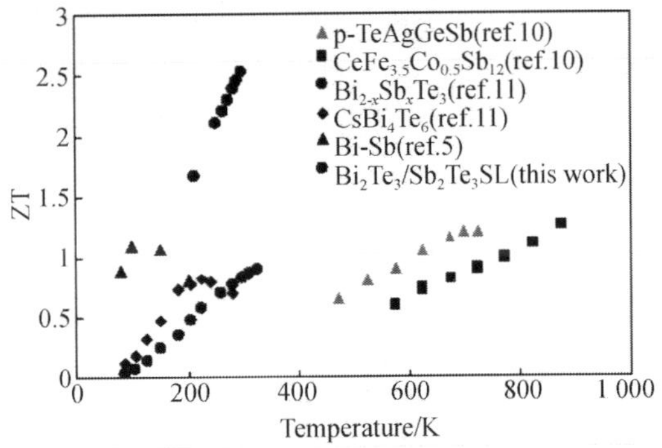

图 7.9 Bi - Te 基合金超晶格的 ZT 与温度关系

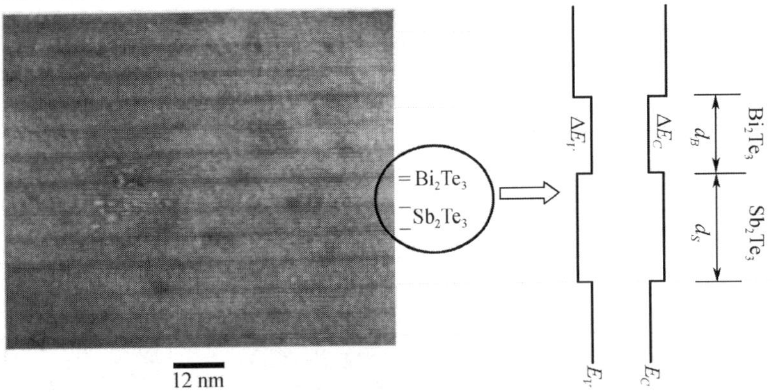

图 7.10 10 Å/50 Å Bi2Te3/Sb2Te3 超晶格的 TEM 照片[493, 500] (左图)和其异质结能能带结构图(右图)[497]

7.2 纳米电子薄膜

对于纳米薄膜,其量子尺寸效应将导致材料晶格参数、能带及电子结构等发生显著改变,由此将可能使纳米薄膜有着与普通薄膜完全不同的电输运性能。例如第 6 章所述可能在纳米多层薄膜中电子发生共振隧穿现象等。在这节里,将以当前热门的纳米薄膜的场电子发射现象为例阐述纳米电子薄膜的奇异物理效应,因为场电子发射涵盖了丰富而典型的纳米电子效应,例如量子隧穿、电子散射及发射等典型的物理现象。

最初针对纳米结构的场电子发射研究,主要是因为纳米团簇[499, 501, 502]及纳米尖端[500, 503]可以提高表面增强因子用以提高场发射电流。其后,人们发现随着场发射材料尺度减小,材料中能出现宏观材料未有的纳米效应,可有效提高场发射特性,从而开始关注纳米场发射的实质。1995 年,Rinzler 等发现了碳纳米管场发射增强现象[504],对开口碳纳米管,场发射电流大大增强，且发射最后局域管壁边沿的单个原子。同年，Deheer 等[505]报道的碳纳米管场发射高密度电子枪，在低电压下的场发射电流超过 100 mA，为场发射显示器提供了广阔应用前景与基础。这些成为纳米增强场发射的典型的例子，从而引发人们研究纳米材料场发射高潮尤其是纳米碳管场发射研究。另外，Chernozatonskii 等[506]也研究了纳米丝碳薄膜场发射特性，在 100 V/μm 场强下，得到了高达 1 A/cm^2 的电流，另外也观察到了场发射的重构及倒换效应。最近几年来，人们开始广泛关注纳米宽带隙半导体薄膜场发射，特别是金刚石，类金刚石[507]及氮化物半导体等[508, 509]，本身具备良好的物理化学性能，为场发射提供了可靠的保证和广阔的应用前景。最近 Wang 等[510]报道了通过 CVD 沉积的不同厚度的金刚石薄膜场发射特性，结果表明，相对于微米、亚微米金刚石，纳米金刚石薄膜具有的阈值电压更低，达到了 1.5 V/μm，而且随薄膜厚度降低，阈值电压也相应降低，与微米膜相比，纳米膜的阈值电压降低了 10 几倍。这说明在纳米尺度下，宽带隙半导体场电子发射大大改善。而 Sugino 等[508]研究了多晶纳米 BN 薄膜场电子发射特性，发现场发射的纳米增强不仅与表面形貌场增强有关，其实质可能是纳米薄膜导致的有效表面势垒降低。与此同时，对纳米材料场发射理论实质的研究引起极大关注。Han 等[511, 512]通过第一原理赝势法，并考虑三维纳米结构的实际形状，在纳米碳管场发射的计算中，取得与实验一致的结果，如纳米碳管场发射局域于末端，电子空间波函数隧穿表面势垒时有一定的时序，从而形成发射量子线等。这说明理论研究可能论证或者预言某些纳米场发射奇异现象，是纳米材料场发射的一个重要发展方向。Fisher 等[513]理论研究了纳米结构材料场发射过程中的能量输运问题，发现当场发射尖端小于 50 nm 时，带弯曲对能级分布的影响非常明显，另外，纳米场发射可能有利于热能的损耗，从而有利于实现冷阴极发射。

以上研究主要从经典场发射 F－N 理论出发，主要考虑纳米结构导致的场发射几何增强效应，下面将主要讲述近年来的一些纳米薄膜场发射实验与理论进展，侧重于当薄膜达到纳米尺度后，可能出现的量子尺度效应导致的场发射增强。

7.2.1　纳米晶半导体薄膜场发射机制

电子场发射在真空微电子器件中有着非常重要的应用，如场发射平板显示器、大功率电子发射源等，因而，场发射材料已成为微电子材料与器件研究中的一个热点领域，特别在发现纳米碳管具有良好的电子场发射特性后，更掀起了场发射研究的高潮。研究发现许多材料具有良好的场发射特性，例如，纳米碳管、一些宽带隙半导体薄膜及某些共轭有机聚合物等，但是，这些场发射材料还是因为或阈值电压太高，或发射电流太小，或发射电流不够稳定，因此，离大规模的应用尚有不小距离。近年来，一些研究工作发现纳米半导体薄膜较之于普通半导体薄膜，其阈值电压大幅度降低、发射电流数量级增强，而且发射电流更加稳定，为场发射的实际应用提供可靠途径及发展方向。

电子从薄膜表面实现场发射过程可看作是电子隧穿表面势垒，基于此物理过程，Fowler 和 Nordheim 早在 1928 年就建立起较完备的金属场发射理论[514]。设发射电子电荷为电荷 q 的函数，隧穿发射表面电子密度为 n 及垂直表面势垒的电子速度为 v_x，则场发射电流密度可表述为

$$J = q\int v_x n(v_x)\mathrm{d}v_x = \frac{q}{m_x}\int n(E)\mathrm{d}E_x \tag{7.1}$$

设隧穿系数可表示为 $T(E)$，在平行电子发射面方向对 v_y 和 v_z 积分，可得

$$J = \frac{4\pi q m_t k_B T}{h^3}\int T(E_x)\ln[1 + \mathrm{e}^{-(E_x-E_F)/k_BT}]\mathrm{d}E_x = \int J(E_x)\mathrm{d}E_x \tag{7.2}$$

式中，m_t 为电子横向质量；k_B 是玻尔兹曼常数；T 是温度；h 是普朗克常数；E_F 为费米能级。

Fowler 和 Nordheim 采用简单三角形势垒和金属发射电极作为研究手段，通过 WKB 近似法求解隧穿系数，最后积分简化得到著名的 Fowler-Nordheim 公式（F－N 公式）。

$$J_{FN} = \frac{q^2 m_t \varepsilon^2}{8\pi hm[q\Phi_B - (E_F - E_c)]}\frac{C\pi}{\sin(C\pi)}\exp\{-B[q\Phi_B - (E_F - E_c)]^{\frac{3}{2}}\} \tag{7.3}$$

其中

$$C = Bk_BT\frac{3}{2}[q\Phi_B - (E_F - E_c)]^{1/2}, B = \frac{4\sqrt{2m}}{3qh\varepsilon} \tag{7.4}$$

这里 ε 为所加电场强度，对(7.3)式中 $C\pi/\sin(C\pi)$ 一项，在高电场及低温下，其值约为 1，因而可忽略这一项。这样对(7.3)两边分别取对数，可得 $\log(J/\varepsilon^2)$ 对 $1/\varepsilon$ 的曲线为一直线图，被称为 Fowler-Nordheim 图，其斜率与势垒高度（$q\Phi_B = q\Phi - (E_F - E_c)$）有关。

F－N 公式自建立一直沿用至今，F－N 图也常被作为场发射研究的标准图。由 F－N 公式可知，发射电流 J 原则上直接取决于发射体表面的局域电场和逸出功。因此，若所加的电场强度相同，则功函数低的材料将具有更大场发射电流。

而若考虑由纳米晶粒组成半导体薄膜场发射模型[515]，对于纳米半导体，禁带宽与晶粒尺度存在如下近似解析关系[516]

$$E_{gR} \approx E_{g0} + \frac{\hbar^2\pi^2}{2R^2}\left[\frac{1}{m_e} + \frac{1}{m_h}\right] - \frac{1.8e^2}{\varepsilon R} + \overline{\frac{e^2}{R}\sum_{n=1}^{\infty}a_n\left(\frac{S}{R}\right)^{2n}} \tag{7.5}$$

式中，E_{gR} 纳米半导体的禁带宽度；E_{g0} 为体半导体的禁带宽度；R 为纳米晶粒的直径；m_e 为电子的有效质量；m_h 为空穴的有效质量；ε 为介电常数；S 为相关空间参数；a_n 为复合介电常数；e 为基本电荷量。

为进一步简化模型，若设定 λ 为相关常量综合参数，公式(7.5)可看作为指数泰勒展开形式，因此化简为

$$E_{gR} = E_{g0} + \lambda E_{g0}\exp(-R/R_0) \tag{7.6}$$

对于 λ 的求出，可采用如下简单方式。设体半导体禁带宽度为 E_{g0}（即 $R\to\infty$），最大单个原子能级间隙为 E_{ge}（即 $R\to 0$），则

$$\lambda = \frac{E_{ge} - E_{g0}}{E_{go}} \tag{7.7}$$

对于体半导体，其本征电子浓度可写为

$$n_i(T) = 2\left(\frac{2\pi kT}{h^2}\right)^{3/2}(m_e m_p)^{3/4}\mathrm{e}^{-E_i/2kT} \tag{7.8}$$

式中，E_i 为体半导体的本征费米能级，近似位于带隙正中位置。

对于纳米半导体，如果只考虑其能级结构改变，而其他性质不变的情况下，同样地，其电子浓度可写为

$$n^*(T) = 2\left(\frac{2\pi kT}{h^2}\right)^{3/2}(m_e{}^* m_p{}^*)^{3/4}\mathrm{e}^{-E_{gR}/2kT} \tag{7.9}$$

设纳米半导体的费米能为 E_F，无论是纳米半导体，还是体半导体，都属于同一种半导体，在不掺杂的条件下，将有下式成立

$$n^*(T) = n_i(T)\mathrm{e}^{(E_F-E_i)/kT} \tag{7.10}$$

联立(7.6)～(7.10)式，则得到纳米半导体费米能级的表达式

$$E_F = E_i - \ln\left[\left(\frac{m_e{}^* m_h{}^*}{m_e m_h}\right)^{3/4}\mathrm{e}^{-\lambda E_{g0}\exp(-R/R_0)/2kT}\right] \tag{7.11}$$

通过第 6 章的转移矩阵法求得电子隧穿表面势垒的透射系数 $T(E_x)$，则(7.11)与(7.2)式则可获得不同纳米尺度的半导体场发射特性。

以宽禁带半导体的立方氮化硼(C－BN)薄膜为例，假设 C－BN 薄膜由相同均匀尺度的纳米微粒组成，研究表明：在场电子发射过程中，禁带宽度对发射电流的影响非常显著。图 7.11 中给出了禁带宽度随 C－BN 薄膜晶粒尺寸变化的规律。容易看出，当晶粒尺寸小于 10 nm 时，禁带宽度随晶粒尺寸变化明显；当晶粒尺寸大于 10 nm后，禁带宽度趋近于 C－BN 体材料的带隙。分别计算出不同晶粒大小组成的 C－BN薄膜及体材料场发射的 F－N 曲线，如图 7.12 所示，纳米薄膜的场发射电流远远大于体材料的场发射电流。一般而言，场发射的阈值电压是个非常重要的参量，阈值电压越低，场发射性能越优异。设定可测量电流 0.01 A/m^2 对应于阈值电压(见图 7.13)，则对于晶粒尺寸为 3 nm 和 12 nm 的 C－BN 薄膜及体材料 C－BN 的阈值电压分别为604 V/μm，829 V/μm 和 915 V/μm，结果表明纳米半导体薄膜确实具有更低的阈值电压。当晶粒尺度减小时，其带隙宽度变大，费米能级不动(对于本征半导体，费米能级近似位于带隙中间位置)，则导带底将上移，而真空能级不变，可能导致 C－BN 的 NEA 绝对值变大。目前，普遍接受的宽禁带半导体增强场发射机理是源于其负电子亲和势(NEA)的特性，容易导致电子从表面 Schottky 势垒的逸出。因此，可以认为纳米 C－BN 薄膜的场发射增强效应可能归结为纳米晶粒导致的带隙变宽以及 NEA 的共同作用[4]。

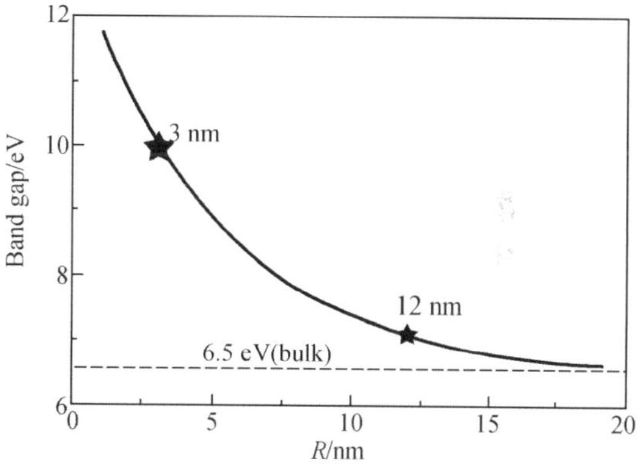

图 7.11　带隙宽度随 C－BN 薄膜中的晶粒尺寸变化曲线.

7.2.2　多层纳米半导体薄膜场发射机制

大多的场发射研究工作中，主要着眼于应用新材料或完善材料本身特性，例如尝试纳米管、线等新型材料，或者对场发射的表面进行处理以期降低电子亲和势等。采用一些新材料，在提高场发射性能的同时往往存在着诸多缺陷，例如，采用纳米碳管作为场发射材料，能获得大的发射电流密度，低的阈值电压，但经常可能因为局部温度过高，致使纳米碳管熔断，导致整个场发射系统崩溃。采用几何场增强获得大发射电流的尖端场发射材料也往往会遇到同样的

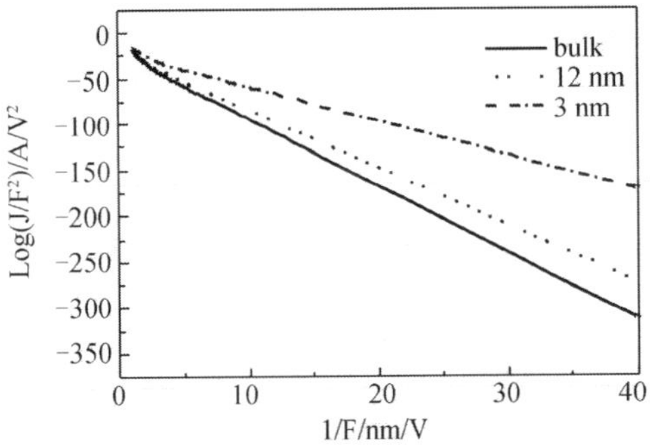

图 7.12 纳米 C–BN 薄膜及体 C–BN 的场发射 F–N 曲线

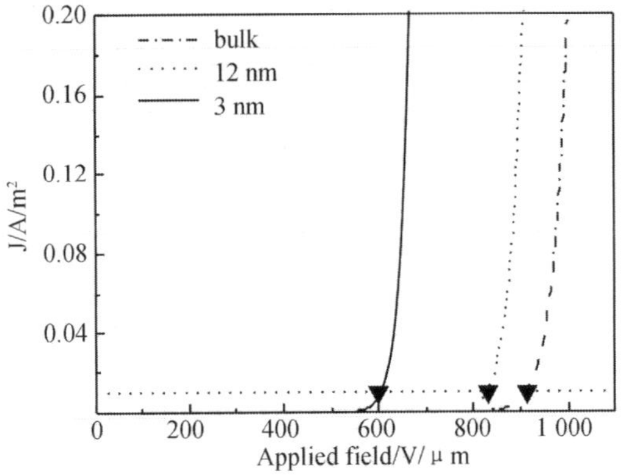

图 7.13 与图 7.5 中 F–N 曲线的相应发射电流曲线

问题。场发射新材料研究进展缓慢、已有材料场发射存在的问题尚未解决，成了场发射器件大规模应用的瓶颈。因此，人们尝试一些特殊薄膜结构提高宽带隙半导体薄膜的场发射性能，取得了良好结果。1998 年，Geis 小组在 *Nature* 上首先报道了一种新的表面场发射机制[517]，他们采用金刚石薄膜在金属基底上沉积一种特殊三角结构，使场发射电流增强 10^5 倍，而阈值电压却降低 100 倍。这种机制与传统场发射机制不同在于，电子不是从金属或者半导体直接隧穿发射到真空，而是首先在半导体表面积累，然后隧穿发射到真空，成为通过调整宽带隙半导体薄膜结构大大改善其场发射性能的第一个成功范例。2000 年，Binh 小组在 *Phys. Rev. Lett* 上报道了一种新的宽带隙半导体纳米薄膜平板阴极场发射机制[518]，采用固态场可控场发射结构，在常温和粗真空条件下，实现阈值电压降低 100 倍。2004 年，Binh 小组实验上实现了纳米双层固态场可控场发射超薄膜结构[519]，得到了稳定的大场发射电流。这些研究表明，可通过调控纳米多层半导体薄膜结构实现场发射性能增强，基于多层半导体纳米薄膜结构调制对场发射性能的提高，以下将以两层纳米半导体薄膜为例，进一步说明纳米多层半导体薄膜场发射模型与机制[520~522]。

为阐述多层纳米半导体薄膜场发射机制，(7.2)式可写为如下形式

$$J = \frac{4\pi q m_t k_B T}{h^3}\int T(E_x)\ln[1 + e^{\frac{-(E_x-E_F)}{k_B T}}]\mathrm{d}E_x = J_0\int J(E_x)\mathrm{d}E_x = J_0 J_T \tag{7.12}$$

这里 $J_0 = 4\pi q m_t k_B T/h^3$ 主要影响电子源的供给，J_T 被定义为场发射结构隧穿因子。对于半导体薄膜场发射解释，一般认为，电子首先从基底（金属或者高掺杂 Si 等）电子源注入到宽带隙半导体超薄膜的异质结势阱积累，从而导致薄膜表面电子亲和势降低，增强场发射的特性。以上为一个两步过程，实际上场发射的两过程可由式(7.12)整合为一个场发射结构效应。

对于多层纳米半导体薄膜，必须自洽地考虑每一层的势场分布及其界面效应。在图 7.14 中，当高场加入时，GaN 层的空间电荷分布应该服从于泊松定理

$$\frac{\mathrm{d}^2\phi_1(x)}{\mathrm{d}x^2} = \frac{e}{\varepsilon_1\varepsilon_0}\rho_1(x) \tag{7.13}$$

式中，$\phi_1(x)$ 和 $\rho_1(x)$ 分别为距离 GaN–真空界 x 处的势能及电荷密度；ε_0 和 ε_1 分别是真空介

电常数及 GaN 介电常数。

在 $Ga_{0.5}Al_{0.5}N$ 层,空间电荷分布同样符合泊松定理

$$\frac{d^2\phi_2(x)}{dx^2} = \frac{e}{\varepsilon_2\varepsilon_0}\rho_2(x) \tag{7.14}$$

这里,$\phi_2(x)$ 和 $\rho_2(x)$ 分别为距离 $Ga_{0.5}Al_{0.5}N$ - GaN 界面 x 处的势能及电荷密度;ε_2 是 $Ga_{0.5}Al_{0.5}N$ 的介电常数。在 $Ga_{0.5}Al_{0.5}N$ - GaN 界面,势分布遵循高斯定理,则应该有如下对应关系

$$\varepsilon_1\frac{d\phi_1(x)}{dx} = \varepsilon_2\frac{d\phi_2(x)}{dx} \tag{7.15}$$

$Ga_{0.5}Al_{0.5}N$ - GaN 界面处的场强 E_S 也可由下式定义

$$E_S = \frac{d\phi}{edx} = \frac{kT}{e\delta}\cdot\frac{\delta d\phi}{dx}\bigg|_{\phi_S} = \frac{kT}{e\delta}\cdot f(\phi_S,\phi_B) \tag{7.16}$$

其中 δ 为德拜屏蔽长度,而函数 $f(\phi_s,\phi_B)$ 与上一章的定义一样。在这个模型中,假设电场加入时电子的积累过程导致的势垒降低及形成势场分布是一个瞬间过程。因此,通过联合方程(7.14)~(7.16)和半导体薄膜场发射能带弯曲理论[516],两层的纳米薄膜则能假设为单独一层去考虑,对于整个场发射结构的电荷分布也就能顺利求解出。而对于真空势垒的处理,与第 6 章一样,采用精确与实际的镜像势[523],同时也考虑镜像漂移对于镜像势的影响。于是,整个场发射结构的势分布则可求出,图 7.14 为通过以上量子自洽模型求得 N - GaN/$Ga_{0.5}Al_{0.5}N$ - GaN/Vacuum 多层纳米半导体薄膜场发射结构的能级分布图。

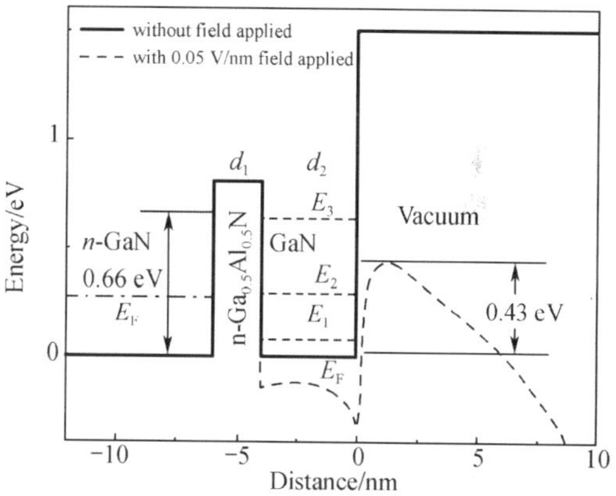

图 7.14　N - GaN/$Ga_{0.5}Al_{0.5}$N - GaN/Vacuum 场发射结构的能带分布图,其中 N - GaN 为基底,d_1 = 2 nm 和 d_2 = 4 nm 分别为 $Ga_{0.5}Al_{0.5}$N - GaN 及 GaN 的厚度,真空间距为 10 nm

为解释在实验上两层纳米薄膜结构中的场发射机制,Semet 等[519]认为,两层纳米薄膜将导致双势垒结构,其量子阱的子带形成将有助于更好地控制空间电荷分布,从而改善场发射性能。因此,意味着量子阱中多能级的出现增加了电子积累的机会,从而导致表面势垒的进一步降低。然而,他们为解释两层超薄膜的场发射机制而提出的双势垒模型,并没有清晰地给出场发射电子隧穿的物理过程。首先,采用两阶段过程,在场发射过程中,将不可能获得稳态的局域能级分布;其次,隧穿势垒的高度及量子能级的值在双势垒模型中也不能被定量的给出。而根据自洽带弯曲模型,如图 7.14 所示,当 0.05 V/nm 的场强施加于场发射结构时,表面有效势垒的计算值为 0.43 eV,与实验结果估算出的范围(0.25 ~ 0.53 eV)符合得很好,这同时也验证了以上模型的计算结果是真实可靠的。

既然通过能带弯曲模型已求出了场发射结构的稳定的势场分布,这样,其能带结构可通过计算透射系数随电子隧穿能量来获得。在图 7.15 中,很明显地看出,当电子隧穿双势垒时,有三个清晰的共振峰。这也说明,当电子入射能量小于 0.8 eV 时,场发射结构中将存在三个量子能级。计算结果也显示出文献[519]中的假设可能是不适当的,他们认为,零电场情况下,

量子阱中仅有两个量子能级。而实际上，图7.15的计算结果清楚地显示，即使在不加电场的情况，量子阱中也存在三个量子能级。而且在场强小于0.1 V/nm时，能级的位置基本没有什么大的改变。若场强进一步增加，能级将向低能区偏移，当在高场强的情况下，第四个能级将逐渐出现。随着电场的增加，在图中也可发现整个透射系数将成数量级增加，这与一般的场发射实验结果一致，场发射电流随场强的增加而指数级地变大。计算结果还表明，即使是施加1 V/nm的高场，最低量子能级将大于0，这也与Semet等得出的结论最低量子能级将小于0的结果不同，也许其能级小于0的推论来源于量子阱中两个不适当的量子能级假设。

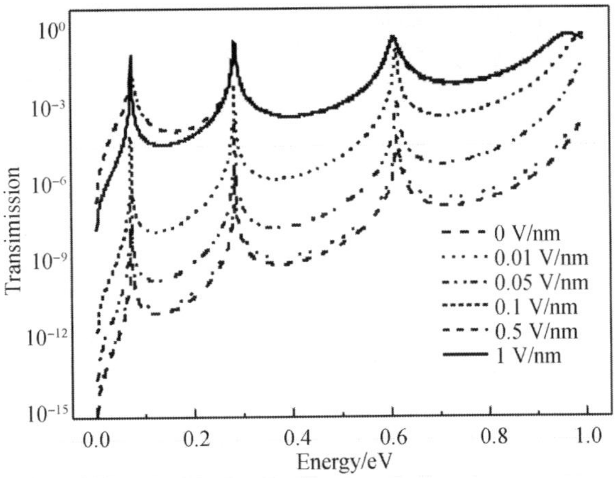

图7.15 如图7.7所示的N－GaN/$Ga_{0.5}Al_{0.5}$N－GaN/Vacuum场发射结构的共振透射系数曲线，这里，d_1 = 2 nm和d_2 = 4 nm

自洽计算的结果表明量子能级是电子积累的结果，因此在低于实际表面势垒的情况下，这些能级应该对应于量子阱中的积累电子的占据态。例如，在场强为0.05 V/nm时，第一个势垒变为0.66 eV，而表面势垒则变为0.43 eV。在量子阱中，低于有效表面势垒的情况，将存在两个量子能级（见图7.14）：E1为0.071 eV，E2为0.282 eV。这两个能级将提供量子阱中电子的积累占据态。而第三个能级是0.617 eV，高于有效表面势垒，对于入射电子发射而言，这将属于热场发射过程，电子进入量子阱后将直接发射到真空。然而，第三个能级将增强热电子发射，导致场发射电流共振峰的出现。

既然多层纳米薄膜形成了量子垒/阱结构，因此薄膜厚度调制将改变其量子结构，从而大大影响其场电子发射性能。例如，考虑场发射结构为总厚度6 nm的$Ga_{0.5}Al_{0.5}$N/GaN，其中$Ga_{0.5}Al_{0.5}$N与GaN厚度比例可以调整。在图7.16中，给出了三种不同厚度比例$Ga_{0.5}Al_{0.5}$N－GaN的透射系数曲线。可以发现，随着层厚度比例的调整，透射系数大小及共振隧穿峰的位置都发生极大的改变。从上节讨论可知，量子能级可改变积累电子的占据态，并且可能影响有效表面势垒的大小。实验结果也表明，表面势垒的降低，将可能导致场发射电流数量级变大，阈值电压却大大降低。于是，上面的计算结果预示，简单的结构调制可大大改善其场发射特性。

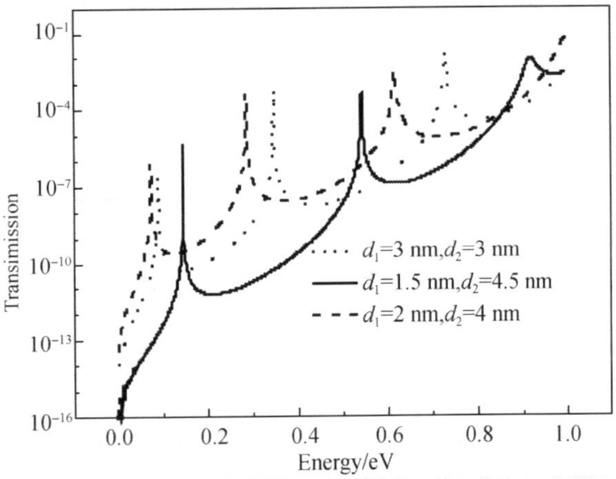

图7.16 场强为0.05 V/nm时，不同N－GaN/$Ga_{0.5}Al_{0.5}$N－GaN/Vacuum场发射结构的共振透射系数曲线

在图7.17中，计算了三种不同场发射结构的J－V曲线，对于这三种结构$Ga_{0.5}Al_{0.5}N/GaN$总厚度不变。从图上能清楚地看出，仅仅对薄膜厚度比例作稍稍地调整，场发射电流却增大了10^3。在所加电压小于2.2 V时，场发射电流将遵循F－N定则，随电场强度而指数地增大，这与当场强为$5\times10^5\sim1\times10^6$ V/cm时，场发射测量值符合得很好。然而，当电压高于2.2 V（大约为2.0×10^6 V/cm）时，从图中可看出，场发射电流变化趋于平缓，并出现一个电流共振峰，其可能来源于上面计算的第三个量子能级。相似的理论计算结果也在$Si-SiO_2-Si-SiO_2$多层膜场发射中得到[524]；另外在多层膜的场发射实验上[525]也观察到此现象，其共振峰的出现可能来源于量子阱中的子能级电子积累。由公式(7.12)可知，电子从同一结构获取电子的最大能力应该是有限的，可较好地解释高场时场发射电流变化很小的原因。这一点可从图7.18得到进一步论证，若在阳极－阴极间加上2.2 V，4.5 V及9 V电压时，透射系数大小没有很大的改变，且量子能级峰基本保持在不变的位置。这意味着场发射结构隧穿因子J_T，可能达到最大值，这也就导致了场发射隧穿系数将改变不大，从而在图7.17中场发射电流在高场情况下变化很小的情况，将是可以理解的。

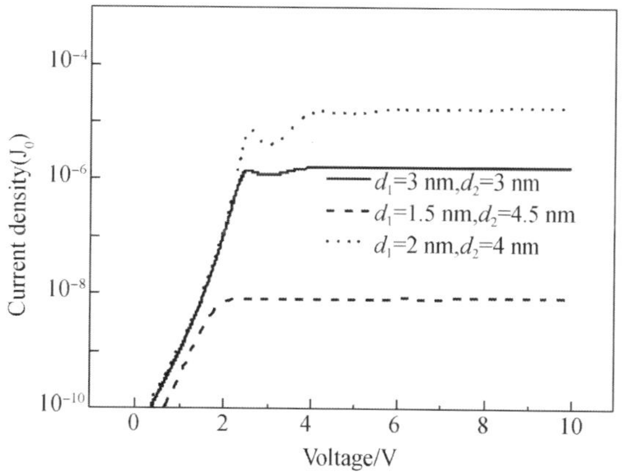

图7.17　不同三种$N-GaN/Ga_{0.5}Al_{0.5}N-GaN$/Vacuum场发射结构的电流曲线

在图7.18中，若场发射结构由3 nm的GaN膜与3 nm的$Ga_{0.5}Al_{0.5}N-GaN$膜构成，可发现场发射电流仅仅只有一个共振峰。而当场发射结构被调整为2 nm的GaN膜与4 nm的$Ga_{0.5}Al_{0.5}N-GaN$膜组成时，很明显地，出现了两个共振场发射电流峰，且场发射电流大小也增强了。但是，当场发射结构被继续调整为1.5 nm的GaN膜与4.5 nm的$Ga_{0.5}Al_{0.5}N-GaN$膜时，惊奇地发现，电流共振峰消失，且场发射电流显著地下降了，而阈值电压也增大了。从方程7.12可以发现，这种明显的多层场发射结构增强效应应该来源于场发射结构的隧穿因子J_T，而J_T是与透射系数紧密相关的。因此，可通过比较图7.15中的能带结构来进一步说明，发现具有较大场发射电流的结构具有更深的量子能级，这意味着表面有效势垒降得更多。而有效势垒的降低，将极大地完善结构场发射性能，这在许多场发射实验上已经得到论证。考虑场发射结构总厚度是6 nm，由3 nm－GaN和3 nm－$Ga_{0.5}Al_{0.5}N-GaN$

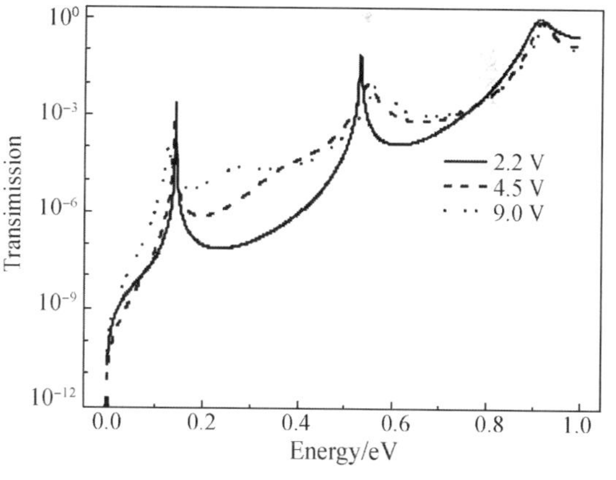

图7.18　如图7.13结构中，$d_1=3$ nm和$d_2=3$ nm及真空间距10 nm，$N-GaN/Ga_{0.5}Al_{0.5}N-GaN$/Vacuum共振透射系数随应用电压的变化曲线

组成,若调整 $Ga_{0.5}Al_{0.5}N$ 的厚度从 3 nm 到 0 nm 或者到 6 nm,则场发射结构将从两层结构变为单层的层结构(单层 GaN 或者单层 $Ga_{0.5}Al_{0.5}N-GaN$)。实验也一再证实,多层场发射结构要优于单层结构。这实际意味着,对于多层薄膜结构组成的场发射结构,在其组分及总厚度保持不变的情况下,将具有一个最佳性能的场发射结构。以上的计算结果也证实了这一点。

实际上,以上的理论机制也可通过实验得到进一步验证。通过分子束外延方法(MBE),选用两种典型半导体 GaAs 及 AlAs 制备了双层纳米薄膜场发射冷阴极(UMPC)(能带结构图见图 7.19),实验比较了纯基底、不同薄膜厚度比结构场发射性能,发现纳米薄膜的存在,其场发射性能增强 1 000 倍以上。而在纳米薄膜存在的情况下,6 nm GaAs/3 nm AlAs 较之 3 nm GaAs/6 nmAlAs 纳米薄膜,其场发射电流增强 15 倍以上,而开启电压也大大降低。这也进一步验证了上节理论预测,调制多层纳米薄膜结构将可能大大增强其场发射性能。

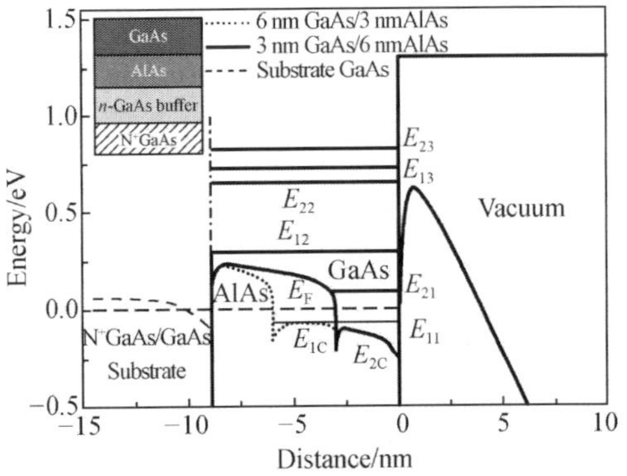

图 7.19 双层超薄膜场发射冷阴极结构能带计算图

由于样品为 MBE 制备,其表面为原子量级光滑,其场发射增强将不再是表面粗糙度而导致的几何场增强。从图 7.20 插图中发现两组场发射 Fowler-Nordheim(F-N)曲线斜率基本一致,纳米结构调制导致的场发射增强也不能用传统的场发射 F-N 模型[516]来解释。因此,为解释纳米薄膜结构调制场发射的增强,图 7.21 给出了采用上节量子自洽方案[520]对两种实验结构进行场发射能量分布(FEED)理论模拟图,从图中能很容易地发现在超薄膜结构形成的量子阱中出现了量子共振态,由于纳米薄膜结构调制,导致了量子能级的位移,于是电子在表面势垒积累发生改变及影响电子隧穿表面势垒,而使场发射性能发生极大改变。

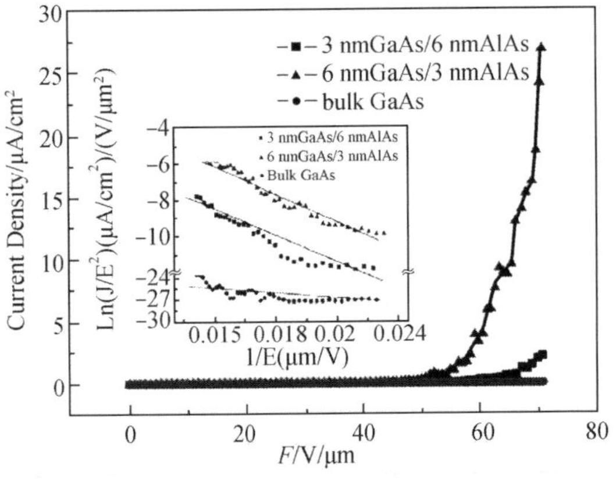

图 7.20 两种双层超薄膜冷阴极结构的场发射电流曲线

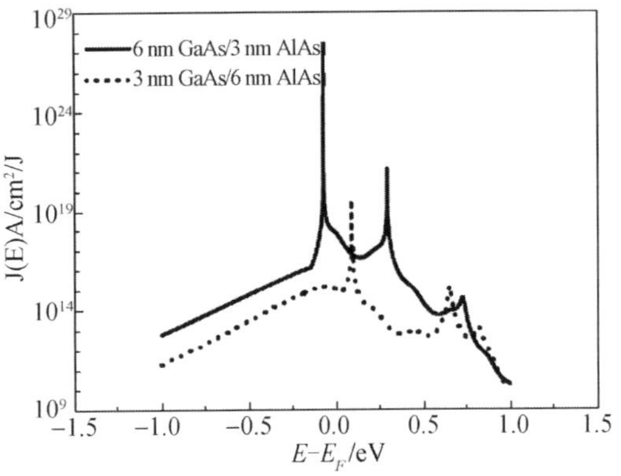

图 7.21 两种双层超薄膜冷阴极结构的理论 FEED 曲线

既然纳米薄膜结构调制场发射增强主要是由量子能级调控引起的,因此可用如下量子结构相对场增强因子公式来预测因量子结构调制导致场发射电流相对变化大小[522]

$$\beta_q = \frac{m_{t1}}{m_{t2}}\left\{\frac{\sum\limits_{i1}\int T(E_x)\lambda(E_x)\,\mathrm{d}E_x}{\sum\limits_{i2}\int T(E_x)\lambda(E_x)\,\mathrm{d}E_x}\right\}$$

$$= \frac{m_{t1}}{m_{t2}}\left\{\frac{\sum\limits_{i1}\int_{|E_x-E_{i1}|\leqslant 2\Delta E_{i1}}\frac{T_{i1}}{1+((E_x-E_{i1})/\Delta E_{i1})^2}\ln(1+\mathrm{e}^{-(E_x-E_F)/k_BT})\,\mathrm{d}E_x}{\sum\limits_{i2}\int_{|E_x-E_{i2}|\leqslant 2\Delta E_{i2}}\frac{T_{i2}}{1+((E_x-E_{i2})/\Delta E_{i2})^2}\ln(1+\mathrm{e}^{-(E_x-E_F)/k_BT})\,\mathrm{d}E_x}\right\} \quad (7.17)$$

式中，β_q 为量子结构相对场增强因子；m_{t1}，m_{t2} 与 E_{i1}，E_{i2} 分别为两种薄膜材料电子有效质量与其表面量子阱中的束缚能级；$T(E_x)$ 分别为电子在能量为 E_x 时的透射概率；T_{i1} 与 T_{i2} 为电子能量等于束缚能级的透射概率。

7.3　纳米磁性薄膜

继 Albert Fert 和 Peter Grunberg 等人发现 GMR 效应之后，1994 年 Jin[525] 等在类钙钛矿的氧化物陶瓷 $LaCaMnO_3$ 中发现了在 5T 磁场下温度为 77 K 时磁阻率达 127 000%，被称为庞磁阻效应（Colossal Magnetoresistance，CMR）。CMR 锰氧化物所展示的磁电阻在高场下可以达到 60%～80% 以上，在薄膜状态下磁电阻甚至可达 90% 以上，远非常规磁电阻材料和巨磁电阻（GMR）磁性金属多层膜可比。然而这类材料只有在很高的磁场下才能显示出 CMR 效应，制约了其进一步应用发展。1995 年，Miyazaki[526] 和 Moodera[527] 等人制备出具有高磁电阻比值的磁性隧道结，其隧穿磁电阻（Tunnel Magnetoresistive，TMR）在室温下可以达到 18%。人们受铁磁性金属隧道结的启发，利用隧穿效应制成基于 CMR 锰氧化物的磁性隧道结，以进一步提高磁阻率和研究相关自旋电子学器件物理。当两个铁磁层均采用 CMR 锰氧化物时，其自旋极化率 P1 和 P2 接近 100% 时，TMR 将趋于无穷大[528]。正因为如此，本节将围绕锰氧化物复合隧道结阐述目前纳米磁性薄膜的相关特性。

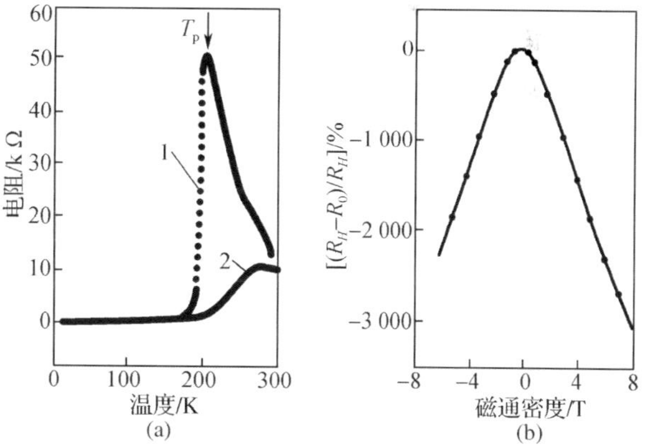

图 7.22　薄膜样品电阻随温度及磁场变化的实验曲线

(a)外延生长的 $Nd_{0.7}Sr_{0.3}MnO_3$ 薄膜在零磁场下(曲线1)与8T磁场下(曲线2)的样品电阻随温度的变化(图中箭头指示零磁场下样品的电阻率峰值温度)；(b)在 205 K 下的样品负磁电阻比率随磁场的变化[529]

研究表明：在锰氧化物这类材料中观察到的磁场下反常的输运性质有别于金属磁性超晶格与多层膜样品中的 CMR 效应。掺杂稀土锰氧化物样品电阻－温度曲线的共同特征是存在电阻率极大值。如图 7.22，$Nd_{0.7}Sr_{0.3}MnO_3$ 薄膜样品电阻随温度及磁场变化的实验曲线。零磁场下，电阻在温度 *Tp* 处出现极大值。在高于峰值温度 *Tp* 的温区,有类似半导体的电阻行为;在比 *Tp* 低的温区,表现出的金属性行为。外加磁场下,在 *Tp* 温度附近,可以观察到样品有很大的巨磁电阻效应。

实验结果表明,在掺杂稀土锰氧化物 $R_{1-x}M_xMnO_3$ 样品中(其中 R 代表三价稀土元素,M 代表二价替代掺杂元素),随着二价元素替代浓度的改变,样品的电阻率峰值温度有规律性变化。同时,其输运性质和磁学性质还与氧的含量有关。由于薄膜样品的制备过程可以影响样品中氧的含量,因此制备时衬底温度不同也会影响电阻率变化特性。最近,Yan 等人利用磁控溅射方法,在(001)$LaAlO_3$(LAO)单晶衬底上沉积得到 $La_{0.7}Sr_{0.3}MnO_3$ 薄膜,并且制备得到了 $La_{0.7}Sr_{0.3}MnO_3$PN 结[530]。通过氧气氛异位退火研究氧含量对 $La_{0.7}Sr_{0.3}MnO_3$ 薄膜结构及磁电学性能的影响。从图 7.23(a)可以看出,随着退火,薄膜中氧含量增加逐渐接近理想值,饱和磁化强度有明显增加;同时,退火后降低了薄膜氧缺陷,从而相应地减少了钉扎中心,进而降低了矫顽力(图 7.23(b))。

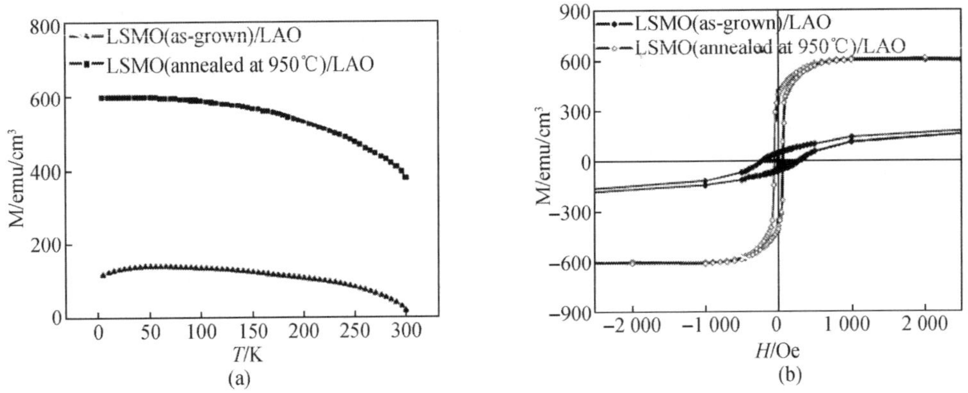

图 7.23 磁控溅射制备 $La_{0.7}Sr_{0.3}MnO_3$ 薄膜退火前后的
(a)磁化强度随温度变化曲线及(b)薄膜的磁滞回线

对掺杂稀土锰氧化物材料的巨磁电阻效应研究表明,样品的巨磁电阻行为伴随有磁学性质的变化;样品电阻率的压力效应与施加外磁场的效果相似;磁致伸缩测量显示:样品的巨磁电阻行为与样品晶格的变化相联系。因此,掺杂锰氧化物材料的巨磁电阻行为是复杂的综合效应,在考虑物理模型时必须解释所有的实验现象。

7.3.1 单层纳米晶薄膜的磁学性能[531]

利用磁控溅射方法,分别在(100),(110)和(111)单晶 $LaAlO_3$(LAO)衬底上及(100)$SrTiO_3$(STO)同时沉积得到单层 $La_{0.7}Sr_{0.3}MnO_3$(LSMO)纳米晶薄膜[532~537](图 7.24),并系统研究其磁学性能。高质量的单层纳米 LMSO 薄膜,研究了氧气氛下不同退火方式及退火温度对 LSMO 薄膜结构及磁学性能的影响。随着薄膜氧含量的增加,其饱和磁化强度及居里温度都有明显提高,而矫顽力则有所降低。同时采用一次原位氧退火的方法,在不影响 LSMO 薄膜表面平整度的前提下,改善了磁学性能。

图 7.25 是原位生长与 950 ℃退火温度下 $La_{0.7}Sr_{0.3}MnO_3$ 薄膜的磁化强度随温度变化曲线。可以看到,退火后薄膜的饱和磁化强度有明显提高。这是由于退火条件下氧含量的提高

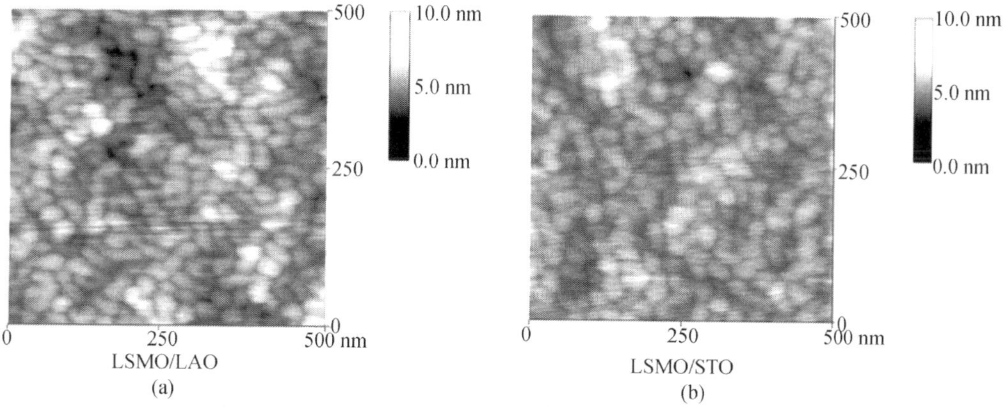

图 7.24　原位生长条件下 LAO 和 STO 衬底上的 LSMO 薄膜的 AFM 图

增加了 Mn^{4+}/Mn^{3+} 的比率，由双交换原理可知，Mn^{4+} 的引入会改变体系的能量状态，减弱体系中的 Mn^{3+} 与 Mn^{3+} 之间的反铁磁相互作用，增强体系中 Mn^{4+} 与 Mn^{3+} 的铁磁相互作用。最终提高了 $La_{0.7}Sr_{0.3}MnO_3$ 薄膜的铁磁有序度，使饱和磁化强度有所增加。

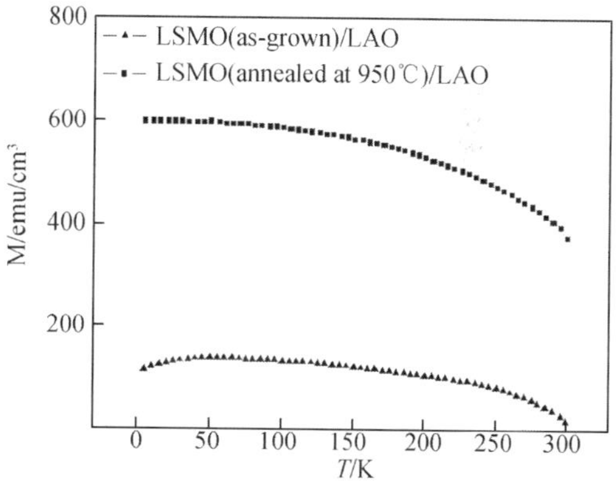

图 7.25　退火前后的 $La_{0.7}Sr_{0.3}MnO_3$ 薄膜的磁化强度随温度变化曲线

由于拉曼散射谱可以反映晶格的微小畸变，图 7.26 给出了 $La_{0.7}Sr_{0.3}MnO_3$ 薄膜在原位生长及 950 ℃退火下的拉曼散射谱。从图中可以看出 $La_{0.7}Sr_{0.3}MnO_3$ 薄膜在退火前后晶格发生了变化，而这种变化来源于 Mn 离子价态的变化，即 Mn^{3+} 在吸附氧后变成 Mn^{4+}，由于 Mn^{3+} 和 Mn^{4+} 原子大小不同导致晶格的变化。在原位生长的 $La_{0.7}Sr_{0.3}MnO_3$ 薄膜中拉曼散射谱出现四个主峰，分布在 150，220，490 和 620 cm^{-1} 四个位置上。通常来说，拉曼散射谱分三个频段：高频（500 ~ 700 cm^{-1}），中频（200 ~ 500 cm^{-1}），低频（小于 200 cm^{-1}）。分布在这三个频段的峰位分别对应着 Mn－O 的伸缩，内八面体的倾斜与旋转，以及重稀有金属的震动。在未退火样品中，出现在 150 cm^{-1} 频率的尖峰对应着 LAO 衬底。而分布在 220，490 和 620 cm^{-1} 频率的宽峰根据上面分类可以推知在未退火的样品中发生了 Mn－O 的伸缩以及内八面体的倾斜与旋转，而这些变化是由于在溅射过程中缺氧导致过多 Mn^{3+} 产生引发的。在退火后的样品中，分布在 220 和 620 cm^{-1} 频率的宽峰消失，这可能是由于 $La_{0.7}Sr_{0.3}MnO_3$ 在退火过程中一些 Mn^{3+} 吸氧转化成 Mn^{4+} 导致晶格畸变减小。除此，在 420 cm^{-1} 和

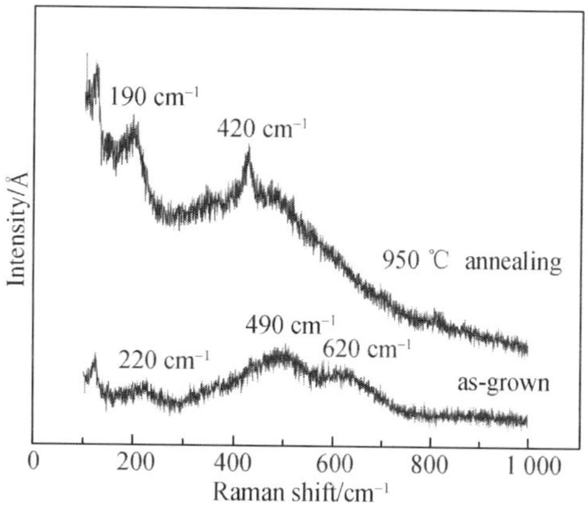

图 7.26　退火前后的 $La_{0.7}Sr_{0.3}MnO_3$ 薄膜的拉曼散射谱

190 cm^{-1}位置出现两个新峰。在420 cm^{-1}新峰的出现是由于在退火过程中氧的吸收，在190 cm^{-1}新峰显现了$La_{0.7}Sr_{0.3}MnO_3$薄膜中相对MnO_6八面体外的重稀土元素La和Sr的相对运动。

图7.27是原位生长与950 ℃退火条件下$La_{0.7}Sr_{0.3}MnO_3$薄膜的M－H曲线图。原位生长的$La_{0.7}Sr_{0.3}MnO_3$薄膜的矫顽力是225Oe，而950 ℃退火后其矫顽力减小到54Oe。可以看到，对比退火前后$La_{0.7}Sr_{0.3}MnO_3$薄膜矫顽力的变化，由于原位生长的薄膜氧缺陷较多，这些缺陷可能成为钉扎中心，从而增大薄膜的矫顽力。而在退火后，降低了薄膜氧缺陷，从而相应地减少了钉扎中心，尽而降低了矫顽力。

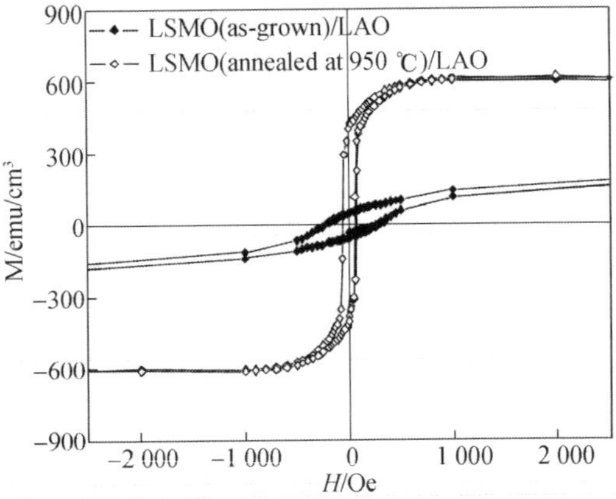

图7.27　退火前后的$La_{0.7}Sr_{0.3}MnO_3$薄膜的磁滞回线

图7.28显示了700 ℃沉积的$La_{0.5}Sr_{0.5}MnO_3$薄膜在不同测试温度下的M～H磁滞回线。磁滞回线的测试温度分别为5 K，100 K，250 K。从该图可知磁滞回线随测量温度的降低，正反方向矫顽力的差别随着测试温度的升高而降低。更具体的情况如图7.29所示，该图显示了700 ℃沉积的$La_{0.5}Sr_{0.5}MnO_3$薄膜的磁滞回线中$+H_c$和$-H_c$随测试温度的变化关系，从图中可以清楚地看到：$+H_c$和$-H_c$的差值随着测试温度的降低而逐渐缩小，当测试温度降低到40 K以下时，$+H_c$和$-H_c$的差值陡然变大。可以断定$La_{0.5}Sr_{0.5}MnO_3$薄膜确实具有团簇玻璃态。而磁滞回线有近似矩形的形状，在玻璃态行为中被认为是由于大量相互作用的磁性团簇的几何行为。说明$La_{0.5}Sr_{0.5}MnO_3$材料中铁磁相和绝缘相团簇的存在。

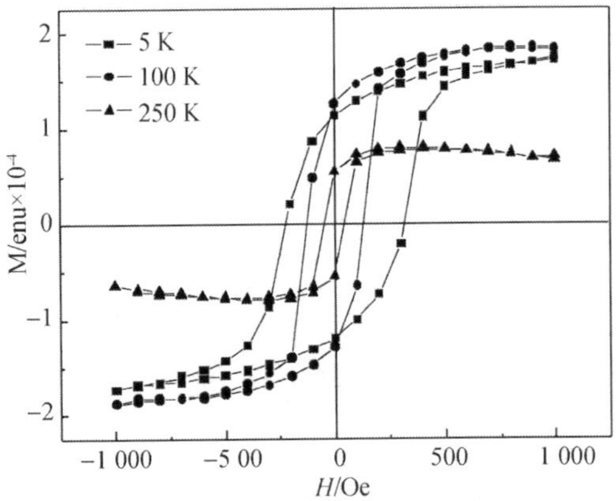

图7.28　700 ℃沉积的$La_{0.5}Sr_{0.5}MnO_3$薄膜在不同温度下的磁滞回线

由于STO衬底与LSMO的晶格失配度更小，这里采用(100)STO单晶作为衬底。图7.30是原位退火条件下STO衬底上的LSMO薄膜AFM图。对比原位生长的AFM图，可以看出，退火后薄膜的表面形貌没有明显变化，平均表面粗糙度为0.89 nm，可以达到制备磁性隧道结的要求。

图7.31与图7.32是原位生长与原位退火的LSMO薄膜的磁化强度随温度变化曲线图及原位生长与原位退火条件下LSMO薄膜的M－H曲线图。可以看到，LSMO薄膜的磁学性能得到了改善。对比异位退火，原位退火可以在提高LSMO薄膜磁学性能的同时，可以有效地避免薄膜表面粗糙度的增加及外界杂质的引入。

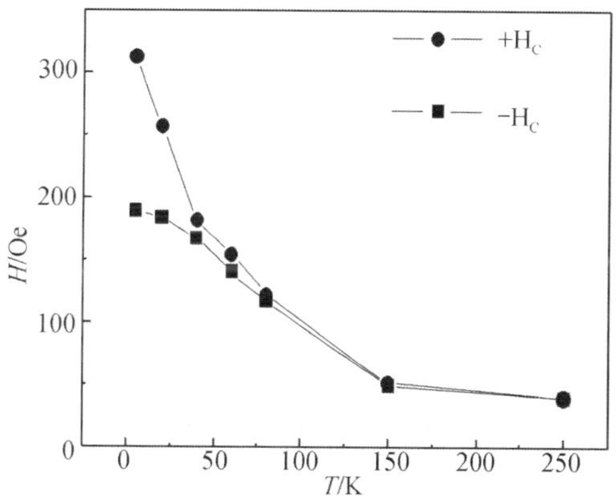

图 7.29　700 ℃沉积的 $La_{0.5}Sr_{0.5}MnO_3$ 薄膜的磁滞回线中 $+H_c$ 和 $-H_c$ 随测试温度的变化

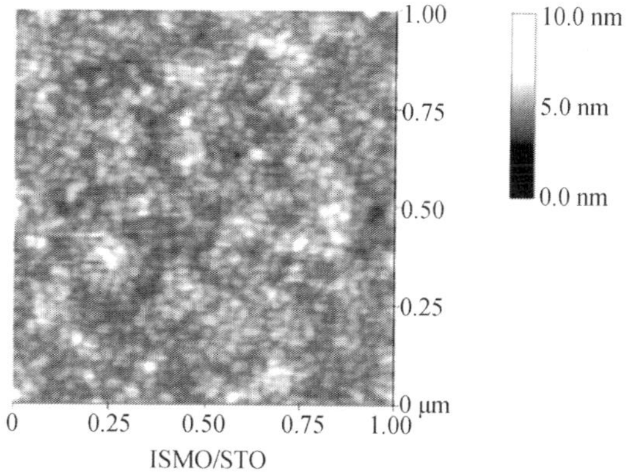

图 7.30　原位退火下的 STO 衬底上的 LSMO 薄膜的 AFM 图

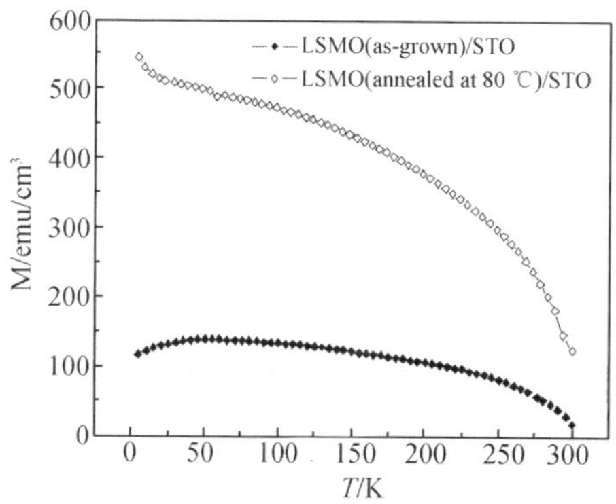

图 7.31　原位生长与原位退火条件下 LSMO 薄膜样品磁化强度随温度变化曲线

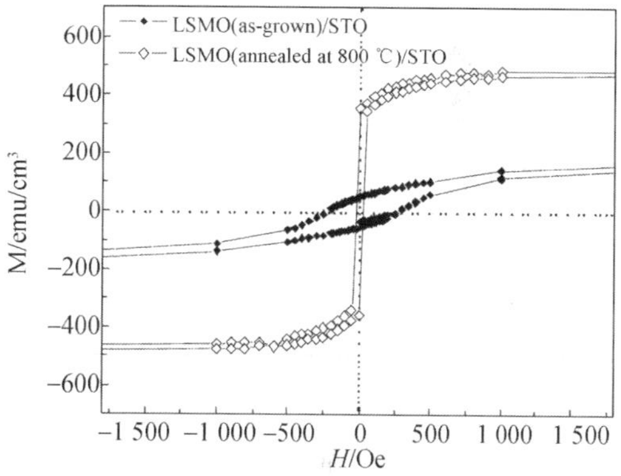

图 7.32　STO 衬底上原位生长及原位退火条件下 LSMO 薄膜 M－H 曲线

7.3.2　成分调制锰氧化合物纳米隧道结多层薄膜磁阻效应[533, 538]

一般而言，理想的隧道结应该具有以下条件：(1) 铁磁层应该有尽可能高的电子自旋极化率；(2) 铁磁层与绝缘层之间具有良好的界面；(3) 两铁磁层电子自旋不能在外磁场作用下同时发生自旋翻转。上节所述，由于 $La_{0.5}Sr_{0.5}MnO_3$ 倾向于自旋玻璃态，具有较大的矫顽力，不宜作铁磁层；而 $La_{0.7}Sr_{0.3}MnO_3$ 矫顽力小，具有 100% 的自旋极化率，同时在钙钛矿锰氧化物家族中具有最高的居里温度，更有利于该类器件的实用化，无疑 $La_{0.7}Sr_{0.3}MnO_3$ 是铁磁层的最佳选择。

$SrTiO_3$ 由于与 LaSrMnO 有相似的结构及相近的晶格常数，尤受研究者青睐。但制备方法一般为 PLD，扩散并不十分严重。采用磁控溅射沉积隧道结时间长，扩散十分严重，为了尽量减少扩散带来的负面影响，可充分利用 LaSrMnO 丰富的磁电相图在典型的锰氧化物复合隧道结结构中，采用 LSMO 和 LCMO 作为隧道结的磁性电极，而 $SrTiO_3$ 作为势垒层隔开两个电极。在刻蚀出器件基本形状后，还要在顶电极上镀上一层 Au 作为顶电极的接触电极，此外，为了在电流上隔离接触电极和底电极，在镀顶电极之前还镀上一层 SiO_2 作为绝缘层。为了实现最终的器件结构,应当合理设计刻蚀和镀电极的流程。

利用磁控溅射方法,在 10 mm×10 mm 大小的(100) 取向 $SrTiO_3$ 单晶衬底上制备出三明治结构为 $La_{0.7}Sr_{0.3}MnO_3$(100 nm)/ $La_{0.96}Sr_{0.04}MnO_3$(5 nm)/ $La_{0.7}Sr_{0.3}MnO_3$(100 nm) 的隧道结外延薄膜, 溅射功率为100 W,氩气和氧气混合溅射气体气压为1 Pa,比率为 Ar: O_2 =4:1,基片温度 700 ℃。溅射完毕后,保持温度不变,在一大气压流动氧气氛下原位热处理半小时。然后再利用日本真空(ULVAC)公司制造的 MPS - 4000 - HC7 型超高真空、多功能磁控溅射仪,在三层单晶膜上方继续依次沉积钉扎层 $Ir_{22}Mn_{78}$(15 nm)、缓冲层 $Ni_{79}Fe_{21}$(5 nm)和金属导电层 Pt(20 nm)三层金属膜,溅射前背景气压小于 1.0×10^{-7} Pa,溅射时氩气(Ar)压为0.07 Pa。

随后,利用光刻技术中的去胶法(Lift - off)制备了长短轴分别为 3 和 6 μm,2 和 4 μm 大小的椭圆形 $La_{1-x}Sr_xMnO_3$ 复合磁性隧道结。同时制备了不同厚度中间绝缘层的磁性隧道结,上下电极分别是 30 和 80 nm 的 $La_{0.7}Sr_{0.3}MnO_3$,中间绝缘层厚度依次为 10,5,2 和 1 nm,即 $La_{0.7}Sr_{0.3}MnO_3$ (30 nm)/ $La_{0.96}Sr_{0.04}MnO_3$ (1/2/5/10 nm)/ $La_{0.7}Sr_{0.3}MnO_3$(80 nm)。当中间层厚度为 10 nm 时,基本无 TMR。图 7.33 为在 4.2 K 时利用 PPMS 测得的电阻(R)和磁电阻(TMR)随外磁场变化的曲线,测试时磁场平行于薄膜表面,电流垂直于磁场方向。

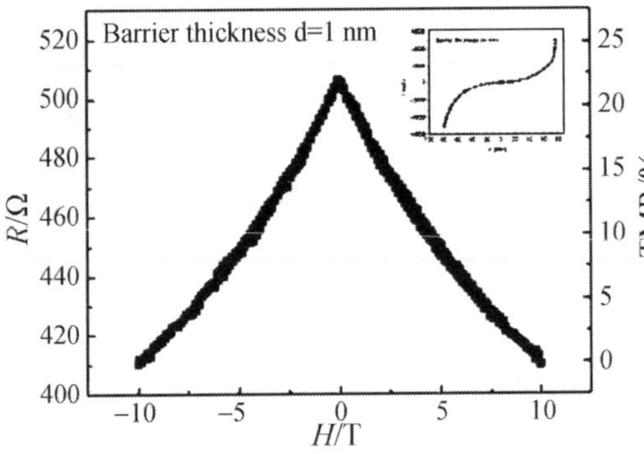

图 7.33 温度 4.2 K 下,不同厚度中间层全钙钛矿结构磁性隧道结结电阻 R 和磁电阻 TMR 与外加磁场的关系曲线,插图是磁性隧道结的 $I-V$ 曲线

磁性隧道结在高场时由于上下铁磁层磁矩方向相同,电子隧穿比较容易从而呈现出低阻态,而在零场附近由于上下铁磁层磁矩方向相反,电子隧穿很难发生从而呈现出高阻态。当绝缘层厚度为 5,2 和 1 nm 时,可以看到,电学输运特性是电子隧穿过程,这可由插图中的 $I-V$ 曲线来说明,在未加磁场的条件下测量了隧道结的 I - V 曲线,曲线所表现出的非线性特征被认为是隧道效应发生的重要特征。定义磁电阻值(TMR)为:TMR = $(RH-RP)/RP$,这里 RP 是上下铁磁层平行时的电阻值。可以看到,中间层为 5 nm 时 TMR 最大,随着中间层厚度的减小,TMR 值也在减小,特别是中间层减到 1 nm 时,由于中间绝缘层存在很多缺陷,电子的输运过程已经不再完全是隧穿形式,部分电子可能不通过中间层而直接在两个电极间输运导电,所以结电阻值很低。对中间绝缘层厚度为 2 nm 的 $La_{0.7}Sr_{0.3}MnO_3$(100 nm)/ $La_{0.96}Sr_{0.04}MnO_3$ (2 nm)/$La_{0.7}Sr_{0.3}MnO_3$(100 nm)磁性隧道结进行了原位和非原位退火,虽然后续退火处理可以优化铁磁层的磁学及电学性能,但同时导致界面的粗糙及中间层成分的扩散,恶化了中间层质量,导致隧道结各方面性能的下降。

图 7.34 是退火前后 MTJ 的磁电阻随外加磁场变化曲线,可以看到,非原位退火后磁电阻值有明显的降低,一方面,由于非原位退火后两层铁磁层的磁学性能趋于一致,其矫顽力也没有了明显的差别,从而导致最大 TMR 的降低;另一方面,非原位退火后中间层的质量会有明显下降,中间层的扩散导致上下铁磁层界面处的自旋极化率的降低,由 Julliere 模型可知,界面处自旋极化率的下降会导致 TMR 的降低;同时退火有可能增加中间层的粗糙度及缺陷,这会导致隧道结的输运过程不完全是电子隧穿,而导致电子的直接跃迁,从而使结电阻下降。

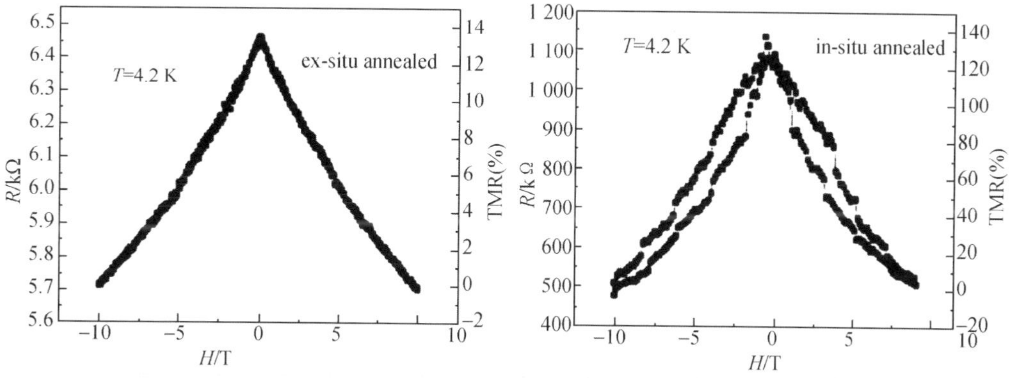

图 7.34　原位退火与非原位退火的 $La_{1-x}Sr_xMnO_3$ 磁性隧道结结电阻 R 和磁电阻 TMR 与外加磁场的关系

进一步地，采用基于 STO 垒的 LSMO 磁隧道结，在 10 mm × 10 mm 大小的(100) $SrTiO_3$ 单晶衬底上制备出三明治结构为 $La_{0.7}Sr_{0.3}MnO_3$ (100 nm)/$SrTiO_3$ (3 nm)/$La_{0.7}Sr_{0.3}MnO_3$ (100 nm)的隧道结外延薄膜，溅射功率为 100 W，氩气和氧气混合溅射气体气压为 1 Pa，比率为 Ar∶O_2 = 4∶1，基片温度 700 ℃。溅射完毕后，保持温度不变，在一大气压流动氧气氛下原位退火半小时。隧道结质量通过高分辨率透射电镜(HRTEM)与能量色散谱(EDS)进行了表征(图 7.34)。图 7.35 是不同温度下成分调制的磁性隧道结的电导随偏压变化曲线。可以明显地从图上看到当温度高于 100 K 时，在所有的偏压情况下，电导都有一定的大小(图 7.36(a))。然而，温度低于 100 K，在低偏压(阻塞电压之下)情况，电导被强烈地抑制(图 7.36(b)，显示出了明显的电导阻塞效应。在图 7.36(b)插图中，0 偏压时，也可清晰地看到高温与低温两个区域。这个电导阻塞效应将被磁场而进一步得到提升，从而可能导致大的磁电阻变化率直到 10 000%。在这里，图 7.37 可清晰地看到，不同电压情况下，电流随磁场呈现出不同的变化趋势，从图 7.36 可知，50 与 100 mV 处于阻塞电压区，因此在磁场较低(小于 5T 时)，电流随磁场线性的变化。而 150 mV 在电导阻塞电压之上电导将不存在阻塞效应，电流将随着磁场发生指数级的增长，这势必导致高磁场下的巨磁阻效应，且未有饱和的迹象。

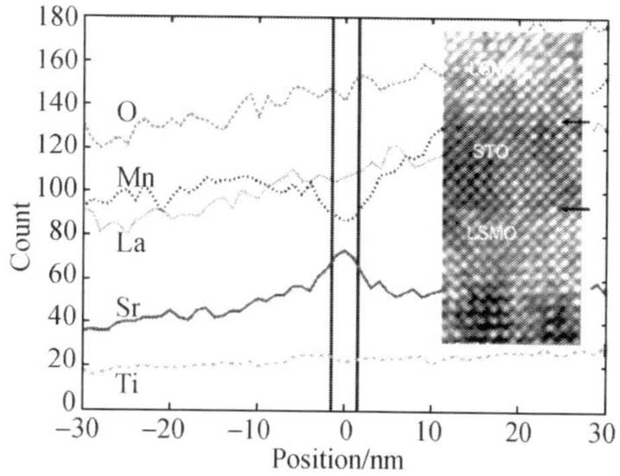

图 7.35　LSMO/STO/LSMO 结构的 EDS 能谱及其高分辨率 TEM 界面像

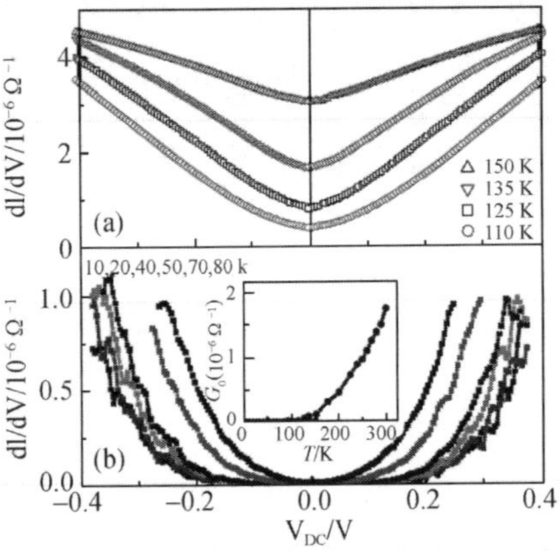

图 7.36 不同温度下成分调制的磁性隧道结的电导随偏压变化曲线

(a)100 K 以上;(b)100 K 以下,插图为 100 K 以下,当 $V_{DC}=0$ 时的电导随温度变化曲线图[539]

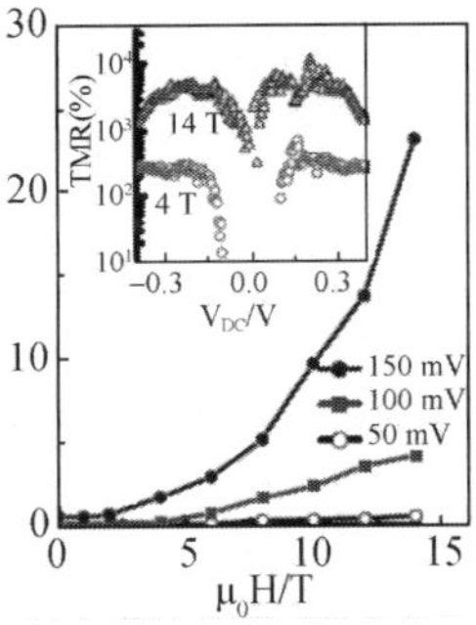

图 7.37 温度为 10 K 时,隧穿电流随磁场的变化,插图为 10 K 时不同磁场时的磁阻率曲线[539]

第8章　纳米量子效应器件

随着技术的不断发展和改进，晶体管尺寸不断下降，其特征尺寸已经达到纳米尺度（100 nm以下），凸显的量子效应在半导体集成器件中的影响将随尺寸的不断下降而越来越显著。新效应既是对原有器件的挑战，也为开发新的器件提供了机遇。纳米 CMOS 技术依然是半导体业界最主要的研究对象，并有望大规模地制造出具有 MOSFET 结构的量子效应器件；当共振隧穿低维半导体量子阱的能带工程以及超晶格生长方面有了突破以后，针对共振隧穿器件研究进展令人鼓舞，有望成为可以在模拟和数字电路两方面应用的主要纳米电子器件；单电子器件是另一类引起人们极大兴趣的研究对象，也是近年来纳米电子学探索的热点。因此，本章的前三节将分别介绍这三类纳米电子器件。另外，相对于半导体存储器，磁性随机存储器（MRAM）因为具有非挥发性、高速、高集成以及长寿命等显著特点，是目前公认的最具发展潜力的新一代存储体。本章将在 8.4 讨论这方面的问题。纳机电系统（Nano-electromechanical System，简称 NEMS）是纳米技术中的重要内容，各国科技工作者正致力于这一领域的研究，并在多个方面实现了技术突破，本章将在 8.5 介绍 NEMS 相关内容。

8.1　纳 米 CMOS

8.1.1　引言

MOS 集成电路是目前微电子产业的核心，而存储器和微处理器又是 MOS 集成电路中最具有代表性的两大典型产品，它们的发展水平标志着整个微电子技术的发展水平。自 20 世纪 60 年代以来，集成电路基本遵循了摩尔定律的规律发展至今，器件的特征尺寸不断缩小，制作工艺的加工精度不断提高，晶圆的面积不断增大，同时，集成电路的性价比也迅速提高。IC 芯片的特征尺寸从 1978 年的 10 μm 发展到现在的 45 nm，集成度从 1971 年的 1 K DRAM 发展到现在的 2G DRAM，晶圆尺寸也逐渐从 2 英寸发展到 12 英寸。预计到 2013 年，特征尺寸为 32 nm的集成电路产品将投入批量生产。1974 年，Dennard 提出了等比例缩小（Scaling - down）定律，其基本思想是在保持 MOS 器件内部电场不变的条件下，器件的纵向、横向尺寸通过等比例缩小来增加跨导和减少负载电容，由此提高集成电路的性能。为保证器件内部电场不变，电源电压也要与器件尺寸缩小相同的倍数。等比例缩小定律也称恒定电场定律（简称 CE 律）。器件尺寸、电源电压、阀值电压等按 CE 定律缩小 κ 倍后，根据器件的漏 - 源电流方程

$$I_D = C_{ox}\mu_{\text{eff}}\frac{W}{L}[(V_{GS} - V_T)V_{DS} - \alpha V_{DS}^2] \tag{8.1}$$

式中，单位面积栅氧化层电容为

$$C_{\text{OX}} = \frac{\varepsilon_0 \varepsilon_{OX}}{t_{OX}} \tag{8.2}$$

μ_{eff}为反型载流子的有效迁移率;W,L分别是MOSFET的沟道宽度及长度;V_{GS},V_{DS}分别是栅-源电压和漏-源电压;V_T为阈值电压。由于V_{DS},$(V_{GS}-V_T)$,W,L(栅氧化层厚度)均缩小了κ倍,因此,I_D缩小κ倍。器件尺寸按CE律缩小后,门延迟时间也将等比例缩小。在t_d的表达式中

$$t_d \propto \frac{V_{DS}C_L}{I_D} \tag{8.3}$$

$$C_L = WLC_{OX} \tag{8.4}$$

因为V_{DS},I_D,C_L均缩小了κ倍,所以,t_d也相应缩小κ倍,则标志集成电路性能的功耗延迟积$P_W \cdot t_d$缩小了κ^3倍。同时,W,L的缩小使晶体管面积缩小了κ^2倍,在相同的芯片面积上集成的晶体管数目即集成度提高了κ^2倍。但是,对于简单的CE律还存在一些问题,主要是:(1)电源电压标准的改变会带来很大不便;(2)源漏耗尽区宽度不可能按比例缩小;(3)阈值电压的降低会导致电路抗干扰能力的下降,漏电流增加,不利于保持动态结点电平,且会增加静态功耗,因此,阈值电压不可能缩小太大。为了克服CE律中存在的问题,提出了"恒定电压等比率缩小" 定律(简称CV律),即不改变电源电压V_{DD}和阈值电压V_T,对其他参数进行等比例缩小。而在目前实际的集成电路技术中,采用的往往是CE律和CV律的折中。

尽管有种观点认为当微电子的特征尺寸达到32 nm的"极限"后就是硅集成电路技术的终结,实际上这种观点还值得商榷。但是,普遍关注的焦点是集成电路能否继续遵循摩尔定律的规律,以及未来可能选择的发展方向等问题。

8.1.2 纳米CMOS器件面临的挑战

目前CMOS器件的特征尺寸已经从微米发展到纳米。但是,纳米CMOS器件还面临多个挑战,除了技术问题,还有许多物理问题有待解决,比如,杂质随机分布问题、阈值电压减小问题、栅氧化层减小的限制、迁移率退化和速度饱和对器件性能的影响、量子效应等问题[540]。

1. 杂质随机分布的影响

不断减小的MOS器件尺寸,使电路更加敏感器件参数的变化。即使可以通过精确控制光刻精度、沉积厚度等外部工艺条件,尽量消除外部工艺变化引起的器件设计参数的偏差,而实际的器件参数仍可能由于杂质随机分布的影响发生起伏。对于沟道长度小于0.1 μm的小尺寸MOS器件,其沟道区内的杂质原子只有几十到上百个,如此少量的杂质数目,其数量的相对涨落将可能达到百分之几十。基于扩散、离子注入等掺杂工艺的随机性,导致沟道区内的杂质原子并不是理想的连续均匀分布,而是具有分立的微观随机分布的特征。杂质原子的随机分布将必定诱导与杂质有关的器件参数发生变化,特别是引起器件阀值电压的离散性。器件尺寸越小,一个芯片内的MOS晶体管数目越多,器件参数由于杂质随机分布造成的偏差就会越大,从而严重影响到电路的整体性能。

2. 阀值电压减小的限制

随着CMOS器件尺寸的减小、集成度的提高,无论从器件的稳定性还是从降低功耗考虑,必须降低电源电压[541]。阀值电压的设计要考虑三个方面:电路速度、功耗及噪声容限。从改

善电路速度考虑,应尽量减小阀值电压,因为在一定电源电压下减小阀值电压可增大器件的驱动电流,从而减小电路的延迟时间。要使电路的性能不退化,阀值电压应按比例随电源电压的降低而减小,研究表明阀值电压不应高于 0.2 倍的电源电压。Sodini 等人利用包括小尺寸器件二级效应的精确 I - V 模型[542],计算了 CMOS 反相器的噪声容限与电源电压和阀值电压的关系。从噪声容限考虑,计算结果表明阀值电压的下限可以取为电源电压的 15%。电路的功耗要求是决定阈值电压下限的另一个重要因素。CMOS 电路的功耗包括三部分:动态功耗、静态功耗和开关过程中的附加短路功耗,其中动态功耗与器件的阈值电压无关,而实际 CMOS 电路的静态功耗和短路功耗则强烈依赖于阈值电压。对于一定的电源电压,阈值电压的增大有助于减小短路功耗。一般要求动态功耗与短路功耗的比例应小于 10%。因此从减小短路功耗考虑,阈值电压的下限是电源电压的 10%。当电源电压和阈值电压随器件尺寸减小而下降时,将增大 CMOS 电路的静态功耗。因此,从降低功耗的角度考虑,希望尽可能增大阈值电压。但是,从提高电路的稳定性考虑,又希望尽量减小阈值电压。所以,针对纳米 CMOS 器件阈值电压的设计必须综合考虑速度、功耗和噪声容限几方面的要求,进行优化。

3. 栅氧化层减小的限制

随着 MOS 器件沟道长度的不断减小,为了抑制短沟道效应,减小亚阀值斜率,同时为了增加驱动电流以期提高电路的工作速度,必须要求 MOS 晶体管的栅氧化层厚度类比于沟道长度按比例缩小。但是,氧化层的击穿特性及其可靠性、薄氧化层的隧穿电流对器件和电路性能的影响,多晶硅栅的耗尽和反型层电容引起的器件性能退化等问题,都在不同程度上限制了栅氧化层厚度的进一步减小。

4. 迁移率退化与速度饱和

对于纳米 CMOS 器件,其反型层内的载流子主要被限制在 $Si-SiO_2$ 界面附近的一个狭窄范围内,反型载流子的运动不仅像体内载流子那样受到带电中心引起的库仑散射以及晶格振动引起的声子散射作用,还会受到表面的散射作用,因为 $Si-SiO_2$ 界面并不是理想平面,大约有 1 ~ 2 个原子层的不平整度。由于反型载流子比体内载流子多了一项散射机制 - 表面粗糙引起的表面散射,另外,在库仑散射中也增加了界面电荷以及反型载流子自身的作用,在声子散射中,除了各种体声子外还有与界面相联系的表面声子。综合以上这些原因,导致反型载流子的迁移率远低于体内载流子的迁移率。更多的是反型载流子的迁移率还会受到表面电场的强烈影响,随着器件尺寸缩小表面电场增强,迁移率下降非常明显。另外,对于纳米 COMS 器件,沿沟道方向(横向)的电场的增强将会引起反型载流子漂移速度的饱和,这也是牵制小尺寸器件性能改善的一个重要因素。

5. 量子效应

当 CMOS 沟道长度缩小到纳米尺度,强电场下的量子效应将影响到器件性能,除了栅氧化层隧穿电流的影响、反型层量子化造成有效山电容的下降以外,还有两个现象非常显著:一是量子隧穿造成 pn 结泄漏电流的增大;另一是量子效应导致阈值电压的变化。

反型层中的载流子被限制在硅衬底表面很窄的势阱中,载流子在垂直表面方向的运动受到限制,因此,可以用二维电子气来描述反型层内的电子状态[543, 544],计算结果表明量子效应引起表面势的变化将使 MOS 器件的阈值电压发生变化。量子效应引起的阈值电压变化,将对纳米 CMOS 器件设计带来影响。

另外,为了抑制沟道效应,在短沟道器件中常采用高浓度的环绕掺杂来限制源 - 漏 pn 结耗尽区的扩展,阻止漏电场向沟道区穿透。而高浓度的环绕掺杂容易在漏区附近形成高电场,导致漏 pn 结发生量子机制的带 - 带隧穿,使 pn 结漏电流明显增大。高性能的逻辑电路允许的最大泄漏电流是 1 nA 每微米(μm)宽度器件。因此,对于沟道长度 50 nm 或更小尺寸器件的设计,必须考虑带 - 带隧穿电流的问题。

8.1.3 新型纳米 CMOS 器件

基于目前的认识水平和技术手段,很显然,依靠常规的按比例缩小规律并不能完全解决纳米 CMOS 所面临的各种挑战,改进设计可能会有更大的作用[540]。开发一些新的器件结构将有助于 CMOS 克服按比例缩小的限制,在纳米时代获得更大的发展空间。

1. SiGe CMOS

研究表明:基于 Si CMOS 工艺,利用 SiGe/Si 异质结结构的特性,新型的 SiGe CMOS 器件有可能突破 Si 集成电路的物理与工艺极限,提高性能和集成度,降低功耗[545, 546]。另外,SiGe CMOS 器件与目前工艺技术相兼容,对非标准制造设备的要求有所降低[547]。在同一硅片上通过外延生长技术形成相同的垂直层叠结构,可以获得平面型的 SiGe CMOS 器件。利用 SiGe/Si 空穴量子阱和 Si/SiGe 电子量子阱中的 2DHG(二维空穴气)和 2DEG(二维电子气)具有的更高迁移率,可以明显提高器件和电路的速度 - 功耗性能。图 8.1 为 SiGe CMOS 结构的原理图,同时包含有压应变 SiGe PMOS 的空穴沟道和张应变 Si NMOS 的电子沟道。在实际结构中,PMOS 与 NMOS 共栅,且 PMOS 源、漏电极安排在与 NMOS 源、漏电极垂直的方向。张应变 Si 的电子沟道层与 d 掺杂层被非掺杂的 SiGe 层隔离,可使张应变 Si 层 NMOS 沟道中的电子与 d 掺杂层中的施主杂质分离,减少电离杂质的散射,从而提高电子迁移率。在应变 SiGe 层和应变 Si 层之间增加一层 SiGe 隔离层,能够降低两沟道之间的相互影响。王伟等应用 MEDICI 软件,选取纵横向高场迁移率模型(HPMOB)、表面散射迁移率模型(SRFMOB)和载流子 - 载流子散射迁移率模型(CCSMOB),对图 8.1 所示 SiGe CMOS 结构器件的电学特性进行了模拟分析[545]。结果表明:加上该隔离层后,达到了预期的效果。利用 Ge 组分渐变的结构,应变 SiGe PMOS 空穴沟道层限制载流子远离氧化层,从而减少表面散射。Si“帽”层的作用主要是为了能在其之上生长一层高质量的栅氧化层。NMOS 与 PMOS 都工作在增强型模式下,应变 i - Si 层在正的

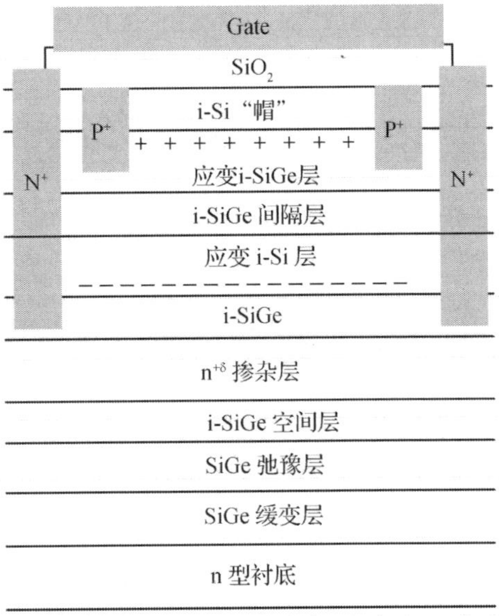

图 8.1 SiGe CMOS 结构原理图

栅极偏压下形成电子沟道,在负的栅极偏压下形成空穴沟道。具体 SiGe CMOS 结构器件的电学特性如下[545]:(1) Si NMOSFET 和 SiGe PMOSFET 器件结构中 NMOS 与 PMOS 阈值电压对称性较好,NMOSFET 和 PMOSFET 的阈值电压 VTp,VTn 分别约为 -0.1 V 和 +0.1 V。(2) 随栅压的增大,SiGe PMOSFET 的跨导增大,当漏压为 -3 V 时,峰值跨导约为 63 mS/mm。对于应变 Si NMOSFET,跨导随栅压的增大而增大。当漏压为 3 V 时,峰值跨导约为 75 mS/mm。(3) 对于 PMOSFET,在应变 SiGe 层中形成空穴势阱,势阱中二维空穴气的面密度的提高和电流密度的增强是随着应变 SiGe 层中 Ge 组分的增加而产生的;(4) Si"帽"层的厚度也是影响器件性能的一个重要因素。Si"帽"层不仅使 SiGe 层形成量子势阱对空穴产生约束,而且还起着隔离导电沟道和 SiO_2 层的作用,从而可减小 SiO_2/Si 界面对载流子的散射作用,提高空穴的迁移率。但是,Si"帽"层越厚,加在其上的电压越大,容易形成表面寄生沟道,导致应变 SiGe 沟道上的电压相对较低,电场减弱,同时载流子有效迁移率下降,电流减小,在相同的栅压下,跨导值降低。

因此,根据 SiGe CMOS 结构器件的电学特性在针对其结构进行优化设计时,应注意以下几点[545]:(1) Si"帽"层对 PMOSFET 的电学性能起着非常重要的作用。Si"帽"层越薄,漏电流越大,跨导越高,因此,在保证 Si"帽"层可以有效屏蔽表面散射作用前提下,尽量减少 Si"帽"的厚度;(2) 对于 NMOSFET,弛豫 SiGe 层 Ge 组分值越大,应变 Si 电子沟道层量子阱就越深,因此,尽量提高弛豫 SiGe 层的 Ge 组分值;(3) 在应变 SiGe 层中不发生弛豫的前提下,空穴沟道层量子阱深越深越好,因而可以适当提高 Ge 组分;(4) d 掺杂层的浓度大小对 NMOSFET 的电学性能产生重要的影响。增大 d 层的掺杂浓度可以调整阈值电压,增大沟道电流。因此,可以根据制作器件的需要,适当调节 d 层的掺杂浓度。

2. Hf 基高 k 栅介质 CMOS

随着 CMOS 器件特征尺寸的不断缩小,为了保持良好的驱动电流和抑制短沟道效应,必须减薄栅氧化膜厚度。但是,电源电压及阈值电压却不能按比例缩小,就造成了器件栅介质必须承受更高的纵向电场。实践表明:即使是良好氮化的 SiO_2 栅介质,当厚度小于 1.2 nm 时,也将会面临严峻的挑战[548]。为了解决这些问题,工业界拟采用高介电常数(高 k)材料来代替 SiO_2 作为栅介质。但是,CMOS 器件对高 k 栅介质材料却有较严格的要求:(1) 具有较高的介电常数,这样在保持相同等效氧化层厚度的条件下,实际的栅介质层的物理厚度将会更大,可大大降低隧穿电流;(2) 与 Si 具有较好的热稳定性,这样可以避免高 k 材料与 Si 衬底在高温下发生反应形成低 k 材料;(3) 具有大的带隙和高的势垒高度,栅隧穿电流与势垒高度的平方根成负指数关系,通常要求介质材料与 Si 的导带和价带间的势垒高度应高于 1 eV;(4) 在高温下始终保持非晶态,如果高 k 栅介质在高温下易晶化,则硼杂质和栅漏电流将会沿着晶粒间界移动,导致硼穿透效应严重,漏电流增大;(5) 低的缺陷态和固定电荷密度,高 k 栅介质内及其与 Si 界面之间通常会存在大量固定电荷和界面缺陷态。高的界面态密度不仅会使平带电压偏移、C - V 特性畸变,还会使 MOSFET 中的表面迁移率退化。因此,应尽量减少缺陷态和固定电荷密度,保持器件性能稳定。

在过去的 10 多年,对高 k 栅介质材料领域进行了大量研究。其中,HfO_2 被认为是最有希望替代 SiO_2 的高 k 材料。但是,HfO_2 结晶温度相对较低(300 ~ 500 ℃),在较高温度下容易结晶,导致泄漏电流的增加。为了提高 HfO_2 结晶温度,在 HfO_2 中掺入 N,Si,Al 和 Ta 等元素,形成了新的 Hf 基高 k 材料。研究结果显示，这类材料在热稳定性、抗硼穿透能力和降低泄漏电流等方面相比于 HfO_2 都得到了很大改善，其中主要的代表是 HfSiO 和 HfSiON。对于无定形态的 HfSiO 和 HfSiON，其介电常数为 9～13，势垒高热，缺陷态密度与固定电荷低，稳定性好。

新型高 k 材料很好地解决了 HfO_2 迁移率低、结晶温度低和驱动电流小等难题，但是，目前还存在一些问题需要进一步研究与解决。新型高 k 介质的热力学和电学稳定性通过引入 N，Si，Al 和 Ta 等元素而得到了有效改善。但是，新元素引入也带来了新的问题，例如，N 的引入增加了固定电荷密度，导致载流子迁移率的下降；HfSiON 表现出优良的电学特性，但是，SiO_2 低 k 介质的引入降低了 HfSiON 的介电常数，使其只能满足未来 1～2 代技术节点的应用。如何寻求更为理想的高 k 栅介质材料，并能很好地与现代 CMOS 工艺兼容以使微电子技术沿摩尔定律进一步发展是下一步研究的关键。对于新型高 k 材料，仍然存在载流子迁移率下降问题。由于其物理机理非常复杂，现有的软光声子散射、远程库仑散射等模型[549]，均不能很好地解释相关的实验结果。因此，深入研究引起迁移率下降的相关物理机理，给出合理的理论解释是一个重要的研究课题。制备新型高 k 材料，对装备和工艺的要求都比较高，一般是利用原子层沉积（Atomic Layer Deposition，ALD）或金属有机化学气相沉积（Metal Organic Chemical Vapor Deposition，MOCVD）的方法。这些方法各有其自身的缺点，例如，ALD 的速度相对较慢，而 MOCVD 会引进 C 杂质等。因此，如何采用创新工艺，实现性能良好的高 k 栅介质薄膜仍是需要研究的问题。新型高 k 栅介质与多晶硅栅电极之间仍然存在严重的费米钉扎效应，难以实现预期的功函数调整。随着集成电路技术的发展，高 k 栅介质和金属栅的集成研究势在必行。近期，高 k/金属栅集成领域研究成果丰硕，先后实现了 TiN，HfN 和 TaN 与高 k 栅介质的集成[550, 551]，但是由于高 k/金属栅制备工艺复杂，物理机理还不很明确，其集成技术研究仍然存在一系列的问题。

因此，优化高 k/金属栅的集成工艺，寻找更加优良的高 k 和金属栅材料，提出合适的技术解决方案是当今半导体业界面临的主要任务。

3. 双栅和环栅 CMOS

对于深亚微米乃至纳米尺寸的 MOSFET，短沟效应将对器件性能带来重要影响[552]。短沟效应造成阈值电压下降，从而使亚阈值电流指数增加，阈值电压每减小 0.1 V，截止态的泄漏电流将增大 10 倍。设计新的器件结构，不断增强栅控的能力，可以有效抑制短沟效应。已有很多文献报道了各种新的器件结构[553]，其中最具吸引力的是双栅和环栅 MOSFET。

双栅（Double Gate，DG）SOI MOSFET 与一般的 SOI MOSFET 不同之处，就在于硅膜上下都是薄栅氧化层和同样的栅电极，2 个栅电极连在一起共同控制沟道。由于增加了一个栅极，栅对沟道的控制得到加强，从而有利于抑制短沟效应，同时也使晶体管的驱动电流增大了一倍，这正是双栅 SOI MOSFET 优于单栅 SOI MOSFET 的特点。

垂直环栅（Surrounding Gate，SG）MOSFET 是在一个垂直的硅柱外面覆盖栅氧化层和栅电极，使整个沟道区被栅电极包围。由于进一步增强了栅对沟道的控制，环栅 MOSFET 能更有效地抑制短沟效应，而且有利于提高集成密度。

8.1.5 小结

伴随着电路设计和系统架构的创新，新材料和新器件结构的出现将保证 CMOS 在未来 10

年能够继续向前发展[554]。在CMOS的历史上，以灵感和艰苦的努力克服了一系列的困难。在制造工艺发展的前35年，通过提高器件速度以及在成品率可接受的芯片上集成更多的器件和功能来提高性能，一直是MOSFET Scaling努力的重点。在过去的5年中，功耗和日益增加的不一致性已经成为在工艺开发和电路设计中必须有效解决的头号问题。在多大程度上有效解决这些问题，将主要取决于设计人员和工艺开发人员能够在多大程度上进行良好合作。

8.2　共振隧穿器件

利用量子共振隧穿效应构成的一种新型高速器件——共振隧穿器件，包括两端的共振隧穿二极管（RTD）和三端的共振隧穿三极管（RTT）。随着MBE，MOCVD等材料生长技术的发展，以共振隧穿效应为基础的量子器件得到了飞速发展，使得集成电路的集成度增加，工作速度提高，以较少的器件就可以实现逻辑功能，并成为量子耦合器件及电路发展的一个主要标志[555, 556]。

8.2.1　共振隧穿器件概述

1. 工作原理

双势垒单势阱系统（DBS）是构成RTD或RTT的核心结构。该系统由宽带隙半导体材料（如AlAs等）垒区和长而极窄的（5～10 nm）窄带隙半导体（如GaAs等）作为两个势垒所夹的中间势阱构成，其能带结构如图8.2所示（势垒1左侧为源区，势垒2右侧为漏区）。由于势阱宽度很窄，其尺寸接近甚至小于电子的德布罗意波波长。根据量子力学观点，在这种情况下阱中的电子能量将发生量子化，形成分立、不连续的束缚能级。当不加偏压时（图8.2(a)），阱中能级E_0位于E_F之上，不发生共振隧穿；加偏压后（图8.2(b)），能带倾斜，E_0下降到与E_F对准时发生共振隧穿，隧穿概率变得非常大，隧穿电流也变大。随着偏压的增加，隧穿电流也逐渐增大，直到E_0与漏区的E_C对准时电流达到最大。而后E_0对准E_C以下的禁带时，共振隧穿过程停止，电流突然下降，产生负阻特性，如图8.2(c)所示。

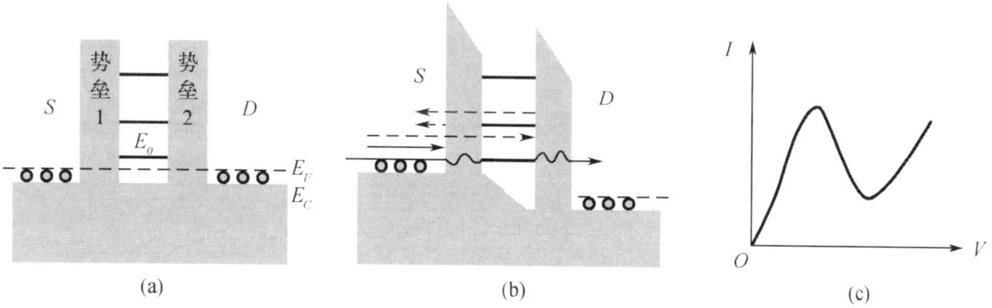

图8.2　双势垒共振隧穿结构示意图[543]

2. 共振隧穿器件的特点

鉴于共振隧穿器件的工作原理,因此,共振隧穿器件具有如下几个特点[557]:(1) 高频、高速。隧穿机制是在半导体器件各种载流子输运机制中比扩散、漂移等更快的物理机制:RTD本征电容非常小,在10^{-14}F的数量级,故RC乘积小,有利于提高频率;器件的有源区(DBS)非常短(5~10 nm),缩短了载流子渡越器件的时间,从而共振隧穿器件具有非常快的速度和非常高的工作效率。理论上预计RTD从峰值到谷值的转换频率可达到1.5~2.5 THz,实际的RTD器件的最高振荡频率高达712 GHz,开关时间低至1.5 ps。(2) 负阻、双稳和自锁特性。RTD是一种负阻器件,负阻特性可导致双稳态特性,双稳态进一步产生自锁特性。这些特性是构成RTD和RTT模拟电路和数字电路的基础。由于自锁特性,一个RTD就相当于一个触发器,故用RTD构成电路可以节省大量的器件。例如,构成一个异或(XOR)门,用TTL需33个器件,用CMOS需16个器件,用ECL需11个器件,而用RTD只需4个器件。(3) 低功耗。通常RTD的工作电压在0.5 V左右,工作电流为mA量级,若在材料生长过程中设计预势垒层,可将工作电流降到μA级,实现低功耗运转;RTD的电容很小,故其动态功耗低;由于RTD电路可节省大量器件数目,故可降低总功耗。

8.2.2 共振隧穿二极管RTD

1. 共振隧穿二极管的物理模型

不论是采用分子束外延(Molecular Beam Epitaxy, MBE)还是采用MOCVD,共振隧穿器件异质结构材料在生长过程中都会引入缺陷或杂质。晶格的缺陷或杂质是载流子的散射源,将使电子在DBS中运动时受到散射作用。由于散射作用强弱的不同,决定了描述DBS共振隧穿的行为有两种不同的物理模型,即相干隧穿模型和顺序隧穿模型[558]。相干隧穿模型理论建立在散射作用较弱,电子波相位在电子运动过程中始终保持在相干条件基础上的;而顺序隧穿模型理论是建立在散射作用较强,运动电子因散射而不能保持原有相位基础之上的,这种模型认为整个隧穿过程是由两个互相独立的隧穿过程串接而形成的。

(1) 相干隧穿模型(如图8.3所示)

相干隧穿模型适用于在散射作用可忽略不计,隧穿过程中相位始终保持相干的条件下。这时可将DBS看作电子波的一个法布里-珀罗(Fabry-Pperot)谐振腔。双势垒相当于半透射的反射镜。双势垒之间的势阱相当于两反射镜之间的谐振腔,电子隧穿过程相当于光波进入谐振腔经多次反射后光强增强最后透射出去的过程。

(2) 顺序隧穿模型

顺序隧穿模型是电子从发射极隧穿到势阱中能级后,由于受到较强散射作用,电子波丧失其原始相位,当达到一定的热平衡分布后再从势阱隧穿到集电区。整个RTD由两个无相位联系的独立隧穿过程串联而构成。

2. 共振隧穿二极管的结构

(1) 按器件的形状可分为台面型和平面型。台面型的RTD器件由数层台面构成,不同电

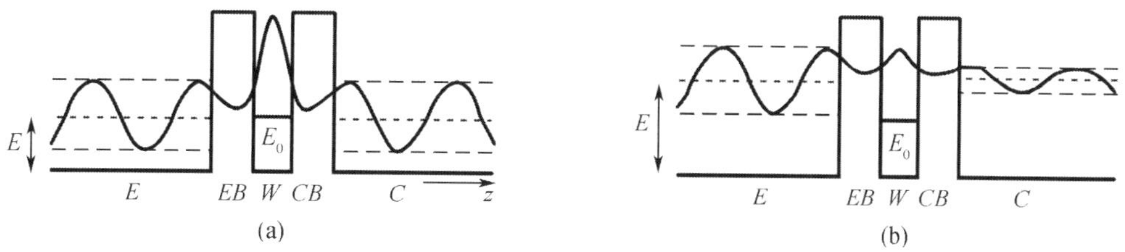

图 8.3　相关隧穿模型的示意图[546]

(a) $E=E_0$; (b) $E\neq E_0$

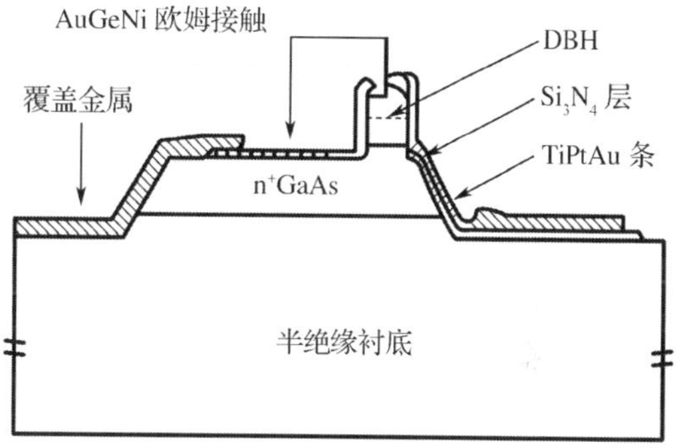

图 8.4　RTD 台面结构[546]

极由不同台面引出;平面型的RTD器件所有电极均位于同一平面(上表面)上。如图 8.4 所示,台面结构是 RTD 最常见、最典型的一种器件结构。图 8.4 中的 RTD 器件由三个台面构成:由发射极接触金属AuGeNi构成的顶层台面,作用是引出源极接触,在工艺过程中经常作为腐蚀下一层台面的掩蔽金属层;位于 n^+GaAs 层的漏极接触台面,以 AuGeNi 作为引出电极;压焊点台面为了减小寄生电容和良好的电绝缘,压焊点设计一般在半绝缘 GaAs 衬底上。当三层台面形成后,通过沉积 Si_3N_4 或 SiO_2 层和光刻引线孔,再沉积和反刻 TiPtAu 或 CrAu 金属内联线,将源和漏极分别连接在各自的压焊点上,即完成了 RTD 器件的制作。

(2) 按集电极接触性质可分为欧姆接触和 Schottky 势垒型。常规 RTD 属于集电极欧姆接触型,具有较大串联电阻和低的频率;Schottky 势垒型 RTD,具有小串联电阻和高的频率。

(3) 按器件内联线隔离方式可分为空气桥结构和介质隔离结构。空气桥结构具有高的频率和小电容;介质隔离结构则具有较低的频率和大的电容。

(4) 按压焊点位置分为顶部和底部压焊点 RTD 结构。底部压焊点 RTD 结构的压焊点位于半绝缘衬底上。

(5) 按 RTD 集成方式分为单片和混合型。单片集成 RTD 型,其 RTD 和其他器件位于同一芯片上;混合集成 RTD 型,则 RTD 和其他器件分别位于不同芯片上,用混合集成技术集成在一起,如 RTD/CMOS 混合集成。

8.2.3　共振隧穿三极管 RTT

共振隧穿二极管 RTD 虽然具有低功耗、高频高速、低工作电压等优点,但作为一种两端器件,因而具有两端器件共有的缺点,即缺乏增益功能,在构成电路时输出小,驱动能力有限;对输出特性没有调制功能,常为一条 I-V 特性而非一组(簇)特性曲线;不能隔离输入和输出回路。以上缺点均给电路设计带来不便,而由双势垒单势阱结构构成的具有三端的共振隧穿晶体管(或三极管)(RTT),则可克服以上缺点[559]。从另一方面看,RTT 和其他的高速三端器件 HBT,HEMT,MESFET 等相比,不仅具有高速和高频的特点,而且还有负阻双稳、自锁特性,在同样功能的电路中可节约大量器件数目,相当于提高了电路的集成度。虽然 RTT 的频率不如同类结构的 RTD 频率高,但一般也能达到几十 GHz 的数量级,在高速 IC 中仍具有重要的应用价值。总之,RTT 具有增益功能、高速、高频、负阻、自锁的特点,可灵活、方便地构成高速数字和微波集成电路,也可与 HBT,HEMT 等器件相结合,构成各种单片集成高频、高速电路[558]。

1. 栅型 RTT(GRTT)和 pn 结 GRTT

栅型 RTT(GRTT)是在双势垒 - 量子阱 RTD 的基础上加一个栅极构成的,此类 RTT 一般得不到高的增益。由于不同的极结构,GRTT 可分为 Schottky 栅和 pn 结栅。以 GaAs 基 Schottky GRTT 为例,在 GaAs 基 GRTT 的 DBS 中,势垒一般为 AlAs,势阱为 GaAs,源和漏极为 n^- - GaAs,接触层为 n^+ - GaAs(图 8.5)。通过自对准蒸发工艺,作为栅极的 Schottky 结用 Ti/Pt/Au 金属来制作完成。Schottky 栅位于 RTD 的中部,使其发片下所产生的耗散区贯穿 DBS 区,限制在两个以内 n^- - GaAs。这样,反偏栅极电压改变耗散层宽度,便可以改变 $S-D$ 电流通路的横截面积,从而可以控制电流的大小。pn 结 GRTT 器件与 Schottky GRTT 在结构上基本相似,所不同的是在 RTD 的中部腐蚀出一个台面,制成金属电极,通过合金或退火使 p 型杂质扩入 GaAs 中一薄层,与原来 n^- - GaAs 形成 pn 结。反向偏压加在 pn 结(栅极)上,诱导耗散区扩展,通过调制从源到漏区的电流通道的宽窄来改变隧穿电流的大小,以期达到控制电流的目的(图 8.5)。

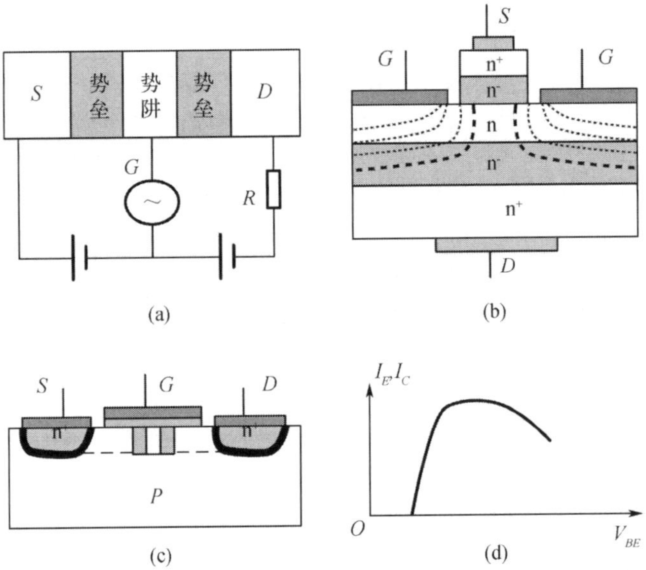

图 8.5 共振隧穿三极管[560]

2. 复合型 RTT

复合型 RTT 是由双势垒结构(DBS)和另一种高速三端器件(如 MESFET,HEMT 或 HBT 等相结合)单片集成构成的[561],此类 RTT 一般增益和功率都比 GRTT 大,但是其结构要远比 GRTT 复杂。

(1)共振隧穿半导体场效应晶体管(RTMESFET)

将 DBS 制作在 MESFET 的源极上,使流过 DBS 的隧穿电流作为源极电流,经过 MESFET 放大,在漏端输出电流较大的负阻性 I - V 特性,称为 RTMESFET。

(2) 共振隧穿异质结双极晶体管(RTBT)

将 DBS 结构与双极管或异质结双极晶体管相结合,即将 DBS 设计在 HBT(或 BJT)的基区或发射区而构成的 RTT 称之为 RTBT。此类器件又因 DBS 所在的位置不同,进一步分为基区 RTBT 和发射区 RTBT。

(3) DBS 与 HEMT 相结合构成的 RTT 或 RTD/HEMT 型 RTT

高电子迁移率晶体管 HEMT 是目前频率最高、速度最快的一种化合物三端器件,是与 RTD 相结合构成 RTT 的一种最佳组合。因此,在目前 RTT 的各种不同结构中,针对 RTD/HEMT 型的 RTT 研究最普遍,应用也最广泛。对于 RTD/HEMT 型 RTT,又因将 DBS 设计在 HEMT 的源区内和设计在 HEMT 的漏区内还可以继续分成两种。

8.2.4　共振隧穿器件应用电路

1. 共振隧穿器件的性能

共振隧穿器件已经得到了广泛的应用,主要的领域集中在 3 个方面。(1) 共振隧穿器件可以作为开关或(和)放大器。这种量子效应的器件,在开关性能上比 MOSFET 更为优越。(2) 共振隧穿器件作为电压控制器件。通过改变栅极电压来调整量子阱相对于源的能级,从而实现电流开关或放大。因此,流过器件的大电流可以用小的栅极电压来控制和实现。(3) 共振隧穿器件可实现多态逻辑功能。当偏压(或栅极电压)增加时,如果势阱中的能级被分离得足够宽,则势阱内的不同能级将会依次连续地与源导带发生共振和非共振,电流将出现的多次开和关,即出现多个状态,对 RTT 通过改变栅极电压便可获得这种多态特征。利用多态量子效应器件的这种优势,可做成混合微电子——纳米电子器件。

2. 共振隧穿器件应用电路的分类

除了表 8.1 中列出的典型应用电路以外,随着 RTD 应用电路的迅速发展,也出现了有 RTD/HEMT 和 RTD/HBT 构成的更为复杂的数字电路,如由 RTD/HBT 构成的相关器(Correlator)、加法器(Adder)、T 门(T - gate);由 RTD/HEMT 构成的量化器(Quantizer)、时钟发生器(Clock generator)、移位寄存器和 AD 转换器等。

表 8.1　共振隧穿器件应用电路类型[543]

<table>
<tr><td>模拟电路</td><td colspan="3">RTD 微波、毫米波振动器、达到 712 GHz</td></tr>
<tr><td rowspan="6">数字电路</td><td colspan="3">RTD/HBT 双稳逻辑:以并联的 HBT 作为驱动器件,以 RTD 作为负载器件的反相器电路,延迟时间 40 ps,具有或非、与非等功能</td></tr>
<tr><td colspan="3">RTD/MODFET 双稳逻辑:一并联的 MODFET 作为驱动器件,以双峰 RTD(或两个 RTD 串联)作为负载的反相器电路,可构成多输入端 Majority 或 Minority 逻辑。其开光速度相当于 5 GHz</td></tr>
<tr><td colspan="3">RTBT/HBT 异或(XOR)门逻辑:由一个 RTBT(谐振隧穿双极晶体管)、两个 HBT 和四个电阻构成</td></tr>
<tr><td colspan="3">SD/RITD 流水线逻辑门:由两个肖特基二极管和三个 RTD 构成,不含三端器件,有进一步提高速度的潜力</td></tr>
<tr><td rowspan="2">RTD/HEMT 数字电路</td><td>单 - 双稳转换逻辑单元(MOBILE)</td><td>基础逻辑门、触发器、柔性逻辑、神经元、SRAM、静态分频器</td></tr>
<tr><td>3 个以上 RTD 串联电路</td><td>异或门(XOR)、多值逻辑(MVL)、可编程逻辑</td></tr>
</table>

3. 共振隧穿器件应用电路发展趋势

从目前共振隧穿器件应用电路发展规律来看,具有如下发展趋势和特征[562, 563]:(1) RTD 集成技术沿着与高速三端器件和高速光探测器件密切结合的途径发展。RTD 作为一种两端器件,虽然速度和频率很高,但其 I-V 特性不能调控,又无增益,故需与其他三端器件相结合才能构成集成电路或与光电探测器相结合构成光电集成电路。三端器件 RTT 虽然具有 RTD 的特性,然而由于 RTT 的速度并不比 RTD/HEMT 并联单元高,而且通常在电路中还需要非负阻特性的其他器件,故 RTT 的发展前景并不比 RTD/HEMT 单片集成的发展前景好。综上所述,共振隧穿器件集成技术的主流发展方向是实现 RTD 与 HEMT 或 HBT 的单片集成。(2)RTD集成技术沿着充分发挥其特点及优点的方向发展。RTD 具有高速、低功耗、自锁等特点,因此采用 RTD 的电路比采用常规器件的电路更能充分发挥 RTD 的特点。例如,以 RTE/HTMT 并联单元构成的单一双稳转换逻辑单元是功耗低、速度快并具有自锁功能的单元电路(如图 8.6 所示),已经发展成为 RTD/HEMT 集成技术的基本结构。(3)RTD 集成技术沿着不断扩展或增大逻辑功能的方向发展。通过改变其中控制电压的数值,由具有多逻辑功能的 MOBILE 组成的柔性逻辑门可以实现两种不同逻辑门(NAND 和 NOR)的功能。

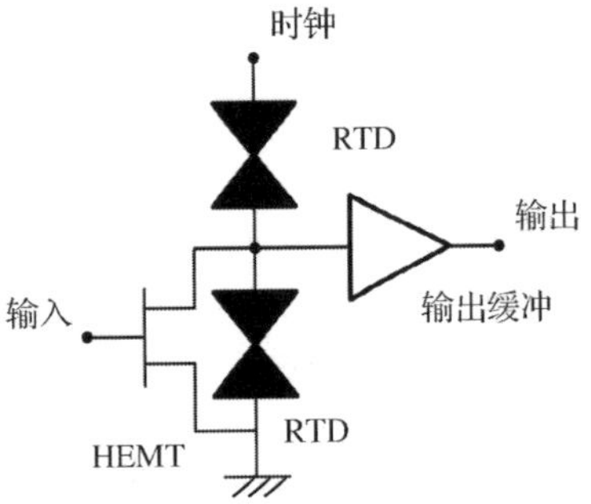

(a)电路

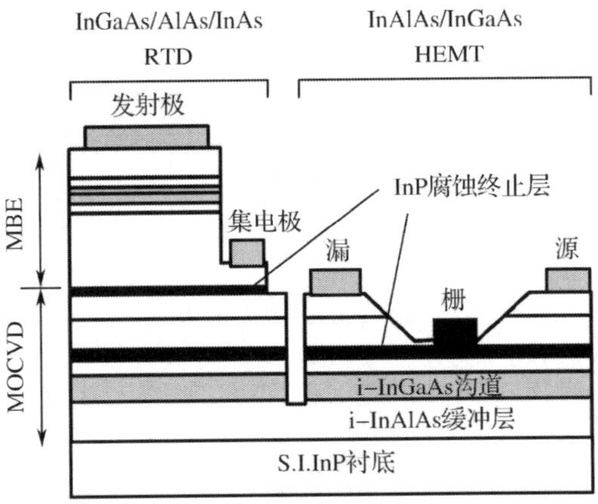

(b)器件结构

图 8.6 RTD/HEMT MOBILE[564]

8.3 单电子器件

8.3.1 概述

集成器件特征尺寸的不断缩小,使得电子能级的分离程度不断增加,产生的量子效应更加明显。当特征尺寸小于 10 nm 后,传统半导体集成器件的失效主要是由量子隧穿效应引起的,也就是达到了传统半导体集成器件的物理极限[561~563]。面对这种情况,世界各国的研究机构提出了一些新的器件理论和模型来解决这个问题，其中单电子器件（Single Electric Device，SED）的概念由此产生，并且被认为是最具发展前途的新电子器件。

单电子器件与传统器件的最大不同是引入了库仑岛和隧道结[565]，其典型结构如图 8.7（a）所示，图 8.7（b）是其等效电路图。在图 8.7（a）中，正负电极间有三个库仑岛，隧道势垒即隧道结处于正电极和 1 号库仑岛之间、1 和 2 号库仑岛之间、2 和 3 号库仑岛之间、3 号库仑岛和负电极之间。在图 8.7（b）中，每个隧道结用紧贴着的两个小方框表示，其中 Ci 和 Ri 分别表示隧道结的电容和电阻。单电子器件的工作原理主要基于库仑阻塞效应[566, 567]和量子隧道效应[568, 569]。量子隧道效应在量子力学创立之初就被发现，而库仑阻塞效应是直到 20 世纪 80 年代才被发现的重要的量子现象之一。当体系的尺度小到进入纳米级时，电荷输运不再连续，而是“量子化”的，即充电和放电过程是不连续的。对一个电容为 C 的库仑岛，充入一个电子后，库仑岛上的电势近似变化 $\Delta V = e/C$，其中 e 为一个电子的电量。若 $C = 1.6 \times 10^{-19}$ F，则 ΔV 为 1 V，因此，会阻止下一个电子进入该库仑岛。因为前一个电子对后一个电子的库仑排斥作用，对一个小尺度体系的充放电过程而言，电子不能连续传输，而是一个一个单电子的单独传输，通常把小尺度体系的这种单电子输运行为称库仑阻塞效应。利用库仑阻塞效应可以使单个或多个电子隧穿进入或停留在库仑岛上，实现存储、加减、逻辑运算等特定的电学功能，这就是单电子器件的基本工作原理。单电子器件无论在集成度、速度、功耗等主要指标上都大大优于传统半导体集成器件。首先，其尺寸比传统微电子器件小（纳米量级），有利于特大规模集成。第二，其工作速度特别快，因为单电子器件的电容特别小，隧道电阻几十至几百 kΩ，而且隧穿过程时间很短，为 10^{-14} S 量级。第三，是基于单电子运动和存储，器件中运动电荷少，因而功耗特别小。第四，其伏安特性曲线具有库仑台阶的独特性，因此，不仅便于实现高频振荡和多值逻辑，而且有利于进一步提高器件功能密度。

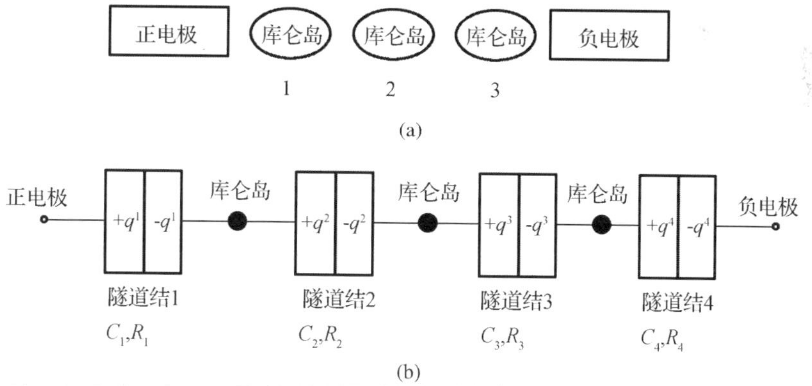

图 8.7　单电子器件的典型结构和等效电路

（a）单电子器件的典型结构；（b）单电子器件的等效电路符号

从模拟应用的前景看，单电子器件有望在高频、高精度电荷传感器方面占据优势；从数字应用的前景来看，在未来大规模存储器的研制中，单电子器件有望成为有力的竞争者。虽然单电子器件比微电子器件有许多优势，但是，目前单电子器件还存在相当多的问题急待解决，特别是加工需要在纳米量级上进行，所以，要求极精密的工艺设备，不仅工艺难度大，而且设备成本高。

8.3.2 金属基单电子器件的半经典理论

1. 单电子隧道结的隧穿率

单电子器件主要由隧道结和库仑岛组成,电子或被束缚在库仑岛上、或通过隧道效应来回运动于库仑岛、电极间,其中隧穿效应在量子物理中遵循薛定谔方程[570]

$$i\hbar \frac{\partial \phi}{\partial t} = (H_0 + H_1)\phi \tag{8.5}$$

式中,H_1是微扰哈密顿量;H_0 是非微扰哈密顿量。

H_0 满足薛定谔方程

$$H_0\phi_n = \hbar w_n \phi_n \tag{8.6}$$

式中,$\hbar w$ 是本征值;ϕ_n 为正交归一本征波函数。

当 H_1 很小时,波函数可以按未受微扰的本征波函数 ϕ_n 展开后,代入(8.5),结合(8.6)并在方程两边同乘以 $\phi_m^* \mathrm{e}^{iw_m t}$,再进行积分得到

$$i\hbar \frac{\mathrm{d}c_m(t)}{\mathrm{d}t} = \sum_n c_n(t) H_{mn} \mathrm{e}^{iw_{mn}t} \tag{8.7}$$

其中,$w_{mn} = w_m - w_n$,$H_{mn} = \int \phi_m{}^* H\phi_n d^3 r$。假设微扰从 $t=0$ 时开始产生,令此时体系处于 m 态 $c_m(0)=1$,$c_n(0)=0(m\neq n)$。忽略粒子守恒,假设体系散射离开初始态的概率很小,则体系 $m\to n$的跃迁概率

$$\Gamma = \frac{\mathrm{d}|c_n(t)|^2}{\mathrm{d}t} = \frac{2\pi}{\hbar}|H_{mn}|^2\delta(E_m - E_n) \tag{8.8}$$

这就是著名的费米黄金法则。

对一个典型的金属隧道结,其薄的、具有较高势垒高度的氧化层组成势垒。隧穿电子主要来源于费米能级附近,其能量变化很小,因此,可以忽略透射系数 T 的变化。如果把透射系数 T 看作常数,根据费米黄金法则,假设电子在隧穿过程中,系统自由能的变化为 ΔF,则电子从势垒一边占据状态到另一边未占据状态总的隧穿概率可以表示为

$$\Gamma(\Delta F) = -\frac{\Delta F}{e^2 R_T(1 - \mathrm{e}^{\frac{\Delta F}{K_B T}})} \tag{8.9}$$

其中 $R_T = \dfrac{\hbar}{2\pi e^2 |T|^2 D_i D_f}$为隧道电阻,$D_i$ 是初态时势垒的状态密度,D_f 是末态时势垒的状态密度。

8.3.3 单电子器件

其实很早就有人在实验过程中观察到了单电子现象,直到 20 世纪 80 年代后期,实验性质的单电子器件才逐步开始出现。目前,已经设计出多种多样的单电子器件方案,如单电子晶体管、量子点细胞自动机、单电子回转栅、单电子阱、单电子参量逻辑器件、单电子双稳态单元等等,在本节中主要介绍三种典型的单电子器件。

1. 单电子晶体管

Likharev[571]在完善和发展半经典理论的同时，还提出了一种重要的单电子器件 - 单电子晶体管，其结构如图 8.8 所示。两个纳米隧道结串联组成了单电子晶体管的基本结构，两个结的连接处称为岛区。为控制流经器件的隧道电流，外加的栅极偏置可以通过电容或电阻耦合到岛区上。按栅极耦合方式的不同，单电子晶体管可以分为以下三类：电容耦合单电子晶体管（C - SET）[572]、电阻耦合单电子晶体管（R - SET）[573]以及电容电阻耦合单电子晶体管（RC - SET）[574]。

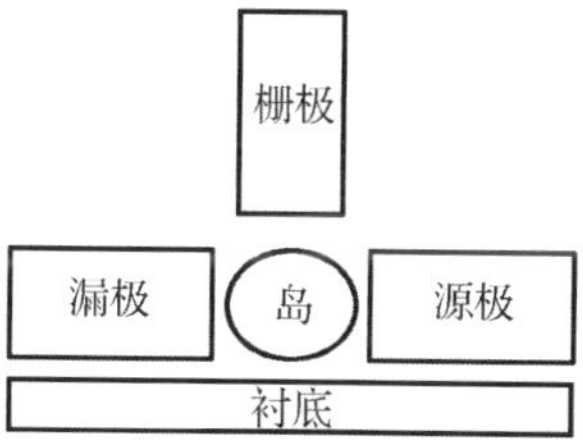

图 8.8　单电子晶体管结构

2. 量子点细胞自动机

量子点细胞自动机（Quantum-dot Cellular Automata，QCA）是由四或五个量子点组成的方形细胞，四个量子点位于该细胞的四个角上，两个电子组成一个细胞，其中，如果是五个量子点，剩下的一个位于细胞的中心[575]。由于库仑排斥作用，电子易于占据位于对角线上。这样单个细胞具有两个等价的极化态，相当于数字逻辑的 0,1 态，如图 8.9 所示。量子点细胞自动机耦合具有很强的非线性[576]，量子点细胞自动机链相当 CMOS 电路导线[577]，可以传递细胞的极化状态，并且影响临近细胞的极化态。近年来，国外对一位全加器已有报道，而国内[578]也对量子点细胞自动机的混沌特性、非线性和逻辑应用进行了一定的研究，但还未见对量子点细胞自动机加法器的研究报道。由于量子点细胞自动机具有纳米结构的特征，且工作在电荷模式，与 MOS 器件相比集成度大大提高、功耗显著降低，将是高密度、低功耗、高速数字集成电路发展方向之一[579]。

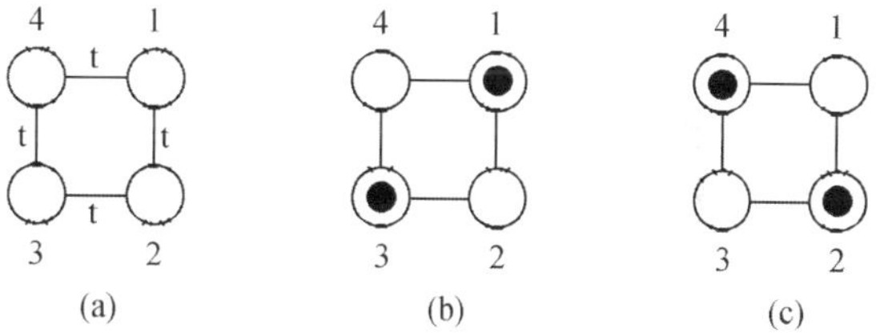

图 8.9　（a）量子点细胞自动机；（b）P = 1 极化态；（c）P = −1 极化态

8.3.4　单电子器件制备工艺

制作 SET（特别是能在室温下工作的 SET）的关键是，如何通过工艺技术形成极小三维尺寸的库仑岛，以及实现库仑岛与器件的其他部分之间的隔离和连接[580]。为此，普遍采用了近年来迅速发展起来的纳米材料生长技术和纳米精细加工技术，通过设计新颖的器件结构、选用合适的衬底材料、设法利用成熟的硅微电子学工艺并开发其他一些特种工艺等手段，制备不同结构、不同特性的 SET，取得了许多重要的研究进展。其中，STM 和 AFM 除了是观察和检测纳米级形貌和结构的重要仪器，也是进行纳米级氧化加工的重要手段。其基本原理是通过在探针与加工对象之间施加一定的电压，利用探针与样品间电场诱导的电化学反应原理，实现对材料进行纳米级氧化加工并能动态显示和检测加工的情况，加工精度可达 1 nm。在超薄金属膜或超薄掺杂半导体单晶薄膜上，运用 STM 或 AFM 氧化加工技术，可以直接制作 SET。另外，E. Leobandung等人采用顶层硅膜 60 nm 厚的 SIMOX 衬底，先生长 30 nm 厚 SiO_2，刻蚀形成

SET 的有源区,旋涂 PMMA,用 EBL 在 PMMA 上形成量子点和量子线的图形,显影后用反应离子刻蚀(REI)将图形转移到硅膜上,去掉图形上的 SiO_2,再生长栅氧化层,淀积不掺杂多晶硅,再光刻形成量子点上的不掺杂多晶硅覆盖和栅极引出线,并以此为掩膜作自对准源、漏区离子注入、退火,最后完成 SET 的制作。

尽管已经有多种技术尝试用来制作 SET,但是,还没有一种技术达到了比较成熟和实用的水平。STM 或 AFM 氧化加工技术的缺点是加工时间长、探针损耗,以及在加工过程中存在环境变化的因素,工艺的重复性和稳定性都很不理想,在氧化加工过程中,特别是在同一芯片上制作多个 SET 的情况下,很难保持给被加工的位置施加直流电压。而 EBL 技术由于受背散射电子的干扰,影响刻蚀图形的分辨率,同时曝光时间过长也使其实用性受到限制。SET 目前尚处于单管设计与研制以及改善单管性能阶段,其大规模制作以及系统集成还有待工艺技术大的突破。

8.3.5 小结

纳米电子学的研究重点是单电子器件,从目前的发展现状及存在问题来看,使单电子器件从实验室水平真正走向实用化阶段,面临两个方面的问题:如何实现单电子器件的稳定集成,提高器件的工作温度。目前,人们所研究的各类单电子器件大多工作在 77 K 以下,能够在室温下工作是单电子器件必须解决的问题之一。另外,因为设计和制作单电子集成电路是研究单电子器件的最终目的,所以进一步优化器件结构、改进工艺技术从而实现大规模集成是这一研究领域的又一重要研究方向。

8.4 磁性随机存储器(MRAM)

计算机信息技术发展的关键是信息的存储。磁性随机存储器(Magnetic Random Access Memory,MRAM)具有静态随机存储器(Static Random Access Memory,SRAM)的高速读写能力和动态随机存储器(Dynamic Random Access Memory,DRAM)的高集成度以及无限次重复写入的优势,而备受市场关注。此外,MRAM 较其他存储器更易于集成到现有的 CMOS 工艺中。因此,MRAM 成为公认的最具发展潜力并且有机会取代 DRAM,SRAM 等所有半导体存储器的新一代存储体。存储器一般分为两类:挥发性的(Volatile)和非挥发性的(Nonvolatile)。MRAM 是一种非挥发性的磁性随机存储器,所谓“非挥发性”是指关掉电源后,仍可以实现信息的保持,而“随机存取”是指处理器读取资料时不一定要从头开始,随时可用相同的速率从内存的任何部位读写信息。MRAM 运作的基本原理与硬盘驱动器相同,存储单元采用磁阻材料或磁隧道结,存储的数据以磁性状态存在(具有永久性),直到被外界的磁场影响之后,才会改变磁性存储状态的数据,数据以磁性方向为依据,存储为 0 或 1。

早于 1972 年提出了 MRAM 的基本概念。由于 0 或 1 的信号是由存储单元的电阻在磁场中的变化导致电位的不同来描述的,电阻变化率越大,在区分 0,1 状态时的误操作越少,所以,电阻随磁场的变化率也就是磁阻的大小对于信号的读取至关重要。然而早期的 MRAM 的存储单元是各向异性磁阻(AMR)制作的三层结构,其电阻变化率仅为 20% ~30%,导致信号过低而噪音过高。因此,以 AMR 为基本存储单元的 MRAM 元件的实用性受到很大的限制。直到巨磁电阻(Giant Magnetic Resistance, GMR)以及隧穿磁电阻(Tunneling Magnetic Resistance, TMR)的发现,MRAM 的开发才有了新的发展。1994 年,美国 Honeywell 公司将 GMR 薄膜技术应用于 MRAM 的存储单元中,并投入生产。由于其读写时间过长并且集成度低,所以,实际应用局限于太空和军事领域。直到 1995 年室温隧穿磁电阻的突破,将 MRAM 的价值推向崭新的高度。2002 年,Motorola 半导体事业部和实验室联合开发了第一款 1Mbit MRAM。2006 年,全球第一款 4 Mb 商用 MRAM 在飞思卡尔投入生产,飞思卡尔将其命名为 MR2A16。2007 年 3 月,中科院物理所韩秀峰小组研制成功一款新型的 MRAM 原理型器件,这种新型 MRAM 摒弃了传统的采用椭圆形磁性隧道结作为存储单元和双线制脉冲电流产生和合成脉冲磁场驱动自由层磁矩翻转的做法,采用 100 nm 尺度下的磁矩闭合型纳米环状磁性隧道结作为存储单元,并采取正负脉冲极化电流直接驱动自由层磁矩翻转的工作原理,克服了常规 MRAM 所面临的存储密度低、相对功耗高等瓶颈问题。

8.4.1　MRAM 的核心单元 MTJ 的研究

1. MTJ 的基本知识

MRAM 中磁阻率的大小对于信号的读取至关重要。在室温下,磁性隧道(Magnetic Tunneling Junctions, MTJ)的隧穿磁阻率可以达到 500%[581],使得 MRAM 中数据读出的可靠性得到了很大的提高,同时 MTJ 可以很好地结合 MOSFET 的工艺,这些优势都使得 MTJ 成为实现 MRAM 最基本的结构。

磁性隧道结 MTJ 可以看作是一个磁场控制的电阻元件,核心构成是铁磁层/绝缘势垒层/铁磁层的三明治结构(如图 8.10),通过外磁场来改变铁磁层的相对磁化状态,当两铁磁层磁化方向平行(反平行)时,对应 MTJ 的低阻态(高阻态)。磁性隧道结作为 MRAM 芯片的存储单元,通过自由层的不同方向表示“0”和“1”,每一个隧道结单元存储一个数据位。因为磁性层自身的性质,隧道结单元所存储数据位不会由于掉电而丢失。

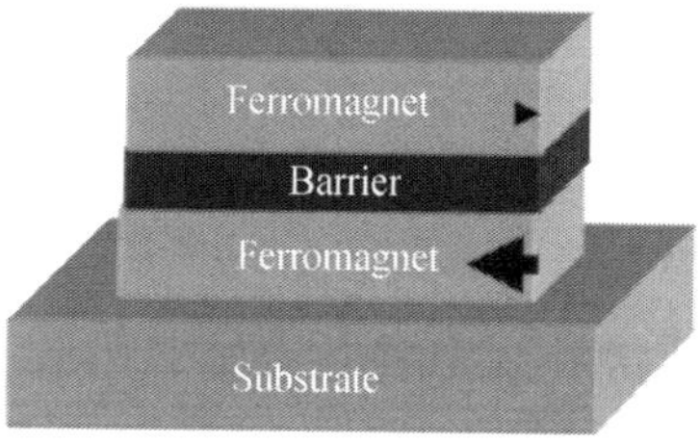

图 8.10　磁性隧道结 MTJ 原理示意图

在早期研究铁磁金属的过程中,科学家发现在外加磁场发生改变时,铁磁金属的电阻会发生变化,这一性质被称为磁电阻效应。其电阻变化率用如下公式表示

$$MR = \frac{\Delta R}{R_H} = \frac{R_0 - R_H}{R_H} \tag{8.10}$$

R_0 表示未加磁场的电阻,R_H 表示加磁场的电阻。对于普通的铁磁金属(Ferromagnetic Metal, FM),一般为 1% ~3% 。但是,1988 年发现在铁磁金属/非铁磁金属/铁磁金属构成的多层膜结构 *MR* 在室温下达到了 25% ,在低温(4.2 K)下达到了 110% ,远大于一般铁磁金属 1% ~3% 的磁电阻变化,将这种高 *MR* 效应称为 GMR 效应。由量子力学的隧穿理论可知,在足够薄的绝缘层存在的情况下(通常为几个纳米的厚度),波动性的电子基于隧穿效应可以穿

过绝缘层。于是,将一层几个纳米厚度的绝缘层夹在两铁磁金属层中间并构成了一个新的结构,称之为磁性隧道结(MTJ)。对于MTJ结构,外加磁场的变化同样会导致MTJ电阻的变化,这种效应被称为TMR效应。

GMR效应和TMR效应的核心都是电子的自旋极化。根据能带理论可知,铁磁金属和非磁金属在其费米面处自旋相关的态密度是不同的:对非磁金属,电子的自旋是简并的,即自旋向上和自旋向下的电子态密度相同,不存在自旋极化和净磁矩;但是,对于铁磁金属,由于存在交换作用,在外加磁场下会导致不同自旋取向的两个子带产生相对位移,即所谓交换劈裂,从而在费米面自旋向上和自旋向下的电子态密度不等,二者态密度之差决定了磁化强度和自旋极化率。铁磁金属的磁矩方向与外加磁场方向相同时,自旋磁矩与铁磁金属磁矩同向的电子受到较小的散射作用。对MTJ,如果两铁磁层的磁化方向相同,那么与自旋磁矩与磁化方向相同的电子受到的散射较小,从而使得MTJ的电阻较小;如果两铁磁层磁化方向相反,那么不论电子自旋磁矩是哪个方向,都会受到较强的散射使得MTJ的电阻较大。

2. MTJ的研究进展

早在20世纪70年代初,P. M. Tedrow和R. Meservery开展了针对$Al/Al_2O_3/Ni$体系的实验研究,证实了电子自旋隧穿行为。随后,1975年法国科学家M. Julliere在Fe/Ge/Co体系中发现了TMR效应,并提出了著名的Julliere模型[582]

$$P = \frac{N_{\uparrow}(E_F) - N_{\downarrow}(E_F)}{N_{\uparrow}(E_F) + N_{\downarrow}(E_F)} \quad \text{TMR} = \frac{\Delta R}{R} = \frac{R_{AP} - R_P}{R_P} = \frac{2P_1P_2}{1 - P_1P_2} \tag{8.11}$$

磁阻值与两铁磁层的关系在公式(8.11)中给出:极化率P越大,TMR越大。这个模型的建立不仅为后续的研究提供了一个基本的物理图像,而且也为自旋极化隧穿的研究指明了方向。不过这一模型是比较理想化的:(1)假定隧穿过程中自旋方向保持不变;(2)电子隧穿概率与自旋无关。

1995年,日本东北大学的T. Miyazaki[583]和美国麻省理工的J. S. Moodera[527]在室温MTJ结构的制备上取得了重大突破,在Al_2O_3为势垒的MTJ中利用Fe,Co,Ni-Fe等磁电极材料获得了约20%的室温TMR值。在他们研究工作的启发下,针对MTJ的研究不断展开和推广,对象包括各种各样的绝缘势垒材料和工艺,比如Al_2O_3,AlN,Ta_2O_5,HfO_2,ZrO_2,Ga_2O_3,TiO_x和MgO等。其中,最成功的是Al_2O_3和MgO,尤其以Al_2O_3为势垒的MTJ结构受到普遍的关注。以Al_2O_3为势垒的MTJ结构不仅可以带来较高的TMR值,并且其制备较容易,性能较稳定。2000年,T. Miyazaki小组报道了利用Co-Fe多晶合金磁电极材料获得了50%的室温TMR值[584];2007年,中科院物理所韩秀峰小组报道了利用CoFeB非晶合金磁电极材料获得了81%的室温TMR值[560]。对于Fe(001)/MgO(001)/Fe(001)的三明治结构,理论曾预言可能存在巨大的TMR值[585, 586],但是,由于Fe上外延MgO的难度长期并未能获得突破。直到2004年,S. Yuasa小组和S. S. P. Parkin小组几乎同时在MgO(001)磁性隧道结体系中发现了分别高达188%(外延Fe(001)/MgO(001)/Fe(001))[587]和220%(CoFe(001)/MgO(001)/CoFe(001))[588]室温TMR值,并在*Nature Materials*杂志进行了报道,很快激起了对MgO这种势垒材料浓厚的兴趣。2005年,日本Anelva公司在以非晶CoFeB为电极、高度取向的MgO(001)为势垒的MTJ中,发现了室温230%的TMR值[589]。2006年,S. Yuasa等又在Co(001)/MgO(001)/Co(001)外延结构中观察到了室温410%的TMR值[590]。2007年,

Y. M. Lee等人[581]在 $Co_{20}Fe_{60}B_{20}$/MgO(001)/ $Co_{20}Fe_{60}B_{20}$ 中获得了室温 500%、低温(5 K)1 010%的 TMR 值，并且进一步表明铁磁电极的化学组分对获得高 TMR 值有很大影响。目前，制备 MgO(001)MTJ 的方法主要有磁控溅射和分子束外延两种技术，前者生长速度快，更适用于工业生产要求，后者成膜质量好，较适合基础物理问题研究，如隧穿机理和界面问题等。

3. 磁性隧道结自旋隧穿的理论解释

磁性隧道结中电子的输运是自旋极化隧穿过程。为了解释 MTJ 结构中的 TMR 效应，人们提出了许多模型，其中比较认可的有 Julliere 模型[582]和 Slonczewski 模型[564]。

前面已经介绍过，M. Julliere 于 1975 年建立了一个简单的模型来解释 TMR 效应，得到了的公式(8.11)。Julliere 模型假定了自旋方向不变、自旋向上和自旋向下隧穿为两个相互独立过程。虽然 Julliere 模型过于简单理想化，但是在解释 TMR 起源等问题上较通俗易懂。

1989 年建立的 Slonczewski 模型，是迄今为止最严格的关于 TMR 的模型。这个模型考虑的体系是两个相同的铁磁层被一个方势垒隔开，而隧道结的电导由两个铁磁层的磁矩排列决定。在势垒不高的情况下，MTJ 的电导正比于两个铁磁层夹角的余弦

$$G(\theta) = G_0(1 + P^2\cos\theta) \tag{8.12}$$

P 是隧穿电子的有效自旋极化率 $P = \dfrac{(k_\uparrow - k_\downarrow)(k^2 - k_\uparrow k_\downarrow)}{(k_\uparrow + k_\downarrow)(k^2 + k_\uparrow k_\downarrow)}$，$k$ 为波矢进入势垒的衰减常数由势垒高度 U 决定，其中 $k = \sqrt{(2m/\hbar^2)(U - E_F)}$，所以，电子的自旋隧穿与势垒高度也存在一定的关系。当势垒高度很大时，Slonczewski 模型与 Julliere 模型趋于一致。然而，当势垒高度较低时，铁磁金属中电子的波矢与衰减常数相当或者更小时，随着势垒高度的降低 TMR 值也会降低。这个结果指出了隧穿极化电导不是铁磁电极的本征特性，说明隧穿自旋极化电流不仅与铁磁电极电子结构有关，还和势垒层有关。

在 Julliere 模型和 Slonczewski 模型的基础上，磁隧道结 TMR 的理论研究还包括考虑自旋翻转、磁性杂质、表面态和 Coulomb 阻塞效应等因素的影响，尤其值得关注的是 2004 年 Brey 等[591]关于 GaMnAs/AlAs/GaMnAs 稀磁性半导体隧道结的研究报道，他们认为：Julliere 模型中自旋守恒假设在电子自旋轨道强烈作用的情况下将不能成立。此时，TMR 值不仅与自旋极化度和势垒层厚度有关，而且电流方向与磁化方向的夹角对 TMR 也有较大的影响。相比较，Brey 理论比 Julliere 模型能更好地描述存在强自旋轨道作用时磁隧道结的 TMR 效应，对研究与开发新型功能器件有重要意义。

8.4.2　MRAM 的技术优势

与现有的 Flash，SRAM，DRAM 等大家熟知的具有巨大市场的存储器相比，MRAM 拥有存取速度高、耗电量低、非挥发性、体积小、存取次数多等优点，较现有的其他存储器在可携式电子产品的应用上更具优势。

首先，MRAM 是非易失性的，也就是说在完全断电后，存储的数据不会丢失，而目前广泛应用于电脑内存中的 DRAM 为了保持数据，需要持续刷新，以保证电流不断的流动。这也就是为什么在我们的电脑开机时需要一段等待的时间，而不能马上进入系统的原因。电脑即进入待机状态时，也就是将当前运行状态数据保存在内存中，而硬盘、屏幕和 CPU 部件都停止供

电,只有内存还继续供电。如果将 MRAM 应用于电脑内存之中,即使断电,内存中的数据也同样一直处于关机时的状态,这样在下一次开机时即可马上进入系统,如同电脑从待机状态进入开机状态一样迅速。与需要不断刷新的 DRAM 相比,MRAM 可以大幅降低系统功耗,而对于 SRAM 而言,更是需要复杂和昂贵的电池备份解决方案才能实现这种非易失性。目前应用最广泛的非易失性存储器是闪存(FLASH),与闪存相比,MRAM 的写入性能更佳,因为它的隧穿模式不要求高电压,并且 MRAM 的写入速度更快。因此,MRAM 在写入周期中消耗的电流更少,写入每个数据位所需的功耗比闪存低几个数量级。典型闪存的耐久性仅为 10^6 个写入周期,而 MRAM 的耐久性是无限的,没有明显的或预计的磨损机制,并且 MRAM 的抗辐照性能还可使其工作在辐照环境中。

在读写速度方面,MRAM 仅次于最快的 SRAM,比 DRAM 及 Flash 更快。MRAM 的存储单元-隧穿式磁电阻材料还有半导体材料所不具有的电阻值大的特点,使得 MRAM 的功耗更低。在嵌入式设计规格方面,DRAM,SRAM,Flash 的良率低,须增加芯片面积设计规格;而 MRAM 则拥有性能高、不需增加芯片面积的特殊设计,因而拥有更高的集成密度。在相同的图形工艺条件下,MRAM 的制造需要的掩模和工艺步骤更少,从而可有效降低生产成本。各种存储器性能简单对比如表 8.2 所示。

表 8.2 几种存储器性能的比较

	SRAM	DRAM	Flash	MRAM
读取速度	8 ns	50 ns	50 ns	10 ~ 30 ns
写入速度	8 ns	50 ns	几十 μs	10 ~ 30 ns
写入次数	无限	无限	106	无限
非挥发性	否	否	是	是
刷新	无需	需要	无需	无需
存储单元尺寸	大	小	小	小
功耗	中 ~ 高	高	中	低
成本	高	低	中	低

8.4.3 MRAM 的读写原理

MRAM 中最小的存储单元就是 MTJ。对于 MTJ 结构,两铁磁层磁化方向可以呈平行或反平行两个状态。当向 MTJ 施加偏压时,被磁层极化的电子隧穿通过绝缘层。当铁磁层磁化方向平行时,MTJ 具有低电阻(存储 0);而当铁磁层磁化方向反平行时,则具有高电阻(存储 1)。

MRAM 的基本结构如图 8.11 所示,存储单元 MTJ 上下为 2 层 XY 轴向的若干列导电金属层,上面的导电金属层称为位元线(Bit Line),下面的金属层称为字元线(Word Line)。当某一位元线(i)通过一个脉冲电流时,会因电流感应而产生磁场,这时此位元线下的自由层(Free Layer)的磁化方向受到该磁场的影响而偏移一个方向,处于“半选中”状态。如果“半选中”的磁场作用并未达到足以使自由层磁化方向翻转的临界值,那么,被“半选中”的 MTJ 的存储状态不会改变。若磁场过大,超过临界值,可直接导致自由层的翻转,如果此时也在某一字元线

(j)上加一脉冲电流,则该电流所感应的磁场会使此字元线上的自由层的磁化方向偏移一个方向,而有电流通过的位元线(i)与字元线(j)相交处的自由层就处于一个相互垂直的磁场(Hx,Hy)中。根据易轴－难轴(He－Hh)平面星状图(如图8.12),当X轴和Y轴的磁场对应的点落在磁化翻转区以内,此自由层即可完全改变其磁化方向。通过这种方式,可以使其与固定层呈平行或反平行状态,改变任意一个存储单元的存储状态,这就是MRAM的写入机制。

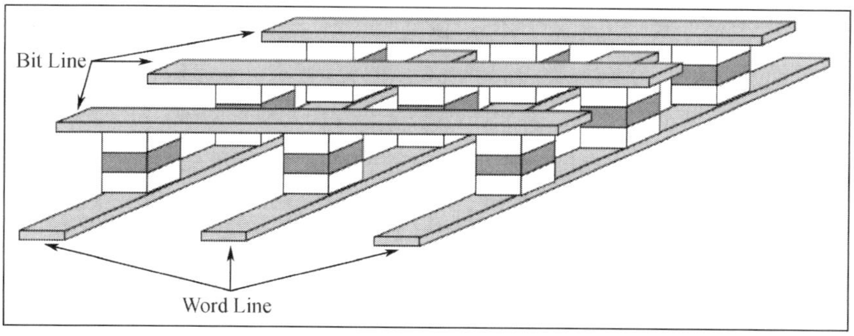

图8.11 MRAM的基本结构

当电流通过MTJ时,根据磁阻状态不同,所产生的输出电压也不同,当自由层和固定层的磁化方向平行时,电阻小从而输出低电平。当自由层和固定层的磁化方向反平行时,电阻大从而输出高电平。通过高低电平的不同,即可判断存储单元所储存的资料为“1”或“0”,这就是MRAM的读出机制。

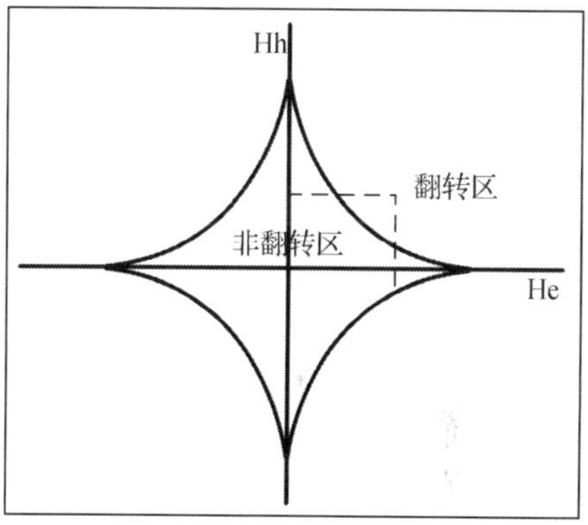

图8.12 易轴－难轴(He－Hh)平面星状图

8.4.4 MRAM的架构

目前MRAM的架构方式有两种,一种为1T1MTJ(one Transistor one MTJ)架构,即1个MTJ连接1个晶体管(MOSFET);另一种为XPC(Cross－Point Cell)架构,与前者差别在于并非每个MTJ都接晶体管。在读写比较上,XPC读取较1T1MTJ困难,但是XPC所占面积比较小。因此,随着MRAM往高密度发展,XPC将是合适的解决方式。

1. 1T1MTJ架构

1T1MTJ架构MRAM的读写原理如图8.13所示。读写过程主要通过位元线(Bit line)、写字元线(Write Word line)及读字元线(Read Word line)这3条控制线来完成。写入模式如图8.13(b)所示,位元线与写字元线设为高电位,而读字元线设为低电位,此时MOSFET为截止状态,流经位元线的电流会产生易轴磁场He,而流经写字元线的电流将产生难轴磁场Hh,根据易轴－难轴平面星状图,利用这两个磁场可以改变MTJ的状态。对MTJ写入“1 ”或“0” 的动作是由位元线的电流方向决定,假设位元线电流方向向右是对MTJ写入“1” 的状态,即自由层和固定层呈反平行排列,那么电流方向向左便是使MTJ的自由层的磁化方向偏转180°而与固定层呈平行排列，即写入“0”的状态。而写入字元线在对 MTJ 写入“1”或“0”时，其电流方向可变也可不变，但通常是固定在同一方向。读取模式如图 8.13(a)所示，将读字元线设为高电位，而写字元线设为低电位，此时 MOSFET 为导通状态，之后流经位元线的检测电流穿过 MTJ，最后通过 MOSFET 接地。从位线端测量的对地电压即可用来判断 MTJ 所储存的数据是“0”或“1”。1T1MTJ 原本为 1 个 MTJ 接 1 个 MOSFET，但实际生产制造上为 1 个 MTJ 接 2 个并联的 MOSFET，从而可以降低 MOSFET 的电阻，进而提升数据读取时的可靠度。

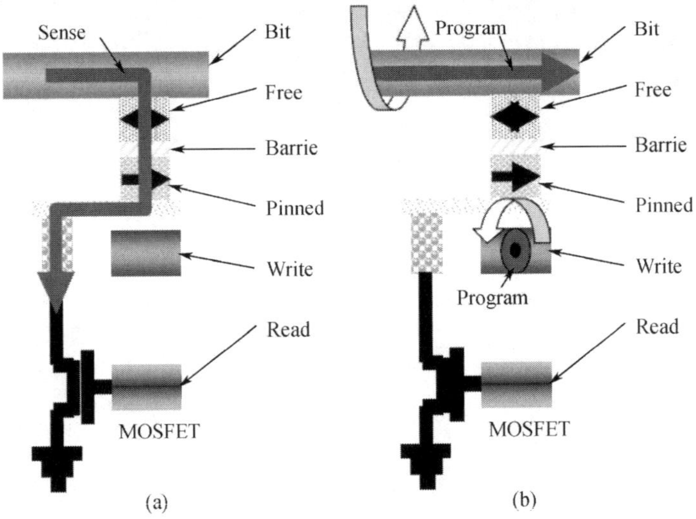

图 8.13 MRAM 读写原理图

(a)读出;(b)写入

2. XPC 架构

XPC 架构是 MRAM 的另一种读写机制，与 1T1MTJ 架构的差别在于 XPC 架构中的存储单元 MTJ 并没有串接 1 个 MOSFET。与 1T1MTJ 相比，它的架构更简单，其读写方式通过位元线与单条字元线就可完成，同时由于少了 MOSFET，其存储单元的尺寸也可大幅减少。XPC 架构的存取机制与 1T1MTJ 相同，如图 8.14(a)所示，利用位元线与字元线同时施加电流来产生难轴与易轴磁场，进而改变 MTJ 的状态。例如要对第 i 行第 j 列的 MTJ 进行写入时，便在第 i 行与第 j 列各加入电流即可。XPC 架构的读取机制如图 8.14(b)所示，假设要读取第 i 行、第 j 列的 MTJ 的状态，第 1 步将 j 列接至检测放大器而 i 行接地，至于其他行列则接与第 j 列相同的电压 V_{eq}，如此一来只有选择的记忆元有电流 I_{read} 通过，其余未选择的记忆元因 2 端为同电压故无电流，再来将 I_{read} 转换为电压 V_{out} 即可将 MTJ 的状态读出，最后与参考位元(Reference Cell)的状态比较，便可得知该 MTJ 所储存的数据是“0”或“1”了。

8.4.5 小结

在几十年的发展过程中内存技术发生了很大的变化，性能大大提高，但是这些内存技术都是基于动态随机访问存储器 DRAM，一旦外加电源消失，所存储的数据会立刻消失。而 MRAM 是一种全新的技术，是目前公认的最具前景的存储器之一，利用 MRAM 作为内存可令目前的 PC 的应用方式彻底改变。但是，目前 MRAM 的应用还在初级阶段，还有很多技术难题有待解决，成本与现有存储器相比也不具有竞争力，离大规模的应用还有很漫长的道路。但是其优异的性能和巨大的发展空间得到了越来越广泛的关注，也许在不久的将来，MRAM 可以取代闪

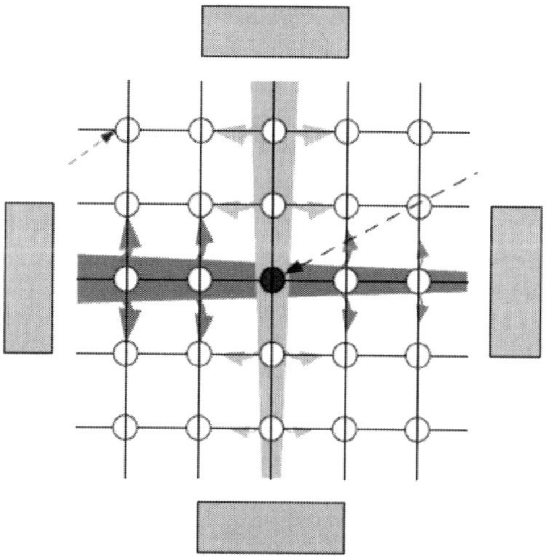

(a)

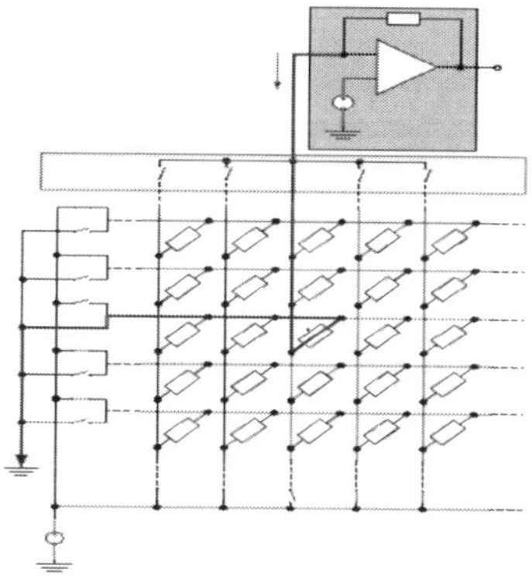

(b)

图8.14　XPC架构原理图

(a)写入模式;(b)读取模式

存和DRAM等拥有巨额市场的存储器,使电子产品的应用方式发生巨大的变化。

8.5　NEMS

NEMS(Nanoelectromechanical System)是纳机电系统的统称,是指特征尺寸在亚纳米到几百纳米,以量子效应、界面效应和纳米尺度效应等纳米级结构特有的新效应为工作原理的超小型机电一体的系统[592],可以理解为NEMS是在纳米尺度上的机械设备、电子器件、计算机和传感器。但是,NEMS与微机电系统(Microelectromechanical System, MEMS)存在有很大的区别。首先,NEMS器件具有超高频率、低能耗、高灵敏度等特性,而且还可以对表面质量和吸附性实现前所未有的控制,而这些特性和功能是MEMS无法提供的。其次,只是在纳米尺度下一些新的物理特性将会影响NEMS的制造手段和操纵方式。与MEMS相比,NEMS研究的材料范围更宽,加工过程的空间分辨率更高[593], NEMS对材料及其微加工技术提出了更高的要求。

NEMS技术潜在的巨大效益将渗透到从宏观到微观、从医药技术到生命科学、从制造业到信息通信等高科技发展的各个领域。全世界的科技工作者目前正积极致力于这一领域的研究,并已取得了一定的研究进展,本节主要介绍NEMS器件的主要特性、发展动态和主要应用领域,以及主要存在的技术局限性和可能的解决措施等。

8.5.1　NEMS的主要特性

1.超高频率

NEMS器件不仅具有较高的机械响应度,而且在基础上可以获得很高的谐振频率,这两种特性的组合使 NEMS 器件具有很高的力学灵敏度、超低功率下的可操作性,和有用的非线性化响应能力。机械系统的自然角频率,其中,k_{eff}为有效弹性常数,m_{eff}为物体的有效质量。缩小器件尺寸能使器件的质量 m_{eff}、弹性常数 k_{eff}相应变小,因此,频率相应变快,从而可以获得较快的响应速度。美国加州理工大学研制成功了频率可以达到 134 MHz 的双箝位 SIC 谐振器,如图 8.15 所示[594]。目前,利用表面纳米加工技术已经可以生成基频在 10 GHz 以上的谐振腔。

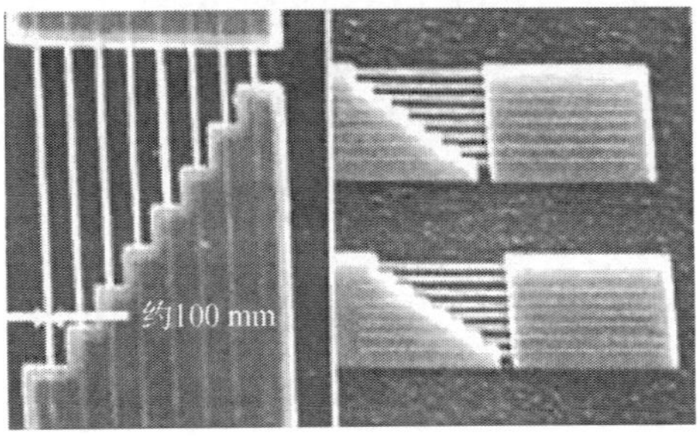

图 8.15 双箝位 SIC 谐振器

2. 超低功率

NEMS 器件的功率可以表示为 $P_{min}=k_B T\omega_0/Q$,其中 Q 为力学因子,$k_B T$ 为热能,ω_0 为工作频率)。NEMS 的 Q 值通常高达 $1\times10^3\sim1\times10^5$,因此,相应的功率就非常低。目前,基于 NEMS 技术的计算机系统消耗的能量只有 1 μW,比具有同等计算能力的计算机系统消耗的能量少了 6 个数量级,而目前通过电子束刻蚀技术加工成的 NEMS 器件的功率甚至可以小到 1×10^{-17} W。为充分利用 NEMS 器件的低能耗特点,要求位移传感器内部产生的噪音在反馈回输入端的时候,振幅必须小于热电振动的振幅。

3. 微小尺寸和质量

NEMS 器件的微小尺寸使得其具有很高的局部空间响应,可以设计成只对某一方向的力产生响应的几何形状,这个特性对于设计快速扫描隧道显微镜非常重要。另外,对于非常小质量的 NEMS 器件,振动部分极大提高了其对外力的灵敏度。可以用下面的公式,简单估计 NEMS 器件对外力的灵敏度

$$\partial M|_{min}=\left(\frac{\partial\omega_0}{\partial m}\right)^{-1}\partial\omega_0 \tag{8.13}$$

在一般情况下,这个灵敏度还可以表示为

$$\partial M|_{min}=\left(\frac{2m}{\omega_0}\right)\left(\frac{\omega_0}{2Q}\right)=\frac{m}{Q} \tag{8.14}$$

式中,m 是谐振器的有效质量。

目前,某些 NEMS 器件的分辨率可以达到 1×10^{-24} N。但是,如此高的测力灵敏度对器件的再现能力提出了更高的要求。

4. Q 值

Q 值通常指谐振器的品质因数。热噪声的大小与 Q 值成反比,Q 值越高,热噪声越小,器件对外部阻尼运动越敏感,这一点对各类传感器,尤其是反射和谐振传感器有着非常重要的意义。NEMS 器件可以获得 $1\times10^3\sim1\times10^5$的 Q 值,已经大大超过了典型的电子谐振器(Q 值大约为几百)。

8.5.2　NEMS的应用

半导体器件与磁盘技术是现代信息技术的基石。在未来10年中,这些技术的发展会达到其物理极限,而NEMS将成为下一代信息技术的主要载体[595]。例如,将会出现分子超级计算机和在微波功率下工作的超低能耗的信号处理器。另外,NEMS能够提供一个高质量的谐振器,其振动频率是传统的集成电路无法达到的,将会对射频(RF Radio-Frequency)电路的设计带来深远影响。同时,NEMS器件在很小的振幅下就具有一些非线性的机械特性,这将有助于开发高灵敏度的谐振器或力传感器[596]。

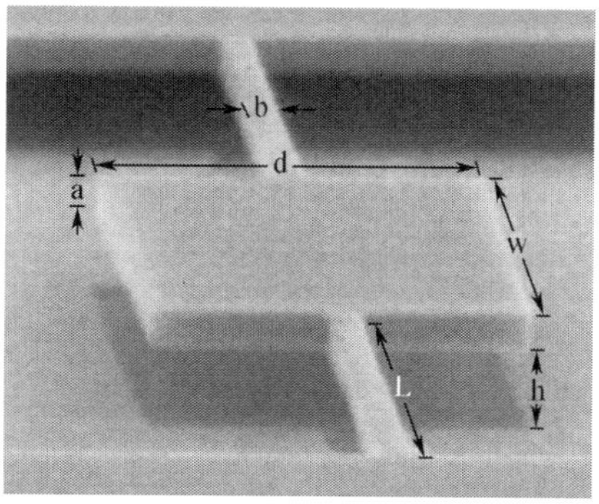

图8.16　NEMS谐振器的SEM照片

惯性器件是可能应用NEMS技术的典型器件,在航空、汽车自动化,以及生物工程等领域具有重要的发展前景。图8.16是一种桨片结构的NEMS谐振器,具有超高频率、超小质量、超低功耗的优点。对于这种结构的NEMS谐振器,观察到了机械谐振信号对激光信号的调制现象,适用于光通信领域。此外,NEMS技术也可应用于无线通信领域,如基于NEMS技术的电磁仿真和建立对电信号精确描述的机械和热模型等[597]。

8.5.3　纳机电系统的相关理论和技术

1. 纳机电系统的相关理论和技术

当器件变得越来越小时,微观特性将凸现出来,成为影响器件性能的重要因素。NEMS传感器利用的效应有:磁势效应、压电效应、隧道效应、纳磁效应、静电效应和一些光学效应。然而,目前大多数的NEMS用有限元的方法建模,从传统的机械和力学观点思考NEMS研究和应用中遇到的问题。对于NEMS而言,有必要讨论原子结构(包括一些适用于原子尺度的理论),如涉及到的量子势垒问题的量子论以及分子动态论等。另外,在MEMS向NEMS发展时,器件更多地受到自身表面的影响。NEMS的微小尺度和很大的比表面积在一定程度上也会产生摩擦力和附着力,从而对器件的性能和可靠性造成严重影响。由此提出的对NEMS器件的摩擦力性能的要求,通过研究适用于NEMS的润滑剂或者润滑方法可以解决这一问题。

2. NEMS加工技术

“自上而下”和“自下而上”的方法依然适用于NEMS器件的加工。与组装的NEMS器件相比,“自上而下”可以生成独立结构的NEMS器件,具有系统性强、可靠性高的优点,可以使一些传感器和电阻之类的电子器件及一些机械元素集成在一块芯片上,从而大大提高了电路的集成化水平,避开了在纳米尺度上校准不同元件的困难。具体的方法有AFM/STM诱导氧化加工法和电子束刻蚀法等。图8.17中所示的分别为电子刻蚀法加工的扭转振动器[598]、复杂扭转振动器[599]。

3. NEMS 器件与宏观世界通信

在纳米尺度下,一些常用的光学传感方法会超过衍射极限而可靠性下降,或无法使用,而且纳米尺度器件的电容约为 1×10^{-18} F,会严重受到寄生电容的干扰。传统的方法已经不能给 NEMS 提供有效的信息传感方式,需要开辟新的途径来解决 NEMS 器件与宏观世界的通信问题。具体的突破方向有:超导量子干涉器件、集成近场光学、单电子器件、纳米尺度的磁特性、高电子迁移率的电阻等等[600]。

图 8.17 用电子束刻蚀法和表面微加工技术在单晶硅上生成的 NEMS 器件的电镜成像

(a)扭转振动器;(b)复杂扭转振动器

目前,多端口 NEMS 器件可以在某种程度上解决这个问题,这种器件有两个以上的端口,可以给除去提供激励的和读出响应的端口以外的额外端口,加上准静态和随时间变化的电信号,通过传感器将这些信号转换成相应变化的力加到机械器件上,来抑制微观效应,并加强与宏观世界的通信能力。

8.5.4 NEMS 研发中存在的核心问题

在 NEMS 研发中存在的核心问题,目前主要是微观效应对 NEMS 器件的影响究竟有多大,微小尺寸系统中操作力和控制力最终能达到什么样的水平。精密纳米加工技术可以使 NEMS 器件的尺寸达到 10 nm,质量达到 1×10^{-18} g。纳米尺度的技术发展将对传感和测量技术、材料制造业、新器件的设计和集成产生革命性的影响,并且将开辟越来越广阔的应用领域。为了充分认识和利用 NEMS 技术,需要将现有的一些研究方法扩展到介观领域,这样一方面可以缩小“自上而下”和“自下而上”这两种思维方式之间的差异,另一方面有助于解决如前文所述的 NEMS 所处的微观世界与宏观世界的信息传输等一些重要难题。综上所述,NEMS 技术是基于 MEMS 技术和纳米技术的融合而发展起来的一项全新的高技术,具有非常广阔的应用前景。

8.5.5 NEMS 的发展趋势

NEMS 器件是纳米技术的重要组成部分, 其研究尚处于基础研究阶段, 距离市场化应用还有很长的路要走。目前看来,NEMS 器件的研究尚还有如下三个重要的发展趋势。

1. 纳器件阵列的集成

比如可用于生物检测的纳悬臂梁阵列、质量检测用的纳谐振器阵列,用于军事智能结构中的纳阵列,单个具有简单功能的器件组成阵列时可以实现复杂的功能等。

2. 纳 - 微 - 宏观的集成

要真的实现 NEMS 系统可用性,必须使 NEMS 系统与外界宏观世界实现信息交换,即实现纳 - 微 - 宏观的集成。从设计角度来说,跨尺度建模与仿真将是其关键问题,从制造角度来说,“自上而下”与“自下而上”的结合将是其发展的趋势。

3. 多物理域的集成

生物、信息、机、电、光、流体等多物理域集成的 NEMS 系统将有着巨大的潜在应用前景，并将极大地推动技术的进步。

附录　密度泛函理论

Ⅰ. 理 论 基 础

1.1　绝热近似和单电子近似

对于由原子核和电子构成的多粒子体系,其运动规律由多粒子系统的薛定谔方程

$$H\Psi(r,R) = E^H\Psi(r,R) \tag{Ⅰ.1}$$

决定。其中哈密顿量

$$H(r,R) = -\sum_i \frac{h^2}{2m_e}\nabla_{r_i}^2 + \frac{1}{2}\sum_{i,i'}\frac{e^2}{|r_i - r'_i|} - \sum_j \frac{h^2}{2M_j}\nabla_{R_j}^2 + \frac{1}{2}\sum_{j,j'}\frac{Z^2e^2}{|R_j - R_{j'}|} - \sum_{i,j}\frac{Ze^2}{|r_i - R_j|} \tag{Ⅰ.2}$$

式中,r 和 R 分别是电子和原子核的坐标;M_j,m_e 是原子核和电子的质量;第一项是电子的动能;第二项是电子与电子之间的库仑相互作用能,求和遍及除 $i=i'$ 外的所有电子;第三项是原子核的动能;第四项是核与核的相互作用能,求和遍及除 $j=j'$ 外的所有原子核;最后一项是电子和核的相互作用能。

通过解薛定谔方程,可得出体系的能量和波函数。但除了几个最简单的体系可以直接求解外,大部分体系都无法精确求解,必须根据不同的物理问题作合理的近似和简化。由于原子核的质量比电子的质量大 1 000 倍以上,因此电子的速度比原子核的速度大得多。考虑电子运动时,可以近似认为原子核是固定在其瞬时位置上的。这样就可将原子核的运动与电子的运动分离开来。这就是 M. Born 和 J. E. Oppenheimer 提出的绝热近似或 Born-Oppenheimer 近似[601]。在 Born-Oppenheimer 近似下,电子系统的哈密顿量可以简写为

$$H(r,R) = -\sum_i \frac{h^2}{2m_e}\nabla_{r_i}^2 + \frac{1}{2}\sum_{i,i'}\frac{e^2}{|r_i - r'_i|} - \sum_{i,j}\frac{Ze^2}{|r_i - R_j|} \tag{Ⅰ.3}$$

由此得到多电子的薛定谔方程,但由于方程中含有电子之间的库仑相互作用项,仍然无法直接求解,必须作进一步的近似。最常用的方法之一就是单电子近似方法。所谓单电子近似就是把多电子系统中的相互作用简化为有效势场下的单电子的运动,这个势场可以由系统中所有电子的贡献自洽地决定,又称为 Hartree-Fock 方法[602]。选取由分子轨道构成的行列式函数为体系的波函数(考虑反对称性),并可表示为 Slater 行列式[603]

$$\Psi(r) = \frac{1}{\sqrt{N!}}\begin{vmatrix} \psi_1(r_1) & \psi_2(r_1) & \cdots & \psi_N(r_1) \\ \psi_1(r_2) & \psi_2(r_2) & \cdots & \psi_N(r_2) \\ \vdots & \vdots & & \vdots \\ \psi_1(r_N) & \psi_2(r_N) & \cdots & \psi_N(r_N) \end{vmatrix} \tag{Ⅰ.4}$$

式中 $\Psi_i(j)$ 是状态 j 的单电子波函数(j 表示电子的位置和自旋),则体系的总能量

$$E = <\Psi|H|\Psi> = \sum_i \int \mathrm{d}r_i \psi_i^*(r_i) H_i \psi_i(r_i) - \frac{1}{2}\sum_{i,i'}\int \mathrm{d}r_i \mathrm{d}r_{i'} \frac{\psi_i^*(r_i)\psi_i(r_{i'})\psi_{i'}^*(r_{i'})\psi_{i'}(r_i)}{|r_i - r'_i|} \tag{I.5}$$

相应的单电子方程为

$$\left[-\frac{h^2}{2m}\nabla^2 + V(r_i)\right]\psi_i(r_i) + \sum_{i'(i'\neq i)}\int \mathrm{d}r_{i'} \frac{|\psi_{i'}(r_{i'})|^2}{|r_i - r_{i'}|}\psi_i(r_i) - \sum_{i'(i'\neq i)}\int \mathrm{d}r_{i'} \frac{\psi_{i'}^*(r_{i'})\psi_i(r_{i'})}{|r_i - r_{i'}|}\psi_{i'}(r_i) = \sum_{i'}\lambda_{ii'}\psi_{i'}(r_i) \tag{I.6}$$

这就是 Hartree-Fock 方程[604, 605]。

Hartree-Fock 方程在原子、分子和固体材料的计算中取得了巨大的成功。但是 Hartree-Fock并不是严格的单电子近似,一个较大的缺陷在于形式为 Slater 行列式的多粒子波函数只计及电子间交换作用而忽略了电子的相关能修正。另一个问题在于平均场近似的使用对描述实际电子系统交换作用存在误差,在非平均电子系统中,交换势的非定域性十分明显。因此需要另外寻找一种严格的单电子近似理论,以将电子多体作用的所有影响考虑在内。

1.2　密度泛函理论的基础

密度泛函理论(Density of Functional Theory, DFT)是一种全新的多体理论。因为它放弃了以往量子力学中从波函数出发处理多电子系统的方法,而是另辟蹊径,转而将电子密度作为描述体系所有其他可观测量的基本物理量。和 Hartree-Fock 方程类似,密度泛函理论的 Kohn-Sham 方程也是自洽方程,但由于解多体波函数变成了求三维空间电子密度,计算得到了巨大简化。W. Kohn 因为他在 DFT 创立方面的贡献而获得 1998 年的诺贝尔化学奖。

1. Thomas-Fermi-Dirac 近似

早在密度泛函理论诞生之前,就有人注意到可用电子密度取代波函数描写多电子系统。1927 年 Thomas 和 Fermi 研究了均匀电子气模型[606, 607],提出将电子系统的动能表示为电子密度的泛函,并将任意给定点电子密度构成的无相互作用均匀电子气来描述原来的相互作用系统的动能。不过 Thomas-Fermi 方程并未考虑电子交换和相关作用。比较合理的模型来自Dirac对 TF 模型修正后的结果[608],在加入交换作用项之后外势场作用下电子能量的泛函为

$$E_{TF}(n) = C_1\int \mathrm{d}^3 r n(r)^{\frac{5}{3}} + \int \mathrm{d}^3 r V_{ext}(r)n(r) + C_2\int \mathrm{d}^3 r n(r)^{\frac{4}{3}} + \frac{1}{2}\int \mathrm{d}^3 r \mathrm{d}^3 r' \frac{n(r)n(r')}{|r - r'|} \tag{I.7}$$

式中,第一项是动能的局域近似表达式;第二项是外势作用能;第三项是交换相互作用;第四项是经典的经典作用能。通过寻找最低的能量 $E(n)$,可以得到基态的电子密度。

Thomas-Fermi-Dirac 理论是一个简明的多电子系统理论模型。它的缺点在于用最简单的均匀电子气来近似描述动能项而忽略了电子密度梯度对动能的贡献。实际上电子的密度分布并不是均匀的,由于电子动能占总能量的比重相当大。因此在实际应用中会产生较大误差。

此外，构成物质的原子都具有壳层结构，用均匀电子气来作为代替是不合理的。虽然 TFD 方程不适用于大多数的多电子体系计算，但是用电子密度来描写多电子系统的全新观念为密度泛函的建立提供了重要的启发。

2. Hohenberg-Kohn 定理

密度泛函理论的基本思想是原子、分子和固体的基态物理性质可以用粒子密度函数来描述。这一理论建立在 Hohenberg 和 Kohn 关于非均匀电子气理论的基础之上，可归结为两个定理[609]。

定理 1：体系的基态电子密度与体系所处的外势场有一一对应关系（可相差一个常数），因而体系的基态性质可由基态电子密度唯一确定。

定理 2：能量泛函 $E[\rho]$ 在粒子数密度不变条件下对正确的粒子数密度 $\rho(r)$ 取极小值，并等于基态能量。

能量泛函 $E[\rho]$ 可表示为下列形式

$$E[\rho] = T[\rho] + \int V(r)\rho(r)\,\mathrm{d}r + \frac{1}{2}\iint \frac{\rho(r)\rho(r')}{|r-r'|}\mathrm{d}r\mathrm{d}r' + E_{xc}[\rho] \tag{Ⅰ.8}$$

式中，$T[\rho]$ 是动能泛函；$V(r)$ 是外场；$\int V(r)\rho(r)\,\mathrm{d}r$ 是电子与外场相互作用能；$\frac{1}{2}\iint \frac{\rho(r)\rho(r')}{|r-r'|}\mathrm{d}r\mathrm{d}r'$ 是电子间库仑相互作用能；$E_{xc}[\rho]$ 是交换关联能，也是 ρ 的泛函。

3. Kohn-Sham 方程

Hohenberg-Kohn 定理表明只要知道体系能量泛函的形式，就可以通过能量泛函对粒子数密度函数的变分求得体系的基态能量和基态粒子数密度。但是，问题在于我们并不知道能量泛函的具体形式。1965 年 Kohn 和 Sham[610] 的工作使密度泛函理论成为实际可行的理论方法。他们提出：假定动能泛函 $T[\rho]$ 可用一个已知的无相互作用粒子的动能泛函来代替，它具有与有相互作用的系统同样的密度函数。他们用 N 个单粒子波函数构成密度函数

$$\rho = \sum_{i}^{N} |\psi_i(r)|^2 \tag{Ⅰ.9}$$

这样，能量泛函 $E[\rho]$ 写为

$$E[\rho] = T_s[\rho] + \int V(r)\rho(r)\,\mathrm{d}r + \frac{1}{2}\iint \frac{\rho(r)\rho(r')}{|r-r'|}\mathrm{d}r\mathrm{d}r' + E_{xc}[\rho] \tag{Ⅰ.10}$$

式中，$T_s[\rho]$ 是密度函数为 $\rho(r)$ 的无相互作用粒子的动能泛函

$$T_s[\rho] = \sum \left\langle \psi_i \middle| -\frac{1}{2}\nabla^2 \middle| \psi_i \right\rangle \tag{Ⅰ.11}$$

$T[\rho] - T_s[\rho]$ 部分归入到交换关联能 $E_{xc}[\rho]$ 中。

根据 Hohenberg-Kohn 定理，对（Ⅰ.10）式求变分，令 $\delta E = 0$，加上粒子数不变的条件，得到 Kohn-Sham 方程

$$\left[-\frac{1}{2}\nabla^2 + V_{\mathrm{eff}}(r)\right]\psi_i(r) = \varepsilon_i\psi_i(r) \tag{Ⅰ.12}$$

其中

$$V_{\text{eff}}(r) = V(r) + \int \frac{\rho(r')\mathrm{d}r'}{|r - r'|} + \frac{\delta E_{xc}[\rho]}{\delta\rho(r)} \tag{Ⅰ.13}$$

(Ⅰ.13)式中第一项为外势,第二项为电子间的库仑势

$$V_H(r) = \int \frac{\rho(r')}{|r - r'|}\mathrm{d}r' \tag{Ⅰ.14}$$

第三项为交换关联势

$$\mu_{xc}(r) = \frac{\delta E_{xc}[\rho]}{\delta P} \tag{Ⅰ.15}$$

这样,有相互作用的多电子系统的基态性质,在形式上可以用在有效势场 $V_{\text{eff}}(r)$ 中运动的无相互作用的电子来处理,而将有相互作用电子的全部复杂性归入交换关联项中。

Kohn-Sham 方程只是形式上与量子力学中的薛定谔方程类似,由 Kohn-Sham 方程求得的单电子本征态 $\psi_i(r)$ 并不是量子力学意义上严格的体系本征态,本征值 ε_i 也不具有像量子力学中薛定谔方程的解那样的物理意义,体系的总能量并不是简单的求和,ε_i 和 ε_j 之差不等于从状态 i 跃迁到状态 j 的激发能。

1.3　密度泛函理论的数值计算方法

1. 局域密度近似和广义梯度近似

要求解 Kohn-Sham 方程,需要知道交换关联能泛函 $E_{xc}[\rho]$ 的具体形式。目前被普遍接受的是由 Kohn 和 Sham 提出的局域密度近似[610]。其基本想法是,对于非均匀的多电子体系,可利用均匀电子气密度函数 $\rho(r)$ 来得到非均匀电子气的交换关联能泛函。即用一均匀电子气的交换关联能密度 $\varepsilon_{xc}(\rho)$ 代替非均匀电子气的交换关联能密度。在局域密度近似下,交换关联能泛函 $E_{xc}[\rho]$ 写为

$$E_{xc}[\rho] = \int \varepsilon_{xc}(r)\rho(r)\mathrm{d}r \tag{Ⅰ.16}$$

与此对应的交换关联势为

$$\mu_{xc}(r) = \frac{\delta E_{xc}[\rho]}{\delta\rho} = \varepsilon_{xc}(r) + \rho(r)\frac{\delta\varepsilon_{xc}}{\delta\rho} \tag{Ⅰ.17}$$

如记

$$\rho^{-1} = \left(\frac{4\pi}{3}\right)r_s^3,\text{即 } r_s = \left(\frac{3}{4\pi}\rho^{-1}\right)^{1/3} \tag{Ⅰ.18}$$

交换关联势可写为

$$\mu_{xc}(r_s) = \varepsilon_{xc}(r_s) - \frac{r_s}{3}\frac{\delta\varepsilon_{xc}}{\delta r_s} \tag{Ⅰ.19}$$

再将交换关联能密度 $\varepsilon_{xc}(\rho)$ 分为交换关联两部分,即

$$\varepsilon_{xc} = \varepsilon_x + \varepsilon_c \tag{Ⅰ.20}$$

在 LDA 自洽从头算框架下用得最多的交换关联势是 Ceperley-Alder 交换关联势近似[611]。它是根据 D. M. Ceperley 和 B. L. Alder 用目前最精确的 Monte-Carlo 方法计算均匀电子气的结果[612],由 T. P. Perdew 和 A. Zunger 参数化成如下形式的交换关联能[613]

$$\varepsilon_x = \frac{-0.9164}{r_s} \tag{Ⅰ.21}$$

$$\varepsilon_c = \begin{cases} \dfrac{-0.2846}{1+1.0529\sqrt{r_s}+0.3334r_s} & (r_s \geqslant 1) \\ -0.0960+0.0622\ln r_s-0.0232r_s+0.0040r_s\ln r_s & (r_s \leqslant 1) \end{cases} \tag{Ⅰ.22}$$

上述方法也称为 Perdew-Zunger 方法。

LDA 近似在许多材料计算中都有不错的表现,这一方面是由于交换相关能在总能量中占的比重很小;另一方面是因为在电子密度空间变化不大的体系中,基于均匀电子气模型的 LDA 计算是很好的近似。

尽管 LDA 获得了巨大的成功,但是也有许多不足之处,如系统地高估结合能和离解能(即低估晶胞参数、键长等)、低估绝缘体的带隙(甚至将绝缘体计算为金属)等。在 LDA 基础上的改进有广义梯度近似(GGA)。在 GGA 近似下,交换相关能是电子(极化)密度及其梯度的泛函。它只考虑密度的一级梯度对交换相关能的贡献,这样交换关联能项就可以写成

$$E_{xc} = \int \rho(r)\varepsilon_{xc}(n, \nabla_r n)\,\mathrm{d}^3 r \tag{Ⅰ.23}$$

把密度 $\rho(r)$ 对 r 作梯度展开可以得到任意阶密度梯度对交换关联能的贡献,但是这样得到的结果反而会比 LDA 更差,原因是 LDA 虽然是对能量的近似,但是得到的交换密度和关联密度却是真实体系的严格解,而密度梯度展开是对交换密度和关联密度的近似,严格解应当包含无穷阶的密度项,所以取少量的高阶梯度项之后密度将不再和真实体系相等,而相比梯度项的贡献,密度对能量的影响更大。在引入普适的梯度近似(GGA)方法时要加入对交换密度和关联密度的附加修正,但是这样的修正并没有明显的物理意义,显得十分任意。因此,虽然一般 GGA 可以给出比 LDA 更精确的能量,但是不同的泛函形式可以导致结果产生较大差异。目前较常用的 GGA 泛函有 Perdew-Wang 泛涵[614, 615]和 PBE 泛函[616]。

2. 总能量

由公式(Ⅰ.10)知,在密度泛函理论中体系的总能量为

$$E[\rho] = T_s[\rho] + \int V(r)\rho(r)\,\mathrm{d}r + \frac{1}{2}\iint \frac{\rho(r)\rho(r')}{|r-r'|}\mathrm{d}r\mathrm{d}r' + E_{xc}[\rho]$$

式中,$\int V(r)\rho(r)\,\mathrm{d}r$ 是电子与外场相互作用能;$\frac{1}{2}\iint \frac{\rho(r)\rho(r')}{|r-r'|}\mathrm{d}r\mathrm{d}r'$ 是电子间库仑相互作用能;$E_{xc}[\rho]$ 是交换关联能;$T_s[\rho]$ 是密度函数为 $\rho(r)$ 的无相互作用粒子的动能泛函

$$T_s[\rho] = \sum < \psi_i \left| -\frac{1}{2}\nabla^2 \right| \psi_i >$$

给出。由 Kohn-Sham 方程(Ⅰ.12)式,上式可写成

$$T_s[\rho] = \sum_i < \psi_i | \varepsilon_i - V_{\mathrm{eff}} | \psi_i > \tag{Ⅰ.24}$$

于是得到[610]

$$E = \sum_i^N n_i\varepsilon_i - \frac{1}{2}\int \frac{\rho(r)\rho(r')}{|r-r'|}\mathrm{d}r\mathrm{d}r' + E_{xc}[\rho] - \int \rho(r)\mu_{xc}(r)\,\mathrm{d}r \tag{Ⅰ.25}$$

在局域密度近似下

$$E_{xc}[\rho] = \int \varepsilon_{xc}(r)\rho(r)\mathrm{d}r$$

最后得到总能量

$$E = \sum_{i}^{N} n_i\varepsilon_i - \frac{1}{2}\int \frac{\rho(r)\rho(r')}{|r-r'|}\mathrm{d}r\mathrm{d}r' + \int \rho(r)[\varepsilon_{xc}(r) - \mu_{xc}(r)]\mathrm{d}r \qquad (\text{I}.26)$$

其中,n_i 为 i 态的电子占据数。注意上式中未计入原子核间的库仑能。

3. 赝势方法

由上述可知,式(Ⅰ.9)(Ⅰ.12)(Ⅰ.13)联立方程组可用自洽方法求解。即先根据某些物理依据产生一个试验的 V_{eff},代入(Ⅰ.12)式,解得 $\Psi_i(r)$,再代入(Ⅰ.9)式,得到 ρ,再代入(Ⅰ.13)式,得到新的 V_{eff}。再用新的 V_{eff} 代入(Ⅰ.12)式,按上述步骤重做,每循环一次得一新的 ρ,一直到收敛。目前固体问题有两种自洽计算。一种是式(Ⅰ.13)中的 $V(r)$ 取原子核产生的势,而式(Ⅰ.9)中的 ρ 对所有电子求和。这种方法称为全电子计算;另一种是自洽赝势计算,$V(r)$ 取原子核和内层电子联合产生的赝势,而式(Ⅰ.9)中的 ρ 仅对价电子求和。下面进一步说明赝势的产生。

在求解 Kohn-Sham 方程时,一般用平面波作为基函数。为了尽量减少平面波基的个数,采用赝势来描述离子实与价电子之间的相互作用。赝势法的基本思路就是构造一个赝势函数,使价电子赝波函数在外部区域等同于真实的物理波函数且与物理波函数对应的本征值相同。构造赝势具有一定的任意性,也就是说赝势不是唯一的。从密度泛函理论的观点,人们致力于确定没有任何附加经验参数的赝势,所谓的第一原理从头算原子赝势。常用的有 D. R. Hamann 等提出的模守恒赝势(Norm-Conserving Pseudopotential, NCPP)[617]和 1990 年 D. Vanderbilt 提出的超软赝势(Ultrasoft Pseudopotential, USPP)[618]。

下面简要说明模守恒赝势的构造:

(1)由原子或离子的薛定谔方程

$$\left[-\frac{1}{2}\nabla^2 + V(r)\right]\psi_i(r) = \varepsilon_i\psi_i(r)$$

令 $\psi_i(r) = \phi_i(r)Y(\theta,\phi)$, $u(r) = r\phi(r)$ 可得

$$\left[\frac{1}{\sin\theta}\frac{\partial}{\partial\theta}\left(\sin\theta\frac{\partial}{\partial\theta}\right) + \frac{1}{\sin^2\theta}\frac{\partial^2}{\partial\phi^2}\right]Y_{lm}(\theta,\phi) = -l(l+1)Y_{lm}(\theta,\phi) \qquad (\text{I}.27)$$

$$\left[-\frac{1}{2}\frac{\mathrm{d}^2}{\mathrm{d}r^2} + \frac{l(l+1)}{2r^2} + V(r)\right]u_l(r) = \varepsilon_l u_l(r) \qquad (\text{I}.28)$$

其中 $Y_{lm}(\theta,\phi)$ 是球谐函数,$\psi(r) = \phi_l(r)Y_{lm}(\theta,\phi)$, $u_l(r) = r\phi_l(r)$ 满足归一化条件

$$\int_0^{\infty} |u_l(r)|^2\mathrm{d}r = 1 \qquad (\text{I}.29)$$

(2)对价电子,用 $u_l^{AE}(r)$ 代表真实径向波函数,$u_l^{PS}(r)$ 代表赝波函数。

模守恒赝势满足:① $u_l^{PS}(r)$ 无节点;② 对 $r > r_{cl}$,有 $u_l^{PS}(r) = u_l^{AE}(r)$;③ 模守恒 $\int_0^{r_{cl}} |u_l^{PS}(r)|^2\mathrm{d}r = \int_0^{r_{cl}} |u_l^{AE}(r)|^2\mathrm{d}r$;④ 本征能量 $\varepsilon_l^{PS} = \varepsilon_l^{AE}$。当上述四个条件满足时,$\frac{\partial}{\partial\varepsilon}\frac{\partial}{\partial r}\ln u_l^{AE}(r,\varepsilon)\Big|_{\substack{\varepsilon=\varepsilon_l\\ r=r_{cl}}} = \frac{\partial}{\partial\varepsilon}\frac{\partial}{\partial r}\ln u_l^{PS}(r,\varepsilon)\Big|_{\substack{\varepsilon=\varepsilon_l\\ r=r_{cl}}}$,$r_{cl}$ 为芯半径。

模守恒赝势所对应的波函数不仅与真实势对应的波函数具有同样的能量本征值，而且在芯半径以外，与真实波函数的形状和幅度都相同，另外在芯半径以内变化平缓、没有大的势能变化，如图附1所示[611]。这种赝势能产生正确的电荷密度，适合作自洽计算。

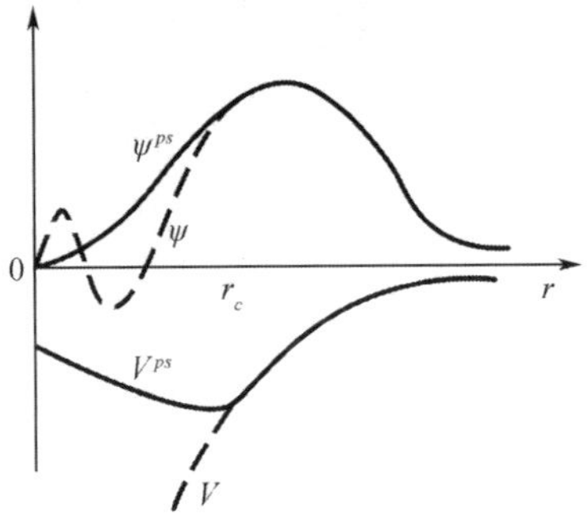

图附1　从头计算原子赝势示意图
（在芯区内，全电子势 V、波函数 ψ 被赝势 V^{ps} 和赝波函数 ψ^{ps} 代替）

模守恒赝势在电子结构计算中取得了很大的成功，但在应用到过渡金属和元素周期表中第一行元素时遇到了困难。因为对这些元素，在芯区内部，全电子波函数本身无节点，模守恒条件下，赝波函数不会比全电子波函数平滑。1990年，Vanderbilt提出了超软赝势USPP[618]。与模守恒赝势不同，构造超软赝势时去掉了模守恒条件，并引入重叠算符和缀加的电荷密度，这样能使赝波函数在芯区变得尽可能的平滑，因而大大减少了计算中所需的平面波数目。超软赝势可以有效地处理过渡金属和元素周期表中第一行元素，让原本无节点的波函数也能变得非常平滑。

Ⅱ　发 展 趋 势

虽然DFT获得了巨大成功，但仍然存在一些不足和困难。针对这些问题在理论体系和数值计算方法方面已经发展了许多不同的方法[619]，这些方法可以从Kohn-Sham方程中有效Hamiltonian量的各个部分以及波函数的构造上进行归类，如图附2所示[620]。

2.1　理论体系的发展

密度泛函理论的发展以寻找合适的交换相关近似为主线，因为交换相关能量泛函的近似形式决定了密度泛函理论结果的精度。局域（自旋）密度近似（L(S)DA）和广义梯度近似（GGA）是两种传统的交换相关近似，两者的发展使得密度泛函理论得到了广泛的应用，但仍有需要改进的地方。

1. 自相互作用修正（SIC）

自相互作用修正（SIC）最早由Stoll等人提出[621]，用来消除L(S)DA中不真实的电子与自身的相互作用，其中单个电子的交换相关能为零。

2. 杂化泛函（DFT+HF）

所谓杂化是指在密度泛函理论中运用Hartree-Fock（HF）方法，即把交换相关能表示为HF方法和密度泛函方法的交换相关能的线性组合，这样构造的交换相关能量泛函常常比密度泛函方法的交换相关能量泛函更精确。

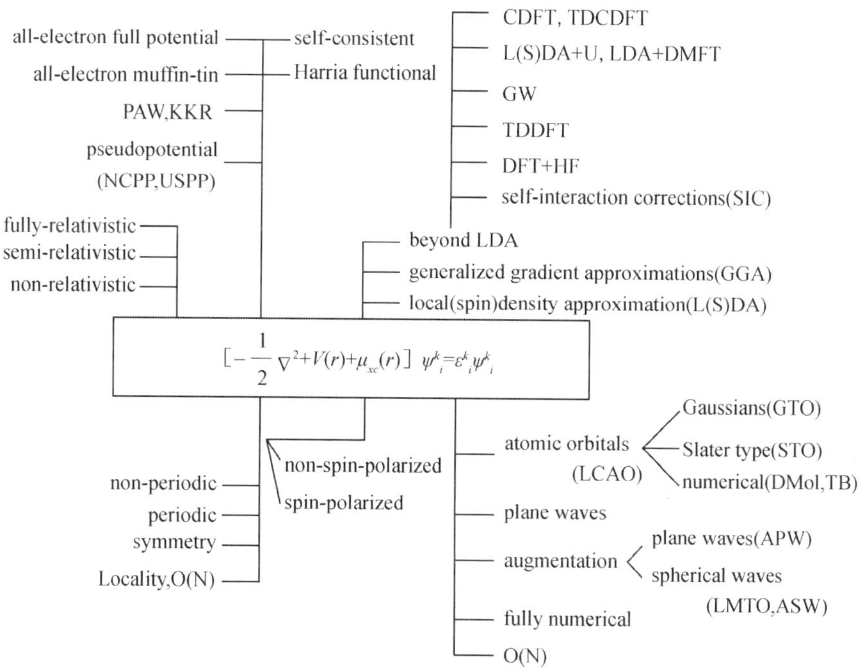

图附2　密度泛函理论及其数值计算方法的发展

3. 含时密度泛函(TDDFT)

含时密度泛函(TDDFT)是对密度泛函理论的推广,可以用来处理所有的含时多粒子问题。1984 年 Runge 和 Gross[622]给出了含时密度泛函理论(TDDFT)的严格推导,即所谓的 Runge-Gross 定理,并得到在固定核近似下的含时 Kohn-Sham 方程。这样当一个相互作用的多粒子体系在含时外场作用下运动时,通过求解含时 Kohn-Sham 方程,便可得到体系的含时粒子密度,其中包含的含时交换相关势是这个含时粒子密度的泛函。

TDDFT 的精度取决于交换相关核近似的好坏,最简单的近似是绝热局域密度近似(ALDA 或 TDLDA)。但它是一种低频近似,只有当外势随时间缓慢变化时才成立。直到 1995 年, Ullrich, Gossmann 和 Gross(UGG)提出含时优化有效势(TDOEP)[623]才使 TDDFT 的实际应用出现转机。

4. 格林函数(GW)近似

格林函数(GW)近似[624]是指在具体能带计算中以自能代替密度泛函理论中的交换相关能。与 LDA 势(局域的、时间平均的势)不同的是,自能包含着全部多体效应,它是非局域的,且与能量有关。通过考虑多体效应,GW 近似可以显著提高密度泛函的计算精度。

5. L(S)DA + U

除了 GW 近似,另一个包含电子关联效应的方法是 L(S)DA + U 方法[625]。该方法通过在原来的 L(S)DA 能量泛函中加入一个平均场的 Hubbarb-like U 对应项,解决一些强关联体系中的电子结构计算。但是,它仍然是一种完全的平均场近似,包含着平均场近似的内在缺点,即难于描述由自能的能量关系决定的物理性质和现象。

为了考虑自能的能量或频率的依赖性，Lichtenstein 和 Katsnelson 将 L(S)DA + U 方法推广到包括动力学效应的情形，即 LDA + + 方法[626]。另外，将平均场方法推广为动力学平均场理论(DMFT)发展出了 LDA + DMFT 方法[627]，已经证明该方法是一种强有力的计算关联体系电子结构的方法。

6. 流密度泛函理论(CDFT)

流密度泛函理论(CDFT)[628]用来处理任意强度磁场下相互作用的电子体系，诸如原子分子对磁场的响应。为了考虑磁场对交换相关势的影响，在 CDFT 中，交换相关能量不仅与电荷密度相关，还与顺磁流密度相关。最近，在构造新的交换关联能量近似时，自旋密度也被考虑进来[629]。将含时密度泛函理论(TDDFT)推广到含时流密度泛函理论(TDCDFT)[630]可以用来处理含时磁场。

2.2 数值计算方法

在形式上得到密度泛函的基本方程(Kohn-Shan 方程)以及交换关联泛函后，还需要将电荷密度之类的连续物理量进行离散后才可以进行实际的计算。离散方法包括基组展开和格点表示两类，最后介绍线性标度算法。

1. 基函数展开方法

基函数展开方法就是选取或构造合适的基函数将体系的波函数展开，以便将连续量离散成一组系数通过计算机进行数值计算。

原子轨道线性组合(LCAO)法是一种常用的基函数展开方法。LCAO 分为解析和数值两类，解析 LCAO 包括有名的 Gaussian 基组和 Slater 基组；DMol 和 TB 则以数值化的原子轨道作为基矢，用数值积分方法计算密度泛函理论的 Kohn-Shan 方程。

另一种常用的基函数展开方法是平面波(Plan Waves)法。使用平面波基组扩展周期系统的波函数可以得到在密度泛函理论框架下非常简单的 Kohn-Shan 方程。在具体计算中，可以通过提高截断能量来提高精度，这是平面波法的一大优点。它的缺点是不能有效地描述曲率较大的波函数(如原子核区)，因此平面波法通常与其他方法配套使用，比如赝势(PP)方法和投影缀加波(PAW)方法。

对势场作一定的近似也可以构造合适的基函数，比如 Muffin-tin 近似，基于此可以建立一套缀加平面波(APW)或格林函数方法(KKR)。

2. 实空间网格方法

实空间网格方法[631]是将连续的物理量表示为它在均匀离散格点上的数值的方法，包括有限差分(FD)、有限元(FE)和小波(Wavelet)三种。其中小波方法作为一种新兴的数值方法，在电子结构计算中的应用引起了人们的关注[632]。尤其在处理电子结构计算中的多尺度问题，小波方法克服了 Muffin-tin 近似和赝势方法的不足，提供了一种系统地用较少的波函数代替成千上万的格点的方法。

3. 线性标度(Order - N, O(N))算法[633]

随着研究领域和研究对象的不断扩充,由大量原子组成的复杂体系的电子结构计算越来越迫切。然而,传统算法的计算时间随体系大小呈高阶幂次急剧增加,于是发展其计算量与体系大小呈线性增长的线性标度(Order - N, O(N))算法被提了出来。

O(N)算法深刻的物理根源是量子力学的局域性概念,有时候也被称为“近视原理”,即多电子体系的某部分物理性质,不因远离它的区域发生势的变化而受影响。将近视原理应用于算法设计是把大体系分解为许多子体系的理论依据。因此O(N)算法的基本策略就是忽略轨道或密度矩阵的指数衰减项,定义局域区域,并计算局域区域内的物理量。常用的线性标度算法包括费米算符展开(FOE)和费米算符投影(FOP)方法、分治(Divide and Conquer, D & C)方法、密度矩阵最小化(DMM)方法、轨道最小化(OM)方法和最优化基组密度矩阵最小化(OB-DMM)方法等。

Ⅲ 常用软件包

密度泛函理论数值方法的发展最终要体现到计算程序中。在发展方法和编制程序的同时,人们也常常使用一些已有的软件包进行计算。下面介绍一些常用的软件包。

3.1 VASP(http://cms.mpi.univie.ac.at.sixxs.org/vasp/)

VASP 的全称是“Vienna Ab-inintio Simulation Package”,它基于 CASTEP 1989 版开发,是使用赝势和平面波基组,进行从头量子力学计算的软件包。VASP 基于局域密度近似求解瞬时电子基态。与同类的软件相比,它比较早地实现了超软赝势,计算量相对于一般的模守恒赝势方法大为减少。

3.2 Material Studio(http://accelrys.com.sixxs.org/products/materials-studio/)

MS 能方便地建立 3D 模型并对材料性质进行预测,操作灵活方便,并最大限度地运用网络资源。它包括 DMol3 和 CASTEP 两个密度泛函计算模块。前者采用数值局域基组和对 Hartree 势的多级展开方法,后者则采用模守恒或超软赝势平面波基函数,可选择 LDA 或 GGA 交换关联能近似方法。

3.3 Gaussian(http://www.gaussian.com.sixxs.org/)

Gaussian 是量子化学领域使用最广泛的计算软件。Gaussian 软件中有包括密度泛函理论在内的许多计算模型,是研究诸如取代反应、势能面和激发态能量的有力工具。Gaussian 03 比上一个版本 Gaussian 98 功能更为强大,它可以用改进的 ONIOM 多尺度方法计算大分子,可以对周期边界体系进行计算,可以模拟实验上常见的各种谱图,还可以模拟溶剂效应。

3.4 PWSCF(http://www.pwscf.org/)

PWSCF 的最大特点是实现了密度泛函微扰理论,这使得它可以用来计算固体的声子色散谱等性质。它支持模守恒和超软两种赝势。PWSCF 可从互联网上免费下载。

3.5 WIEN(http://www.wien2k.at/)

WIEN 是一个全电子计算软件包,它是一个基于线性缀加平面波和局域轨道的方法,并且考虑了相对论效应。WIEN 软件包可选用 LDA,LDA + U,GGA 等方法中的各种交换关联泛函,同时它还包括声子、自旋极化、轨道极化和光学吸收的特性。

3.6 ADF(http://www.scm.com.sixxs.org/)

ADF 即"阿姆斯特丹密度泛函",是专门作密度泛函计算的软件,包括 ADF 和 BAND 两部分。它可以比较好的处理重元素的相对论效应。ADF-GUI 和 BAND-GUI 分别在图形界面下创建 ADF 和 BAND 的计算任务和图形显示结果。

3.7 ABINIT(http://www.abinit.org/)

ABINIT 是赝势平面波软件包,只支持模守恒赝势。它应用密度泛函理论计算总能量、电荷密度、分子和周期性固体的电子结构、几何优化和分子动力学模拟,也可以用 TDDFT(对分子)或 GW 近似(多体微扰理论)计算激发态。ABINIT 的另一个特点是它是电子结构计算领域中一个典型的自由软件项目,程序的基组库包括了元素周期表 1 ~ 109 号所有元素。

3.8 CPMD(http://www.cpmd.org/)

CPMD 是一个 Car-Parrinello 分子动力学程序包,支持模守恒赝势和超软赝势。CPMD 软件中包括自由能密度泛函、路径积分分子动力学和 Metadynamics 等方法,可以计算响应函数、激发态和其他许多电子性质。

参考文献

[1]Goldstein A, et al. Melting In Semiconductor Nanocrystals[J]. Science,1992,256:1425.

[2]Nair R, et al. Fine Structure Constant Defines Visual Transparency of Graphene[J]. Science, 2008,320:1308.

[3]Eigler D, Schweizer E. Positioning Single Atoms with a Scanning Tunnelling Microscope[J]. Nature,1990, 344:524 - 526.

[4]Lauhon L, et al. Epitaxial Core-shell And Core-multishell Nanowire Heterostructures[J]. Nature,2002, 420:57 - 61.

[5]Huo Z, Li Y. Self-assembly of Uniform Hexagonal Yttrium Phosphate Nanocrystals[J]. Chem. Commun,2006, 2006:3522 - 3524.

[6]Wang D, Xie T, Peng Q and Li Y. Ag, Ag_2s, Ag_2se Nanocrystals: Synthesis, Assembly, Construction of Mesoporous Structures[J]. Am. Chem. Soc,2008,130:4016 - 4022.

[7]Piner R, et al. Dip-pen Nanolithography. Science,1999. 283:661.

[8]Hulteen J, Duyne R. Nanosphere Lithography: A Materials General Fabrication Process for Periodic Particle Array Surfaces[J]. Vacuum Sci. Techn. 1995,A 13:1553 - 1558.

[9]Kraus T, et al. Nanoparticle Printing With Single-particle Resolution[J]. Nature Nanotechn, 2007, 2:570 - 576.

[10]Iijima S. Helical Microtubules of Graphitic Carbon[J]. Nature,1991, 354:56 - 58.

[11]Iijima S, Ichihashi T. Single-shell Carbon Nanotubes of 1-nm Diameter,1993, 363:603 - 605.

[12] Kisielowski C, et al. Object-defined Resolution Below 0. 5 in Transmission Electron Microscopy-recent Advances on the Team 0. 5 Instrument[J]. Microscopy, Microanalysis, 2008, 14:78 - 79.

[13] Stm, I. Gallery. The Corral Reef, < Http://Www. Almaden. Ibm. Com/Vis/Stm/Corral. Html >, Referred 8. 10. 2005.

[14] Stein C. Atoms,Molecules in Small Aggregates[J]. Phys. Teacher,1979, 17:503.

[15]王广厚.团簇物理学[M].上海:上海科学技术出版社, 2003.

[16]张立德,牟季美.纳米材料和纳米结构[M].北京:科学出版社, 2001.

[17]Siegel R W. Exploring Mesoscopia: The Bold New World of Nanostructures[J]. Phys. 1993, Today 46:64 - 64.

[18]Li J, et al. Spontaneous Assembly of Perfectly Ordered Identical-size Nanocluster Arrays[J]. Phys. Rev. Lett,2008, 88:66101.

[19]Wu K, Fujikawa Y, et al. Na Adsorption on the Si(111) - (7 < Rm > X </Rm > 7) Surface: From Two-Dimensional Gas to Nanocluster Array[J]. Phys. Rev. Lett,2003, 91: 126101.

[20]De Heer W A. The Physics of Simple Metal Clusters: Experimental Aspects,Simple Models [J]. Rev. Mod. Phys,1993, 65:611.

[21] Ф Зика В. Державний Вищий Навчальний Заклад Запор Зыкий Нац Ональний Ун Верситет М Н Стерства Осв Ти Науки Укра Ни,2002.

[22] Baletto F, Ferrando R. Structural Properties of Nanoclusters: Energetic, Thermodynamic, Kinetic Effects. Rev. Mod. Phys,2005, 77:371 –423.

[23] Maroulis G. Atoms, Molecules, Clusters in Electric Fields: Theoretical Approaches to The Calculation of Electric Polarizability (Imperial College Pr, 2006).

[24] Echt O, Sattler K, Recknagel E. Magic Numbers for Sphere Packings: Experimental Verification in Free Xenon Clusters[J]. Phys. Rev. Lett,1981, 47:1121 –1124.

[25] Knight W, et al. Electronic Shell Structure, Abundances of Sodium Clusters[J]. Phys. Rev. Lett,1984, 52:2141 –2143.

[26] Bergeron D, Castleman Jr A. Insights into the Stability of Silicon Cluster Ions: Reactive Etching With O[J]. Chem. Phys,2008,117:3219.

[27] Harris I, Kidwell R, Northby J. Structure of Charged Argon Clusters Formed in A Free Jet Expansion[J]. Phys. Rev. Lett,1984, 53:2390 –2393.

[28] Clemenger K. Ellipsoidal Shell Structure in Free – Electron Metal Clusters[J]. Phys. Rev. , 1985,B 32:1359 –1362.

[29] Katakuse I, et al. Correlation Between Masse Distributions of Zinc, Cadmium Clusters, Electronic Shell Structure. Intern[J]. Mass Spectr. Ion Processes,1986, 69:109 –114.

[30] Thomas O, et al. Onset of Metallic Behavior in Magnesium Clusters. Phys. Rev. Lett,2002, 89:213403.

[31] Brechignac C, et al. Probing the Transition From Van Der Waals to Metallic Mercury Clusters [J]. Phys. Rev. Lett,1988, 60:275 –278.

[32] Gong X G, Zheng Q Q, He Y Z. Electronic Structures of Magnesium Clusters[J]. Phys. Lett,1993,A 181:459.

[33] Leuchtner R, Harms A, Castleman Jr A. Thermal Metal Cluster Anion Reactions: Behavior of Aluminum Clusters With Oxygen[J]. Chem. Phys,1989, 91:2753.

[34] Jarrold M, Bower J, Kraus J. Collision Induced Dissociation of Metal Cluster Ions: Bare Aluminum Clusters, Al (N =3 –26)[J]. Chem. Phys,1987, 86:3876.

[35] Kumar V. Structure, Electronic Properties of Al_ {14}, Al_ {13} Na Clusters[J]. Phys. Rev,1998, B 57:8827 –8829.

[36] Li X, Wu H, Wang X, et al. S-P Hybridization, Electron Shell Structures in Aluminum Clusters: A Photoelectron Spectroscopy Study[J]. Phys. Rev. Lett,1998:1909 –1912.

[37] Pettersson L, et al. Small Al Clusters. Ii. Structure, Binding in Al (N = 2 –6, 13)[J]. Chem. Phys,1987, 87:2205.

[38] Gong X, Kumar V. Enhanced Stability of Magic Clusters: A Case Study of Icosahedral Al_ {12} X, X = B, Al, Ga, C, Si, Ge, Ti, As[J]. Phys. Rev. Lett,1993, 70:2078 –2081.

[39] Bergeron D, et al. Formation of Al I – 13: Evidence for the Superhalogen Character of Al_{13}. Am[J]. Assoc. Advancement Sci. , 2004,304:84 –87.

[40] Bergeron D, Roach P, Castleman A, Jones N, Khanna S. Al Cluster Superatoms As Halogens

in Polyhalides, As Alkaline Earths in Iodide Salts[J]. Am. Assoc. Advancement Sci., 2005, 307:231 - 235.

[41] Leung H, Naumkin F. Induced Super-halogen Behavior of Metal Moieties in Halogen-doped Clusters: Lini (-), Alni (-), N = 13, 1, 2, 3[J]. Phys. Chem. ,2006, A 110:13514 - 13520.

[42] Han Y K, Jung J. Does the "Superatom" Exist in Halogenated Aluminum Clusters? [J]. Am. Chem. Soc, 2008, 130: 2.

[43] Kumar V, Sundararajan V. Ab Initio Molecular-Dynamics Studies of Doped Magic Clusters, Their Interaction With Atoms[J]. Phys. Rev. , 1998, B 57:4939 - 4942.

[44] Ashman C, Khanna S, Pederson M. Electron Attachment, Dynamics of Alkali Atoms in Al_ {13} X (X = Li - Cs) Clusters[J]. Phys. Rev. ,2002, B 66:193408.

[45] Rao B, Khanna S, Jena P. Isomers of Al_ {13} Clusters, Their Interaction With Alkali Atoms [J]. Phys. Rev, 2000, B 62:4666 - 4671.

[46] Zope R, Baruah T. Conformers of Al_ {13}, Al_ {12} M, Al_ {13} M (M = Cu, Ag, Au) Clusters, Their Energetics[J]. Phys. Rev. ,2001, A 64:53202.

[47] Leskiw B, Castleman A. the Interplay Between the Electronic Structure, Reactivity of Aluminum Clusters: Model Systems As Building Blocks for Cluster Assembled Materials[J]. Chem. Phys. Lett, 2000, 316:31 - 36.

[48] Wang B, et al. Density-functional Study of Structural, Electronic Properties of Al_ {N} N (N = 2 - 12) Clusters[J]. Phys. Rev. ,2005, A 72:23204.

[49] Sun Q, et al. Structures, Stability of Al 7 C, Al 7 N Clusters[J]. the European Physical Journal D-atomic, Molecular, Opti. Plasma Phys, 2002, 18:77 - 81.

[50] Chen M, Yan X, Wei S. Structures, Magnetic Properties of Au N Ti 2 + (N 7) Clusters[J]. the European Physical Journal D-atomic, Molecular, Opt. , Plasma Phys, 2007, 41:513 - 517.

[51] Katakuse I, et al. Mass Distributions of Copper, Silver, Gold Clusters, Electronic Shell Structure. Intern[J]. Mass Spectr. Ion Processes, 1985, 67:229 - 236.

[52] Kkinen H H, Moseler M, Landman U. Bonding in Cu, Ag And Au Clusters: Relativistic Effects, Trends, Surprises[J]. Phys. Rev. Lett, 2002, 89:33401.

[53] Halkkinen H, et al. on the Electronic, Atomic Structures of Small Au N - (N) 4 - 14) Clusters: A Photoelectron Spectroscopy, Density-functional Study[J]. Phys. Chem. ,2003, A 107:6168.

[54] Li J, Li X, Zhai H, et al. Au 20: A Tetrahedral Cluster. Science (Washington, D. C.), 2003, 299:864 - 867.

[55] Gu X, Ji M, Wei S, Gong X. Au_ {N} Clusters (N = 32, 33, 34, 35): Cagelike Structures of Pure Metal Atoms[J]. Phys. Rev. ,2004, B 70:205401.

[56] Sakurai M, et al. Magic Numbers in Transition Metal (Fe, Ti, Zr, Nb, Ta) Clusters Observed By Time-of-flight Mass Spectrometry[J]. Chem. Phys. ,1999, 111:235.

[57] Wei S, Zeng Z, You J, Yan X H, Gong X. A Density-functional Study of Small Titanium Clusters[J]. Chem. Phys. ,2000, 113:11127.

[58] Liu S, Zhai H, Castro M, Wang L. Photoelectron Spectroscopy of Ti Clusters (N = 1 – 130) [J]. Chem. Phys. ,2003,118:2108.

[59] Chang C, Chou M. Alternative Low-symmetry Structure for 13-Atom Metal Clusters[J]. Phys. Rev. Lett. ,2004, 93:133401.

[60] Barreteau C, et al. Spd Tight-binding Model of Magnetism in Transition Metals. Application to Rh,Pd Clusters,Slabs[J]. Phys. Rev,2000, B 61:7781 – 7794.

[61] Dorantes-Davila J, Dreysse H. Magnetic Behavior of Small Vanadium Clusters[J]. Phys. Rev,1993, B 47:3857 – 3863.

[62] Villaseńor-Gonzάlez P, et al. Size, Structural Dependence of the Magnetic Properties of Rhodium Clusters[J]. Phys. Rev. ,1997, B 55:15084 – 15091.

[63] Cox A, et al. Magnetism in 4d-transition Metal Clusters[J]. Phys. Rev. ,1994, B 49: 12295 – 12298.

[64] Billas I, Chatelain A, De Heer W. Magnetism of Fe, Co,Ni Clusters in Molecular Beams[J]. Mag. Mater,1997,168:64 – 84.

[65] Apsel S, et al. Surface-enhanced Magnetism in Nickel Clusters[J]. Phys. Rev. Lett,1996, 76:1441 – 1444.

[66] Reddy B, et al. Physics of Nickel Clusters. 2. Electronic Structure,Magnetic Properties[J]. Phys. Chem,1998, A 102:1748 – 1759.

[67] Guirado-Lopez R, et al. Orbital Magnetism in Transition-metal Clusters: From HundS Rules to Bulk Quenching[J]. Phys. Rev. Lett,2003, 90:226402.

[68] Yanagisawa S, et al. An Investigation of Density Functionals: the First-row Transition Metal Dimer Calculations[J]. Chem. Phys,2000, 112:545.

[69] López-Urías F, Díaz-ortiz A. Magnetism in Mn Clusters: Role of Correlation Effects[J]. Phys. Rev,2003, B 68:180406.

[70] Wan X, et al. Orbital Polarization, Surface Enhancement, Quantum Confinement in Nanocluster Magnetism[J]. Phys. Rev. B ,2004, 69: 174414.

[71] Grotendorst J, et al. Non-collinear Magnetism: Exchange Parameter, T. Tc Computational Nanoscience: Do It Yourself (Nic Series 31),2006:447 – 67.

[72] Mejía-López J, et al. Noncollinear Magnetism, Spin Frustration and Magnetic Nanodomains in Small Mn_ {N} Clusters[J]. Phys. Rev. B,2006, 74:140405.

[73] Kiran B, et al. Magic Rule for Al_ {N} H_ {M} Magic Clusters[J]. Phys. Rev. Lett,2007, 98:256802.

[74] Neukermans S, et al. Element-and Size-dependent Electron Delocalization in Au_ {N} X^ {+} Clusters (X = Sc, Ti, V, Cr, Mn, Fe, Co, Ni)[J]. Phys. Rev. Lett. ,2003, 90: 33401.

[75] Li X, Kiran B, Li J, Zhai H, Wang L. Experimental Observation,Confirmation of Icosahedral W@ Au_{12},Mo@ Au_{12} Molecules. Angewandte Chemie International Edition,2002:41.

[76] Gao Y, Bulusu S, Zeng X. Gold-caged Metal Clusters With Large Homo Lumo Gap, High Electron Affinity[J]. Am. Chem. Soc, 2005,127:15680 – 15681.

[77] Chen M, Yan X. A New Magic Titanium-doped Gold Cluster, Orientation Dependent Cluster-Cluster Interaction[J]. Chem. Phys, 2008, 128:174305.
[78] Xiang X, Wei S, Yan X, You J, Mao Y. A Density-functional Study of Al-doped Ti Clusters: Tial (N = 1 - 13)[J]. Chem. Phys, 2004, 120:4251.
[79] Rossi G, Rapallo A, Mottet C, Fortunelli A, Baletto F, Ferrando R. Magic Polyicosahedral Core-Shell Clusters[J]. Phys. Rev. Lett, 2004, 93:105503.
[80] Moses M, Fettinger J, Eichhorn B. Interpenetrating As20 Fullerene, Ni12 Icosahedra in the Onion-Skin [As@ Ni12@ As20] 3-Ion[J]. Am. Assoc. Advancement Sci., 2003, 300:778 - 780.
[81] Wang J, et al. Gold-Coated Transition - Metal Anion [Mn13 @ Au_{20}] - With Ultrahigh Magnetic Moment[J]. Am. Chem. Soc, 2007, 129:4110 - 4111.
[82] Burkart S, et al. Experimental Verification of the High Stability of $Al_{13}H$: A Building Block of A New Type of Cluster Material? [J]. Chem. Phys. Lett, 1999, 301:546 - 550.
[83] Cox D, Trevor D, Whetten R, Kaldor A. Aluminum Clusters: Ionization Thresholds, Reactivity Toward Deuterium, Water, Oxygen, Methanol, Methane, Carbon Monoxide[J]. Phys. Chem., 1988, 92:421 - 429.
[84] Li X, Grubisic A, Stokes S, Cordes J, Gantefor G, Bowen K, Kiran B, Willis M, Jena P, Burgert R. Unexpected Stability of Al_4h_6: A Borane Analog? [J]. Science, 2007, 315:356.
[85] Li X, Wang L. Experimental Search, Characterization of Icosahedral Clusters: Al_ {12} X^ { - } (X = C, Ge, Sn, Pb)[J]. Phys. Rev. B, 2002, 65:153404.
[86] Li S, Gong X. Charge-Induced Structural Changes in Al_ {12} C Clusters[J]. Phys. Rev. B, 2004, 70:75404.
[87] Yoo S, et al. Structures, Relative Stability of Medium-Sized Silicon Clusters. V. Low-lying Endohedral Fullerenelike Clusters Si-Si, Si[J]. Chem. Phys., 2006, 124:164311.
[88] Yoo S, Shao N, Zeng X. Structures, Relative Stability of Medium-And Large-Sized Silicon Clusters. Vi. Fullerene Cage Motifs for Low-Lying Clusters Si39, Si40, Si50, Si60, Si70, Si80[J]. Chem. Phys., 2008, 128:104316 - 104316.
[89] Yoo S, Zeng X. Structures, Stability of Medium-Sized Silicon Clusters. Iii. Reexamination of Motif Transition in Growth Pattern From Si15 to Si20[J]. Chem. Phys, 2005, 123: 164303 - 164303.
[90] Yoo S, Zeng X. Structures, Relative Stability of Medium-Sized Silicon Clusters. Iv. Motif-Based Low-Lying Clusters Si21-Si30[J]. Chem. Phys, 2006, 124:54304 - 54304.
[91] Zhu X, Zeng X. Structures, Stabilities of Small Silicon Clusters: Ab Initio Molecular-Orbital Calculations of Si ~ 7 - Si ~ 1[J]. Chem. Phys, 2003, 118:3558 - 3570.
[92] Zhu X, et al. Structures, Stability of Medium Silicon Clusters. Ii. Ab Initio Molecular Orbital Calculations of Si ~ 1 ~ 2 - Si ~ 2 ~ 0[J]. Chem. Phys., 2004. 120:8985 - 8995.
[93] Wang L, Zhao J. Competition Between Supercluster, Stuffed Cage Structures in Medium - Sized Ge (N = 30 - 39) Clusters[J]. Chem. Phys, 2008, 128:024302.
[94] Yoo S, Zeng X. Search for Global-minimum Geometries of Medium-dized Germanium

Clusters. Ii. Motif-based Low-lying Clusters Ge21-Ge29[J]. Chem. Phys,2006, 124:184309 -184309.

[95]Hiura H, Miyazaki T, Kanayama T. Formation of Metal-Encapsulating Si Cage Clusters[J]. Phys. Rev. Lett,2001, 86:1733 -1736.

[96]Kumar V, Kawazoe Y. Metal-encapsulated Fullerenelike, Cubic Caged Clusters of Silicon[J]. Phys. Rev. Lett,2001, 87:45503.

[97]Kumar V, Kawazoe Y. Metal-encapsulated Caged Clusters of Germanium With Large Gaps, Different Growth Behavior Than Silicon[J]. Phys. Rev. Lett,2002, 88:235504.

[98]Singh A, Kumar V, Kawazoe Y. Design of A Very Thin Direct-band-gap Semiconductor Nanotube of Germanium With Metal Encapsulation[J]. Phys. Rev. B, 2005, 71:75312.

[99]Wang J, et al. Stability, Magnetic Properties of Transition Metal Atoms Endohedral Bn (N = 12 -28) Cages[J]. Chem. Phys,2008, 128:084306.

[100]Zhao J, et al. Lowest-energy Structures of Al_nP_n (N = 1 - 9) Clusters From Density Functional Theory[J]. Chem. Phys. Lett,2007, 443:29 -33.

[101]Zhao J, et al. Formation of Stable Fullerenelike Ga_{N} As_{N} Clusters (6≤ N≤ 9): Gradient-Corrected Density-functional Theory, A Genetic Global Optimization Approach[J]. Phys. Rev. B,2006, 74:35319.

[102]Wang B, Wang X, Chen G, Nagase S, Zhao J. Cage, Tube Structures of Medium - Sized Zinc Oxide Clusters (Zno)(N = 24, 28, 36,48)[J]. Chem. Phys,2008, 128:144710.

[103]Xiang J, Yan X, Xiao Y, et al. Structures, Growth Modes of (TiO) N (N69) Clusters. Chem[J]. Phys. Lett,2004, 387:66 -69.

[104]Kroto H, Heath J, O'brien S, Curl R, Smalley R. C_{60}: Buckminsterfullerene[J]. Nature, 1985, 318:162 -163.

[105]Tomάnek D, Schluter M. Growth Regimes of Carbon Clusters[J]. Phys. Rev. Lett,1991, 67:2331 -2334.

[106]Saito R, Fujita M, Dresselhaus G, Dresselhaus M. Electronic Structure of Graphene Tubules Based on C_ {60}[J]. Phys. Rev. B,1992, 46:1804 -1811.

[107]Guo Z, Yan X, Cao J. sp^3s^* Hybridization Effect on the Electronic Properties of C_{60} Cluster [J]. Physica B,2004, 352:325 -329.

[108]Gonzalez Szwacki N, et al. B_ {80} Fullerene: An Ab Initio Prediction of Geometry, Stability, Electronic Structure[J]. Phys. Rev. Lett,2007, 98:166804.

[109]Heath J, O'brien S, Zhang Q, Liu Y, Curl R, Tittel F, Smalley R. Lanthanum Complexes of Spheroidal Carbon Shells[J]. Am. Chem. Soc,1985, 107:7779 -7780.

[110]Weiss F, Elkind J, O'brien S, Curl R, Smalley R. Photophysics of Metal Complexes of Spheroidal Carbon Shells[J]. Am. Chem. Soc, 1988, 110:4464 -4465.

[111]Chai Y, Guo T, Jin C, Haufler R, Chibante L, Fure J, Wang L, Alford J, Smalley R. Fullerenes With Metals Inside[J]. Phys. Chem,1991, 95:7564 -7568.

[112]Gillan E, Yeretzian C, Min K, Alvarez M, Whetten R, Kaner R. Endohedral Rare-Earth Fullerene Complexes[J]. Phys. Chem,1992, 96:6869 -6871.

[113] Mcelvany S. Production of Endohedral Yttrium-Fullerene Cations By Direct Laser Vaporization[J]. Phys. Chem, 1992, 96:4935 - 4937.

[114] Shinohara H, Sato H, Ohkohchi M, Ando Y, Kodama T, Shida T, Kato T, Saito Y. Encapsulation of A Scandium Trimer in C_{82}[J]. Nature, 1992:357.

[115] Yannoni C, Hoinkis M, De Vries M, Bethune D, Salem J, Crowder M, Johnson R. Scandium Clusters in Fullerene Cages[J]. Am. Assoc. Advancement Sci. 1992, 256:1191 - 1192.

[116] Pichler T, Golden M, Knupfer M, Fink J, Kirbach U, Kuran P, Dunsch L. Monometallofullerene Tm@ C_ {82}: Proof of An Encapsulated Divalent Tm Ion By High-Energy Spectroscopy[J]. Phys. Rev. Lett, 1997, 79:3026 - 3029.

[117] Guo Z, Yang Y, Chen M, Deng Y, Yan X. Dissociation of Water Molecule on the Molybdenum Doped Fullerene[J]. Phys. Lett. A, 2009, 373:462 - 465.

[118] Erwin S, Pederson M. Electronic Structure of Superconducting Ba_ {6} C_ {60} [J]. Phys. Rev. B, 1993, 47:14657 - 14660.

[119] Gunnarsson O. Superconductivity in Fullerides[J]. Rev. Mod. Phys, 1997, 69:575 - 606.

[120] Kiran B, et al. Planar-to-tubular Structural Transition in Boron Clusters: B20 As the Embryo of Single-Walled Boron Nanotubes[J]. Proc. National Academy Sci, 2005, 102:961 - 964.

[121] Prasad D, Jemmis E. Stuffing Improves the Stability of Fullerenelike Boron Clusters[J]. Phys. Rev. Lett, 2008, 100:165504.

[122] Yan Q, Zheng Q, Su G. Face-Centered-Cubic B_ {80} Metal: Density Functional Theory Calculations[J]. Phys. Rev. B, 2008, 77:224106.

[123] He H, Pandey R, Boustani I, Karna S. Electron Transport in Boron Fullerenes[J]. 2008, 500 - 502.

[124] Tarucha S, et al. Shell Filling, Spin Effects in A Few Electron Quantum Dot[J]. Phys. Rev. Lett, 1996, 77:3613 - 3616.

[125] Kouwenhoven L, et al. Excitation Spectra of Circular, Few-Electron Quantum Dots[J]. Science, 1997, 278:1788.

[126] Kondo J. Theory of Dilute Magnetic Alloys[J]. Solid State Phys, 1969, 23:183 - 281.

[127] Ng T, Lee P. On-Site Coulomb Repulsion, Resonant Tunneling[J]. Phys. Rev. Lett, 1988, 61:1768 - 1771.

[128] Glazman L, Raikh M. Pisma Zh. Eksp. Teor. Fiz. 47, 378 (1988)[Jetp Lett. 47, 452 (1988)]; Tk Ng, Pa Lee. Phys. Rev. Lett, 1988, 61:1768.

[129] Kouwenhoven L, Glazman L. Revival of the Kondo Effect[J]. Phys. World, 2001, 14:33 - 38.

[130] Ji Y, et al. Phase Evolution in A Kondo-correlated System. , 2000, 290:779 - 783.

[131] Kang K, Choi M S, Lee S. Anomalous Transmission Phase of A Kondo-Correlated Quantum Dot[J]. Phys. Rev. B 2005, 71:045330.

[132] Jerez A, Vitushinsky P, Lavagna M. Theoretical Analysis of the Transmission Phase Shift of A Quantum Dot in the Presence of Kondo Correlations[J]. Phys. Rev. Lett, 2005, 95:127203.

[133]Pasupathy A, et al. the Kondo Effect in the Presence of Ferromagnetism[J]. Am. Assoc. Advancement Sci., 2004,306:86 - 89.

[134]Jarillo-Herrero P, et al. Orbital Kondo Effect in Carbon Nanotubes[J]. Nature,2005, 434: 484 - 488.

[135]Watson S, et al. Experimental Realization of A Quantum Spin Pump[J]. Phys. Rev. Lett, 2003, 91:258301.

[136]Potok R, et al. Detecting Spin-polarized Currents in Ballistic Nanostructures[J]. Phys. Rev. Lett,2002, 89:266602.

[137]Potok R, et al. Spin,Polarized Current From Coulomb Blockaded Quantum Dots[J]. Phys. Rev. Lett,2003, 91:16802.

[138] Nig J K, Gefen Y. Aharonov-bohm Interferometry With Interacting Quantum Dots: Spin Configurations, Asymmetric Interference Patterns, Bias-Voltage-Induced Aharonov-bohm Oscillations,Symmetries of Transport Coefficients[J]. Phys. Rev. B, 2005, 65:45316.

[139]Holleitner A, et al. Probing,Controlling the Bonds of An Artificial Molecule. 2002,297:70 - 72.

[140]Kobayashi K, et al. Tuning of the Fano Effect Through A Quantum Dot in An Aharonov - Bohm Interferometer[J]. Phys. Rev. Lett,2002, 88:256806.

[141]Orellana P, et al. Controlling Fano, Dicke Effects Via A Magnetic Flux in A Two-Site Anderson Model[J]. Phys. Rev. B,2004, 70:233315.

[142]Bu Ka B, Kostyrko T. Electronic Correlations in Coherent Transport Through A Two Quantum Dot System[J]. Phys. Rev. B,2004, 70:205333.

[143] Meden V, Marquardt F. Correlation-Induced Resonances in Transport Through Coupled Quantum Dots[J]. Phys. Rev. Lett,2006, 96:146801.

[144]Li P, Kuo D, Liao W, Lai W. Study of Tunneling Currents Through Germanium Quantum-Dot Single-hole And-electron Transistors. Appl. Phys. Lett,2006, 88:213117.

[145] Lu H, Lu R, Zhu B. Fano Effect Through Parallel-coupled Double Coulomb Islands[J]. Phys.: Condens. Matt,2006, 18:8961 - 8972.

[146]袁瑞玚. 低维体系中自旋电子输运的理论研究[D]. 北京:北京工业大学, 2008.

[147]Bayer M, et al. Coupling,Entangling of Quantum States in Quantum Dot Molecules. 2001, 291:451 - 453.

[148] Waugh F, et al. Single-electron Charging in Double,Triple Quantum Dots With Tunable Coupling[J]. Phys. Rev. Lett,1995, 75:705 - 708.

[149]Orellana P, et al. Transport Through A Quantum Wire with a Side Quantum-Dot Array[J]. Phys. Rev. B,2003, 67:85321.

[150]You J, Zheng H. Spectral Properties of A Double-quantum-dot Structure: A Causal Greens Function Approach[J]. Phys. Rev. B,1999, 60:8727 - 8733.

[151]Yuan R, Wang R, Duan Z, Song X, Wang B, Yan H. Mesoscopic Fano Effect Modulated By Rashba Spin Corbit Coupling,External Magnetic Field[J]. Phys. Lett. A,2007, 365: 248 - 252.

[152]Sun Q, Wang J, Guo H. Quantum Transport Theory for Nanostructures With Rashba Spin-orbital Interaction[J]. Phys. Rev. B,2005, 71:165310.

[153]Yacoby A, et al. Coherence,Phase Sensitive Measurements in A Quantum Dot[J]. Phys. Rev. Lett,1995, 74:4047.

[154]Schuster R, et al. Phase Measurement in A Quantum Dot Via A Double – Slit Interference Experiment[J]. Nature,1997, 385:417 –420.

[155]Luo H G, Wang S J, Jia C L. Magnetic Flux Effects in An Aharonov – Bohm Ring With An Inserted Quantum Dot[J]. Phys. Rev. B, 2002, 66:235311.

[156]Yuan R, Wang R, Wei J, You J, Yan H. Spin Transport Through Qd With Spin Corbital Interaction,Magnetic Field. Physica B, 2007, 392:233 –236.

[157]Nomoto K, Suzuki T, Taira K, Hase I. Tunneling Spectroscopy of Quantum Dots Using Submicrometer-diameter Alx Ga1-x As-Gaas Triple-barrier Diodes[J]. Phys. Rev. B,1997, 55:2523.

[158] Stafford C A, Wingreen N S. Resonant Photon-Assisted Tunneling Through A Double Quantum Dot: An Electron Pump From Spatial Rabi Oscillations[J]. Phys. Rev. Lett, 1996, 76:1916.

[159]Blick R, et al. Photon \ Ssisted Tunneling Through A Quantum Dot At High Microwave Frequencies[J]. Appl. Phys. Lett,1995, 67:3924.

[160]Ma Z, Shi J, Xie X C. Quantum Ac Transport Through Coupled Quantum Dots. Phys[J]. Rev. B,2000, 62:15352.

[161]Petta J R, et al. Manipulation of A Single Charge in A Double Quantum Dot[J]. Phys. Rev. Lett,2004, 93:186802.

[162]Rogge M, et al. Spin Blockade in Capacitively Coupled Quantum Dots[J]. Appl. Phys. Lett,2004, 85:606.

[163]Bitton L, et al. Signature of A Double Quantum Dot Structure in the I-V Characteristics of A Complex System[J]. Phys. Rev. B,2006, 73:035331 –6.

[164]Stepanenko D, Burkard G. Quantum Gates Between Capacitively Coupled Double Quantum Dot Two-Spin Qubits[J]. Phys. Rev. B,2007, 75:085324 –12.

[165]Yuan R, Wang R, Yan H. Tunable Resonant Tunneling Through A System of Capacitively Coupled Double Quantum Dots[J]. Physica E,2009, 41:558 –563.

[166]Sergueev N, et al. Spin-Polarized Transport Through A Quantum Dot: Anderson Model With On-Site Coulomb Repulsion[J]. Phys. Rev. B,2002, 65:165303.

[167] Martinek J, et al. Transport in Magnetic Nanostructures in the Presence of Coulomb Interaction[J]. Appl. Phys,2003, 93:8265.

[168]Rudziński W, et al. Spin Effects in Electron Tunneling Through A Quantum Dot Coupled to Noncollinearly Polarized Ferromagnetic Leads[J]. Phys. Rev. B,2005, 71:205307.

[169]Weymann I, Barna J. Cotunneling Through A Quantum Dot Coupled to Ferromagnetic Leads With Noncollinear Magnetizations. Euro. Phys. J. B,2005, 46:289 –299.

[170]Mu H F, Su G, Zheng Q R. Spin Current,Current-induced Spin Transfer Torque in Ferromagnet-

quantum Dot-ferromagnet Coupled Systems[J]. Phys. Rev. B,2006, 73:054414 -9.

[171]Swirkowicz R, et al. Kondo Effect in Quantum Dots Coupled to Ferromagnetic Leads With Noncollinear Magnetizations[J]. Phys. Rev. B, 2006, 73:193312 -4.

[172]Braun M, Konig J, Martinek J. Frequency-Dependent Current Noise Through Quantum-Dot Spin Valves[J]. Phys. Rev. B,2006, 74:075328 -13.

[173]Yuan R, Wang R, Yan H. Spin-polarized Transport in A Coupled-double-quantum-Dot System With Ferromagnetic Electrodes[J]. Phys. Conden. Matt,2007, 19:376215.

[174]Fano U, Rau A, Atomic Collisions,Spectra (Academic Press, 1986).

[175]Kobayashi K, et al. Tuning of the Fano Effect Through A Quantum Dot in An Aharonov-Bohm Interferometer[J]. Phys. Rev. Lett,2002, 88:256806.

[176]Bacon R. Growth, Structure,Properties of Graphite Whiskers[J]. Appl. Phys,1960, 31:283 -290.

[177]张立德,牟季美. 纳米材料和纳米结构[M].北京:科学出版社, 2001.

[178]Iijima S, Ichihashi T. Single-shell Carbon Nanotubes of 1-Nm Diameter[J]. Nature,1993, 363:603 -605.

[179]Bethune D, et al. Cobalt-Catalysed Growth of Carbon Nanotubes With Single-atomic-layer Walls[J]. Nature,1993, 363:605 -607.

[180]Thess A, et al. Crystalline Ropes of Metallic Carbon Nanotubes[J]. Science,1996, 273:483.

[181]Li W, Xie S, Qian L, Chang B, Zou B, Zhou W, Zhao R, Wang G. Large-Scale Synthesis of Aligned Carbon Nanotubes[J]. Science,1996, 274:1701 -1703.

[182]Peng L, et al. Stability of Carbon Nanotubes: How Small Can They Be. Phys. Rev. Lett, 2000, 85:3249 -3252.

[183]Zhu H W, et al. Direct Synthesis of Long Single-Walled Carbon Nanotube Strands[J]. Science,2002, 296:884 -886.

[184]Mao Y, Yan X, Xiao Y, Xiang J, Yang Y, Yu H. First-principles Study of the (2, 2) Carbon Nanotube[J]. Phys. Rev. B,2005, 71:033404.

[185]Mao Y, Yan X, Xiao Y, Xiang J, Yang Y, Yu H. the Viability of 0.3 Nm Diameter Carbon Nanotubes[J]. Nanotechnology 15,2004:1000 -1003.

[186]Guo Y H, Yan X H, Yang Y R. First-principles Study of Narrow Single-Walled Gan Nanotubes[J]. Phys. Lett. A, 2009, 73:367 -370.

[187]Ebbesen T, Ajayan P. Large-Scale Synthesis of Carbon Nanotubes[J]. Nature,1992, 358:220 -222.

[188] Colbert D, et al. Growth,Sintering of Fullerene Nanotubes[J]. Science,1994, 266:1218 -1222.

[189]Liu C, et al. Semi-continuous Synthesis of Single-walled Carbon Nanotubes By A Hydrogen Arc Discharge Method[J]. Carbon,1999, 37:1865 -1868.

[190]Ishigami M, Cumings J, Zettl A, Chen S. A Simple Method for the Continuous Production of Carbon Nanotubes[J]. Chem. Phys. Lett,2000, 319:457 -459.

[191] Guo T, et al. Self-Assembly of Tubular Fullerenes[J]. Phys. Chem, 1995, 99:10694 - 10697.

[192] Yudasaka M, et al. Single-wall Carbon Nanotube Formation By Laser Ablation Using Double-Targets of Carbon, Metal[J]. Chem. Phys. Lett, 1997, 278:102 - 106.

[193] Liu J, et al. Fullerene"Crop Circles". Nature, 1997, 385:780 - 781.

[194] Guo T, et al. Catalytic Growth of Single-walled Manotubes By Laser Vaporization[J]. Chem. Phys. Lett, 1995, 243:49 - 54.

[195] Birkett P, et al. Transition Metal Surface Decorated Fullerenes As Possible Catalytic Agents for the Creation of Single Walled Nanotubes of Uniform Diameter[J]. Chem. Phys. Lett, 1997, 281:111 - 114.

[196] Cheng H, et al. Large-Scale, Low-cost Synthesis of Single-walled Carbon Nanotubes By the Catalytic Pyrolysis of Hydrocarbons[J]. Appl. Phys. Lett, 1998, 72:3282.

[197] Rodriguez N, Kim M, Baker R. Carbon Nanofibers: A Unique Catalyst Support Medium[J]. Phys. Chem, 1994, 98:13108 - 13111.

[198] Iijima S. Growth of Carbon Nanotubes. Mater. Sci. & Engng. B, 1993, 19:172 - 180.

[199] Joumet C, et al. Large-Scale Production of Single-Walled Carbon Nanotubes By the Electricarc Technique [J]. Nature, 1997, 388:756 - 758.

[200] Ando Y, et al. Mass Production of Single-wall Carbon Nanotubes By the Arc Plasma Jet Method[J]. Chem. Phys. Lett, 2000, 323:580 - 585.

[201] Yakobson B, Smalley R. Fullerene Nanotubes: C1 000 000, Beyon. Am. Scientist, 1997, 85:324 - 337.

[202] Cheng H, et al. Bulk Morphology, Diameter Distribution of Single-Walled Carbon Nanotubes Synthesized By Catalytic Decomposition of Hydrocarbons. Chem. Phys. Lett, 1998, 289: 602 - 610.

[203] Smalley R. From Dopyballs to Nanowires. Mater. Sci. & Engng. B, 1993, 19:1 - 7.

[204] Iijima S, Ichihashi T, Ando Y. Pentagons, Heptagons, Negative Curvature in Graphite Microtubule Growth. Nature, 1992, 356:776 - 778.

[205] Endo M, Kroto H. Formation of Carbon Nanofibers[J]. Phys. Chem, 1992, 96:6941 - 6944.

[206] Zheng M, et al. Fabrication, Optical Absorption of Ordered Indium Oxide Nanowire Arrays Embedded in Anodic Alumina Membranes[J]. Chem. Phys. Lett, 2001, 334:298 - 302.

[207] Brinda B, et al. Sol-gel Template Synthesis of Semiconductor Nanostructures. Chem. Mater, 1997, 9:857 - 862.

[208] Zhu Y Q, et al. An Alternative Route to Nbs2 Nanotubes[J]. Phys. Chem. B, 2002, 106: 7623 - 7626.

[209] Brorson M, Hansen T W, Jacobsen C J H. Rhenium(Iv) Sulfide Nanotubes[J]. Am. Chem. Soc, 2002, 124:11582 - 11583.

[210] Ajayan P, et al. Carbon Nanotubes As Removable Templates for Metal Oxide Nanocomposites, Nanostructures[J]. Nature, 1995, 375:564 - 567.

[211]Han, Kohler-Redlich P, Ernst F, Ruhle M. Formation of (Bn)xCy, Bn Nanotubes Filled With Boron Carbide Nanowires[J]. Chem. Mater,1999, 11:3620 – 3623.

[212]Dloczik L, et al. Hexagonal Nanotubes of Zns By Chemical Conversion of Monocrystalline Zno Columns[J]. Appl. Phys. Lett,2001, 78:3687 – 3689.

[213]Goldberger J, et al. Single-crystal Gallium Nitride Nanotubes[J]. Nature,2003, 422:599 – 602.

[214] Saito R, Dresselhaus G, Dresselhaus M S. Physical Properties of Carbon Nanotubes. London:Imperial College, 1998.

[215]Maeda M, Kuramoto Y, Horie C. Phonon Dispersion Relations of Graphite[J]. Phys. Soc. Jpn,1979, 47:337 – 338.

[216]Al-Jishi R, Dresselhaus G. Lattice-dynamical Model for Graphite. Phys. Rev. B,1982, 26: 4514 – 4522.

[217]Al-Jishi R, Dresselhaus G. Lattice-dynamical Model for Alkali-Metal – Graphite Intercalation Compounds[J]. Phys. Rev. B,1982, 26:4523 – 4538.

[218]Jishi R, et al. Phonon Modes in Carbon Nanotubules[J]. Chem. Phys. Lett. ,1993,209.

[219]Saito R, Takeya T, Kimura T, Dresselhaus G, Dresselhaus M. Raman Intensity of Single-Wall Carbon Nanotubes[J]. Phys. Rev. B,1998, 57:4145 – 4153.

[220]Saito R, Takeya T, Kimura T, Dresselhaus G, Dresselhaus M. Finite-Size Effect on the Raman Spectra of Carbon Nanotubes[J]. Phys. Rev. B,1999, 59:2388 – 2392.

[221] Gilat G, Raubenheimer L. Accurate Numerical Method for Calculating Frequency – Distribution Functions in Solids[J]. Phys. Rev,1966, 144:390 – 395.

[222]Hone J, et al. Quantized Phonon Spectrum of Single-wall Carbon Nanotubes[J]. Science, 2000, 289:1730 – 1733.

[223]Thonhauser T, Mahan G. Phonon Modes in Si [111] Nanowires[J]. Phys. Rev. B,2004, 69:75213.

[224]Thonhauser T, Mahan G D. Predicted Raman Spectra of Si[111] Nanowires[J]. Phys. Rev. B,2005, 71:081307.

[225]Popov V. Lattice Dynamics of Single-walled Boron Nitride Nanotubes[J]. Phys. Rev. B, 2003, 67:85408.

[226]Rokuta E, et al. Phonon Dispersion of An Epitaxial Monolayer Film of Hexagonal Boron Nitride on Ni (111)[J]. Phys. Rev. Lett,1997, 79:4609 – 4612.

[227]Wirtz L, et al. Ab Initio Calculations of the Lattice Dynamics of Boron Nitride Nanotubes [J]. Phys. Rev. B,2003, 68:45425.

[228]Sánchez-portal D, Hernández E. Vibrational Properties of Single-wall Nanotubes, Monolayers of Hexagonal Bn[J]. Phys. Rev. B,2002, 66:235415.

[229]Adams G, et al. Energetics of Large Fullerenes: Balls, Tubes, Capsules. Science, 1992, 256:1792 – 1795.

[230]Harrison W. Electronic Structure, The Properties of Solids. Freeman San Francisco, 1980.

[231]Liu H, Chan C. Properties of 4 Å Carbon Nanotubes from First-principles Calculations[J].

Phys. Rev. B,2002, 66:115416.

[232]Machón A, et al. Ab Initio Calculations of the Optical Properties of 4-Å-Diameter Single-Walled Nanotubes[J]. Phys. Rev. B,2002, 66:155410.

[233]Li Z, Tang Z, Siu G, Bozovic I. Raman Characterization of 0. 4 Nm Single-Wall Carbon Nanotubes Using the Full-symmetry Line Group[J]. Appl. Phys. Lett,2004, 84:4101.

[234]Hulman M, Kuzmany H, Dubay O, Kresse G, Li L, Tang Z. Raman Spectroscopy of Template Grown Single Wall Carbon Nanotubes in Zeolite Crystals[J]. Chem. Phys. , 2003, 119:3384.

[235]Souza Filho A, et al. Stokes,Anti-stokes Raman Spectra of Small-Diameter Isolated Carbon Nanotubes[J]. Phys. Rev. B,2004, 69:115428.

[236]黄昆,韩汝琦. 固体物理学[M]. 北京:高等教育出版社,1988.

[237]Kim P, Shi L, Majumdar A, Mceuen P. Thermal Transport Measurements of Individual Multiwalled Nanotubes. Phys. Rev. Lett,2001, 87:215502.

[238]Lasjaunias J, et al. Evidence of 1d Behavior of He^{4} Confined Within Carbon – Nanotube Bundles[J]. Phys. Rev. Lett,2003, 91:25901.

[239]Mizel A, et al. Analysis of the Low-temperature Specific Heat of Multiwalled Carbon Nanotubes,Carbon Nanotube Ropes[J]. Phys. Rev. B,1999, 60:3264 – 3270.

[240]Maradudin A, Montroll E, Weiss G, Ipatova I. Theory of Lattice Dynamics in the Harmonic Approximation[M]. New York:Academic Press, 1971.

[241]Tenne R. Inorganic Nanotubes,Fullerene-like Nanoparticles. Journal of Materials Research, 2006, 21:2726 – 2743.

[242]Ruf T, et al. Phonon Dispersion Curves in Wurtzite-Structure Gan Determined By Inelastic X-Ray Scattering[J]. Phys. Rev. Lett. 2001, 86:906 – 909.

[243]曾谨言. 量子力学导论[M]. 北京:北京大学出版社, 1998.

[244]Roufosse M, Klemens P. Thermal Conductivity of Complex Dielectric Crystals. Phys. Rev. B,1973, 7:5379 – 5386.

[245]Zhang W, et al. Chirality Dependence of the Thermal Conductivity of Carbon Nanotubes. Nanotechnology,2004, 15:936 – 939.

[246]Hone J, Whitney M, Piskoti C, Zettl A. Thermal Conductivity of Single-Walled Carbon Nanotubes. Phys. Rev. B,1999, 59:2514 – 2516.

[247]Vogl P, Hjalmarson H, Dow J. Semi-empirical Tight-binding Theory of the Electronic Structure of Semiconductors[J]. Phys. Chem. Sol,1983, 44:265 – 378.

[248]Slater J, Koster G. Simplified LCAO Method for the Periodic Potential Problem[J]. Phys. Rev,1954, 94:1498 – 1524.

[249]Cao J X, Yan X H, Ding J W, Wang D L. Band Structures of Carbon Nanotubes: the Sp(3) S* Tight-Binding Model. Journal of Physics-Condensed Matter,2001, 13:L271 – L275.

[250]Cao J X, Yan X H, Ding J W, Wang D L, Lu D. Electronic Properties of Single-Walled Carbon Nanotubes[J]. Phys. Soc. Jpn,2002, 71:1339 – 1345.

[251]Miyamoto Y, et al. Chiral Tubules of Hexagonal BC_ {2} N. Phys. Rev. B,1994, 50:

4976 – 4979.

[252] Ding J, Yan X, Cao J. Analytical Relation of Band Gaps to Both Chirality, Diameter of Single-Wall Carbon Nanotubes[J]. Phys. Rev. B, 2002, 66:73401.

[253] Krupke R, et al. Separation of Metallic From Semiconducting Single-Walled Carbon Nanotubes[J]. Science, 2003, 301:344 – 347.

[254] Ulbricht H, Moos G, Hertel T. Interaction of C-60 With Carbon Nanotubes, Graphite[J]. Phys. Rev. Lett, 2003, 90.

[255] Kane C, Mele E. Size, Shape, Low Energy Electronic Structure of Carbon Nanotubes[J]. Phys. Rev. Lett, 1997, 78:1932 – 1935.

[256] Ouyang M, Huang J L, Cheung C L, Lieber C M. Energy Gaps in "Metallic" Single-Walled Carbon Nanotubes[J]. Science, 2001, 292:702 – 705.

[257] Saito R, Dresselhaus G, Dresselhaus M. Trigonal Warping Effect of Carbon Nanotubes[J]. Phys. Rev. B, 2000, 61:2981 – 2990.

[258] Saito R, Dresselhaus G, Dresselhaus M S. Electronic Structure of Double – Layer Graphene Tubules[J]. Appl. Phys, 1993, 73:494 – 500.

[259] Yorikawa H, Muramatsu S. Electronic Properties of Semiconducting Graphitic Microtubules [J]. Phys. Rev. B, 1994, 50:12203 – 12206.

[260] Blase X, Benedict L, Shirley E, Louie S. Hybridization Effects, Metallicity in Small Radius Carbon Nanotubes[J]. Phys. Rev. Lett, 1994, 72:1878 – 1881.

[261] Wildoer J. Electronic Structure of Atomically Resolved Carbon Nanotubes. Nature, 1998, 391:59 – 62.

[262] Yang Y, Yan X, Guo Z, Deng Y. Common Electronic Band Gaps, Similar Optical Properties of Zno Nanotubes[J]. Chin. Phys. B, 2008, 17:3433 – 3443.

[263] Yan X H, et al. Density Functional Calculations of Carbon Nanotubes: Behavior of Double-Walled Nanotubes Compared to Classical Cylindrical Capacitors[J]. Phys. Rev. B, 2007, 75:195442.

[264] Margine E, Crespi V. Universal Behavior of Nearly Free Electron States in Carbon Nanotubes [J]. Phys. Rev. Lett, 2006, 96:196803.

[265] Luzzi D, Smith B. Carbon Cage Structures in Single Wall Carbon Nanotubes: A New Class of Materials. Carbon, 2000, 38:1751 – 1756.

[266] Chen G, et al. Chemically Doped Double-Walled Carbon Nanotubes: Cylindrical Molecular Capacitors[J]. Phys. Rev. Lett, 2003, 90:257403.

[267] Mickelson W, et al. Packing C-60 in Boron Nitride Nanotubes[J]. Science, 2003, 300:467 – 469.

[268] Kwon Y, TomáNek D, Iijima S. "Bucky Shuttle" Memory Device: Synthetic Approach, Molecular Dynamics Simulations[J]. Phys. Rev. Lett, 1999, 82:1470 – 1473.

[269] Postma H W C, et al. Carbon Nanotube Single-Electron Transistors At Room Temperature. Science, 2001, 293:76 – 79.

[270] Collins P C, Arnold M S, Avouris P. Engineering Carbon Nanotubes, Nanotube Circuits

Using Electrical Breakdown[J]. Science,2001, 292:706 - 709.

[271] Bachtold A, Hadley P, Nakanishi T, Dekker C. Logic Circuits With Carbon Nanotube Transistors[J]. Science,2001, 294:1317 - 1320.

[272] Baughman R, Zakhidov A, De Heer W. Carbon Nanotubes-The Route Toward Applications [J]. Science,2002, 297:787 - 792.

[273] Kong J, et al. Nanotube Molecular Wires As Chemical Sensors[J]. Science,2000, 287: 622.

[274] Hafner J H, Cheung C L, Lieber C M. Growth of Nanotubes for Probe Microscopy Tips[J]. Nature,1999, 398:761 - 762.

[275] Dai H, Hafner J, Rinzler A, Colbert D, Smalley R. Nanotubes As Nanoprobes in Scanning Probe Microscopy[J]. Nature,1996, 384:147 - 150.

[276] Kim P, Lieber C. Nanotube Nanotweezers[J]. Science,1999, 286:2148.

[277] Han J, Globus A, Jaffe R, Deardorff G. Molecular Dynamics Simulations of Carbon Nanotube-Based Gears[J]. Nanotechnology,1997, 8:5 - 102.

[278] Ajayan P M, Iijima S. Capillarity-Induced Filling of Carbon Nanotubes[J]. Nature,1993, 361:333 - 334.

[279] Dujardin E, et al. Capillarity,Wetting of Carbon Nanotubes[J]. Science,1994, 265:1850 - 1852.

[280] Seraphin S, et al. Yttrium Carbide in Nanotubes[J]. Nature,1993, 362:503 - 503.

[281] Li Q, Fan S, Han W, Sun C, Liang W. Coating of Carbon Nanotube With Nickel By Electroless Plating Method[J]. Appl. Phys,1997, 36:501 - 503.

[282] Han W, Fan S, Li Q, Hu Y. Synthesis of Gallium Nitride Nanorods Through A Carbon Nanotube-Confined Reaction[J]. Science,1997, 277:1287.

[283] Goldberger J, Fan R, Yang P. Inorganic Nanotubes: A Novel Platform for Nanofluidics[J]. Acc. Chem. Res,2006, 39:239 - 248.

[284] Dresselhaus M S, Dresselhaus G, Eklund P C. Science of Fullerenes. Carbon Nanotubes. Academic Press, 1996.

[285] Dillon A, Jones K, Bekkedahl T, Kiang C, Bethune D, Heben M. Storage of Hydrogen in Single-Walled Carbon Nanotubes[J]. Nature,1997, 386:377 - 379.

[286] Nath M, Kar S, Raychaudhuri A, Rao C. Superconducting NbSe2 Nanostructures[J]. Chem. Phys. Lett,2003, 368:690 - 695.

[287] Ishigami M, et al. Observation of the Giant Stark Effect in Boron - Nitride Nanotubes[J]. Phys. Rev. Lett,2005, 94:56804.

[288] Chang C W, et al. Solid-State Thermal Rectifier. Science,2006, 314:1121 - 1124.

[289] Rapoport L, Fleischer N, Tenne R. Applications of WS2 (MoS2) Inorganic Nanotubes, Fullerene-Like Nanoparticles for Solid Lubrication, For Structural Nanocomposites [J]. Mater. Chem,2005, 15:1782 - 1788.

[290] Elbaum L K, et al. Room-temperature Ferromagnetic Nanotubes Controlled By Electron Or Hole Doping[J]. Nature,2004, 431:672 - 676.

[291] Li J, Tang Z, Zhang Z. H-Titanate Nanotube: A Novel Lithium Intercalation Host With Large Capacity, High Rate Capability. Electrochemistry Commun, 2005, 7:62 - 67.

[292] Bertness K, et al. Spontaneously Grown Gan, Algan Nanowires[J]. Crystal Growth, 2006, 287:522 - 527.

[293] Gao P, et al. Conversion of Zinc Oxide Nanobelts into Superlattice-Structured Nanohelices. Am. Assoc. Advancement Sci, 2005, 309:1700 - 1704.

[294] Whitman L, et al. Manipulation of Adsorbed Atoms, Creation of New Structures on Room-Temperature Surfaces with a Scanning Tunneling Microscope[J]. Science, 1991, 251:1206 - 1210.

[295] Kanemitsu Y, et al. Quantum Size Effects, Enhancement of the Oscillator Strength of Excitons in Chains of Silicon Atoms[J]. Phys. Rev. B, 1992, 46:3916.

[296] Kondo Y, Takayanagi K. Gold Nanobridge Stabilized By Surface Structure[J]. Phys. Rev. Lett, 1997, 79:3455.

[297] Kondo Y, Takayanagi K. Synthesis, Characterization of Helical Multi-Shell Gold Nanowires. 2000, 289:606 - 608.

[298] Choi S, et al. Fabrication of Nanometer Size Photoresist Wire Patterns with a Silver Nanocrystal Shadowmask[J]. Vacuum Sci. & Techn. A, 1999, 17:1425.

[299] Choi S, et al. Fabrication of Bismuth Nanowires with a Silver Nanocrystal Shadowmask[J]. Vacuum Sci. & Techn. A, 2000, 18:1326.

[300] Yun W, et al. L $ Acute {Rm A} $ Szl $ Acute {Rm O} $ Forr $ Acute {Rm O} $ [J]. Vac. Sci. Technol. A, 2000, 18:1329.

[301] Lisiecki I, et al. Structural Investigations of Copper Nanorods By High-Resolution Tem[J]. Phys. Rev. B, 2000, 61:4968.

[302] Oshima Y, Onga A, Takayanagi K. Helical Gold Nanotube Synthesized At 150 K. Phys[J]. Rev. Lett, 2003, 91:205503.

[303] Gülseren O, Ercolessi F, Tosatti E. Noncrystalline Structures of Ultrathin Unsupported Nanowires[J]. Phys. Rev. Lett, 1998, 80:3775.

[304] Gülseren O, Ercolessi F, Tosatti E. Premelting of Thin Wires[J]. Phys. Rev. B, 1995, 51:7377.

[305] Ercolessi F, Tosatti E, Parrinello M. Au (100) Surface Reconstruction[J]. Phys. Rev. Lett, 1986, 57:719 - 722.

[306] Ercolessi F, Parrinello M, Tosatti E. Simulation of Gold in the Glue Model. Philosophical Magazine A, 1988, 58:213 - 226.

[307] Di Tolla F, et al. Electronic Properties of Ultra-thin Aluminum Nanowires. in 18th European Conference on Surface Science (Ecoss 18), Vienna, Austria, 1999:947 - 951.

[308] Smogunov A, Dal Corso A, Tosatti E. Complex Band Structure With Ultrasoft Pseudopotentials: Fcc Ni, Ni Nanowire. in 7th International Conference on Nanometer-Scale Science, Technology (Nano - 7)/21st European Conference on Surface Science (Ecoss - 21), Malmo, Sweden, 2002:549 - 555.

[309] Delin A, Tosatti E. Magnetic Phenomena in 5d Transition Metal Nanowires. Phys. Rev. B, 2003, 68:144434.
[310] Delin A, Tosatti E, Weht R. Magnetism in Atomic-Size Palladium Contacts, Nanowires. Phys. Rev. Lett,2004, 92:057201.
[311] Morris J R, Deaven D M, Ho K M. Genetic-Algorithm Energy Minimization for Point Charges on A Sphere. Phys. Rev. B,1996, 53:R1740.
[312] Wang B, Yin S, Wang G, Buldum A, Zhao J. Novel Structures, Properties of Gold Nanowires. Phys. Rev. Lett,2001, 86:2046.
[313] 王广厚,王保林. 纳米金丝的生长序列，奇特结构和性质[J]. 物理,2001, 30:521 - 524.
[314] Wang J, et al. Melting Behavior in Ultrathin Metallic Nanowires. Phys. Rev. B,2002, 66:085408.
[315] Cleri F, Rosato V. Tight-Binding Potentials for Transition Metals, Alloys. Phys. Rev. B, 1993, 48:22.
[316] Wang B, Yin S, Wang G, Zhao J. Structures, Electronic Properties of Ultrathin Titanium Nanowires[J]. Phys. Conden. Matt,2001, 13:403 - 408.
[317] Wang B, Wang G, Zhao J. Magic Structures of Helical Multishell Zirconium Nanowires[J]. Phys. Rev. B,2002, 65:235406.
[318] Wang B, Wang G, Chen X, Zhao J. Melting Behavior of Ultrathin Titanium Nanowires[J]. Phys. Rev. B,2003, 67:193403.
[319] Wang B, et al. Electronic, Magnetic Properties of Ultrathin Rhodium Nanowires[J]. Phys. Conden. Matt,2003, 15:2327 - 2334.
[320] Wang B, et al. Electronic, Magnetic Properties of Multishell Co Nanowires Coated With Cu. Solid State Commun,2004, 129:25 - 30.
[321] W B L, et al. Electronic, Elastic Properties of Helical Nickel Nanowires. Chin. Phys. Lett, 2005, 22:1195 - 1198.
[322] Hasegawa A, Yoshizawa K, Hirao K. Electronic Structures of Gold Nanowires. Chem. Phys. Lett,2001, 345:367 - 371.
[323] Opitz J, Zahn P, Mertig I. Ab Initiocalculated Electronic Structure of Metallic Nanowires, Nanotubes. Phys. Rev. B,2002, 66:245417.
[324] Sen P, et al. Pentagonal Nanowires: A First-Principles Study of the Atomic, Electronic Structure. Phys. Rev. B,2002, 65:235433.
[325] Zhao J, Buia C, Han J, Lu J. Quantum Transport Properties of Ultrathin Silver Nanowires. Nanotechnology,2003, 14:501 - 504.
[326] Tosatti E, Prestipino S. Materials Science: Weird Gold Nanowires. Science,2000, 289:561.
[327] Tosatti E, et al. String Tension, Stability of Magic Tip-Suspended Nanowires. Science,2001, 291:288 - 290.
[328] Liao L, et al. Synthesis, Raman Analysis of 1d-Zno Nanostructure Via Vapor Phase Growth. Appl. Surface Sci,2005, 240:175 - 179.

[329]王保林，赵纪军，王广厚. 原子尺度金属纳米线的结构和性质. 物理学进展，2005，25：317－348.

[330] Cox A J, Louderback J G, Bloomfield L A. Experimental Observation of Magnetism in Rhodium Clusters[J]. Phys. Rev. Lett,1993, 71:923.

[331] Cox A J, Louderback J G, Apsel S E, Bloomfield L A. Magnetism in 4d-Transition Metal Clusters. Phys. Rev. B,1994, 49:12295.

[332] Jinlong Y, Toigo F, Kelin W. Structural, Electronic, Magnetic Properties of Small Rhodium Clusters[J]. Phys. Rev. B,1994, 50:7915.

[333] Jinlong Y, Toigo F, Kelin W, Manhong Z. Anomalous Symmetry Dependence of Rh13 Magnetism[J]. Phys. Rev. B,1994, 50:7173.

[334] Zhao J, et al. Critical Size for Magnetic-Non-Magnetic Transition in Transition Metal Clusters. Europhys. Lett,1995, 32:113 -113.

[335] VillaseñOr-González P, et al. Size, Structural Dependence of the Magnetic Properties of Rhodium Clusters. Phys. Rev. B,1997, 55:15084.

[336] Wu S C, et al. Electronic Structure, Magnetism of the Rh{001} Surface. Phys. Rev. B, 1994, 49:14081.

[337] Eichler A, Hafner J, Furthmuller J, Kresse G. Structural, Electronic Properties of Rhodium Surfaces: An Ab Initio Approach. Surface Science(Netherlands),1996, 346:300 -321.

[338] Nayak S K, et al. Relationship Between Magnetism, Topology, Reactivity of Rh Clusters. Phys. Rev. B,1997, 56:8849.

[339] Goldoni A, et al. Experimental Evidence of Magnetic Ordering At the Rh(100) Surface. Phys. Rev. Lett,1999, 82:3156.

[340] H H(Edited). Clusters of Atoms, Molecules,1994.

[341] Muller C J, et al. Quantization Effects in the Conductance of Metallic Contacts At Room Temperature. Phys. Rev. B,1996, 53:1022.

[342] Barnett R, Landman U. Cluster-Derived Structures, Conductance Fluctuations in Nanowires. Nature,1997, 387:788 -791.

[343] Hong B, et al. Ultrathin Single-Crystalline Silver Nanowire Arrays Formed in An Ambient Solution Phase. 2001,294:348 -351.

[344] Simpkins B, et al. Gallium-based Catalysts for Growth of Gan Nanowires [J]. Crystal Growth,2006, 290:115 -120.

[345] Stoica T, et al. Mbe Growth Optimization of Inn Nanowires[J]. Crystal Growth,2006, 290: 241 -247.

[346] Arakawa Y, Sakaki H. Multidimensional Quantum Well Laser, Temperature Dependence of Its Threshold Current. Appl. Phys. Lett,1982. 40:939.

[347] Miller B, et al. Quantum Wires in Ingaas/Inp Fabricated By Holographic Photolithography. Appl. Phys. Lett,1989, 54:188.

[348] Cox H, et al. Formation of Laterally Propagating Supersteps of Inp/Ingaas on Vicinal Wafers. Appl. Phys. Lett,2989, 55:472.

[349] Li H, et al. Self – Organization of Wire-Like Inas Nanostructures on Inp[J]. Crystal Growth,1999, 205:613 – 617.

[350] Zhao Q, et al. Optical Properties of Arsenic Ions Implanted Gaas/Algaas V-Grooved Quantum Wires[J]. Appl. Phys,2000, 88:2519 – 2522.

[351] Wang X L, Ogura M, Matsuhata H. Flow Rate Modulation Epitaxy of Algaas/Gaas Quantum Wires on Nonplanar Substrate[J]. Appl. Phys. Lett,1995, 66:1506 – 1508.

[352] Zhao Q, et al. Structural, Mechanical, Thermodynamic, Optical Properties of Condensed Matter (Pacs 61 – 68, 78)-optical Properties of Arsenic Ions Implanted Gaas/Algaas V-Grooved Quantum Wires[J]. Appl. Phys,2000, 88:2519 – 2522.

[353] Hiyamizu S, et al. In0. 15ga0. 85as/Gaas Quantum Wire Structures Grown on (5 5 3)B Gaas Substrates By Molecular Beam Epitaxy. J. Crystal Growth,1999, 201 – 202, 824 – 827.

[354] 福井孝志,原真二郎. 应用物理(日). 1998, 67:777.

[355] Morales A M, Lieber C M. A Laser Ablation Method for the Synthesis of Crystalline Semiconductor Nanowires. Science ,1998,279:208 – 211.

[356] Zeng X, et al. Silicon Nanowires Grown on A Pre-Annealed Si Substrate[J]. Crystal Growth,2003, 247:13 – 16.

[357] Holmes J D, Johnston K, Doty R, Korgel B. Control of Thickness, Orientation of Solution-Grown Silicon Nanowires. Science,2000, 287:1471.

[358] Lew K, Redwing J. Growth Characteristics of Silicon Nanowires Synthesized By Vapor-Liquid-solid Growth in Nanoporous Alumina Templates[J]. Crystal Growth,2003, 254:14 – 22.

[359] Ma D D, et al. Small-Diameter Silicon Nanowire Surfaces. Science, 2003, 299: 1874 – 1877.

[360] Zhao Y, Yakobson B I. What Is the Ground-state Structure of the Thinnest Si Nanowires?. Phys. Rev. Lett,2003, 91:035501.

[361] Kagimura R, Nunes R W, Chacham H. Structures of Si, Ge Nanowires in the Subnanometer Range. Phys. Rev. Lett,2005, 95:115502.

[362] Cao J X, Gong X G, Zhong J X, Wu R Q. Sharp Corners in the Cross Section of Ultrathin Si Nanowires. Phys. Rev. Lett,2006, 97:136105 – 4.

[363] Lu M, Li M, Kong L, Guo X, Li H. Synthesis, Characterization of Well-Aligned Quantum Silicon Nanowires Arrays. Composites Part B,2004, 35:179 – 184.

[364] Qi J, et al. Optical Spectroscopy of Silicon Nanowires. Chem. Phys. Lett,2003, 372:763 – 766.

[365] Zhang S, Ding W, Yan Y, Qu J, Li B, Li L, Yue K, Yu D. Variation of Raman Feature on Excitation Wavelength in Silicon Nanowires. Appl. Phys. Lett,2002, 81:4446.

[366] Niu J, Sha J, Wang Y, Ma X, Yang D. Crystallization, Disappearance of Defects of the Annealed Silicon Nanowires. Microelectronic Engng,2003, 66:65 – 69.

[367] Cui Y, Duan X, Hu J, Lieber C. Doping, Electrical Transport in Silicon Nanowires[J]. Phys. Chem. B,2000, 104:5213 – 5216.

[368] Lau A, Hui D. the Revolutionary Creation of New Advanced Materials Carbon Nanotube Composites. Composites Part B,2002, 33:263 –277.

[369] Volz S, Chen G. Molecular Dynamics Simulation of Thermal Conductivity of Silicon Nanowires. Appl. Phys. Lett,1999, 75:2056.

[370] Li D, et al. Thermal Conductivity of Individual Silicon Nanowires. Appl. Phys. Lett,2003, 83:2934.

[371] Kamins T, Li X, Williams R. Thermal Stability of Ti-Catalyzed Si Nanowires. Appl. Phys. Lett,2003, 82:263.

[372] Zhou G, et al. Controlled Li Doping of Si Nanowires By Electrochemical Insertion Method. Appl. Phys. Lett,1999, 75:2447.

[373] Peng K Q, Huang Z P, Zhu J. Fabrication of Large-Area Silicon Nanowire P – N Junction Diode Arrays. Adv. Mater,2004, 16:73 –76.

[374] Huang Y, et al. Logic Gates,Computation From Assembled Nanowire Building Blocks. 2001, 294:1313 –1317.

[375] Gislason H, Langbein W, Hvam J. Asymmetric Gaas/Algaas T Wires With Large Confinement Energies. Appl. Phys. Lett,1996, 69:3248.

[376] Schmitt-Rink S, Miller D, Chemla D. Theory of the Linear,Nonlinear Optical Properties of Semiconductor Microcrystallites. Phys. Rev. B,1987, 35:8113 –8125.

[377] Wegscheider W, et al. Lasing From Excitons in Quantum Wires. Phys. Rev. Lett,1993, 71:4071 –4074.

[378] Grundmann M, Stier O, Bimberg D. Electronic States in Strained Cleaved-Edge – Overgrowth Quantum Wires,Quantum Dots. Phys. Rev. B,1998, 58:10557 –10561.

[379] Akis R, Vasilopoulos P, Debray P. Bound States, Transmission Antiresonances in Parabolically Confined Cross Structures: Influence of Weak Magnetic Fields. Phys. Rev. B, 1997, 56:9594 –9602.

[380] Olendski O, Mikhailovska L. Bound-State Evolution in Curved Waveguides,Quantum Wires. Phys. Rev. B,2002, 66:35331.

[381] Akiyama H, et al . One-Dimensional Continuum,Exciton States in Quantum Wires. Appl. Phys. Lett,2003, 82:379.

[382] Chen Y, Xie Y, Hong Yan X. the Evolution of Bound States in Quantum Wires Under Potential Modulation. Physica B,2006, 373:253 –257.

[383] 卫崇德, 章立源,刘福绥. 固体物理中的格林函数方法[M]. 北京:高等教育出版社, 1992.

[384] Datta S. Electronic Transport in Mesoscopic Systems. Cambridge Univ Pr, 1997.

[385] Wang Y, Wang J, Guo H. Magnetoconductance of A Stadium-Shaped Quantum Dot: A Finite-Element-Method Approach. Phys. Rev. B,1994, 49:1928 –1934.

[386] W R Z, Y X H. Resonant Peak Splitting for Ballistic Conductance in Two-Dimensional Electron Gas Under Electromagnetic Modulation. Chin. Phys. Lett,2000, 17:598.

[387] Sheng W. the Scattering Matrix Method for Quantum Waveguides[J]. Phys. Condensed

Mater,1997, 9:8369 - 8380.

[388] Lee P, Fisher D. Anderson Localization in Two Dimensions. Phys. Rev. Lett,1981, 47:882 - 885.

[389] Mackinnon A. the Calculation of Transport Properties,Density of States of Disordered Solids. Zeitschrift F R Physik B,1985, 59:385 - 390.

[390] Sols F, et al. on the Possibility of Transistor Action Based on Quantum Interference Phenomena. Appl. Phys. Lett,1989, 54:350.

[391] Ando T. Edge States in Quantum Wires in High Magnetic Fields. Phys. Rev. B,1990, 42: 5626 - 5634.

[392] Sols F, et al. on the Possibility of Transistor Action Based on Quantum Interference Phenomena. Appl. Phys. Lett,1989, 54:350 - 352.

[393] Chang Y, Chang L, Esaki L. A New One \ Dimensional Quantum Well Structure. Appl. Phys. Lett,1985, 47:1324.

[394] Walck S, Reinecke T, Knipp P. Exciton Binding Energy in T-Shaped Semiconductor Quantum Wires. Phys. Rev. B,1997, 56:9235 - 9238.

[395] Baranger H. Multiprobe Electron Waveguides: Filtering,Bend Resistances. Phys. Rev. B, 1990, 42:11479 - 11495.

[396] Goldoni G, Rossi F, Molinari E. Quantum Interference in Nanometric Devices: Ballistic Transport Across Arrays of T-shaped Quantum Wires. Appl. Phys. Lett,1997, 71:1519.

[397] Bohn J. Theory of Electron Transport Through A Periodic Array of Devices With Transverse Exit Leads. Phys. Rev. B,1997, 56:4132 - 4140.

[398] Chen Y, Yan X, Xie Y. Semiconductors Ii: Surfaces, Interfaces, Microstractures,Related Topics - Transport Through T-Shaped Quantum Wires Under Potential Modulation: Lattice Green's Function Approach (7 Pages). Phys. Rev. B,2005, 71:245335 - 245400.

[399] 朱建新,汪子丹,蒋祺,龚昌德. 弹道区的电子输运[J]. 物理学进展,1997,17: 233.

[400] Landauer R. Spatial Variation of Currents,Fields Due to Localized Scatterers in Metallic Conduction. Ibm J Res. Dev,1957, 1:223.

[401] Landauer R. Electrical Resistance of Disordered One-Dimensional Lattices. Phil. Mag,1970, 21:863.

[402] Büttiker M, et al. Generalized Many-Channel Conductance Formula With Application to Small Rings. Phys. Rev. B,1985, 31:6207.

[403] 游建强. 半导体纳米结构及其体系中电子输运性质的研究[D]. 中国科学院固体物理研究所博士学位论文,1997.

[404] Kronig R D L, Penney W G. Quantum Mechanics of Electrons in Crystal Lattices. Proc. Roy. Soc. (London) A,1931,130:499.

[405] Esaki L, Tsu R. Superlattice,Negative Conductivity in Semiconductors. Ibm Res. Notes Rc 1969, 2418.

[406] Esaki L, Tsu R. Superlattice,Negative Differential Conductivity in Semiconductors. Ibm J. Res. Develop,1970, 14:61.

[407]Chang L L, Esaki L, Howard W E, Ludeke R. the Growth of A Gaas-Gaalas Superlattice [J]. Vac. Sci. Technol,1973, 10:11.
[408] Bastard G, Brum J A. Electronic States in Semiconductor Heterostructures. IEEE J. Quantum Electron. Qe -22,1986, 1625.
[409]Shay J L, Wagner S, Phillips J C. Heterojunction Band Discontinuities. Appl. Phys. Lett, 1976, 28:31 -33.
[410]Anderson R L. Experiments on Ge-gaas Heterojunctions. Solid State Electron,1962, 5:341.
[411]Frensley W R, Kroemer H. Theory of the Energy-band Line up at an Abrupt Semiconductor Heterojunction. Phys. Rev. B,1977, 16:2642.
[412]Tersoff J. Theory of Semiconductor Heterojunctions: the Role of Quantum Dipoles. Phys. Rev. B,1984, 30:4874.
[413] Guinea F, Flores F, Tejedor C, Louries E. Effective Two-dimensional Hamiltonian At Surfaces. Phys. Rev. B,1983, 28:4397.
[414] Pickett W E, Louie S G, Cohen M L. Self-consistent Calculations of Interface States, Electronic Structure of the (110) Interfaces of Ge-gaas, Alas-gaas. Phys. Rev. B,1978, 17:815.
[415]Chang L L, Esaki L, Tsu R. Resonant Tunneling in Semiconductor Double Barriers. Appl. Phys. Lett,1974, 24:593.
[416] Luryi S. Frequency Limit of Double-barrier Resonant-tunneling Oscillators. Appl. Phys. Lett,1985, 47:490.
[417] Mendez E E, Esaki L, Wang W I. Resonant Magnetotunneling in Gaalas-Gaas-Gaalas Heterostructures. Phys. Rev. B,1986, 33:2893.
[418] Matulis A, Peeters F M, Vasilopoulos P. Wave-Vector-Dependent Tunneling Through Magnetic Barriers. Phys. Rev. Lett,1994, 72:1518 -1521.
[419]Chemla D S. Special Issue: Optics of Nanostructures. Physics Today,1993, 46, 22.
[420]Yan X H, et al. Renormalization Group of Generalized Fibonacci Lattices. Phys. Rev. B, 1992, 46:6071.
[421]Tsu R, Esaki L. Tunneling in A Finite Superlattice. Appl. Phys. Lett,1973, 22:562.
[422] Liu X W, Stamp A P. Resonant Tunneling, Splitting: the Inherent Properties of Superlatttices. Phys. Rev. B,1994, 50:1588.
[423]You J Q, Zhang L, Gosh P K. Electronic Transport in Nanostructures Consisting of Magnetic Barriers. Phys. Rev. B,1995. 52:17243 -17247.
[424]Zeng Z Y, Zhang L D, Yan X H, You J Q. Resonant Peak Splitting for Ballistic Conductance in Magnetic Super Lattices. Phys. Rev. B,1999, 60:1518.
[425]郭永,顾秉林. 超晶格结构中共振劈裂的普遍性[J]. 物理学报,1999, 48:1733.
[426]Wang R Z, Yan X H. Resonant Peak Splitting for Ballistic Conductance in Two-Dimensional Electron Gas Under Electromagnetic Modulation. Chin. Phys. Lett,2000,17:598.
[427]Nogaret A, et al. Observation of Giant Magnetoresistance Due to Open Orbits in Hybrid Semiconductor/ Ferromagnet Devices. Phys. Rev. B,1997, 55:R16037.

[428] Heer R, et al. Ballistic Electron Emission Microscopy on Biased Gaas-Algaas Superlattices. Appl. Phys. Lett,1998, 73:3138.
[429]王如志. 半导体纳米结构体系的弹道电子输运[D]. 湘潭大学,2000.
[430]钟红梅. 自旋电子学研究[J]. 红外,2004,3:19.
[431]Ohno H, et al. Magnetotransport Properties of P-Type (In, Mn)As Diluted Magnetic Iii-V Semiconductors. Phys. Rev. Lett,1992, 68, 2664.
[432]Ohno H. Making Nonmagnetic Semiconductors Ferromagnetic. Science,1998, 281:951.
[433]Reohr W, et al. Memories of Tomorrow. Memories of Tomorrow. IEEE Circuits&Devices, 2002, 18:17.
[434]Wolf S A, et al. Spintronics: A Spin-based Electronics Vision for the Future. Science,2001, 294:1488.
[435]Prinz G A. Spin-Polarized Transport[J]. Physics Today,1995, 48:58.
[436]Prinz G A. Device Physics-Magnetoelectronics[J]. Science,1995, 282:1660.
[437]Esaki L, Stiles P J, Molnar S V. Magnetointernal Field Emission in Junctions of Magnetic Insulators. Phys. Rev. Lett,1967, 19:852.
[438]Meservey R, Tedrow P M, Fulde P. Magnetic Field Splitting of the Quasiparticle States in Superconducting Aluminum Films. Phys. Rev. Lett,1970, 25:1270.
[439]Julliere M. Tunneling Between Ferromagnetic Films. Phys. Lett. A,1975, 54:225.
[440] Slonczewski J C. Conductance, Exchange Coupling of Two Ferromagnets Separated By A Tunneling Barrier. Phys. Rev. B,1989, 39:6995.
[441] Rashba E I. Properties of Semiconductor With Extremum Loop. Cyclotron, Combinational Resonance in A Magnetic Field Perpendicular to the Plane of the Loop. Sov. Phys. Solid State,1960, 2:1109.
[442]Datta S, Das B. Electronic Analog of the Electro-Optic Modulator. Appl. Phys. Lett,1990, 56:665.
[443]张立德,牟季美. 纳米材料学[M]. 辽宁:辽宁科学出版社, 1994.
[444] Monzon F G, Johnson M, Roukes M L. Strong Hall Voltage Modulation in Hybrid Ferromagnet/Semiconductor Microstructure. Appl. Phys. Lett,1997, 71:3087.
[445]Oestreich M, et al. Spin Injection into Semiconductors. Appl. Phys. Lett,1999, 74:1251.
[446]Lee W Y, et al. Magnetization Reversal, Magnetoresistance in A Lateral Spin - Injection Device. Appl. Phys. Lett,1999, 85:6682.
[447] Hammar P R, et al. Observation of Spin Injection At A Ferromagnet-Semiconductor Interface. Phys. Rev. Lett,1999, 83:203.
[448]Fiederling R, et al. Injection, Detection of A Spin-Polarized Current in A Light - Emitting Diode[J]. Nature(London),1999, 402:787.
[449]Ohno Y, et al. Electrical Spin Injection in a Ferromagnetic Semiconductor Heterostructure. Nature(London),1999, 402:790.
[450]Schmidt G, et al. Fundamental Obstacle for Electrical Spin Injection From A Ferromagnetic Metal into a Diffusive Semiconductor[J]. Phys. Rev. B,2000, 62:R4790.

[451] Rashba E I. Theory of Electrical Spin Injection: Tunnel Contacts as a Solution of the Conductivity Mismatch Problem[J]. Phys. Rev. B,2000, 62:R16267.

[452] Alvarado S F. Tunneling Potential Barrier Dependence of Electron Spin Polarization[J]. Phys. Rev. Lett,1999, 75:513.

[453] Zhu H J, et al. Room-Temperature Spin Injection from Fe into Gaas[J]. Phys. Rev. Lett, 2001, 87:016601.

[454] Monsma D J, Vlutters R, Lodder J C. Room Temperature-Operating Spin – Valve Transistors Formed by Vacuum Bonding[J]. Science,1998, 281:407.

[455] Feher G, Kip A F. Electron Spin Resonance Absorption in Metals[J]. I. Experimental. Phys. Rev,1955, 98:337.

[456] Dyson F J. Electron Spin Resonance Absorption in Metals. Ii. Theory of Electron Diffusion, The Skin Effect[J]. Phys. Rev,1955, 98:349.

[457] Johnson M, Silsbee R H. Interfacial Charge-spin Coupling: Injection, Detection of Spin Magnetization in Metals. Phys. Rev. Lett,1985, 55:1790.

[458] Baibich M N, et al. Giant Magnetoresistance of (001) Fe/(001) Cr Magnetic Superlattices [J]. Phys. Rev. Lett,1988, 61:2472.

[459] Binasch G, et al. Enhanced Magnetoresistance in Layered Magnetic Structures With Antiferromagnetic Interlayer Exchange[J]. Phys. Rev. B,1989, 39:4828.

[460] Schad R, et al. Giant Magnetoresistance in Fe/Cr Supperlattices with very Thin Fe Layers [J]. Appl. Phys. Lett,1994, 64:3500.

[461] Petukhov A G, Chantis A N, Demchenko D O. Resonant Enhancement of Tunneling Magnetoresistance in Double-barrier Magnetic Heterostructures[J]. Phys. Rev. Lett, 2002, 89:107205.

[462] Moodera J S, Kinder L R, Wong T M, et al. Large Magnetoresistance at Room-Temperature in Ferromagnetic Thin-Film Tunnel-junctions[J]. Phys. Rev. Lett,1995, 74:3273.

[463] Dieny B. Giant Magnetoresistance in Spin-valve Multilayer[J]. Magn. Magn. Mater,1994, 136:335.

[464] 阎明朗,李淑祥. 金属磁性多层膜的新颖特性——巨磁电阻效应[J]. 物理,1994, 23:335.

[465] Elliott R J. Theory of the Effect of Spin-orbit Coupling on Magneticresonance in Some Semiconductors[J]. Phys. Rev,1954, 96:266.

[466] Moodera J S, Kinder L R. Ferromagnetic-insulator-ferromagnetic Tunneling: Spin-dependent Tunneling, Large Magnetoresistance in Trilayer Junctions[J]. Appl. Phys,1996, 79:4724.

[467] Moodera J S, et al . Geometrically Enhanced Magnetoresistance in Ferromagnet-Insulator-Ferramagnet Tunnel Junctions[J]. Appl. Phys. Lett,1996, 69:708.

[468] Miyazaki T, Tezuka N. Giant Magnetic Tunneling Dffect in Fe/Al_2O_3/Fe Junction[J]. Magn. Magn. Meter,1995, 139:L231.

[469] Miyazaki T, Tezuka N. Spin Polarized Tunneling in Ferromagnet Insulator Ferromagnet Junctions[J]. Magn. Magn. Meter,1995, 151:403.

[470] Zhai F, Guo Y, Gu B L. Giant Magnetoresistance Effect in A Magnetic – Electric Barrier Structure[J]. Phys. Rev. B,2002, 66:125305.

[471] Yang X D, Wang R Z, Guo Y, et al. Giant Magnetoresistance Effect of Two-dimensional Electron Gas Systems in A Periodically Modulated Magnetic Field[J]. Phys. Rev. B,2004, 70:115303.

[472] Bychkov Y A, Rashba E I. Oscillatory Effects,The Magnetic – Susceptibility of Carriers in Inversion-Layers[J]. Phys. C,1994, 17:6039.

[473] Dyakonov M I, Yu V. Spin Relaxation of Two-Dimensional Electrons in Noncentrosymmetric Semiconductors[J]. Sov. Phys. Semicond,1986, 20:110.

[474] Rashba E I, Sherman E Y A. Spin-Orbital Band Splitting in Symmetric Quantum Wells. Phys. Lett. A,1988, 129:175.

[475] Vancura T, Ihn T, Broderick S, et al. Electron Transport in A Two-Dimensional Electron Gas With Magnetic Barriers. Phys. Rev. B,2000, 62:5074.

[476] Ibrahim I S, Peeters F M. Two-dimensional Electrons in Lateral Magnetic Superlattices[J]. Phys. Rev. B,1995, 52:17321 – 17334.

[477] Yuan R Y, Wang R Z, Xue K, et al. Spin Transport in An Asymmetrical Magnetic Superlattice[J]. Phys. Rev. B,2006, 74:024417.

[478] Engel H A, Loss D. Conductance Fluctuations in Diffusive Rings: Berry Phase Effects, Criteria for Adiabaticity[J]. Phys. Rev. B,2000, 62:10238.

[479] Schliemann J, Egues J C, Loss D. Variational Study of the N = 1 Quantum Hall Ferromagnet in the Presence of Spin-orbit Interaction[J]. Phys. Rev. B,2003, 67:085302.

[480] Zhai F, Guo Y,Gu B L. Effects of Conduction Band Offset on Spin – Polarized Transport Through A Semimagnetic Semiconductor Heterostructure[J]. Appl. Phys,2001, 90: 1328.

[481] Zhai F, Xu H Q, Guo Y. Tunable Spin Polarization in a Two-Dimensional Electron Gas Modulated by a Ferromagnetic Metal Stripe, a Schottky Metal Stripe[J]. Phys. Rev. B, 2004, 70:085308.

[482] Chang K, Xia J B, Peters F M. Longitudinal Spin Transport in Diluted Magnetic Semiconductor Superlattices: the Effect of the Giant Zeeman Splitting[J]. Phys. Rev. B, 2002, 65:155211.

[483] Ambrajei A N, et al. Spin-polarized Electron Transport, Emission from Strained Superlattices [J]. Appl. Surf. Sci,2000, 166:40.

[484] Guo Y, Feng Z, Gu B L, Kawazoe Y. Resonant Enhancement, Negative Differential Resistances in Hybrid Magnctic-electric Barrier Structures[J]. Phys. Rev. B,2002, 66: 045312.

[485] Wiel W G B D, et al. The Kondo Effect in the Unitary Limit[J]. Science,2000, 289: 2105.

[486] Regan B O, Gratzel M. A Low-cost, High-Efficiency Solar Cell Based on Dye – Sensitized Colloidal TiO_2 Films[J]. Nature,1991, 353:737 – 740.

[487] Bach U, Lupo D, Comte P, et al. Solid-State Dye-Sensitized Mesoporous TiO_2 Solar Cells

with High Photon-To-Electron Conversion Efficiencies[J]. Nature,1998, 395:583 -585.

[488] Zukalova M, et al. Organized Mesoporous TiO_2 Films Exhibiting Greatly Enhanced Performance in Dye-Sensitized Solar Cells[J]. Nano Lett,2005, 5:1789 -1792.

[489] Grunberg P, Schreiber R, Pang Y, et al. Layered Magnetic Structures: Evidence for Antiferromagnetic Coupling of Fe Layers Across Cr Interlayers[J]. Phys. Rev. Lett,1986, 57:2442 -2445.

[490] Baibich M, et al. Giant Magnetoresistance of (001) Fe/(001) Cr Magnetic Superlattices [J]. Phys. Rev. Lett,1988, 61:2472 -2475.

[491] Parkin S S P, More N, Roche K P. Oscillations in Exchange Coupling,Magnetoresistance in Metallic Superlattice Structures: Co/Ru, Co/Cr,Fe/Cr. Phys. Rev[J]. Lett,1990, 64: 2304 -2307.

[492] Parkin S S P, Li Z G, Smith D J. Giant Magnetoresistance in Antiferromagnetic Co/Cu Multilayers[J]. Appl. Phys. Lett,1991, 58:2710 -2712.

[493] Vining C. Semiconductors Are Cool. Nature,2001, 413:577 -578.

[494] Sales B, Mandrus D, Williams R. Filled Skutterudite Antimonides: A New Class of Thermoelectric Materials[J]. Science,1996, 272:1325 -1328.

[495] Tritt T M, et al. Large Enhancement of the Resistive Anomaly in the Pentatelluride Materials Hfte5,Zrte5 With Applied Magnetic Field[J]. Phys. Rev. B,1999, 60:7816 -7819.

[496] Chung D Y, et al. A High-Performance Thermoelectric Material for Low - Temperature Applications[J]. Science,2000, 287:1024 -1027.

[497] Venkatasubramanian R, et al. Thin-film Thermoelectric Devices With High Room - Temperature Figures of Merit[J]. Nature,2001, 413:597 -602.

[498] Goldsmid H J, Pennb A W. Boundary Scattering of Phonons in Solid Solutions[J]. Phys. Lett. A,1968, 27:523 -524.

[499] Lin M E, Reifenberger R, Andres R P. Field-emission Spectrum of a Nanometer-size Supported Gold Cluster: Theory,Experiment[J]. Phys. Rev. B,1992, 46:15490 -15497.

[500] Qian W, Scheinfein M, Spence J. Brightness Measurements of Nanometer Sized Field Emission Electron Sources[J]. Appl. Phys,1993, 73:7041 -7045.

[501] Castro T, et al. A Field Emission Technique to Measure the Melting Temperature of Individual Nanometer-Sized Clusters[J]. Surface Science,1990, 234:43 -52.

[502] Lin M E, et al. Size-dependent Field-emission Spectra From Nanometer-Size Supported Gold Clusters[J]. Phys. Rev. B,1992, 46:15498 -15502.

[503] Mcbride S, Wetsel Jr G. Nanometer-scale Features Produced By Electric-Field Emission[J]. Appl. Phys. Lett,1991, 59:3056 -3058.

[504] Rinzler A, et al. Unraveling Nanotubes: Field Emission from an Atomic Wire[J]. Science, 1995, 269:1550 -1553.

[505] De Heer W, Chatelain A, Ugarte D. A Carbon Nanotube Field-emission Electron Source [J]. Science,1995, 270:1179 -1180.

[506] Chernozatonskii L, et al. Electron Field Emission From Nanofilament Carbon Films[J].

Chem. Phys. Lett,1995, 233:63 - 68.

[507] Wang S, et al. Preparation,Electron Field Emission Properties of Nano-diamond Films[J]. Mater. Lett,2002, 56:948 - 951.

[508] Sugino T, Kimura C, Yamamoto T. Electron Field Emission from Boron-nitride Nanofilms [J]. Appl. Phys. Lett,2002, 80:3602 - 3604.

[509] Terada Y, et al. Field Emission from Gan Self-organized Nanotips[J]. Appl. Phys,2002, 41:1194 - 1196.

[510] Wang S, et al. Electron Field Emission Properties of Nano- Submicro- and Micro-diamond Films[J]. Physica Status Solidi (A),2002, 193:546 - 551.

[511] Han S, Ihm J. First-principles Study of Field Emission of Carbon Nanotubes[J]. Phys. Rev. B,2002, 66, 241402.1 - 241402.4.

[512] Han S, Lee M, Ihm J. Dynamical Simulation of Field Emission in Nanostructures[J]. Phys. Rev. B,2002, 65, 085405.1 - 085405.7.

[513] Fisher T, Walker D. Thermal,Electrical Energy Transport,Conversion in Nanoscale Electron Field Emission Processes[J]. Heat Transfer,2002, 124:954 - 962.

[514] Fowler R, Nordheim L. Electron Emission in Intense Electric Fields[J]. Proceedings of the Royal Society of London. Series A, Containing Papers of A Mathematical,Physical Character A,1928,119:173 - 181.

[515] Wang B, Wang R Z, Zhou H, et al. Field Emission Mechanism From Nanocrystalline Cubic Boron Nitride Films. Microelectronic J,2004, 35:371 - 374.

[516] Brus L. Electron-electron,Electron Hole Interactions in Small Semiconductor Crystallites: the Size Dependence of the Lowest Excited Electronic State[J]. Chem. Phys,1984, 80:4403 - 4409.

[517] Geis M, et al. A New Surface Electron-emission Mechanism in Diamond Cathodes[J]. Nature,1998, 393:431 - 435.

[518] Binh V, Adessi C. New Mechanism for Electron Emission from Planar Cold Cathodes: the Solid-state Field-controlled Electron Emitter[J]. Phys. Rev. Lett,2000, 85:864 - 867.

[519] Semet V, et al. Electron Emission through a Multilayer Planar Nanostructured Solid-State Field-Controlled Emitter[J]. Appl. Phys. Lett,2004, 84:1937 - 1939.

[520] Wang R, Ding X, Wang B, et al. Structural Enhancement Mechanism of Field Emission from Multilayer Semiconductor Films[J]. Phys. Rev. B,2005, 72:125310.1 - 125310.6.

[521] Wang R, Ding X, Xue K, et al. Multipeak Characteristics of Field Emission Energy Distribution from Semiconductors[J]. Phys. Rev. B,2004, 70:195305.1 - 195305.6.

[522] Wang R, Yan H, Wang B, et al. Field Emission Enhancement by the Quantum Structure in An Ultrathin Multilayer Planar Cold Cathode. Appl. Phys. Lett,2008, 92, 142102.

[523] Huang Z, Weimer M, Allen R. Internal Image Potential in Semiconductors: Effect on Scanning Tunneling Microscopy[J]. Phys. Rev. B,1993, 48:15068 - 15076.

[524] Goncharuk N. The Influence of an Emitter Accumulation Layer on Field Emission from A Multilayer Cathode[J]. Mater. Sci. & Engng A,2003, 353:36 - 40.

[525] Jin S, Tiefel T, Mccormack M, et al. Chen. Thousandfold Change in Resistivity in Magnetoresistive La-Ca-Mn-O Films[J]. Science,1994, 264:413 -415.

[526] Miyazaki T, Tezuka N. Giant Magnetic Tunneling Effect in Fe/Al_2O_3/Fe Junction[J]. Mag. Mag. Mater,1995, 139:L231 - L234.

[527] Moodera J, et al. Large Magnetoresistance at Room Temperature in Ferromagnetic Thin Film Tunnel Junctions[J]. Phys. Rev. Lett,1995, 74:3273 -3276.

[528] Litovchenko V, et al. Quantum-size Resonance Tunneling in the Field Emission Phenomenon [J]. Appl. Phys,2004, 96:867 -877.

[529] Helmolt R V, et al. Giant Negative Magnetoresistance in Perovskitelike La2/3ba1/3mnox Ferromagnetic Films[J]. Phys. Rev. Lett,1993, 71:2331 -2333.

[530] Tong L, et al. Annealing Effect on the Structural,Magnetic Properties of $La_{0.7}Sr_{0.3}Mno_3$ Films [J]. Appl. Phys,2005, 98:123505 -123505 -3.

[531] 李彤. 庞磁阻 $la_{1-x}Sr_xmno_3$ 基 PN 结的制备与性能研究[D]. 北京: 北京工业大学, 2006.

[532] Yu D B, Ying Q M, Zhang G C, et al. Anomalous Magnetic Behavior in Phase-separated $La_{0.5}Sr_{0.5}MnO_3$[J]. Rare Earths,2004, 22:63 -65.

[533] 于敦波, 等. 成分调制的 $la_{1-x}Sr_xmno_3$ 复合隧道结[J]. 物理学报,2005,54:4903 - 4908.

[534] Du Y, Wang B, Li T, et al. Effects of Annealing Procedures on the Structural,Magnetic Properties of Epitaxial $La_{0.7}Sr_{0.3}MnO_3$ Films[J]. Journal of Magnetism,Magnetic Materials, 2006, 297:88 -92.

[535] Li T, Du Y S, Yan H, et al. Observation of Phase Separated $La_{0.5}Sr_{0.5}MnO_3$ Film[J]. International Journal of Modern Physics B,2006, 20:551 -557.

[536] Li T, et al. Rectifying Characteristics of $La_{1-X}Sr_XMnO_3/TiO_2$ (X = 0. 2, 0. 15, 0. 04) Heterostructures[J]. Appl. Phys,2006,100:063711 -1 -063711 -4.

[537] Li T, Zhang M, Wang B, et al. Effect of Magnetic Film Thickness on Rectifying Properties of $La_{0.8}Sr_{0.2}MnO_3/TiO_2$ Heterostructures[J]. Solid State Commun,2006, 140:289 -293.

[538] 杜永胜. 全钙钛矿结构磁性隧道结的制备与性能研究[D]. 北京: 北京工业大学, 2005.

[539] Feng J, et al. Space-charge Trap Mediated Conductance Blockade in Tunnel Junctions with Half-metallic Electrodes[J]. Appl. Phys. Lett,2008, 93:192507.

[540] 甘学温, 黄如, 刘晓彦,张兴. 纳米 cmos 器件[M]. 北京:科学出版社,2004.

[541] Chandrakasan A, Brodersen R. Minimizing Power Consumption in Digital Cmos Circuits[J]. Proceedings of the IEEE,1995, 83:498 -523.

[542] Sodini C, Ko P, Moll J. The Effect of High Fields on Mos Device,Circuit Performance[J]. IEEE Transactions on Electron Devices,1984, 31:1386 -1393.

[543] 叶良修. 半导体物理学[M]. 北京:高等教育出版社,1983.

[544] Rana F, Tiwari S, Buchanan D. Self-consistent Modeling of Accumulation Layers,Tunneling Currents through very Thin Oxides. Applied Phys[J]. Lett,1996, 69:1104 -1106.

[545]王伟，等. Sige Cmos 结构模拟分析[J]. 电子科技，2004:42 – 45.
[546]戴显英，等. Sige Hbt 直流特性模型研究[J]. 西安电子科技大学学报,2004，31:165 – 169.
[547]孙自敏,董志伟. Sige 器件及其研究综述[J]. 半导体情报,1999,36:17 – 21.
[548]许高博,徐秋霞. 先进的 hf 基高 *k* 栅介质研究进展[J]. 电子器件,2007,30:1194 – 1199.
[549]Casse M，et al. Carrier Transport in H_fO_2/Metal Gate Mosfets: Physical Insight into Critical Parameters[J]. IEEE Transactions on Electron Devices,2006，53:759 – 768.
[550]Ren C，et al. A Dual-metal Gate Integration Process for Cmos with sub-1-nm Eot Hfo/Sub 2/ By Using Hfn Replacement Gate[J]. IEEE Electron Device Lett,2004，25:580 – 582.
[551] Yagishita A，et al. High Performance Metal Gate Mosfets Fabricated by Cmp for 0. 1 Mmregime[C]. Int. Electron Devices Meeting，1998，785 – 788.
[552]甘学温,王旭社. 双栅和环栅 mosfet 中短沟效应引起的阈值电压下降[J]. 半导体学报，2001，22:1581 – 1585.
[553]Suzuki K，et al. Scaling Theory for Double-gate Soi Mosfet's[J]. IEEE Transactions on Electron Devices,1993，40:2326 – 2329.
[554]陈自强. 战胜 cmos Scaling 的研究挑战：半导体业发展方向[J]. 中国集成电路,2007，16:20 – 23.
[555]姜岩峰,谢孟贤. 微纳电子器件[M]. 北京:化学工业出版社，2005.
[556]李言荣，谢孟贤,恽正中. 纳米电子材料与器件[M]. 北京：电子工业出版社，2005.
[557]郭维廉. Rtd 的器件模型和模拟——共振隧穿器件讲座(9)[J]. 微纳电子技术,2007，44:917 – 922.
[558]夏建白,朱邦芬. 半导体超晶格物理[M]. 上海:上海科学技术出版社,1995.
[559]郭维廉. 共振隧穿三极管（Rtt）——共振隧穿器件讲座(10)[J]. 微纳电子技术,2007，44:923 – 932.
[560]Wei H，Qin Q，Ma M，et al. 80% Tunneling Magnetoresistance at Room Temperature for Thin Al-O Barrier Magnetic Tunnel Junction with Cofeb as Free, Reference Layers[J]. Appl. Phys,2007，101:09b501.
[561] Greer J，Korkin A，Labanowski J. Nano, Giga Challenges in Microelectronics. Elsevier, Amsterdam，2003.
[562]郭维廉，牛萍娟,苗长云. 共振隧穿器件及其集成技术发展趋势和最新进展[J]. 微纳电子技术,2005，42:298 – 304.
[563]施敏，韩汝琦，贾霖,等. 现代半导体器件物理[M]. 北京:科学出版社,2001.
[564] Slonczewski J. Conductance, Exchange Coupling of Two Ferromagnets Separated by a Tunneling Barrier[J]. Phys. Rev. B,1989，39:6995 – 7002.
[565] Ben-Jacob E，et al. Coherent Versus Noncoherent Bloch Oscillations in the Presence of Direct, Alternating Fields[J]. Phys. Rev. B,1988，37:7400 – 7418.
[566]Fulton T，Dolan G. Observation of Single-electron Charging Effects in Small Tunnel Junctions [J]. Phys. Rev. Lett,1987，59:109 – 112.

[567]Lambe J, Jaklevic R. Charge-quantization Studies Using a Tunnel Capacitor[J]. Phys. Rev. Lett,1969, 22:1371 -1375.

[568]Grabert H, et al. Single Electron Tunneling Rates in Multijunction Circuits[J]. Zeitschrift Für Physik B,1991, 84:143 -155.

[569]Lafarge P, Esteve D. Nondivergent Calculation of Unwanted High-Order Tunneling Rates in Single-Electron Devices[J]. Phys. Rev. B,1993, 48:14309 -14317.

[570]蒋建飞. 单电子学[J]. 北京:科学出版社, 2007.

[571]Likharev K. Correlated Discrete Transfer of Single Electrons in Ultrasmall Tunnel Junctions [J]. Ibm J. Res. Devel,1988, 32:144 -158.

[572]Tucker J. Complementary Digital Logic Based on the "Coulomb Blockade"[J]. Appl. Phys, 1992, 72:4399 -4413.

[573] Korotkov A. Theoretical Analysis of the Resistively Coupled Single-Electron Transistor. Applied Phys. Lett,1998, 72:3226 -3228.

[574]Korotkov A. Single-electron Transistor Controlled with a Rc Circuit[J]. Phys. Rev. B, 1994, 49:16518 -16522.

[575]Lent C, Tougaw P. Lines of Interacting Quantum-Dot Cells: A Binary Wire[J]. Appl. Phys,1993, 74:6227 -6233.

[576]Lent C, Tougaw P, Porod W. Bistable Saturation in Coupled Quantum Dots for Quantum Cellular Automata[J]. Appl. Phys. Lett,1993, 62:714 -716.

[577]Girlanda M, Macucci M. Analysis of Polarization Propagation Along A Semiconductor-based Quantum Cellular Automaton Chain[J]. Appl. Phys,2002, 92:536 -542.

[578]Tougaw P, Lent C, Porod W. Bistable Saturation in Coupled Quantum-dot Cells[J]. Appl. Phys,1993, 74:3558 -3566.

[579]Islamshah A, et al . Digital Logic Gate Using Quantum-Dot Cellular Automata[J]. Science, 1999, 284:289 -291.

[580]Shirakashi J, Matsumoto K, Miura N, et al. Room Temperature Nb-based Single-Electron Transistors[J]. Japanese J. Appl. Phys,1998, 37:1594 -1598.

[581]Lee Y, et al. Effect of Electrode Composition on the Tunnel Magnetoresistance of Pseudo-Spin-Valve Magnetic Tunnel Junction with a MgO Tunnel Barrier[J]. Appl. Phys. Lettm, 2007, 90:212507.

[582]Julliere M. Tunneling Between Ferromagnetic Films[J]. Phys. Lett. A,1975, 54:225 -226.

[583] Miyazaki T, Tezuka N. Giant Magnetic Tunneling Effect in $Fe/Al_2O_3/Fe$ Junction[J]. Magn. Magn. Mater,1995, 139:L231 -L234.

[584] Han X, et al. Fabrication of High-magnetoresistance Tunnel Junctions Using $Co_{75}Fe_{25}$ Ferromagnetic Electrodes[J]. Appl. Phys. Lett,2000, 77:283 -285.

[585]Butler W, et al. Spin-dependent Tunneling Conductance of Fe/ MgO/ Fe Sandwiches[J]. Phys. Rev. B,2001, 63:054416.

[586] Mathon J, Umerski A. Theory of Tunneling Magnetoresistance of An Epitaxial Fe/MgO/Fe

(001) Junction[J]. Phys. Rev. B,2001, 63:220403.
[587] Yuasa S, et al. Giant Room-temperature Magnetoresistance in Single-Crystal Fe/MgO/Fe Magnetic Tunnel Junctions[J]. Nature Mater,2004, 3:868 - 871.
[588] Parkin S, et al. Giant Tunnelling Magnetoresistance At Room Temperature With MgO (100) Tunnel Barriers[J]. Nature Mater,2004, 3:862 - 867.
[589] Djayaprawira D, et al. 230% Room-temperature Magnetoresistance in Cofeb / MgO / Cofeb Magnetic Tunnel Junctions[J]. Appl. Phys. Lett,2005, 86:092502.
[590] Yuasa S, et al. Giant Tunneling Magnetoresistance up to 410% at Room Temperature in Fully Epitaxial Co/MgO/Co Magnetic Tunnel Junctions with Bcc Co (001) Electrodes[J]. Appl. Phys. Lett,2006, 89:042505.
[591] Brey L, Tejedor C, Fernandez-rossier J. Tunnel Magnetoresistance in Gamnas: Going beyond Jullière Formula[J]. Appl. Phys. Lett, 85:1996 - 1998.
[592] 周兆英,杨兴. 微/纳机电系统[J]. 仪表技术与传感器,2003:1 - 5.
[593] Craighead H. Nanoelectromechanical Systems[J]. Science,2000, 290:1532 - 1535.
[594] Yang Y, et al. Monocrystalline Silicon Carbide Nanoelectromechanical Systems[J]. Appl. Phys. Lett,2001, 78:162 - 164.
[595] Wada Y. Nems/Mems Tools for Nanoelectronics Development[J]. Current Applied Physics, 2002, 2:331 - 334.
[596] Sidles J. Folded Stern-gerlach Experiment as a Means for Detecting Nuclear Magnetic Resonance in Individual Nuclei[J]. Phys. Rev. Lett,1992, 68:1124 - 1127.
[597] Oudenaarden A V, Boxer S. Brownian Ratchets: Molecular Separations in Lipid Bilayers Supported on Patterned Arrays[J]. Science,1999, 285:1046 - 1049.
[598] Evoy S, et al. Nanofabrication, Electrostatic Operation of Single-Crystal Silicon Paddle Oscillators[J]. Appl. Phys,1999, 86:6072 - 6077.
[599] Carr D, et al. Measurement of Mechanical Resonance, Losses in Nanometer Scale Silicon Wires[J]. Appl. Phys. Lett,1999, 75:920 - 922.
[600] Cleland A, Roukes M. Fabrication of High Frequency Nanometer Scale Mechanical Resonators from Bulk Si Crystals[J]. Appl. Phys. Lett,1996, 69:2653 - 2655.
[601] Born M, Huang K, Dynamical Theory of Crystal Lattices. Oxford: Oxford University Press, 1954.
[602] Levy M. Electron Densities in Search of Hamiltonians[J]. Phys. Rev. A,1982, 26:1200.
[603] Slater J C. Wave Functions in a Periodic Potential[J]. Phys. Rev,1937, 51:846.
[604] Fock V, Hartree D R. The Wave Mechanics of an Atom with a Non-Coulomb Central Field I [J]. Theory, Methods. Proc. Cam. Phil. Soc,1928, 24:89.
[605] Fock V. NäHerungsmethode Zur LöSung Des Quantenmechanischen MehrköRperproblems. Z. Phys,1930, 61:209.
[606] Fermi E. Un Metodo Statistico Per La Determinazione Di Alcune Priorieta Dell´atome[J]. Rend. Accad. Naz. Lincei,1927, 6:32.
[607] Thomas H. the Calculation of Atomic Fields. Proc. Cam. Phil. Soc,1927, 23:542.

[608]Dirac P. Note on Exchange Phenomena in the Thomas Atom[J]. Proc. Cambridge Phil. Roy. Soc,1930, 26:376.

[609]Hohenberg P, Kohn W. Inhomogeneous Electron Gas[J]. Phys. Rev,1964, 136: B864.

[610]Kohn W, Sham L. Self-consistent Equations Including Exchange, Correlation Effects[J]. Phys. Rev,1965, 140, A1133 – A1138.

[611]谢希德,陆栋. 固体能带理论[M]. 上海:复旦大学出版社, 1998.

[612]Ceperley D M, Alder B J. Ground State of the Electron Gas by a Stochastic Method[J]. Phys. Rev. Lett,1980, 45:566.

[613]Perdew J P, Zunger A. Self-interaction Correction to Density-Functional Approximations for Many-Electron Systems[J]. Phys. Rev. B,1981, 23:5048.

[614]Perdew J P, et al. Atoms, Molecules, Solids, Surfaces: Applications of the Generalized Gradient Approximation for Exchange, Correlation[J]. Phys. Rev. B,1992, 46:6671.

[615]Perdew J P, Wang Y. Accurate, Simple Analytic Representation of the Electron-Gas Correlation Energy[J]. Phys. Rev. B,1992, 45:13244.

[616]Perdew J P, Burke K, Ernzerhof M. Generalized Gradient Approximation Made Simple[J]. Phys. Rev. Lett,1996, 77:3865.

[617]Hamann D R, Schluer M, Chiang C. Norm-conserving Pseudopotentials[J]. Phys. Rev. Lett,1979, 43:1494.

[618]Vanderbil Dt. Soft Self-consistent Pseudopotentials in a Generalized Eigenvalue Formalism. Phys. Rev. B,1990, 41:7892.

[619]李震宇,贺伟,杨金龙. 密度泛函理论及其数值方法新进展[J]. 化学进展,2005,17:192 – 202.

[620]黄美纯. 密度泛函理论的若干进展[J]. 物理学进展,2000,20:199 – 219.

[621]Stoll H, Pavlidou C M E, Preuss H. On the Calculation of Correlation Energies in the Spin – Density Functional Formalism[J]. Theoretical Chemistry Accounts: Theory, Computation, Modeling (Theoretica Chimica Acta),1978, 49:143 – 149.

[622]Runge E, Gross E K U. Density-functional Theory for Time-Dependent Systems[J]. Phys. Rev. Lett,1984, 52:997.

[623]Ullrich C A, Gossmann U J, Gross E K U. Time-Dependent Optimized Effective Potential [J]. Phys. Rev. Lett,1995, 74:872.

[624]Godby R W, Schluter M, Sham L J. Self-energy Operators, Exchange-correlation Potentials in Semiconductors[J]. Phys. Rev. B, 37:10159.

[625]Anisimov V I, Zaanen J, Andersen O K. Band Theory, Mott Insulators: Hubbard U Instead of Stoner I[J]. Phys. Rev. B,1991,44:943.

[626]Lichtenstein A I, Katsnelson M I. Ab Initio Calculations of Quasiparticle Band Structure in Correlated Systems: LDA + + Approach[J]. Phys. Rev. B,1998, 57:6884.

[627]Georges A, et al. Dynamical Mean-field Theory of Strongly Correlated Fermion Systems, the Limit of Infinite Dimensions[J]. Rev. Mod. Phys,1996, 68:13.

[628]Vignale G, Rasolt M. Density-functional Theory in Strong Magnetic Fields[J]. Phys. Rev.

Lett,1987, 59:2360.
[629] Capelle K, Gross E K U. Spin-density Functionals from Current-density Functional Theory, Vice Versa:a Road Towards New Approximations[J]. Phys. Rev. Lett,1997, 78:1872.
[630] Ghosh S K, Dhara A K. Density-vunctional Theory of Many-electron Systems Subjected to Time-Dependent Electric,Magnetic Fields[J]. Phys. Rev. A,1988, 38:1149.
[631] Beck T L. Real-space Mesh Techniques in Density-functional Theory[J]. Rev. Mod. Phys, 2000, 72:1041.
[632] Arias T A. Multiresolution Analysis of Electronic Structure: Semicardinal,Wavelet Bases[J]. Rev. Mod. Phys,1999, 71:267.
[633] Goedecker S. Linear Scaling Electronic Structure Methods[J]. Rev. Mod. Phys,1999, 71: 1085 - 1123.

后　记

书稿终于脱稿，交付出版社审稿、付印了。

完成了一部专著，没有一种如释重负的轻松，更没有一丝兴奋，却多了一份牵挂、一份忐忑，不知能否得到同行的认可，更不知能否对学界有所作用。

说实话，我一直提醒自己，学业不精深、学术积累不厚实时不能写书。虽然有过湖南省普通高等学校教材《工科物理教程》的主编、“十一五”国家规划教材《大学物理学》的主审等教材建设经历，但这些都是集众多优秀教师之所长而成的教材，没有写专著。2006 年，原国防科工委组织申报“十一五”国防特色学科专业的重点教材和专著，学院要我带头申报。就知识积累而言，10 多年关于纳米结构和纳米材料的物理性质的学习和研究，有了一些心得；多年来给本科生和研究生开设“纳米材料”“纳米物理”方面的课程和讲座，也有一些授课课件和讲座提纲。我以此为基础，拟定了《纳米物理学》的撰写提纲，在北京工业大学严辉教授的支持和鼓励下按要求准备了申报“十一五”国防特色学科专业重点专著的必要材料，没想到 2007 年被批准了。获得立项资助就像给自己套了一道紧箍，自己也就只能努力去做好了。好在得到了严辉教授的支持，他愿意共同承担这项艰巨的任务。

1994 年，冯端院士和严东生院士共同担任首席科学家主持我国首个关于纳米科学与技术的重大攻关课题——国家攀登计划项目“纳米结构与纳米技术”，张立德研究员领导的中国科学院固体物理研究所的课题组承担了其中的重要研究内容，该课题组从 1987 年起就在葛庭燧院士的倡导和指导下开展了纳米材料方面的研究，是国内最早开展这方面系统研究的课题组之一，我慕名在职攻读张立德研究员的博士研究生。在张立德研究员指导下涉足“纳米”这一领域，我为纳米结构及其奇异特性而着迷。由于之前从事的是准晶物理和非线性物理的理论研究，导师张立德研究员要我从事攀登计划中“纳米材料的结构和性质的关联性机理分析”的课题研究。10 多年来，我一直在国家攀登计划和国家自然科学基金等的支持下从事纳米结构、纳米材料和技术的以理论研究为主的工作，也给本科生、研究生开设纳米科学的讲座和《纳米物理学》的选修课程。严辉教授从事薄膜物理和纳米材料的制备和实验研究 20 多年，也在他所在的学校开设相关课程，这是完成本书的基础。出于想兼顾既具有学术性又可作为本科生、研究生教材的考虑，本书是以我们理解的“纳米物理学”的知识内涵为主线，结合我们自己的体会和研究来撰写的，内容取舍和把握上没有追求学术专著的学术深度和内容覆盖面。这样的组织形式和内容选取是否真正是大家期望的《纳米物理学》专著，我们不得而知。由于时间造成的匆忙，加上我们学术水平和知识理解上的限制，书中不妥不当甚至错误在所难免，恳请大家指正。

在这本专著撰写中，第 1、7、8 章及附录由严辉教授负责，绪论及其他各章由我负责。湘潭大学的丁建文教授、陈元平副教授，北京工业大学的王如志副教授、张铭副教授、宋雪梅副教授，南京航空航天大学的肖杨副教授、杨玉荣老师、陈明星博士和邓宇翔博士等参加了本书的执笔。具体撰写工作分工如下表：

章节	执笔人	负责人
绪论	颜晓红	颜晓红
第 1 章	严　辉	严　辉
第 2 章	陈明星,颜晓红	颜晓红
第 3 章	王如志,邓宇翔	颜晓红
第 4 章	肖　杨,丁建文	颜晓红
第 5 章	陈元平,颜晓红	颜晓红
第 6 章	王如志,颜晓红	颜晓红
第 7 章	宋雪梅,严　辉	严　辉
第 8 章	张　铭,严　辉	严　辉
附录	王如志	严　辉

需要说明的是,本书在撰写时参考了下表所列的研究生学位论文:

论文题目	作者	导师	学位论文单位	毕业年月
Ⅲ族氮化物半导体薄膜场发射性能研究	王如志	严　辉	北京工业大学	2003.6
庞磁阻 $La_{1-x}Sr_xMnO_3$ 基 PN 结的制备与性能研究	李　彤	严　辉	北京工业大学	2007.1
低维体系中自旋电子输运的理论研究	袁瑞玚	严　辉	北京工业大学	2008.2
形变碳纳米管的结构及晶格振动特性研究	杨　巍	严　辉	北京工业大学	2008.6
磁性异质结的自旋注入及自旋输运性质的研究	米仪琳	严　辉	北京工业大学	2008.7
低维纳米结构体系的电性质和应力效应	丁建文	颜晓红	湘潭大学（2006 年全国百篇优秀博士学位论文）	2003.9
单壁纳米碳管的热电性能	曹觉先	颜晓红	湘潭大学	2003.9
介观纳米体系的电子输运性质	陈元平	颜晓红	湘潭大学	2007.6
无机纳米管的电、热学性能及掺杂效应	肖　杨	颜晓红	湘潭大学	2007.6
贵金属合金团簇的几何和电子结构	陈明星	颜晓红	湘潭大学	2007.6
缺陷态碳纳米材料的功能应用	郭朝晖	颜晓红	南京航空航天大学	2008.4

这些都是严辉教授或者我所指导的研究生的学位论文。有些可能在引文中没有标注,特在此予以说明。

中国科学院院士、北京工业大学副校长张泽教授对本书的撰写给予了重要指导并欣然为本书作序,中国科学院院士、南京大学固体微结构物理国家实验室邢定钰教授和“长江学者”

特聘教授、武汉大学刘正猷博士等对本书进行了审定，提出了许多宝贵的指导意见和建议，我谨代表所有作者对他们表示衷心感谢。南京航空航天大学教务处、哈尔滨工程大学出版社相关同志为本书的立项、定稿、出版付出了很多的努力，本书是这些付出的最终成果。

本书得到"'十一五'国防特色学科专业专著"的立项资助，是"'十一五'国防特色规划专著"。本人还要感谢国家自然科学基金(10674070 和 10874089)的部分资助。

著者之一：颜晓红

二〇〇九年仲月